作者简介

程代展 1970 年毕业于清华大学, 1981 年于中国科学院研究生院获硕士学位, 1985 年于美国华盛顿大学获博士学位. 从 1990 年起, 任中国科学院系统科学研究所研究员. 曾经担任国际自动控制联合会 (International Federation of Automatic Control, IFAC) 理事 (Council Member), IEEE 控制系统协会 (Control Systems Society, CSS) 执委 (Member of Board of Governors), 中国自动化学会控制理论专业委员会主任, IEEE CSS 北京分会主席等, 国际期刊 *Int. J. Math Sys., Est. Contr.* (1991—1993)、*Automatica* (1998—2002)、*Asia. J. Control.* (1999—2004) 的编委, *International Journal on Robust and Nonlinear Control* 的主题编委, 国内期刊 *J. Control Theory and Application* 的主编, 《控制与决策》 的副主编及多家学术刊物的编辑. 已经出版 16 本论著, 发表 270 多篇期刊论文和 150 多篇会议论文. 他的研究方向包括非线性控制系统、数值方法、复杂系统、布尔网络控制、基于博弈的控制等. 曾两次作为第一完成人获国家自然科学奖二等奖 (2008, 2014), 中国科学院个人杰出科技成就奖 (金质奖章, 2015), 其他省部级一等奖两次、二等奖四次、三等奖一次. 2011 年获国际自动控制联合会 *Automatica* (2008—2010) 的最佳论文奖. 2006 年入选 IEEE Fellow, 2008 年入选 IFAC Fellow.

程代展是矩阵半张量积理论的首创人.

李长喜 2013 年获得哈尔滨工业大学学士学位, 2015 年获得哈尔滨工业大学硕士学位, 2019 年获得哈尔滨工业大学博士学位. 2020—2022 年为山东大学特别资助类博士后. 现为北京大学博雅博士后. 他是 *IEEE TAC*、*Automatica*、*System & Control Letters* 等控制领域国际期刊以及 IEEE CDC、IFAC、CCC、CCDC 等多个国际国内会议的审稿人, 是中国自动化学会 TCCT 逻辑系统控制学组委员. 发表 10 余篇 SCI 期刊论文和多篇会议论文. 研究方向包括多智能体系统、布尔网络控制、基于博弈的控制等.

郝亚琦 2013 年与 2016 年分别获得山东师范大学学士学位及硕士学位, 2020 年获得山东大学博士学位. 现为中国科学院数学与系统科学研究院博士后, 主要从事博弈论方向的研究. 担任中国自动化学会 TCCT 逻辑系统控制学组委员. 在 *IEEE Transactions on Automatica*、*Journal of the Franklin Institute*、*Science China*

Information Science 等国际 SCI 期刊发表多篇论文.

张潇　2011 年至 2020 年就读于山东大学控制科学与工程学院, 分别于 2015 年和 2020 年获工学学士与工学博士学位. 2021 年起于中国科学院数学与系统科学研究院从事特别研究助理工作. 担任 IEEE TAC、*Automatica*、IEEE TCNS 等控制领域国际期刊以及 IEEE CDC、ACC、CCC 等多个国际会议审稿人. 在 IEEE TAC、IEEE TNNLS、IEEE TSMC、*Science China-Information Sciences* 等期刊发表多篇学术论文. 担任 TCCT 逻辑系统控制学组委员. 研究方向包括逻辑动态系统、博弈论、机器学习等.

矩阵半张量积讲义

卷三：有限博弈的矩阵半张量积方法

程代展 李长喜 郝亚琦 张 潇 著

科学出版社

北 京

内 容 简 介

矩阵半张量积是近二十年发展起来的一种新的矩阵理论. 经典矩阵理论的最大弱点是其维数局限, 这极大限制了矩阵方法的应用. 矩阵半张量积是经典矩阵理论的发展, 它克服了经典矩阵理论对维数的限制, 因此, 被称为穿越维数的矩阵理论. 《矩阵半张量积讲义》的目的是对矩阵半张量积理论与应用做一个基础而全面的介绍. 计划出版五卷. 卷一: 矩阵半张量的基本理论与算法; 卷二: 逻辑动态系统的分析与控制; 卷三: 有限博弈的矩阵半张量积方法; 卷四: 有限与泛维动态系统; 卷五: 工程及其他系统. 本书的目的是对这个快速发展的学科分支做一个阶段性的小结, 以期对其进一步发展及应用提供一个规范化的基础.

本书是《矩阵半张量积讲义》的第三卷, 介绍有限博弈的矩阵半张量积方法. 主要内容包括: 网络演化博弈的建模与控制; 势博弈的检验与应用; 有限博弈的向量空间结构与正交分解; 博弈的优化与策略学习方法; 若干合作博弈的特征函数与分配的矩阵表达等. 基于可读性的要求, 在介绍矩阵半张量积有限博弈研究中的新进展的同时, 也对博弈论的相关基础知识做了自足自洽的介绍. 本书所需要的预备知识仅为工科大学本科的数学知识, 包括线性代数、微积分、常微分方程、初等概率论. 相关的线性系统理论及点集拓扑、抽象代数、微分几何等的初步概念在卷一附录中已给出. 不感兴趣的读者亦可略过相关部分, 这些不会影响对本书基本内容的理解.

本书可供离散数学、自动控制、计算机、系统生物学、博弈论及相关专业的高年级本科生、研究生、青年教师及科研人员使用.

图书在版编目 (CIP) 数据

矩阵半张量积讲义. 卷三, 有限博弈的矩阵半张量积方法/程代展等著. —北京: 科学出版社, 2022.10
ISBN 978-7-03-073116-6

Ⅰ. ①矩⋯ Ⅱ. ①程⋯ Ⅲ. ①矩阵–乘法 Ⅳ. ①O151.21

中国版本图书馆 CIP 数据核字 (2022) 第 169001 号

责任编辑: 李 欣 李香叶 / 责任校对: 杨聪敏
责任印制: 吴兆东 / 封面设计: 无极书装

科 学 出 版 社 出版
北京东黄城根北街 16 号
邮政编码: 100717
http://www.sciencep.com

北京建宏印刷有限公司 印刷
科学出版社发行 各地新华书店经销
*
2022 年 10 月第 一 版 开本: 720×1000 1/16
2023 年 2 月第二次印刷 印张: 25
字数: 504 000
定价: 198.00 元
(如有印装质量问题, 我社负责调换)

前　　言

矩阵理论是被公认起源于中国的一个数学分支. 美国哥伦比亚特区大学教授 Katz 在著名数学史著作 [74] 中指出: "The idea of a matrix has a long history, dated at least from its use by Chinese scholars of the Han period for solving systems of linear equations." (矩阵的思想历史悠久, 它的使用至少可追溯到汉朝, 中国学者用它来解线性方程组.) 英国学者 Crilly 的书 [44] 中也提到, 矩阵起源于 "公元前 200 年, 中国数学家使用了数字阵列". 矩阵理论是这两本书中唯一提到的始于中国的数学分支, 大概确实是仅见的.

从开始不甚清晰的思考到如今形成一个较完整的体系, 矩阵半张量积走过了大约二十个年头. 开始, 人们质疑它的合理性, 有人提到: "华罗庚先生说过, 将矩阵乘法推广到一般情况没有意义." 后来, 又有人质疑它的原创性, 说: "这么简单的东西怎么会没有前人提出或讨论过?" 到如今, 它已经被越来越多的国内、外学者所肯定和采用.

回顾矩阵半张量积的历史, 催生它的有以下几个因素.

(1) 将矩阵乘法与数乘相比, 矩阵乘法的两个明显的弱点是: ① 维数限制, 只有当前因子的列数与后因子的行数相等时, 这两个矩阵才可相乘; ② 无交换性, 一般地说, 即使 AB 和 BA 都有定义, 但 $AB \neq BA$. 因此, 将普通矩阵乘法推广到任意两个矩阵, 并且让矩阵乘法具有某种程度的交换性, 将会大大扩大矩阵方法的应用.

(2) 将矩阵加法与数加相比, 虽然矩阵加法也可以交换, 但其实维数的限制更为苛刻, 即行、列两个自由度都必须相等. 有没有办法, 让不同维数的矩阵也能相加? 而这个加法, 必须有物理意义而且有用.

(3) 经典的矩阵理论其实只能处理线性函数 (线性方程) 或双线性函数 (二次型). 如果是三阶或更高阶次的多线性函数, 譬如张量, 矩阵方法还能表示并计算它们吗? 当然, 如果矩阵方法能用于处理更一般的非线性函数, 那就更好了.

上述这些问题曾被许多人视为矩阵理论几乎无法逾越的障碍. 然而, 让人们吃惊的是, 矩阵半张量积几乎完美地解决了上述这些问题, 从而催生了一套新的矩阵理论, 被我们称为穿越维数的矩阵理论.

目前, 它已经被应用于许多领域, 包括

(1) 生物系统与生命科学. 这个方面目前的一些进展包括: 文献 [148] 研究了

T 细胞受体布尔控制网络模型, 给出了寻找它所有吸引子的有效算法; 关于大肠杆菌乳糖操纵子网络稳定与镇定控制的设计, 文献 [82,83] 分别给出了不同的设计方法, 证明了方法的有效性; 对黑色素瘤转移控制, 文献 [34] 给出了最优控制的设计与算法、基因各表现型之间的转移控制, 文献 [51,52] 给出了转移表现型的估计和精确地给出了最短控制序列; 等等.

将布尔网络控制理论用于生物系统是一个非常有希望的交叉方向. 进一步的研究需要跨学科的合作.

(2) 博弈论. 有限博弈本质上也是一个逻辑系统. 因此, 矩阵半张量积是研究有限博弈的一个有效工具. 目前, 矩阵半张量积在博弈论中的一些应用包括: 网络演化博弈的建模和分析[33,56]; 最优策略与纳什均衡的探索[147]; 有限势博弈的检验与势函数计算[32]; 网络演化博弈的演化策略及其稳定性[31]; 有限博弈的向量空间结构[35,58]; 等等.

(3) 图论与队形控制. 这方面的代表性工作包括: 图形着色及其在多自主体控制中的应用[123]; 队形控制的有限值逻辑动态系统表示[142]; 对超图着色及其在存储问题中的应用[98]; 图形着色的稳健性及其在时间排序中的应用[134]; 等等.

(4) 线路设计与故障检测. 这方面的一些现有研究工作包括: k-值逻辑函数的分解、隐函数存在定理[30]; 故障检测的矩阵半张量积方法[7,81,89]; 等等.

(5) 模糊控制. 在模糊控制方面的一些初步工作包括: 模糊关系方程的统一解法[29]; 带有耦合输入和/或耦合输出的模糊系统控制[49]; 对二型模糊关系方程的表述和求解[135]; 空调系统的模糊控制器设计[129]; 等等.

(6) 有限自动机与符号动力学. 这方面的部分工作包括: 有限自动机的代数状态空间表示与可达性[131], 并应用于语言识别[136]; 有限自动机的模型匹配[132]; 有限自动机的可观性与观测器设计[133]; 布尔网络的符号动力学方法[66]; 有限自动机的能控性和可镇定性[137]; 等等.

(7) 编码理论与算法实现. 这方面的一些研究包括: 对布尔函数微分计算的研究[141]; 布尔函数的神经网络实现[147]; 非线性编码[90,149-151]; 等等.

(8) 工程应用. 包括电力系统[6]; 在并行混合电动汽车控制中的应用[4,128]; 等等.

前面所列举的仅为矩阵半张量积理论及其应用研究中的极少一部分相关论文, 难免以偏概全. 在一群我国相关学者的主导和努力下, 矩阵半张量积正在发展成为一个极具生命力的新学科方向. 同时, 它也吸引了国际上许多学者的重视和加入. 目前, 用矩阵半张量积为主要工具的论文作者, 除中国外, 有意大利、以色列、美国、英国、日本、南非、瑞典、新加坡、德国、俄罗斯、澳大利亚、匈牙利、伊朗、沙特阿拉伯等. 矩阵半张量积可望成为当代中国学者对矩阵理论的一个重要贡献而载入史册.

有关矩阵半张量积的书, 算起来也已经有好几本了. 这几本书各有特色. 例如: 文献 [1], 这本书写得比较早, 对矩阵半张量积的普及和推广起到一定的作用. 但当时矩阵半张量积理论还很不成熟, 所以显得有些粗糙. 虽然后来出了第 2 版, 但仍然改进不大; 文献 [28] 力图包括更多的应用, 对工程人员可能有较大帮助, 但是对矩阵理论本身缺乏系统梳理, 不便系统学习; 文献 [2] 强调用半张量方法统一处理逻辑系统、多值逻辑系统及有限博弈等, 对矩阵半张量积理论自身的讨论不多; 文献 [85] 是一本新书, 它对某些控制问题进行了较详尽的剖析, 这是它的贡献, 但它缺少对矩阵半张量积理论全局的把控; 文献 [3] 是大学本科教材, 内容清晰易懂, 但作为科研参考书显然是不够的; 其他如文献 [27] 专门讨论布尔网络的控制问题; 文献 [6] 只关心电力系统的优化控制问题; 文献 [39] 主要考虑泛维系统的建模与控制. 因此, 已有的关于矩阵半张量积的论著, 内容或已过时, 或过于偏重部分内容.

由于矩阵半张量积理论与方法发展过快, 许多理论结果、计算公式, 以及综合和归纳方法等被其后的新成果代替. 这给初学者和科研人员均带来一定的不便. 本套丛书的目的, 是为矩阵半张量积理论提供一个至今最完整和最先进的理论框架, 让它体系完善、结构清晰、公式简洁. 同时, 将矩阵半张量积的主要应用进行详细分析, 使其原理准确易懂, 方法明确有效, 便于读者不走弯路, 迅速到达学科前沿. 同时, 内容尽可能增加启发性, 讲清来龙去脉, 给出详尽证明, 以便读者举一反三, 应用自如. 总之, 希望本丛书为读者搭建一个工作平台, 提供一个基准、一起进一步学习、应用及发展矩阵半张量积的奠基石.

本书是第三卷, 讨论矩阵半张量积方法在有限博弈中的应用. 书的重点在于介绍矩阵半张量积方法在博弈中的应用, 以及所得到的新成果. 但同时也兼顾博弈论自身的完整性, 对博弈论的相关基本概念给出了自足自洽的介绍. 本书共 14 章, 前 12 章介绍有限非合作博弈. 第 1 章讲述有限博弈与均衡的基本概念及其矩阵半张量积的表示方法. 第 2 章介绍二人常和博弈的矩阵方法. 第 3 章讨论网络演化博弈的建模与控制. 第 4 章讨论演化稳定策略. 第 5 章讲述一般智能系统的矩阵半张量积建模以及优化决策的求解. 第 6 章讨论势博弈、加权势博弈与近似势博弈, 给出势博弈方程. 第 7 章探讨不完全信息博弈的数学模型, 给出贝叶斯演化博弈的均衡算法. 第 8 章讨论有限博弈的向量空间结构及其正交分解. 第 9 章考虑对称与反对称博弈, 以及基于对称性的有限博弈空间分解. 第 10 章研究基于学习的博弈演化, 进而探讨基于状态的演化学习规则及其应用. 第 11 章研究一般动力系统基于博弈的优化与控制, 给出混合策略最优控制的设计方法. 第 12 章考虑零行列式策略, 它给出零行列式博弈的一般设计公式, 并将其用于网络演化博弈. 第 13 章考虑连续策略势博弈, 它是无穷博弈, 通过量化将其转化为有限博弈, 从而使矩阵半张量积方法得到应用. 第 14 章考虑合作博弈, 给出两种合作博弈的特征函数的矩阵表达, 以及 Shapley 值的矩阵半张量积算法.

本书第 5 章由张潇执笔, 第 9 章、第 13 章由郝亚琦执笔, 第 10 章、第 11 章及第 12 章由李长喜执笔, 其余由程代展执笔. 最后由程代展统编总成.

这套丛书只要求读者具有工科大学本科生所需掌握的数学工具, 但部分内容涉及一些近代数学的初步知识. 为了使本丛书具有良好的完备性, 以增加可读性, 第一卷书末给出了一个附录, 对一些用到的近代数学知识做了简要介绍. 如果仅为阅读本丛书, 这些知识也就足够了.

笔者才疏学浅, 疏漏错误难免, 敬请读者以及有关专家不吝赐教.

程代展　李长喜　郝亚琦　张　潇

于中国科学院数学与系统科学研究院

2021 年 10 月

目　　录

数 学 符 号

$\mathbb{C}$	复数集
$\mathbb{R}$	实数集
$\mathbb{Q}$	有理数集
$\mathbb{Q}_+$	正有理数集
$\mathbb{Z}$	整数集
$\mathbb{Z}_+$	正整数集
$\mathbb{N}$	自然数集
:=	定义为 $\cdots$
$\mathcal{M}_{m\times n}$	$m\times n$ 矩阵集合
$\otimes$	矩阵的 Kronecker 积 (张量积)
$\ltimes$	一型矩阵-矩阵左半张量积
$\circ_H$	矩阵的 Hadamard 积
$*$	矩阵的 Khatri-Rao 积
$V_c(A)$	矩阵 A 的列堆式
$V_r(A)$	矩阵 A 的行堆式
$\mathrm{Col}(A)$	矩阵 A 的列向量集合
$\mathrm{Col}_i(A)$	矩阵 A 的第 i 个列向量
$\mathrm{Row}(A)$	矩阵 A 的行向量集合
$\mathrm{Row}_i(A)$	矩阵 A 的第 i 个行向量
$\mathbf{S}_k$	k 阶对称群
$\mathbf{A}_k$	k 阶交错群
$W_{[m,n]}$	$[m,n]$ 阶换位矩阵
$W_{[n]}$	$W_{[n]} = W_{[n,n]}$
δ_n^k	单位矩阵 I_n 的第 k 列
Δ_k	$\Delta_k = \mathrm{Col}(I_k)$
$\mathbf{1}_k$	$\underbrace{[1,1,\cdots,1]}_{k}{}^{\mathrm{T}}$
Υ_n	n 维概率向量集合
$\Upsilon_{m\times n}$	$m\times n$ 维概率矩阵集合

$\Pr(\cdot)$ 概率

$\delta_k[i_1, \cdots, i_s]$ 一个逻辑矩阵, 其第 j 列为 $\delta_k^{i_j}$

$\delta_k\{i_1, \cdots, i_s\}$ $\{\delta_k^{i_1}, \cdots, \delta_k^{i_s}\} \subset \Delta_k$

$\mathcal{B}_{m \times n}$ $m \times n$ 维布尔矩阵集合

$+_{\mathcal{B}}, \sum_{\mathcal{B}}$ 布尔和

$\times_{\mathcal{B}}$ 布尔积

$\mathrm{span}(\cdots)$ 由 $(\cdots)$ 张成的向量空间

$\mathcal{G}_{[n;k_1,k_2,\cdots,k_n]}$ n-人博弈, $|S_i| = k_i$

$\mathcal{G}_{[n;k]}$ $\mathcal{G}_{[n;k]} = \mathcal{G}_{[n;k,k,\cdots,k]}$

S_{-i} i 以外的策略集乘积, 即 $S_{-i} = \prod_{j \neq i} S_j$

第 1 章　有限非合作博弈

博弈论也称对策论, 它研究参与者在对抗或合作中的最优策略. 在人类社会的发展过程中, 博弈论的思想源远流长. 自古以来, 人们自觉不自觉地在社会生活和生产斗争中使用博弈的思想做出自己的决策. 在中国历史上典型的博弈例子包括战国时代的田忌赛马、三国时代的华容道等. 古代犹太人的法典中规定在有争议的情况下财产的分割, 是合作博弈很好的例子. 19 世纪描述双寡头垄断竞争的古诺模型, 已经开始将严格的数学方法引入博弈的决策分析. 真正用近代科学的方法研究它们, 从而形成当代重要学科分支, 则都大体始于第二次世界大战之后, 以冯·诺伊曼等的《博弈论与经济行为》[121] 为标志.

近代的博弈理论大休包含两个部分: 非合作博弈与合作博弈. 在非合作博弈中, 玩家之间主要是竞争关系. 这里寻找的解是各玩家利益的一种均衡. 最著名的或者说应用最广的就是纳什均衡, 它是美国数学家 J. Nash (纳什) 在 1950 年提出来的[101], 纳什因此在 1994 年获得诺贝尔经济学奖. 其他的还有 Pareto 均衡等. 粗略地说, 非合作博弈的解就是寻找合适的均衡.

合作博弈则不同, 它探讨因合作得到的利益应如何分配才是合理的. 因此, 合理的分配方案才是合作博弈的最优解. 例如, 由 L. S. Shapley 提出的一种分配方案, 后来被称为 Shapley 值. Shapley 是 2012 年诺贝尔经济学奖获得者.

本书以有限博弈为主. 有限博弈指的是在一个博弈中, 一共只有有限个玩家, 而每个玩家可供选择的策略也是有限的. 我们之所以选择有限博弈, 除了有限博弈自身的重要性外, 还因为矩阵半张量积是描述和分析有限博弈的方便而有效的工具. 例如, 两个人玩石头-剪刀-布, 这时, 每个人都有三个策略可选, 不妨设石头对应 δ_3^1、剪刀对应 δ_3^2、布对应 δ_3^3, 那么, 策略演化过程就可以用三值逻辑网络来刻画它了. 于是, 本丛书第二卷中发展起来的逻辑网络的分析与控制的方法就可以方便地用到这类博弈过程了.

关于博弈论的书非常多. 我们对初学者推荐以下两本入门书: [9,53], 它们提供的基本概念与结论足够本书的需要了. [40] 是对博弈论半张量积方法的一个较全面的综述, 它有助于了解该方向的研究进展.

1.1　有限博弈的数学模式

定义 1.1.1　一个有限非合作博弈 G 由一个三元组 (N, S, C) 决定, 这里

(i) $N = \{1, 2, \cdots, n\}$ 为玩家集合, 即该游戏有 n 个玩家;

(ii) $S = \prod_{i=1}^{n} S_i$ 为局势 (profile) 集, 这里

$$S_i = \{1, 2, \cdots, k_i\}$$

是玩家 i 的策略集, 即第 i 个玩家有 k_i 个可选策略, $i = 1, 2, \cdots, n$;

(iii) $C = (c_1, c_2, \cdots, c_n)$, 这里, $c_i : S \to \mathbb{R}$ 是玩家 i 的支付函数 (payoff function), $i = 1, 2, \cdots, n$.

因为本章只讨论非合作博弈, 所以把有限非合作博弈简称为有限博弈.

通常二人博弈可以用一个支付双矩阵表示. 设 G 为一个二人博弈, 玩家 P_1 有 m 个策略, 即 $S_1 = \{1, 2, \cdots, m\}$, 玩家 P_2 有 n 个策略, 即 $S_2 = \{1, 2, \cdots, n\}$, 那么, 支付双矩阵见表 1.1.1.

表 1.1.1   支付双矩阵

P_1 \ P_2	1	2	$\cdots$	n
1	a_{11}, b_{11}	a_{12}, b_{12}	$\cdots$	a_{1n}, b_{1n}
2	a_{21}, b_{21}	a_{22}, b_{22}	$\cdots$	a_{2n}, b_{2n}
$\vdots$	$\vdots$	$\vdots$		$\vdots$
m	a_{m1}, b_{m1}	a_{m2}, b_{m2}	$\cdots$	a_{mn}, b_{mn}

在表 1.1.1 中, 不同的行代表玩家 P_1 的不同策略, 不同的列代表玩家 P_2 的不同策略, 在双矩阵中

$$a_{i,j} = c_1(s_1 = i, s_2 = j), \quad b_{i,j} = c_2(s_1 = i, s_2 = j), i = 1, \cdots, m; j = 1, \cdots, n.$$

例 1.1.1   考虑二人玩石头-剪刀-布, 记石头为 1, 剪刀为 2, 布为 3, 且赢者得一分, 输者失一分. 那么, 支付双矩阵可表示为表 1.1.2.

表 1.1.2   石头-剪刀-布支付双矩阵

P_1 \ P_2	1	2	3
1	0, 0	1, -1	-1, 1
2	-1, 1	0, 0	1, -1
3	1, -1	-1, 1	0, 0

一个局势 $s \in S$ 可表示为 $s = \prod_{i=1}^{n} s_i$, 这里 $s_i \in S_i$. 设 $s_i = r_i, i = 1, \cdots, n$, 则 s 可以用 $s_{r_1, r_2, \cdots, r_n}$ 表示, 这里 $1 \leqslant r_i \leqslant k_i$. 因此, S 是一个多指标集. 下面我们构造一个矩阵, 称为支付矩阵. 支付矩阵可通过构造支付表而得到.

表 1.1.2 中第一行以字典顺序列出所有局势, 以下每行对应一位玩家在对应局势下的支付. 例如, 当 $n=2$ 时, 表 1.1.2 可等价地表示表 1.1.3 的支付函数.

表 1.1.3   支付矩阵

C \\ S	11	12	$\cdots$	$1n$	$\cdots$	$m1$	$m2$	$\cdots$	mn
c_1	a_{11}	a_{12}	$\cdots$	a_{1n}	$\cdots$	a_{m1}	a_{m2}	$\cdots$	a_{mn}
c_2	b_{11}	b_{12}	$\cdots$	b_{1n}	$\cdots$	b_{m1}	b_{m2}	$\cdots$	b_{mn}

支付矩阵的一个优势是, 它可以应用到 $n>2$ 的情况, 而支付双矩阵只能用于 $n=2$ 的情况.

1.2   伪逻辑函数

定义 1.2.1   设 $X_i \in \mathcal{D}_{k_i}$, $i=1,\cdots,n$. 称函数 $f:\prod_{i=1}^n \mathcal{D}_{k_i} \to \mathbb{R}$ 为一个伪逻辑函数. 如果 $k_i=2$, $\forall i$, 则称伪逻辑函数为伪布尔函数.

利用向量表达式 $x_i=\vec{X_i}$, 我们有 $x_i \in \Delta_{k_i}$, $i=1,\cdots,n$, 并且, 伪逻辑函数 f 有一个矩阵表示形式, 这在下面的命题中给出.

命题 1.2.1   设 $f:\prod_{i=1}^n \mathcal{D}_{k_i} \to \mathbb{R}$ 为一伪逻辑函数, 则存在唯一的行向量 $V_f \in \mathbb{R}^k$, 这里 $k=\prod_{i=1}^n k_i$, 称为 f 的结构向量, 使在向量形式下有

$$f(x_1,\cdots,x_n)=V_f \ltimes_{i=1}^n x_i. \tag{1.2.1}$$

证明   这跟逻辑函数的结构矩阵的道理是一样的, 只是将每一列所对应的逻辑函数值改成对应的伪逻辑函数值. $\square$

给定一个有限博弈 $G=(N,S,C)$, 这里 $|N|=n$, $|S_i|=k_i$, $i=1,2,\cdots,n$. 那么, 每一个 c_i 就是局势的伪逻辑函数. 根据命题 1.2.1, 对每个 c_i 都存在一个它的结构向量 $V_i^c \in \mathbb{R}^\kappa (\kappa=\prod_{i=1}^n k_i)$, 使得

$$c_i(X_1,\cdots,X_n)=V_i^c \ltimes_{i=1}^n x_i,$$
$$\text{这里, } x_i \in S_i; \ i=1,\cdots,n. \tag{1.2.2}$$

实际上, 如果 G 的支付矩阵的第 i 行表示玩家 i 的收益信息, 那么该行就是 c_i 的结构向量 V_i^c.

下面举几个简单的例子.

例 1.2.1   以下是几个常见的简单博弈的例子.

(i) 性别之战: 一对情侣准备一次约会, 男士 (玩家 1) 喜欢去看足球赛, 女士 (玩家 2) 想去听音乐会. 当然他们都希望能在一起. 于是, 这场博弈的支付双矩阵可表示为表 1.2.1.

表 1.2.1　　性别之战的支付矩阵

男士 ＼ 女士	足球	音乐
足球	2, 1	0, 0
音乐	0, 0	1, 2

如果表示成伪逻辑函数, 则有

$$c_1(X_1, X_2) = V_1^c x_1 x_2 = [2, 0, 0, 1] x_1 x_2,$$
$$c_2(X_1, X_2) = V_2^c x_1 x_2 = [1, 0, 0, 2] x_1 x_2, \tag{1.2.3}$$

(ii) 智猪博弈: 猪圈里有个控制器, 每按一下可提供 10 千克食物, 控制器离食槽较远, 去按控制器者必然后吃. 设大猪先吃, 则大、小猪各吃 9 千克与 1 千克, 小猪先吃, 各吃 6 千克与 4 千克, 同时开始吃, 则各吃 7 千克与 3 千克, 又按一下要消耗 2 千克食物. 那么, 支付双矩阵如表 1.2.2 所示.

表 1.2.2　　智猪博弈的支付双矩阵

大猪 ＼ 小猪	按	等待
按	5, 1	4, 4
等待	9, −1	0, 0

表示成伪逻辑函数, 则有

$$c_1(X_1, X_2) = V_1^c x_1 x_2 = [5, 4, 9, 0] x_1 x_2,$$
$$c_2(X_1, X_2) = V_2^c x_1 x_2 = [1, 4, -1, 0] x_1 x_2. \tag{1.2.4}$$

(iii) 猎鹿博弈: 两猎人正围堵一只鹿时, 突然出现一群兔子. 如果二人合作, 则可抓到鹿, 卖鹿后每人可得 10 元. 若两人都去抓兔子, 则每人可得 4 元. 若一人去抓兔子, 一个去猎鹿, 则抓兔子者可得 4 元, 猎鹿者一无所获, 得 0 元. 那么, 支付双矩阵如表 1.2.3 所示.

表 1.2.3　　猎鹿博弈的支付双矩阵

甲猎人 ＼ 乙猎人	抓兔子	猎鹿
抓兔子	4, 4	4, 0
猎鹿	0, 4	10, 10

表示成伪逻辑函数, 则有

$$c_1(X_1, X_2) = V_1^c x_1 x_2 = [4, 4, 0, 10] x_1 x_2,$$
$$c_2(X_1, X_2) = V_2^c x_1 x_2 = [4, 0, 4, 10] x_1 x_2. \tag{1.2.5}$$

(iv) 田忌赛马: 田忌与齐王赛马, 各有上、中、下三种等级的马, 分别记作 t_1, t_2, t_3 和 q_1, q_2, q_3. 已知 $q_1 > t_1 > q_2 > t_2 > q_3 > t_3$ (这里 ">" 表示速度快), 共赛三场, 二人可分别选择出场顺序. 每场千金, 于是有支付双矩阵如表 1.2.4 (其中单位为千金).

表 1.2.4　田忌赛马的支付双矩阵

齐王 \ 田忌	1-2-3	1-3-2	2-1-3	2-3-1	3-1-2	3-2-1
1-2-3	3, -3	1, -1	1, -1	1, -1	-1, 1	1, -1
1-3-2	1, -1	3, -3	1, -1	1, -1	1, -1	-1, 1
2-1-3	1, -1	-1, 1	3, -3	1, -1	1, -1	1, -1
2-3-1	-1, 1	1, -1	1, -1	3, -3	1, -1	1, -1
3-1-2	1, -1	1, -1	1, -1	-1, 1	3, -3	1, -1
3-2-1	1, -1	1, -1	-1, 1	1, -1	1, -1	3, -3

表示成伪逻辑函数, 则有

$$c_1(X_1, X_2) = V_1^c x_1 x_2$$
$$= [3, 1, 1, 1, -1, 1, 1, 3, 1, 1, 1, -1, 1, -1, 3, 1, 1, 1,$$
$$-1, 1, 1, 3, 1, 1, 1, 1, -1, 3, 1, 1, 1, -1, 1, 1, 3] x_1 x_2,$$

$$c_2(X_1, X_2) = V_2^c x_1 x_2$$
$$= [-3, -1, -1, -1, 1, -1, -1, -3, -1, -1, -1, 1, -1, 1, -3,$$
$$-1, -1, -1, 1, -1, -1, -3, -1, -1, -1, -1, -1, 1, -3, -1,$$
$$-1, -1, 1, -1, -1, -3] x_1 x_2. \tag{1.2.6}$$

考察有限博弈 $G = (N, S, C)$, 设 $|N| = n$ 且 $|S_i| = k_i$, $i = 1, \cdots, n$. 则所有这种博弈的集合记作 $\mathcal{G}_{[n; k_1, k_2, \cdots, k_n]}$. 当 $k_1 = k_2 = \cdots = k_n := k$ 时, 这类集合 $\mathcal{G}_{[n; k, k, \cdots, k]}$ 简记为 $\mathcal{G}_{[n; k]}$.

考察一个博弈 $G \in \mathcal{G}_{[n; k_1, k_2, \cdots, k_n]}$. 设其支付函数的结构向量为 V_i^c, $i = 1, \cdots, n$. 将所有结构向量依顺序排成一行, 定义为

$$V_G := [V_1^c, V_2^c, \cdots, V_n^c] \in \mathbb{R}^\kappa. \tag{1.2.7}$$

那么, V_G 称为博弈 G 的结构向量.

因为每个博弈都是由其支付函数唯一确定的, 所以每个博弈都由其博弈的支付函数的结构向量唯一确定. 因此, 我们可以给博弈集合 $\mathcal{G}_{[n; k_1, k_2, \cdots, k_n]}$ 一个向量空间结构, 它同构于 $\mathbb{R}^\kappa$.

例 1.2.2   回忆例 1.2.1:

(i) 性别之战 (G_1)、智猪博弈 (G_2) 和猎鹿博弈 (G_3) 均属于 $\mathcal{G}_{[2;2]}$, 其结构向量分别为

$$V_{G_1} = [2, 0, 0, 1, 1, 0, 0, 2],$$
$$V_{G_2} = [5, 4, 9, 0, 1, 4, -1, 0],$$
$$V_{G_3} = [4, 4, 0, 10, 4, 0, 4, 10].$$

(ii) 田忌赛马 (G_4) 属于 $\mathcal{G}_{[2;6]}$, 其结构向量为

$$V_{G_4} = [\ 3,\ 1,\ 1,\ 1, -1,\ 1,\ 1,\ 3,\ 1,\ 1,\ 1, -1,\ 1, -1,\ 3,\ 1,\ 1,\ 1, -1,\ 1,$$
$$1,\ 3,\ 1,\ 1,\ 1,\ 1,\ 1, -1,\ 3,\ 1,\ 1,\ 1, -1,\ 1,\ 1,\ 3, -3, -1, -1, -1,$$
$$1, -1, -1, -3, -1, -1, -1,\ 1, -1,\ 1, -3, -1, -1, -1,\ 1, -1,$$
$$-1, -3, -1, -1, -1, -1, -1,\ 1, -3, -1, -1, -1,\ 1, -1, -1, -3].$$

1.3   纳 什 均 衡

纳什均衡是非合作博弈理论中最重要的一个概念, 有的教科书直接将纳什均衡称为非合作博弈的解, 如 [9].

先介绍纳什均衡的概念.

定义 1.3.1   考察一个有限博弈 $G \in \mathcal{G}_{[n;k_1,\cdots,k_n]}$. 一个局势 $s^* = (s_1^*, s_2^*, \cdots, s_n^*)$ 称为 G 的一个纯纳什均衡点, 如果

$$c_i(s^*) \geqslant c_i(s_i, s_{-i}^*), \quad s_i \in S_i, \quad i = 1, \cdots, n. \tag{1.3.1}$$

注意, 这里 $s_{-i} := \prod_{j \neq i} s_j$.

与优化问题不同, 非合作博弈中的每一个玩家都很难达到自己支付的最优值 (为简单计, 约定为最大值), 因此, 非合作博弈的目标并不是寻找每一个玩家的最优解, 而是寻找大家都能接受的解. 纳什均衡就是这样一种解. 由定义不难看出, 如果其他人的策略不变, 则没有人能够通过单独改变自己的策略而获利. 因此, 它成为一种局势的平衡点, 或者说, 在某种 "妥协" 下的共同次优解.

我们给一个例子说明什么是纳什均衡.

例 1.3.1 (囚徒困境 (Prisoner's Dilemma))   两个共犯的囚徒, 分别受审. 各有两种策略: 招供、拒供. 其结果表示在支付双矩阵 (表 1.3.1) 中.

表 1.3.1   囚徒困境的支付双矩阵

P_1 \ P_2	拒供	招供
拒供	$-1, -1$	$-9, \underline{0}$
招供	$\underline{0}, -9$	$\underline{-6}, \underline{-6}$

从支付双矩阵不难找出纯纳什均衡点, 操作如下: 考虑每一列, 找出对玩家 1 最佳支付值, 在其下画一线; 再考虑每一行, 找出对玩家 2 最佳支付值, 在其下画一线. 如果某一个局势, 其两支付值均有下画线, 那么, 这个局势就是纯纳什均衡.

在表 1.3.1 中进行上述操作, 则可知 (招供, 招供) 为纯纳什均衡.

那么, 是否一个有限博弈一定有纯纳什均衡呢? 我们看下面的例子.

例 1.3.2   考察石头-剪刀-布游戏, 其支付双矩阵见表 1.3.2.

表 1.3.2   石头-剪刀-布的支付双矩阵

P_1 \ P_2	石头	布	剪刀
石头	$0, 0$	$-1, \underline{1}$	$\underline{1}, -1$
布	$\underline{1}, -1$	$0, 0$	$-1, \underline{1}$
剪刀	$-1, \underline{1}$	$\underline{1}, -1$	$0, 0$

利用上述择优操作在表 1.3.2 上画线, 不难发现它没有纯纳什均衡点.

假如玩家不止两个, 则无法用支付双矩阵表示支付. 这时我们必须用支付矩阵. 在支付矩阵上使用选优画线的方法仍然可以找到纯纳什均衡点. 我们用下面这个例子来说明.

例 1.3.3   考察一个有限博弈 $G = (N, S, C)$, 这里, $N = \{1, 2, 3\}$, $S_1 = \{1, 2, 3\}$, $S_2 = \{1, 2\}$, $S_3 = \{1, 2, 3\}$. 其支付矩阵在表 1.3.3 中.

表 1.3.3   例 1.3.3 的支付矩阵

C \ P	111	112	113	121	122	123	211	212	213
c_1	1	$\underline{2}$	-1	-2	0	1	-2	1	$\underline{1}$
c_2	2	$\underline{3}$	$\underline{4}$	$\underline{3}$	2	1	$\underline{3}$	2	$\underline{2}$
c_3	-2	-1	$\underline{0}$	-4	$\underline{-2}$	-3	-3	-2	$\underline{0}$

C \ P	221	222	223	311	312	313	321	322	323
c_1	$\underline{1}$	0	$\underline{2}$	$\underline{3}$	$\underline{2}$	$\underline{1}$	-1	$\underline{2}$	-2
c_2	2	$\underline{3}$	1	3	2	$\underline{4}$	$\underline{5}$	$\underline{3}$	1
c_3	-1	-1	$\underline{0}$	$\underline{0}$	-3	-3	-2	$\underline{-1}$	$\underline{-1}$

考察 c_1, 比较相同的 s_{-1} 下不同的 $s_1 \in S_1$ 得到的最优 c_1, 在 c_1 行的这种策略下画线. 例如, 比较 111, 211 和 311, 这里 $s_{-1}: (1, 1)$. 因为 $c_1(111) = 1$,

$c_1(211) = -2$, $c_1(311) = 3$, 即

$$c_1(311) = \max_{s_1 \in S_1} c_1(s_1, 1, 1).$$

那么, 我们就在 c_1 行的 311 下画线. 类似地, 对每个 $s_{-1} \in S_{-1}$ 都可以找到 c_1 的最优值. 用同样的方法, 也可以找到对每个 $s_{-2} \in S_{-2}$ 的 c_2 的最优值, 以及对每个 $s_{-3} \in S_{-3}$ 的 c_3 的最优值. 最后, 如果某一列各行的值都画了线, 这一列所对应的局势就是纯纳什均衡.

在表 1.3.3 上进行这种操作, 不难看出, 这个博弈有两个纯纳什均衡, 它们是 $(2, 1, 3)$ 和 $(3, 2, 2)$.

由前面的例子不难看出: 一个有限博弈既可能没有纯纳什均衡, 也可能有多个纯纳什均衡.

1.4 混合策略与纳什定理

回忆例 1.3.2, 我们知道, 石头-剪刀-布游戏中没有纯纳什均衡点. 根据直觉或者平时游戏的经验, 你也许早已知道: 最好的策略是每次以相同的概率随便选一个策略, 即以 1/3 概率选石头, 1/3 概率选剪刀, 1/3 概率选布. 这种策略就称为混合策略.

定义 1.4.1 给定一个有限博弈 $G \in \mathcal{G}_{[n; k_1, \cdots, k_n]}$. 第 i 个玩家的一个混合策略 $x^i = (x_1^i, x_2^i, \cdots, x_{k_i}^i)$ 是一个概率分布, 这里 $x_j^i \geqslant 0$, 且 $\sum_{j=1}^{k_i} x_j^i = 1$. 其物理意义为: 第 i 个玩家以概率 x_j^i 取第 j 个策略.

记 Υ_k 为 k 个变量的概率分布集合, 即

$$\Upsilon_k := \left\{ (x_1, \cdots, x_k) \in \mathbb{R}^k \; \middle| \; x_j \geqslant 0, \sum_{j=1}^{k} x_j = 1 \right\}. \tag{1.4.1}$$

于是, 第 i 个玩家混合策略集合为 $\bar{S}_i = \Upsilon_{k_i}$, $i = 1, \cdots, n$, 且相应的混合局势为

$$\bar{S} = \prod_{i=1}^{n} \bar{S}_i.$$

为区别混合策略与 $s_i \in S_i$, 我们将 $s_i \in S_i$ 称为纯策略.

当使用混合策略时, 其对应的支付变为不确定的了. 因此, 我们必须用支付的期望值来反映混合策略所对应的支付. 准确地说, 设

$$S_i = \{s_1^i, s_2^i, \cdots, s_{k_i}^i\}, \quad i = 1, \cdots, n.$$

那么, 对 $x \in \bar{S}$ 其收益为

$$E_i(x) = \sum_{j=1}^{k_i} c_i(s_j^i) x_j^i, \quad i = 1, \cdots, n. \tag{1.4.2}$$

定义 1.4.2 考察一个有限博弈 $G \in \mathcal{G}_{[n;k_1,\cdots,k_n]}$. 一个混合局势 x^* 称为 G 的一个混合纳什均衡, 如果

$$E_i(x^*) \geqslant E_i(x^i, x_{-i}^*), \quad \forall x^i \in \bar{S}_i; \; i = 1, \cdots, n. \tag{1.4.3}$$

下面的定理是博弈论中最重要的结论之一.

定理 1.4.1(纳什定理)[101] 考察一个有限博弈 $G \in \mathcal{G}_{[n;k_1,\cdots,k_n]}$. 它至少具有一个纳什均衡, 这个均衡可能是混合纳什均衡.

在通常情况下, 计算混合纳什均衡不是一个很容易的事情, 对于有限博弈, 线性规划是一种有效方法[9]. 下面例子表明, 在一些简单情况下, 可直接通过寻优找到.

例 1.4.1 回忆例 1.3.2 中的石头-剪刀-布游戏, 设玩家 1 的策略为 $x_1 = (p_1, p_2, 1 - p_1 - p_2)$, 玩家 2 的策略为 $x_2 = (q_1, q_2, 1 - q_1 - q_2)$. 则有

$$
\begin{aligned}
E_1(x_1, x_2) &= p_1 q_2 - p_1(1 - q_1 - q_2) - p_2 q_1 + p_2(1 - q_1 - q_2) \\
&\quad + (1 - p_1 - p_2)q_1 - (1 - p_1 - p_2)q_2; \\
E_2(x_1, x_2) &= -p_1 q_2 + p_1(1 - q_1 - q_2) + p_2 q_1 - p_2(1 - q_1 - q_2) \\
&\quad - (1 - p_1 - p_2)q_1 + (1 - p_1 - p_2)q_2.
\end{aligned} \tag{1.4.4}
$$

注意到纳什均衡是对对手们固定策略下我方的最佳响应, 于是有

$$
\begin{aligned}
\frac{\partial E_1}{\partial p_1} &= 0, \quad \frac{\partial E_1}{\partial p_2} = 0; \\
\frac{\partial E_2}{\partial q_1} &= 0, \quad \frac{\partial E_2}{\partial q_2} = 0.
\end{aligned} \tag{1.4.5}
$$

式 (1.4.5) 的唯一解为

$$p_1 = p_2 = q_1 = q_2 = 1/3.$$

因此, $x_1^* = x_2^* = (1/3, 1/3, 1/3)$ 是石头-剪刀-布游戏唯一的混合纳什均衡.

1.5 纳什定理的证明

下面的证明可参见 [9].

引理 1.5.1 (Brouwer 不动点定理)[43]   设 $S \subset \mathbb{R}^n$ 为一凸紧集, $f: S \to S$ 为一连续映射. 则必存在一个点 $x^* \in S$, 称为 f 的不动点, 使得

$$f(x^*) = x^*. \tag{1.5.1}$$

设 $S = [0,1] \subset \mathbb{R}$, 图 1.5.1 给出 Brouwer 不动点定理的直观解释. 图中, $f(x)$ 是 $S = [0,1]$ 到 $S = [0,1]$ 的连续函数, 那么, $y = f(x)$ 曲线必定与直线 $y - x$ 相交. 则交点 x^* 满足 $f(x^*) = x^*$.

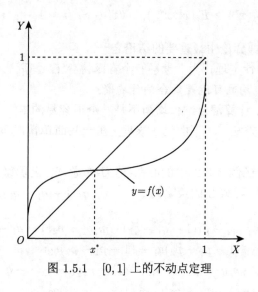

图 1.5.1   [0,1] 上的不动点定理

引理 1.5.2   考察有限博弈 $G \in \mathcal{G}_{[n; k_1, \cdots, k_n]}$. $x^* \in \bar{S}$ 是一个混合纳什均衡, 当且仅当

$$E_i(x^*) \geqslant E_i(s_i, x^*_{-i}), \quad s_i \in S_i;\ i = 1, 2, \cdots, n. \tag{1.5.2}$$

证明   必要性是显然的, 我们证明充分性. 设 $x_i = (x_1^i, x_2^i, \cdots, x_{k_i}^i)$, 那么

$$E_i(x_i, x^*_{-i}) = \sum_{j=1}^{k_i} E_i(s_j^i, x^*_{-i}) x_j^i$$

$$\leqslant \sum_{j=1}^{k_i} E_i(x^*) x_j^i$$

$$= E_i(x^*). \qquad \qquad \square$$

下面证明纳什定理.

证明 记 $S_i = \{s_1^i, s_2^i, \cdots, s_{k_i}^i\}$, $i = 1, \cdots, n$. 那么, 对每一个 s_j^i 定义一个函数

$$\varphi_j^i(x) := \max\left\{0, E_i(x_{-i}, s_j^i) - E_i(x)\right\}, \quad x \in \bar{S}; \; j = 1, \cdots, k_i; \; i = 1, \cdots, n. \tag{1.5.3}$$

又记

$$x = (x_1, x_2, \cdots, x_n),$$
$$x_i = \left(x_1^i, x_2^i, \cdots, x_{k_i}^i\right), \quad i = 1, \cdots, n.$$

再定义

$$y_j^i(x) := \frac{x_j^i + \varphi_j^i(x)}{1 + \displaystyle\sum_{j=1}^{k_i} \varphi_j^i(x)}, \quad j = 1, \cdots, k_i; \; i = 1, \cdots, n. \tag{1.5.4}$$

显然

$$\begin{cases} y_j^i(x) \geqslant 0, \quad j = 1, \cdots, k_i; \; i = 1, \cdots, n, \\ \displaystyle\sum_{j=1}^{k_i} y_j^i(x) = 1, \quad i = 1, \cdots, n, \end{cases}$$

即

$$y_i(x) := \left(y_1^i(x), \cdots, y_{k_i}^i(x)\right) \in \bar{S}_i, \quad i = 1, \cdots, n.$$

根据构造可知 $x \to y_j^i(x)$ 是连续的. 定义 $\Phi : \bar{S} \to \bar{S}$ 如下:

$$x \mapsto y = (y_1(x), \cdots, y_n(x)).$$

则 Φ 也是连续的. 又因为 $\bar{S}$ 是一个紧集, 根据 Brouwer 不动点定理, 存在 $x^* = (x_1^*, \cdots, x_n^*) \in \bar{S}$ 满足

$$(x^*)_j^i = \frac{(x^*)_j^i + \varphi_j^i(x^*)}{1 + \displaystyle\sum_{j=1}^{k_i} \varphi_j^i(x^*)}, \quad j = 1, \cdots, k_i; \; i = 1, \cdots, n. \tag{1.5.5}$$

下面证明 x^* 是一个混合纳什均衡.

对每个 x_i^*, $i = 1, \cdots, n$, 定义

$$J_i := \left\{ j \mid (x^*)_j^i > 0 \right\}.$$

由于 $\sum\limits_{j=1}^{k_i}(x^*)^i_j=1$, 故 $J_i\neq\varnothing$. 因为 $|J_i|\leqslant k_i<\infty$, 所以必有一个极小点 $t_i\in J_i$, 使得

$$E_i(x^*_{-i},s^i_{t_i})\leqslant E_i(x^*_{-i},s^i_j),\quad \forall j\in J_i.$$

因此, 对 $\forall i\in[1,n]$, 有

$$\begin{aligned}
E_i(x^*_{-i},s^i_{t_i})&=\sum_{j=1}^{k_i}E_i(x^*_{-i},s^i_{t_i})(x^*)^i_j\\
&=\sum_{j\in J_i}E_i(x^*_{-i},s^i_{t_i})(x^*)^i_j\\
&\leqslant\sum_{j\in J_i}E_i(x^*_{-i},s^i_j)(x^*)^i_j\\
&=\sum_{j=1}^{k_i}E_i(x^*_{-i},s^i_j)(x^*)^i_j\\
&=E_i(x^*_{-i},x^*_i)\\
&=E_i(x^*).
\end{aligned}\tag{1.5.6}$$

将 (1.5.6) 用于 (1.5.3) 可得

$$\varphi^i_{t_i}(x^*)=0,\quad \forall i\in N.\tag{1.5.7}$$

将其代入 (1.5.5), 则得

$$(x^*)^i_{t_i}=\frac{(x^*)^i_{t_i}}{1+\sum\limits_{j=1}^{k_i}\varphi^i_j(x^*)},\quad \forall i\in N.\tag{1.5.8}$$

注意到 $t_i\in J_i$, 即 $(x^*)^i_{t_i}>0$. 于是可知

$$\sum_{j=1}^{k_i}\varphi^i_j(x^*)=0,\quad \forall i\in N.\tag{1.5.9}$$

又由于 $\varphi^i_j(x^*)\geqslant0$, 则由 (1.5.9) 可知

$$\varphi^i_j(x^*)=0,\quad j=1,\cdots,k_i;\ i=1,\cdots,n.$$

根据定义式 (1.5.3), 可得结论

$$E_i(x^*_{-i}, s^i_j) \leqslant E_i(x^*), \quad j = 1, \cdots, k_i;\ i = 1, \cdots, n. \tag{1.5.10}$$

再由引理 1.5.2 可知, x^* 是一个混合纳什均衡. $\qquad\square$

第 2 章 矩阵博弈

矩阵博弈也称二人零和博弈, 它是最基本也是最重要的一类博弈. 除了其自身具有的重要性和趣味性外, 它对理解一般非合作博弈甚至合作博弈都是很有帮助的. 本章主要内容可参考 [9, 53].

2.1 $\mathbb{R}^n$ 中的凸集

本节讨论欧氏空间中的凸集, 它为矩阵博弈的研究提供了一个有用工具.

定义 2.1.1 考察欧氏空间 $\mathbb{R}^n$.

(i) 设 $a, b \in \mathbb{R}^n$. 则

$$\lambda a + (1 - \lambda)b, \quad \lambda \in [0, 1]$$

称为 a 和 b 的凸组合.

(ii) 设 $S \subset \mathbb{R}^n$ 为一子集, 称 S 为一凸子集, 如果对任意两点 $a, b \in S$, 它们的凸组合也属于 S.

例如, 在 $\mathbb{R}^3$ 中, 球、椭球、立方体等均为凸集; 在平面中, 圆盘、三角形、长方形等也是凸集.

定理 2.1.1 (凸集分离定理) 设 $S \subset \mathbb{R}^n$ 为一非空有界闭凸集, $y \in S^c$ 为集外一点. 则存在一个向量 $0 \neq p \in \mathbb{R}^n$ 和一个数 $a \in \mathbb{R}$, 使得

$$p^{\mathrm{T}} x \geqslant a > p^{\mathrm{T}} y, \quad \forall x \in S. \tag{2.1.1}$$

证明 因为 S 是一个非空闭集, 所以, 连续函数 $f(x) := d(y, x)$, $x \in S$, 可以达到它的最小值, 记作

$$d(x_0, y) = \min\{d(x, y) \mid x \in S\} > 0.$$

由于 $x_0 \in S$, S 是凸集, 则对任何 $x \in S$ 均有

$$\lambda x + (1 - \lambda)x_0 \in S, \quad \lambda \in [0, 1].$$

因此

$$d(x_0, y) \leqslant d(\lambda x + (1 - \lambda)x_0, y),$$

即
$$\|x_0 - y\|^2 \leqslant \|\lambda x + (1-\lambda)x_0 - y\|^2.$$

展开上式, 则得
$$\lambda\|x - x_0\|^2 + 2(x_0 - y)^{\mathrm{T}}(x - x_0) \geqslant 0.$$

令 $\lambda \to 0^+$ 即得
$$(x_0 - y)^{\mathrm{T}}(x - x_0) \geqslant 0, \quad \forall x \in S.$$

取 $p := x_0 - y \neq 0$ 以及 $a := p^{\mathrm{T}}x_0$, 则有
$$p^{\mathrm{T}}x \geqslant a, \quad \forall x \in S. \tag{2.1.2}$$

另一方面
$$a - p^{\mathrm{T}}y = p^{\mathrm{T}}(x_0 - y) = \|x_0 - y\|^2 > 0. \tag{2.1.3}$$

由 (2.1.2) 及 (2.1.3) 即可得到
$$p^{\mathrm{T}}x \geqslant a > p^{\mathrm{T}}y, \quad \forall x \in S. \qquad \square$$

图 2.1.1 是凸集分离定理的示意图. 它显示, 超平面 $H = \{x \in \mathbb{R}^n \mid p^{\mathrm{T}}x = a\}$ 将 y 和 S 严格分离.

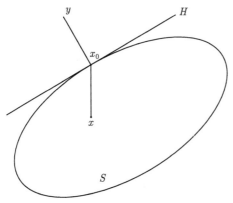

图 2.1.1 凸集分离定理示意图

下面这个命题可视为凸集分离定理的一个应用.

命题 2.1.1 设 $A = (a_{i,j}) \in \mathcal{M}_{m \times n}$. 则下述两种情况之一必定成立:

(i) 存在 $y \in \Upsilon_n$, 使得
$$Ay \leqslant 0; \tag{2.1.4}$$

(ii) *存在一个* $x \in \Upsilon_m$, *使得*

$$A^{\mathrm{T}} x > 0. \tag{2.1.5}$$

证明　记 $c_j := \mathrm{Col}_j(A)$, $j = 1, \cdots, n$, 并设

$$S = \mathrm{Cov}\{c_j, \ j = 1, \cdots, n, \delta_m^i, \ i = 1, \cdots, m\},$$

这里, $\mathrm{Cov}\{\cdot\}$ 为由括号内元素生成的凸集. 下面分两种情况讨论.

情况 1: $0 \in S$, 则存在 $t \in \Upsilon_{n+m}$, 使得

$$\sum_{i=1}^{n} t_i c_i + \sum_{i=1}^{m} t_{n+i} \delta_m^i = 0.$$

写成分量形式, 则有

$$t_1 a_{i,1} + t_2 a_{i,2} + \cdots + t_n a_{i,n} + t_{n+i} = 0, \quad i = 1, \cdots, m.$$

于是可得

$$t_1 a_{i,1} + t_2 a_{i,2} + \cdots + t_n a_{i,n} = -t_{n+i} \leqslant 0, \quad i = 1, \cdots, m. \tag{2.1.6}$$

注意到 $\sum\limits_{i=1}^{n} t_i > 0$, 否则从 (2.1.6) 可推出 $t_i = 0$, $\forall i$, 矛盾.

设

$$y_i = \frac{t_i}{\sum\limits_{i=1}^{n} t_i}, \quad i = 1, \cdots, n.$$

则有 $y = (y_1, \cdots, y_n)^{\mathrm{T}} \in \Upsilon_n$, 于是可得 (2.1.4).

情况 2: $0 \notin S$.

根据凸集分离定理可知, 存在 $0 \neq p \in \mathbb{R}^m$, 使得

$$p^{\mathrm{T}} c_j > 0, \quad j = 1, \cdots, n. \tag{2.1.7}$$

即

$$A^{\mathrm{T}} p > 0.$$

并且, 我们还有

$$p^{\mathrm{T}} \delta_m^i = p_i > 0, \quad i = 1, \cdots, m.$$

设 $x = \dfrac{p}{\|p\|}$, 则 $x \in \Upsilon_n$, 并且, (2.1.5) 成立.　　　　　　　$\square$

2.2 矩阵博弈及其纳什均衡点

定义 2.2.1 一个有限博弈 $G = (N, S, C)$ 称为零和博弈, 如果

$$\sum_{i=1}^{n} c_i(s) = 0, \quad \forall s \in S. \tag{2.2.1}$$

下面考虑二人博弈. 设 $S_1 = \{1, 2, \cdots, m\}$, $S_2 = \{1, 2, \cdots, n\}$. 记 $a_{i,j} = c(i, j)$ 为玩家 1 的收益函数, 那么 $b_{i,j} = -c(i, j)$ 为玩家 2 的收益函数, $i = 1, \cdots, m$, $j = 1, \cdots, n$.

因此, 二人零和博弈也称矩阵博弈, 因为二人的支付完全由矩阵 $A = (a_{i,j})$ 确定了.

下面考察几个例子, 这些例子后面还会用到.

例 2.2.1 (i) 回忆例 1.1.1, 石头-剪刀-布是二人零和博弈.

(ii) 回忆例 1.2.1: 性别之战、智猪博弈、猎鹿博弈都不是零和博弈; 田忌赛马是零和博弈.

(iii) 回忆例 1.3.1: 囚徒困境不是零和博弈.

例 2.2.2 三人玩手心手背博弈: 手心为白 (W)、手背为黑 (B). 如果三人同色, 均得零元. 否则, 落单者付给同色的二位玩家每人一元. 则支付矩阵见表 2.2.1.

表 2.2.1 手心手背的支付矩阵

S	WWW	WWB	WBW	WBB	BWW	BWB	BBW	BBB
c_1	0	1	1	-2	-2	1	1	0
c_2	0	1	-2	1	1	-2	1	0
c_3	0	-2	1	1	1	1	-2	0

这是一个三人零和博弈.

例 2.2.3 二人玩猜硬币博弈: 两个人同时出一硬币, 正面 (H)、背面 (T). 支付矩阵见表 2.2.2.

表 2.2.2 猜硬币博弈的支付双矩阵

P_1 \ P_2	H	T
H	3, -3	-2, 2
T	-2, 2	1, -1

这是一个二人零和博弈. 一个有趣的问题是: 这个貌似公平的游戏对两个玩家真的公平吗?

引理 2.2.1 一个矩阵博弈满足

$$\max_{1 \leqslant i \leqslant m} \min_{1 \leqslant j \leqslant n} c(i,j) \leqslant \min_{1 \leqslant j \leqslant n} \max_{1 \leqslant i \leqslant m} c(i,j). \tag{2.2.2}$$

证明 由于

$$\min_{1 \leqslant j \leqslant n} c(i,j) \leqslant c(i,j) \leqslant \max_{1 \leqslant i \leqslant m} c(i,j), \quad i = 1, \cdots, m; \ j = 1, \cdots, n.$$

先对 i 取极大再对 j 取极小, 则得 (2.2.2). □

记 $e(i,j) := Ec(i,j)$. 类似于 (2.2.2), 对混合策略我们也可以证明类似的不等式.

推论 2.2.1 二人零和博弈满足

$$\max_{\bar{i} \in \bar{S}_1} \min_{\bar{j} \in \bar{S}_2} e(\bar{i}, \bar{j}) \leqslant \min_{\bar{j} \in \bar{S}_2} \max_{\bar{i} \in \bar{S}_1} e(\bar{i}, \bar{j}). \tag{2.2.3}$$

命题 2.2.1 矩阵博弈具有纯纳什均衡点, 当且仅当,

$$\max_{1 \leqslant i \leqslant m} \min_{1 \leqslant j \leqslant n} c(i,j) = \min_{1 \leqslant j \leqslant n} \max_{1 \leqslant i \leqslant m} c(i,j). \tag{2.2.4}$$

证明 设 (i^*, j^*) 为一纯纳什均衡点, 那么, 不难验证

$$c(i, j^*) \leqslant c(i^*, j^*) \leqslant c(i^*, j), \quad i = 1, \cdots, m; \ j = 1, \cdots, n. \tag{2.2.5}$$

(必要性) 利用等式 (2.2.5) 并对 i 取极大, 对 j 取极小, 则得

$$\max_{1 \leqslant i \leqslant m} c(i, j^*) \leqslant c(i^*, j^*) \leqslant \min_{1 \leqslant j \leqslant n} c(i^*, j).$$

将它与不等式 (2.2.2) 合并, 则得 (2.2.4).

(充分性) 设存在 i^* 与 j^* 使得

$$\min_{1 \leqslant j \leqslant n} c(i^*, j) = \max_{1 \leqslant i \leqslant m} \min_{1 \leqslant j \leqslant n} c(i,j);$$

$$\max_{1 \leqslant i \leqslant m} c(i, j^*) = \min_{1 \leqslant j \leqslant n} \max_{1 \leqslant i \leqslant m} c(i,j).$$

根据 (2.2.4), 则有

$$\min_{1 \leqslant j \leqslant n} c(i^*, j) = \max_{1 \leqslant i \leqslant m} c(i, j^*).$$

于是可知

$$c(i, j^*) \leqslant \max_{1 \leqslant i \leqslant m} c(i, j^*) = \min_{1 \leqslant j \leqslant n} c(i^*, j) \leqslant c(i^*, j^*)$$

$$\leqslant \max_{1 \leqslant i \leqslant m} c(i, j^*) = \min_{1 \leqslant j \leqslant n} c(i^*, j) \leqslant c(i^*, j). \quad □$$

类似地讨论可知, 对混合策略有如下结果.

推论 2.2.2 一个矩阵博弈具有混合纳什均衡, 当且仅当,

$$\max_{\bar{i} \in \bar{S}_1} \min_{\bar{j} \in \bar{S}_2} e(\bar{i}, \bar{j}) = \min_{\bar{j} \in \bar{S}_2} \max_{\bar{i} \in \bar{S}_1} e(\bar{i}, \bar{j}). \tag{2.2.6}$$

设 $(\bar{i}^*, \bar{j}^*) \in \bar{S}$ 是一个矩阵博弈的混合纳什均衡, 那么, $\bar{i}(\bar{j})$ 称为玩家 1(相应地, 玩家 2) 的最优混合策略.

命题 2.2.2 给定一个矩阵博弈, 设 $\bar{i}^*$ 和 $\tilde{j}^*$ 分别为玩家 1 和玩家 2 的最优混合策略, 那么, $(\bar{i}^*, \tilde{j}^*)$ 是一个混合纳什均衡.

证明 由定义可知, 存在 $\bar{j}^*$ 使 $(\bar{i}^*, \bar{j}^*)$ 为混合纳什均衡. 同样, 存在 $\tilde{i}^*$ 使 $(\tilde{i}^*, \tilde{j}^*)$ 混合纳什均衡. 那么, 我们有

$$e(\bar{i}, \bar{j}^*) \leqslant e(\bar{i}^*, \bar{j}^*) \leqslant e(\bar{i}^*, \bar{j});$$
$$e(\bar{i}, \tilde{j}^*) \leqslant e(\tilde{i}^*, \tilde{j}^*) \leqslant e(\tilde{i}^*, \tilde{j}).$$

于是可知

$$e(\tilde{i}^*, \bar{j}^*) \leqslant e(\bar{i}^*, \bar{j}^*) \leqslant e(\bar{i}^*, \tilde{j}^*) \leqslant e(\tilde{i}^*, \tilde{j}^*) \leqslant e(\tilde{i}^*, \bar{j}^*).$$

由此可推出

$$e(\bar{i}^*, \bar{j}^*) = e(\tilde{i}^*, \tilde{j}^*) = e(\tilde{i}^*, \bar{j}^*) = e(\bar{i}^*, \tilde{j}^*).$$

那么, 就可得知, 对任何 $\bar{i} \in \bar{S}_1, \bar{j} \in \bar{S}_2$ 有

$$e(\bar{i}, \tilde{j}^*) \leqslant e(\bar{i}^*, \tilde{j}^*) = e(\tilde{i}^*, \tilde{j}^*) = e(\bar{i}^*, \bar{j}^*) \leqslant e(\bar{i}^*, \bar{j}). \qquad \square$$

注 由上述命题可知, 对任一矩阵博弈, 如果 $(\tilde{i}^*, \tilde{j}^*)$ 和 $(\bar{i}^*, \bar{j}^*)$ 为两个混合纳什均衡, 那么, $(\tilde{i}^*, \bar{j}^*)$ 及 $(\bar{i}^*, \tilde{j}^*)$ 也是混合纳什均衡. 因此

$$e(\tilde{i}^*, \tilde{j}^*) = e(\tilde{i}^*, \bar{j}^*) = e(\bar{i}^*, \tilde{j}^*) = e(\bar{i}^*, \bar{j}^*),$$

也就是说, 它们有相同的支付期望值. 这个期望值称为纳什均衡值 (准确地说, 上述值是玩家 1 的支付期望值, 玩家 2 的支付期望值为其相反值).

定理 2.2.1 一个矩阵博弈具有混合纳什均衡, 当且仅当,

$$\max_{\bar{i} \in \bar{S}_1} \min_{1 \leqslant j \leqslant n} e(\bar{i}, j) = \min_{\bar{j} \in \bar{S}_2} \max_{1 \leqslant i \leqslant m} e(i, \bar{j}). \tag{2.2.7}$$

并且, 这个共同值就是纳什均衡值.

证明　根据不等式

$$\min_{1\leqslant j\leqslant n} e(\bar{i},j) \geqslant \min_{\bar{j}\in\bar{S}_2} e(\bar{i},\bar{j});$$

$$\max_{1\leqslant i\leqslant m} e(i,\bar{j}) \leqslant \max_{\bar{i}\in\bar{S}_1} e(\bar{i},\bar{j}),$$

可推出

$$\max_{\bar{i}\in\bar{S}_1}\min_{1\leqslant j\leqslant n} e(\bar{i},j) \geqslant \max_{\bar{i}\in\bar{S}_1}\min_{\bar{j}\in\bar{S}_2} e(\bar{i},\bar{j}), \tag{2.2.8}$$

以及

$$\min_{\bar{j}\in\bar{S}_2}\max_{1\leqslant i\leqslant m} e(i,\bar{j}) \leqslant \min_{\bar{j}\in\bar{S}_2}\max_{\bar{i}\in\bar{S}_1} e(\bar{i},\bar{j}). \tag{2.2.9}$$

另一方面, 我们还知道

$$e(\bar{i},\bar{j}) = \sum_{s=1}^{n} e(\bar{i},s)\bar{j}_s \geqslant \min_{1\leqslant j\leqslant n} e(\bar{i},j);$$

$$e(\bar{i},\bar{j}) = \sum_{s=1}^{m} e(s,\bar{j})\bar{i}_s \leqslant \max_{1\leqslant i\leqslant m} e(i,\bar{j}).$$

因此可得

$$\max_{\bar{i}\in\bar{S}_1}\min_{\bar{j}\in\bar{S}_2} e(\bar{i},\bar{j}) \geqslant \max_{\bar{i}\in\bar{S}_1}\min_{1\leqslant j\leqslant n} e(\bar{i},j), \tag{2.2.10}$$

且

$$\min_{\bar{j}\in\bar{S}_2}\max_{\bar{i}\in\bar{S}_1} e(\bar{i},\bar{j}) \leqslant \min_{\bar{j}\in\bar{S}_2}\max_{1\leqslant i\leqslant m} e(i,\bar{j}). \tag{2.2.11}$$

利用 (2.2.8) 及 (2.2.10), 我们有

$$\max_{\bar{i}\in\bar{S}_1}\min_{\bar{j}\in\bar{S}_2} e(\bar{i},\bar{j}) = \max_{\bar{i}\in\bar{S}_1}\min_{1\leqslant j\leqslant n} e(\bar{i},j).$$

利用 (2.2.9) 及 (2.2.11), 我们有

$$\min_{\bar{j}\in\bar{S}_2}\max_{\bar{i}\in\bar{S}_1} e(\bar{i},\bar{j}) = \min_{\bar{j}\in\bar{S}_2}\max_{1\leqslant i\leqslant m} e(i,\bar{j}).$$

由此可知, (2.2.7) 与 (2.2.6) 等价. 结论显见.　　　　　　□

下面这个定理在计算矩阵博弈的纳什均衡时十分有效.

定理 2.2.2 考察一个矩阵博弈, 一个局势 $(\bar{i}^*, \bar{j}^*)$ 是一个混合纳什均衡, 当且仅当, 存在一个实数 φ 满足

$$e(i, \bar{j}^*) \leqslant \varphi \leqslant e(\bar{i}^*, j), \quad i = 1, \cdots, m; \ j = 1, \cdots, n. \tag{2.2.12}$$

并且, 这个 φ 就是共同的纳什均衡值.

证明 (必要性) 设 $(\bar{i}^*, \bar{j}^*)$ 为一混合纳什均衡. 令 $\varphi := e(\bar{i}^*, \bar{j}^*)$, 则显见 (2.2.12) 成立.

(充分性) 设 (2.2.12) 成立, 那么我们有

$$e(\bar{i}, \bar{j}^*) = \sum_{s=1}^{m} e(s, \bar{j}^*) \bar{i}_s \leqslant \varphi \sum_{s=1}^{m} \bar{i}_s = \varphi, \quad \forall \bar{i} \in \bar{S}_1;$$

$$e(\bar{i}^*, \bar{j}) = \sum_{s=1}^{n} e(\bar{i}^*, s) \bar{j}_s \geqslant \varphi \sum_{s=1}^{n} \bar{j}_s = \varphi, \quad \forall \bar{j} \in \bar{S}_2.$$

于是可得

$$e(\bar{i}, \bar{j}^*) \leqslant \varphi \leqslant e(\bar{i}^*, \bar{j}), \quad \forall \bar{i} \in \bar{S}_1, \ \forall \bar{j} \in \bar{S}_2. \tag{2.2.13}$$

令 $\bar{i} = \bar{i}^*$, $\bar{j} = \bar{j}^*$, 则由 (2.2.13) 可知 $\varphi = e(\bar{i}^*, \bar{j}^*)$. 将其代入 (2.2.13) 就可知 $(\bar{i}^*, \bar{j}^*)$ 为一纳什均衡点. □

2.3 混合纳什均衡的存在

由纳什定理 (定理 1.4.1) 已知, 一个有限博弈至少存在一个混合纳什均衡, 作为特例, 矩阵博弈的混合纳什均衡当然也存在. 对于这种特殊情况, 这里给出一个初等的证明, 这不仅有助于加深对纳什定理的直观理解, 而且可以进一步揭示矩阵博弈的一些性质.

定理 2.3.1 任何一个矩阵博弈都至少有一个混合纳什均衡.

证明 记

$$\varphi_1 := \max_{\bar{i} \in \bar{S}_1} \min_{1 \leqslant j \leqslant n} e(\bar{i}, j);$$

$$\varphi_2 := \min_{\bar{j} \in \bar{S}_2} \max_{1 \leqslant i \leqslant m} e(i, \bar{j}).$$

根据定理 2.2.1, 只要证明 $\varphi_1 = \varphi_2$ 即可. 显然 $\varphi_1 \leqslant \varphi_2$. 因此, 只要证明 $\varphi_1 \geqslant \varphi_2$ 就够了.

根据命题 2.1.1, 以下两种情况之一必定成立:

情况 1: 存在一个 $\bar{j} \in \Upsilon_n$, 使得

$$e(i, \bar{j}) = \sum_{s=1}^{n} c(i, s)\bar{j}_s \leqslant 0, \quad i = 1, \cdots, m.$$

那么我们有

$$\varphi_2 = \min_{\bar{j} \in \bar{S}_2} \max_{1 \leqslant i \leqslant m} e(i, \bar{j}) \leqslant 0. \tag{2.3.1}$$

情况 2: 存在一个 $\bar{i} \in \Upsilon_m$, 使得

$$e(\bar{i}, j) = \sum_{s=1}^{m} c(s, j)\bar{i}_s > 0, \quad j = 1, \cdots, n.$$

那么我们有

$$\varphi_1 = \max_{\bar{i} \in \bar{S}_1} \min_{1 \leqslant j \leqslant n} e(\bar{i}, j) > 0. \tag{2.3.2}$$

再由式 (2.3.1) 及式 (2.3.2) 不难看出 $\varphi_1 \leqslant 0 < \varphi_2$ 是不可能的.

下面, 我们不妨将支付函数改为 $\tilde{c}(i, j) = c(i, j) - d$, 这里 d 是一个任意实数. 重复前面的讨论, 可以证明: $\varphi_1 - d \leqslant 0 < \varphi_2 - d$ 也是不可能的, 即 $\varphi_1 \leqslant d < \varphi_2$ 是不可能的. 由于 d 是任意的, 显然 $\varphi_1 < \varphi_2$ 是不可能的.   □

2.4 矩阵博弈的等价性

一个二人博弈称为二人常和博弈, 如果

$$c_1(s) + c_2(s) = \text{const.}, \quad \forall s \in S.$$

矩阵博弈的一个最显著特点是 $c_1 + c_2 = 0$. 因此, 纳什均衡满足

$$c(\bar{i}, \bar{j}^*) \leqslant c(\bar{i}^*, \bar{j}^*) \leqslant c(\bar{i}^*, \bar{j}), \quad \forall \bar{i} \in \bar{S}_1, \ \forall \bar{j} \in \bar{S}_2. \tag{2.4.1}$$

根据这个特点, 我们可以用极大-极小方法来讨论纳什均衡, 就像在前两节做的那样. 一般地说, 如果存在 $\alpha > 0$, $\beta > 0$, 以及 γ, 使得

$$\alpha c_1(s) + \beta c_2(s) + \gamma = 0, \quad \forall s \in S, \tag{2.4.2}$$

那么, 纳什均衡应当满足以下不等式:

$$c_1(\bar{i}, \bar{j}^*) \leqslant c_1(\bar{i}^*, \bar{j}^*);$$
$$c_2(\bar{i}^*, \bar{j}) \leqslant c_2(\bar{i}^*, \bar{j}^*).$$

并且, 第二个不等式可改写成

$$-\frac{\alpha}{\beta}c_1(\bar{i}^*,\bar{j}) - \frac{\gamma}{\beta} \leqslant -\frac{\alpha}{\beta}c_1(\bar{i}^*,\bar{j}^*) - \frac{\gamma}{\beta},$$

即

$$c_1(\bar{i}^*,\bar{j}^*) \leqslant c_1(\bar{i}^*,\bar{j}).$$

因此, 要找到纳什均衡只要考虑 c_1 就行了, 而它只要满足 (2.4.1) 就够了. 于是可知, 2.2 节和 2.3 节发展起来的极大-极小方法以及所有结果, 均可推广到满足 (2.4.2) 的二人博弈.

当 $\alpha = \beta = 1$ 时, 满足 (2.4.2) 式的二人博弈变为二人常和博弈, 它具有特殊的重要性.

定义 2.4.1 两个矩阵博弈 G^α, G^β 称为等价的, 如果存在常数 $p > 0$ 和 q, 使得它们的支付函数满足

$$c^\alpha = pc^\beta + q. \tag{2.4.3}$$

以下这个结果直接来自定理 2.2.2.

定理 2.4.1 设两个矩阵博弈 G^α 和 G^β 等价. 那么, $(\bar{i}^*,\bar{j}^*)$ 是 G^α 的纳什均衡, 当且仅当, $(\bar{i}^*,\bar{j}^*)$ 是 G^β 的纳什均衡. 也就是说, G^α 和 G^β 有相同的纳什均衡集合.

在计算纳什均衡时, 定理 2.4.1 可用于简化支付矩阵. 具体程序将在 2.5 节讨论.

2.5 计算纳什均衡

本节介绍如何应用定理 2.2.2 求解纳什均衡.

设一个矩阵博弈 G 的支付矩阵如下:

$$C = \begin{bmatrix} c_{1,1} & c_{1,2} & \cdots & c_{1,n} \\ c_{2,1} & c_{2,2} & \cdots & c_{2,n} \\ \vdots & \vdots & & \vdots \\ c_{m,1} & c_{m,2} & \cdots & c_{m,n} \end{bmatrix}.$$

记

$$\bar{j}^* = (y_1, y_2, \cdots, y_n),$$
$$\bar{i}^* = (x_1, x_2, \cdots, x_m).$$

根据式 (2.2.12), 不难得到以下的不等式:

$$\sum_{j=1}^{n} c_{i,j}y_j \leqslant v, \quad i = 1, \cdots, m,$$

$$y_j \geqslant 0, \quad \sum_{j=1}^{n} y_j = 1.$$

$$\sum_{i=1}^{m} c_{i,j} x_i \geqslant v, \quad j = 1, \cdots, n,$$

$$x_i \geqslant 0, \quad \sum_{i=1}^{m} x_i = 1. \tag{2.5.1}$$

对 (2.5.1) 的任何解, 令

$$\bar{i}^* = (x_1, \cdots, x_m),$$
$$\bar{j}^* = (y_1, \cdots, y_n).$$

那么, $(\bar{i}^*, \bar{j}^*)$ 就是一个混合纳什均衡.

注 (i) 因为一个矩阵博弈的纳什均衡值不依赖于具体的纳什均衡点 (参见命题 2.2.2 的注), 为了解决优化问题只要找到一个纳什均衡点就够了.

(ii) 有时找到 (2.5.1) 的一个解并不容易. 这时, 定理 2.4.1 或许就能用来发现纳什均衡点. 这时我们可以先简化支付矩阵. 简化后的支付矩阵或许会给出一个显见的解. 下面的例子显示了这一点.

例 2.5.1 考察一个矩阵博弈, 其支付矩阵如下:

$$C = \begin{bmatrix} 1 & 3 & 1 \\ -1 & 1 & 1 \\ 1 & 1 & 1 \\ 1 & -1 & 3 \end{bmatrix}, \tag{2.5.2}$$

我们试图找出一个纳什均衡.

首先, 用以下方法简化 C:

$$\tilde{C} := [C - \mathbf{1}_{4 \times 3}]/2. \tag{2.5.3}$$

那么, 我们有

$$C \sim \tilde{C} = \begin{bmatrix} 0 & 1 & 0 \\ -1 & 0 & 0 \\ 0 & 0 & 0 \\ 0 & -1 & 1 \end{bmatrix}. \tag{2.5.4}$$

利用定理 2.2.2 可得

$$\begin{cases} y_2 \leqslant v, \\ -y_1 \leqslant v, \\ 0 \leqslant v, \\ -y_2 + y_3 \leqslant v; \end{cases} \qquad \begin{cases} -x_2 \geqslant v, \\ x_1 - x_4 \geqslant v, \\ x_4 \geqslant v. \end{cases}$$

显然 $v = 0$ 是唯一解. 相应地, 我们有

$$y_1^* = 1; \quad y_2^* = y_3^* = 0,$$

即 $y^* = (1, 0, 0) := s_1^2$. 至于 x, 它必须满足

$$\begin{cases} x_2^* = 0, \\ x_1^* \geqslant x_4^*, \\ x_3^* = 1 - (x_1 + x_4). \end{cases}$$

这里有许多解, 譬如,

$$x^* = (1, 0, 0, 0) := s_1^1,$$

它是纯纳什均衡. 因此, $x = s_1^1$ 及 $y = s_1^2$ 为一对纯纳什均衡.

这里有无数纳什均衡. 例如,

$$x^* = (1/2, 0, 1/4, 1/4)$$

是一个混合策略, 那么, (x^*, y^*) 就是一对混合纳什均衡.

最后, 我们计算纳什均衡值. 利用 (2.5.3) 显然, 原始的 v 应为 1, 这就是原始博弈的纳什均衡值.

例 2.5.2 回忆例 1.2.1 中的 (iv) 田忌赛马, 它显然是二人零和博弈. 现在写出 (玩家 1) 的支付矩阵如表 2.5.1.

依下法简化

$$c_{i,j} \Rightarrow \frac{c_{i,j} - 1}{2}, \quad \forall i, j, \tag{2.5.5}$$

则表 2.5.1 变为表 2.5.2.

表 2.5.1　田忌赛马的支付矩阵 (一)

齐王 \ 田忌	1-2-3	1-3-2	2-1-3	2-3-1	3-1-2	3-2-1
1-2-3	3	1	1	−1	1	1
1-3-2	1	3	−1	1	1	1
2-1-3	1	1	3	1	1	−1
2-3-1	1	1	1	3	−1	1
3-1-2	−1	1	1	1	3	1
3-2-1	1	−1	1	1	1	3

表 2.5.2　田忌赛马的支付矩阵 (二)

齐王 \ 田忌	1-2-3	1-3-2	2-1-3	2-3-1	3-1-2	3-2-1
1-2-3	1	0	0	−1	0	0
1-3-2	0	1	−1	0	0	0
2-1-3	0	0	1	0	0	−1
2-3-1	0	0	0	1	−1	0
3-1-2	−1	0	0	0	1	0
3-2-1	0	−1	0	0	0	1

不等式 (2.5.1) 变为

$$
\begin{cases}
y_1 - y_4 \leqslant v, \\
y_2 - y_3 \leqslant v, \\
y_3 - y_6 \leqslant v, \\
y_4 - y_5 \leqslant v, \\
-y_1 + y_5 \leqslant v, \\
-y_2 + y_6 \leqslant v,
\end{cases}
\quad
\begin{cases}
x_1 - x_5 \geqslant v, \\
x_2 - x_6 \geqslant v, \\
-x_2 + x_3 \geqslant v, \\
-x_1 + x_4 \geqslant v, \\
-x_4 + x_5 \geqslant v, \\
-x_3 + x_6 \geqslant v.
\end{cases}
\tag{2.5.6}
$$

显然有

$$左手边 \Rightarrow v \geqslant 0,$$
$$右手边 \Rightarrow v \leqslant 0.$$

因此有 $v = 0$. 于是 (2.5.6) 的一个显式解为

$$\bar{i}^* = (1/6, 1/6, 1/6, 1/6, 1/6, 1/6),$$
$$\bar{j}^* = (1/6, 1/6, 1/6, 1/6, 1/6, 1/6).$$

因此, 田忌赛马的纳什均衡值为

$$e(\bar{i}^*, \bar{j}^*) = \frac{1}{36} [6 \times 3 + 6 \times (-1) + 24 \times 1] = 1.$$

也就是说, 平均每局田忌输千金, 齐王赢千金.

寻找一个有限博弈的混合纳什均衡, 一般而言不是一件容易的事情. 可以说, 至今还没有一个统一的有效的方法. 对于简单的二人零和博弈, 我们介绍了两种方法: 极值法与求解不等式法. 下面用一个例子对它们作比较.

例 2.5.3 回忆例 2.2.3 中的猜硬币博弈, 求纳什均衡.

(i) 极限法:

设纳什均衡点为 $(x, y) = \{(p, 1-p), (q, 1-q)\}$. 则

$$\begin{aligned}
e_1(x, y) &= 3pq - 2p(1-q) - 2(1-p)q + (1-p)(1-q) \\
&= 8pq - 3p - 3q + 1, \\
(e_2(x, y) &= -e_1(x, y)).
\end{aligned}$$

则我们有

$$\begin{cases} \dfrac{\partial e_1}{\partial p} = 8q - 3 := 0, \\[2mm] \dfrac{\partial e_1}{\partial q} = 8p - 3 := 0, \end{cases}$$

纳什均衡点为

$$(x^*, y^*) = \{(3/8, 5/8), (3/8, 5/8)\}.$$

$$e_1(x^*, y^*) = -1/8, \quad e_2(x^*, y^*) = 1/8,$$

即玩家 1 平均每局输 1/8, 玩家 2 平均每局赢 1/8.

(ii) 求解不等式法:

支付矩阵

$$C = \begin{bmatrix} 3 & -2 \\ -2 & 1 \end{bmatrix} \sim C + 2I = C = \begin{bmatrix} 5 & -2 \\ -2 & 3 \end{bmatrix}.$$

根据不等式 (2.5.1) 可得

$$\begin{cases} 5q \leqslant v, \\ 3(1-q) \leqslant v, \end{cases} \qquad \begin{cases} 5p \geqslant v, \\ 3(1-p) \geqslant v. \end{cases}$$

一个显式解为

$$q = 3/8, \quad 1 - q = 5/8 \Rightarrow v \geqslant 15/8,$$
$$p = 3/8, \quad 1 - p = 5/8 \Rightarrow v \leqslant 15/8.$$

于是有 $(x^*, y^*) = \{(3/8, 5/8), (3/8, 5/8)\}$, $v = 15/8 - 2 = -1/8$, 即 $e_1(x^*, y^*) = -1/8 = -e_2(x^*, y^*)$.

第 3 章 网络演化博弈

演化博弈的概念最早是由生物学家提出来的, 他们希望用博弈的方法描述动物或植物间的生存斗争引起的进化过程[115]. 此后, 演化博弈成为博弈论中最活跃的一个组成部分. 为了与一次性的静态博弈相比较, 演化博弈也称为重复博弈或动态博弈. 本章感兴趣的是马尔可夫型动态博弈, 即每个玩家只依赖于当前信息来决定下一轮博弈的策略.

在生物学或经济行为中有一种演化博弈, 参与者是一个很大的群体. 每个玩家只与其邻域中的玩家进行博弈. 这时群体间的拓扑结构是很重要的 (它用一个网络图来刻画), 这种博弈称为网络演化博弈. 通常, 在这种博弈中, 每个玩家只能得到他邻域的信息, 并依此更新他的策略.

本章内容可参考 [33, 38, 41].

3.1 演化博弈与受控演化博弈

考察一个有限博弈 $G \in \mathcal{G}_{[n; k_1, \cdots, k_n]}$. 假定博弈可以重复进行, 则称 G 为演化博弈. 当博弈重复进行时, 每一个玩家都会根据得到的信息更新自己的策略. 那么, 如何更新自己的策略呢? 这实际上与以下两点有关: ① 玩家得到的信息; ② 玩家的决策. 现在, 假定玩家得到的信息是完全的, 即他知道所有人以往所使用的策略以及他们的胜负情况 (支付函数值). 玩家的决策, 即如何在这些信息的基础上选择下一次策略, 称为策略更新规则 (strategy updating rule, SUR). 策略更新规则其实就是一个从历史信息到新策略的映射, 将它写成一个数学表达式, 则得

$$
\begin{cases}
x_1(t+1) = f_1(x_i(s), c_i(s) | s \leqslant t; \ i = 1, \cdots, t), \\
x_2(t+1) = f_2(x_i(s), c_i(s) | s \leqslant t; \ i = 1, \cdots, t), \\
\qquad\qquad \vdots \\
x_n(t+1) = f_n(x_i(s), c_i(s) | s \leqslant t; \ i = 1, \cdots, t),
\end{cases}
\tag{3.1.1}
$$

这里, $x_i(s)$ 及 $c_i(s)$ 分别为第 i 个玩家在第 s 轮博弈时的策略与收益, $\{x_i(s), c_i(s) | s \leqslant t\}$ 是每个玩家用以更新自己策略的信息. 因为收益 $c_i(s)$ 是由策略 $x_j(s)$,

$j = 1, \cdots, n$ 完全确定的, 则 (3.1.1) 可以表示为

$$
\begin{cases}
x_1(t+1) = f_1(x_i(s)|s \leqslant t;\ i = 1, \cdots, n), \\
x_2(t+1) = f_2(x_i(s)|s \leqslant t;\ i = 1, \cdots, n), \\
\quad\quad\vdots \\
x_n(t+1) = f_n(x_i(s)|s \leqslant t;\ i = 1, \cdots, n),
\end{cases}
\tag{3.1.2}
$$

这里, $x_i(s) \in S_i$, $i = 1, \cdots, n$. (3.1.2) 称为一个演化博弈的策略演化方程.

注意, 为方便计, 这里以及此后, 我们不再区分策略与它们的向量表示, 均用 x_i 表示.

一类演化博弈称为马尔可夫型演化博弈, 如果玩家在下一时刻的策略只依赖于当前时刻的策略. 这时, 演化方程 (3.1.2) 变为

$$
\begin{cases}
x_1(t+1) = f_1(x_1(t), \cdots, x_n(t)), \\
x_2(t+1) = f_2(x_1(t), \cdots, x_n(t)), \\
\quad\quad\vdots \\
x_n(t+1) = f_n(x_1(t), \cdots, x_n(t)).
\end{cases}
\tag{3.1.3}
$$

本书主要讨论马尔可夫型演化博弈, 从演化方程看, 有限马尔可夫型演化博弈与混合值逻辑系统是一样的, 这使得矩阵半张量积方法在有限博弈的研究中同样有效.

类似于混合值逻辑控制系统, 如果在演化博弈中有一些玩家, 他们的策略可以自由选择, 那么, 他们就成了演化博弈中的控制量. 例如, 人机博弈中人的作用, 就可视为控制量. 这时, 演化博弈就变为控制演化博弈, 其演化方程可表示为

$$
\begin{cases}
x_1(t+1) = f_1(x_1(t), \cdots, x_n(t); u_1(t), \cdots, u_m(t)), \\
x_2(t+1) = f_2(x_1(t), \cdots, x_n(t); u_1(t), \cdots, u_m(t)), \\
\quad\quad\vdots \\
x_n(t+1) = f_n(x_1(t), \cdots, x_n(t); u_1(t), \cdots, u_m(t)),
\end{cases}
\tag{3.1.4}
$$

这里, $u_j(t) \in \mathcal{D}_{r_j}$, $j = 1, \cdots, m$ 为控制.

记 $\kappa = \prod_{i=1}^{n} k_i$, $r = \prod_{j=1}^{m} r_j$, 将 $x_i(t)$ 及 $u_j(t)$ 表示为向量形式, 即 $x_i(t) \in \Delta_{k_i}$ 及 $u_j(t) \in \Delta_{r_j}$, 则可得到 (3.1.3) 和 (3.1.4) 的代数状态空间表达式 (3.1.5) 和 (3.1.6) 如下:

$$
x(t+1) = Mx(t),
\tag{3.1.5}
$$

这里, $M \in \mathcal{L}_{\kappa \times \kappa}$; 同时

$$x(t+1) = Lu(t)x(t), \tag{3.1.6}$$

其中, $L \in \mathcal{L}_{\kappa \times r\kappa}$.

方程 (3.1.3) 及 (3.1.4) (等价地, (3.1.5) 及 (3.1.6)) 称为策略演化方程.

下面讨论如何得到策略演化方程. 它显然依赖于策略更新规则. 先介绍一个常用的策略更新规则, 称为短视最优响应 (myopic best response arrangement, MBRA).

定义 3.1.1 给定演化博弈 $G \in \mathcal{G}_{[n;k_1,\cdots,k_n]}$. 称玩家 i 的策略更新规则为短视最优响应, 如果

$$x_i(t+1) = \arg\max_{s_i \in S_i} c_i(s_i, x_{-i}(t)). \tag{3.1.7}$$

注 如果 $\arg\max\limits_{s_i \in S_i} c_i(s_i, x_{-i}(t))$ 不唯一, 例如,

$$\Xi_i := \arg\max_{s_i \in S_i} c_i(s_i, x_{-i}(t)) = \{\ell_1, \ell_2, \cdots, \ell_r\} \subset \{1, 2, \cdots, k_i\},$$

那么, 必须指定一种方法从 Ξ_i 中选定一个策略. 这时, 一般有两种约定的方法:

(i) 确定性方法:

$$x_i(t+1) = \min\{\ell_1, \ell_2, \cdots, \ell_r\}. \tag{3.1.8}$$

(当然也可以选 $x_i(t+1) = \max\{\ell_1, \ell_2, \cdots, \ell_r\}$, 它们在本质上是一样的.)

(ii) 随机性方法:

$$\text{Prob}(x_i(t+1) = \ell_s) = 1/r, \quad s = 1, \cdots, r. \tag{3.1.9}$$

下面给一个例子说明如何从策略更新规则得出策略演化方程.

例 3.1.1 考察一个博弈 $G \in \mathcal{G}_{[2;3,3]}$, 称为 Benoit-Krishna 博弈[109], 它是囚徒困境的一种延伸. 玩家的策略集为

$$S_1 = S_2 = \{不招供, 避重就轻, 招供\} := \{1, 2, 3\}.$$

表 3.1.1 是其支付双矩阵.

表 3.1.1 Benoit-Krishna 博弈的支付双矩阵

P_1 \\ P_2	1	2	3
1	10, 10	$-1, -12$	$-1, 15$
2	$-12, -1$	8, 8	$-1, -1$
3	15, 1	$-1, -1$	0, 0

如果使用短视最优响应, 试求演化方程.

设 $x_1(t) = 1$, $x_2(t) = 1$. 那么, 因为

$$c_1(1,1) = 10, \quad c_1(2,1) = -12, \quad c_1(3,1) = 15.$$

可知

$$\operatorname*{argmax}_{s_1 \in S_1} c_1(s_1, x_2(t)) = 3,$$

即最优策略为 3, 于是

$$x_1(t+1) = 3.$$

类似地,

$$\operatorname*{argmax}_{s_2 \in S_2} c_2(x_1(t), s_2) = 3.$$

于是

$$x_2(t+1) = 3.$$

继续这个过程, 则对每组 $\{x_1(t), x_2(t)\}$ 均可得到 $x_i(t+1)$, $i = 1, 2$. 具体值见表 3.1.2.

表 3.1.2　Benoit-Krishna 博弈的策略演化方程

$x_i(t)$ \ $x_i(t+1)$	11	12	13	21	22	23	31	32	33
$x_1(t+1)$	3	2	3	3	2	3	3	2	3
$x_2(t+1)$	3	3	3	2	2	2	3	3	3

将它们放到一起, 就得到下列演化方程:

$$\begin{aligned} x_1(t+1) &= M_1 \ltimes_{i=1}^2 x_i(t), \\ x_2(t+1) &= M_2 \ltimes_{i=1}^2 x_i(t), \end{aligned} \tag{3.1.10}$$

这里

$$\begin{aligned} M_1 &= \delta_3[3,2,3,3,2,3,3,2,3], \\ M_2 &= \delta_3[3,3,3,2,2,2,3,3,3]. \end{aligned}$$

合并两个方程可得

$$x(t+1) = Mx(t), \tag{3.1.11}$$

这里, $x(t) = \ltimes_{i=1}^2 x_i(t)$, 且

$$M = M_1 * M_2 = \delta_9[9,6,9,8,5,8,9,6,9].$$

下面考虑控制演化博弈的控制问题.

定义 3.1.2 考察控制演化博弈 (3.1.4).

(i) 一个局势 x_d 称为从 x_0 可达的, 如果存在整数 $T > 0$ 和控制序列 $u(0)$, $u(1), \cdots, u(T-1)$, 使演化博弈的局势从初态 $x(0) = x_0$ 在控制序列驱动下到达 $x(T) = x_d$.

(ii) 局势 x_d 称为可达的, 如果从它是从任何 x_0 出发均可达的.

(iii) 局势 x_d 称为可镇定的, 如果它可达, 并且 x_d 点能控不变, 即存在控制, 使 $x(t) = x_d$, $t \geqslant T$.

注意到系统 (3.1.4) (或 (3.1.6)) 等同于一个混合值逻辑系统的演化方程, 因此, 混合值逻辑系统的能控性结论可直接用于控制演化博弈. 为方便计, 将结果简述如下:

定义 (3.1.6) 的状态转移矩阵

$$M := \sum_{j=1}^{r}{}_{\mathcal{B}} L\delta_r^j, \tag{3.1.12}$$

再利用状态转移矩阵构造能控性矩阵

$$\mathcal{C} = \sum_{i=1}^{\kappa}{}_{\mathcal{B}} M^{(i)}. \tag{3.1.13}$$

注意, 在式 (3.1.12) 与式 (3.1.13) 中, 矩阵和、幂等均为布尔运算, 即

$$1 +_{\mathcal{B}} 1 = 1, \quad 1 +_{\mathcal{B}} 0 = 1, \quad 0 +_{\mathcal{B}} 0 = 0, \quad 1 \times_{\mathcal{B}} 1 = 1, \quad 1 \times_{\mathcal{B}} 0 = 0.$$

于是我们可以得到下面的结论.

定理 3.1.1 [146] 考察控制演化博弈 (3.1.4).

(i) 局势 $x_d = \delta_\kappa^i$ 是从 $x_0 = \delta_\kappa^j$ 可达的, 当且仅当,

$$\mathcal{C}_{i,j} = 1.$$

(ii) 局势 x_d 是可达的, 当且仅当,

$$\text{Row}_i(\mathcal{C}) = \mathbf{1}_\kappa^{\mathrm{T}}.$$

注 (i) 对于控制演化博弈, 镇定通常是要控制到一个纳什均衡点 [145]. 控制演化博弈的纳什均衡点是指在某个特定控制下的纳什均衡点, 否则没有定义.

(ii) "特定控制" 通常有两种: 第一种为定常控制, 即

$$u(t) = \delta_r^j, \quad t \geqslant 0.$$

第二种为反馈控制, 即

$$u(t) = Gx(t), \quad t \geqslant 0,$$

这里 $G \in \mathcal{L}_{r \times \kappa}$.

(iii) 因为纳什均衡点是自稳定的, 所以控制演化博弈 (到纳什均衡点) 的镇定问题与能达性是等价的.

3.2   网络演化博弈的数学模型

网络化的演化博弈无论是在自然界的生物演化还是人类社会的经济、政治行为中都广泛存在. 因此, 它成为演化博弈研究的热点. 我们先给出网络演化博弈的严格定义.

定义 3.2.1 [33]   一个网络演化博弈由三个元素组成, 记作 $((N, E), G, \Pi)$, 这里:

(i) (N, E) 是一个网络图.

(ii) G 称为基本网络博弈, 它是一个二人博弈. 当 $(i, j) \in E$ 为网络图的一条边时, 则 i 与 j 重复进行基本网络博弈.

(iii) Π 称为策略更新规则 (SUR).

以下分别讨论这三个组成元素.

1. 网络图

令 $N = \{1, 2, \cdots, n\}$ 为顶点集, 每个顶点代表一个玩家. $E \subset N \times N$ 为边集. 我们考虑两类网络图.

1) 同质结点图

如果所有玩家都是同一类型的. 这时的网络图就是一个无向图, 即

$$(i, j) \in E \Leftrightarrow (j, i) \in E.$$

2) 异质结点图

异质结点表示网络上的玩家不属于同一类型. 例如网络化的智猪博弈, 这时有的结点是大猪, 有的结点是小猪. 又如一个电网, 有的结点是供电的, 有的结点是用电的. 异质结点网络图有以下两种表示方法.

(1) 有向图法: 它可用于两类结点的情况. 每条边的起点为玩家 1, 终点为玩家 2. 例如, 起点是大猪, 终点是小猪. 它的优点是: 一个结点, 可以同时以不同的身份与不同的玩家博弈. 例如, 玩家 A 同时与玩家 B 和玩家 C 进行博弈, 在与玩家 B 的博弈中他的身份是玩家 1, 而在与玩家 C 的博弈中他的身份是玩家 2. 这时, 在有向图中我们有 $(A, B) \in E$ 以及 $(C, A) \in E$.

(2) 结点分类法: 用不同的结点表示不同类型的玩家. 它的优点是可以表示两种以上类型的玩家. 但每个玩家的身份是唯一的.

例 3.2.1 图 3.2.1 给出这几种网络图: (a) 无向图; (b) 有向图; (c) 结点分类图.

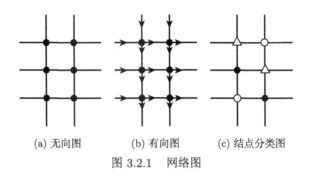

| (a) 无向图 | (b) 有向图 | (c) 结点分类图 |

图 3.2.1 网络图

定义 3.2.2 设 $i \in N$ 为任一顶点.

(i) i 的邻域, 记作 $U(i)$, 定义为

$$U(i) := \{j \mid (i,j) \in E \text{ 或 } (j,i) \in E\} \cup \{i\}. \tag{3.2.1}$$

(ii) i 的 ℓ-邻域, 记作 $U_\ell(i)$, $\ell = 2, 3, \cdots$, 可递推地定义为

$$U_\ell(i) := \{j \mid \text{存在 } k \in U_{\ell-1}(i), \text{使得 } (j,k) \in E \text{ 或 } (k,j) \in E\}. \tag{3.2.2}$$

图的齐次性定义如下:

定义 3.2.3 (i) 一个无向图称为齐次的, 如果它每个顶点的度相等.

(ii) 一个有向图称为齐次的, 如果它每个结点的入度和出度分别相等.

(iii) 一个结点分类图称为齐次的, 如果它每个结点与不同类结点的连接数均相等.

下面给出一个例子.

例 3.2.2 设 $N = \{1, 2, 3, 4, 5\}$. 它们构成网络图如图 3.2.2 所示.

(i) 图 3.2.2 (a) 是无向图, 它是齐次图. 这里

$$U(1) = \{5, 1, 2\}; \quad U_2(1) = \{4, 5, 1, 2, 3\}.$$

(ii) 图 3.2.2 (b) 是有向图, 它不是齐次图. 这里

$$U(1) = \{1, 2\}; \quad U_2(1) = \{5, 1, 2, 3\}; \quad U_3(1) = \{4, 5, 1, 2, 3\}.$$

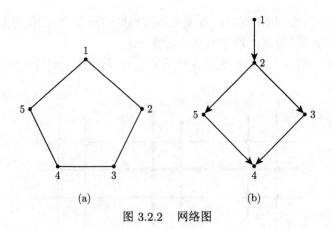

(a)   (b)

图 3.2.2   网络图

2. 基本网络博弈

定义 3.2.4   基本网络博弈 G 是一个二人博弈, 即 $N = (i, j)$, 满足

$$S = S_i = S_j = \{s_1, s_2, \cdots, s_k\}.$$

G 称为对称的, 如果

$$c_{i,j}(s_p, s_q) = c_{j,i}(s_q, s_p), \quad \forall s_p, s_q \in S,$$

这里 $c_{i,j}$ 是玩家 i 在与玩家 j 的博弈中的支付. 否则, G 就是非对称的.

　　注   关于对称性的说明:

　　(i) 如果基本网络博弈 G 是非对称的, 则博弈中玩家 i 和玩家 j 的作用是不同的. 因此, 我们需要有向图. 这时, $(i, j) \in E$ 表示在博弈中前者 i 是第 1 玩家, 后者 j 是第 2 玩家.

　　(ii) 玩家 i 的总支付可以是总和, 即

$$c_i(t) = \sum_{j \in U(i) \backslash \{i\}} c_{i,j}(t), \quad i \in N; \tag{3.2.3}$$

也可以是平均支付, 即

$$c_i(t) = \frac{1}{|U(i)| - 1} \sum_{j \in U(i) \backslash \{i\}} c_{i,j}(t), \quad i \in N. \tag{3.2.4}$$

基本网络博弈的形式由两个因素决定:

(i) k: 策略数;

(ii) 类型: 对称与非对称.

因此, 我们可将其分类如下: (a) S-k: 对称 $|S_i| = k$; (b) A-k: 非对称 $|S_i| = k$. 下面给出一些典型例子. 详细解释可见参考文献 [13, 109, 115].

例 3.2.3 几种典型的基本网络博弈.

(i) S-2: 支付双矩阵见表 3.2.1.

表 3.2.1 **S-2 博弈的支付双矩阵**

P_1 \ P_2	1	2
1	(R, R)	(S, T)
2	(T, S)	(P, P)

它包括以下一些著名博弈, 例如

① 如果 $2R > T + S > 2P$, 则是囚徒困境;

② 如果 $R = b - c$, $S = b - c$, $T = b$, $P = 0$, 且 $2b > c > b > 0$, 则是铲雪博弈;

③ 如果 $R = \frac{1}{2}(v - c)$, $S = v$, $T = 0$, $P = \frac{v}{2}$, 且 $v < c$, 则是鹰鸽博弈.

(ii) A-2: 支付双矩阵见表 3.2.2.

表 3.2.2 **A-2 博弈的支付双矩阵**

P_1 \ P_2	1	2
1	(A, B)	(C, D)
2	(E, F)	(G, H)

它同样包括一些著名博弈, 例如

① 如果 $A = H = a$, $B = G = b$, $C = D = E = F = 0$, 且 $a > b > 0$, 则是性别之战;

② 如果 $E > A > C = D > B > 0 > F$, 且 $G = H = 0$, 则是智猪博弈;

③ 如果 $A = b$, $B = -b$, $C = b$, $D = -b$, $E = c$, $F = -c$, $G = a$, $H = -a$, 且 $a > b > c > 0$, 则是俾斯麦海海战;

④ 如果 $A = D = F = G = a$, $B = C = E = H = a$, 且 $a \neq 0$, 则是猜硬币游戏.

(iii) S-3: 支付双矩阵见表 3.2.3.

典型例子包括

① 如果 $A = F = I = 0$, $B = E = G = a$, $C = D = H = -a$, 且 $a \neq 0$, 则是石头-剪刀-布游戏;

② 如果 $E = a$, $A = b$, $F = c$, $I = 0$, $B = G = H = D = d$, $C = e$, 且 $a > b > c > 0 > d > e$, 则是 Benoit-Krishna 游戏.

表 3.2.3 S-3 博弈的支付双矩阵

P_1 \ P_2	1	2	3
1	$(A,\ A)$	$(B,\ C)$	$(D,\ E)$
2	$(C,\ B)$	$(F,\ F)$	$(G,\ H)$
3	$(E,\ D)$	$(H,\ G)$	$(I,\ I)$

3. 策略更新规则

下面介绍几个常用的策略更新规则, 它们均可导出马尔可夫型策略演化方程.

(i) 短视最优响应 (MBRA): 这一规则是指站在玩家 i 的立场上, 考察其他人在 t 时刻的策略 $s_{-i}(t)$, 选择对付他们的最佳策略. 具体计算方法已在 3.1 节介绍过了.

对于短视最优响应, 各玩家更新时间很重要. 我们对此做以下划分:

① 时间串联型 (sequential MBRA): 一个时刻只有一个玩家更新策略. 它还可以细分为

a. 周期型串联 (periodical MBRA): 玩家按顺序轮流更新:

$$\begin{cases} x_i(t+1) = f_i(x_1(t), x_2(t), \cdots, x_n(t)), \\ x_j(t+1) = x_j(t), \quad j \neq i; \quad t = kn + (i-1), \ k = 0, 1, 2, \cdots. \end{cases} \tag{3.2.5}$$

b. 随机型串联 (stochastic MBRA): 每个玩家以相同的概率 $\left(p = \dfrac{1}{n} \right)$ 更新自己的策略.

② 时间并联型 (parallel MBRA): 所有玩家同时更新他们的策略. 此时, 演化方程式为 (3.1.3) (或 (3.1.5)).

③ 时间级联型 (cascading MBRA): 虽然所有玩家同时更新他们的策略, 但当玩家 j 更新他的策略时, 他知道并使用玩家 $i(i < j)$ 的新策略, 即

$$\begin{cases} x_1(t+1) = f_1(x_1(t), x_2(t), \cdots, x_n(t)), \\ x_2(t+1) = f_2(x_1(t+1), x_2(t), \cdots, x_n(t)), \\ \qquad\qquad\qquad\qquad \vdots \\ x_n(t+1) = f_n(x_1(t+1), \cdots, x_{n-1}(t+1), x_n(t)). \end{cases} \tag{3.2.6}$$

(ii) 对数响应: 带参数 $\tau > 0$ 的对数响应 (logit response, LR) 这一规则是指第 i 个玩家在 $t+1$ 时刻随机选择一个策略, 其中取策略 $j \in S_i$ 的概率为

$$P_\tau^i\left(x_i(t+1) = j | x(t)\right) = \frac{\exp\left[\dfrac{1}{\tau}c_i(j, x_{-i}(t))\right]}{\displaystyle\sum_{k \in S_i}\exp\left[\dfrac{1}{\tau}c_i(k, x_{-i}(t))\right]}. \tag{3.2.7}$$

(iii) 无条件模仿 (unconditional imitation, UI)[103]: 玩家 i 在所有玩家中选 t 时刻收益最好的玩家, 取其策略为自己下一时刻的策略. 若最优玩家不唯一:

① 1-型 UI: 取指标最小的, 即设

$$j^* = \min\{\mu | \mu \in \underset{j}{\operatorname{argmax}}\, c_j(x(t))\}, \tag{3.2.8}$$

则

$$x_i(t+1) = x_{j^*}(t). \tag{3.2.9}$$

② 2-型 UI: 以相同概率取其中任意一个, 即如果

$$\underset{j}{\operatorname{argmax}}\, c_j(x(t)) := \{j_1^*, j_2^*, \cdots, j_r^*\},$$

则取

$$x_i(t+1) = x_{j_\mu^*}(t), \quad \text{以概率}\quad p_\mu^i = \frac{1}{r}, \quad \mu = 1, 2, \cdots, r. \tag{3.2.10}$$

(iv) Fermi 规则 (Fermi's rule, FM)[116,119]. 以等概率任选一个玩家 j, 比较 j 与自己的上一次收益, 然后以如下方法决定下一次策略:

$$x_i(t+1) = \begin{cases} x_j(t), & \text{以概率 } p_t, \\ x_i(t), & \text{以概率 } 1 - p_t, \end{cases} \tag{3.2.11}$$

这里 p_t 由以下 Fermi 函数决定:

$$p_t = \frac{1}{1 + \exp[-\mu(c_j(t) - c_i(t))]},$$

其中, 参数 $\mu > 0$ 可任选. 特别是当 $\mu = \infty$ 时可得

$$x_i(t+1) = \begin{cases} x_i(t), & c_i(x(t)) \geqslant c_j(x(t)), \\ x_j(t), & c_i(x(t)) < c_j(x(t)). \end{cases} \tag{3.2.12}$$

3.3　结点的基本演化方程

网络演化博弈与普通演化博弈唯一的不同之处在于, 在网络演化博弈中, 每一个玩家只能根据其邻域信息来更新自己的策略. 记 $x_i(t)$ 为玩家 i 在 t 时刻的策略. 那么, 马尔可夫型网络演化博弈方程可表示为

$$x_i(t+1) = f_i\left(\{x_j(t), c_j(t)|j \in U(i)\}\right), \quad t \geqslant 0, \quad i \in N. \tag{3.3.1}$$

我们称这个方程为玩家 i 的基本演化方程.

考察方程 (3.3.1), 由于 $c_j(t)$ 仅依赖于 $U(j)$, 而 $U(j) \subset U_2(i)$, 从而方程 (3.3.1) 可改写为

$$x_i(t+1) = f_i\left(\{x_j(t)|j \in U_2(i)\}\right), \quad t \geqslant 0, \quad i = 1, 2, \cdots, n. \tag{3.3.2}$$

我们称方程 (3.3.2) 为基本演化方程. 基本演化方程也称为策略演化方程.

注　不难看出基本演化方程有如下性质:

(i) 网络的整体局势演化方程完全由基本演化方程来确定.

(ii) 基本演化方程又完全由策略更新规则来决定.

(iii) 当网络图齐次时, 只有一个基本演化方程. 换言之, 每一点的基本演化方程都一样.

下面通过几个例子说明如何构造基本演化方程.

例 3.3.1　给定一个网络演化博弈系统, 设其网络图如图 3.2.2 (a) 所示; 基本网络博弈是 S-2 型, 其中 $R = S = -1$, $T = 2$, $P = 0$ (即铲雪博弈). 策略更新规则是 1-型无条件模仿. 用 (mod 5) 形式记顶点, 即 $0 = 5$, $-1 = 4$, $6 = 1$, $7 = 2$ 等. 于是 $U_2(i) = \{i-2, i-1, i, i+1, i+2\}$. 我们用表 3.3.1 来确定更新策略, 其中, 第一行是 $U_2(i)$ 的局势.

在表 3.3.1 中, 首先根据局势, 即 $U_2(i)$ 上各点的策略, 可以得到 $U(i)$ 上各点的收益, 再由收益, 应用策略更新规则, 即得到新策略.

于是, 在向量形式下可得

$$x_i(t+1) = M_f x_{i-2} x_{i-1} x_i x_{i+1} x_{i+2}, \quad i = 1, 2, 3, 4, 5, \tag{3.3.3}$$

这里

$$M_f = \delta_2[1, 1, 2, 2, 2, 2, 2, 2, 2, 2, 2, 2, 2, 2, 2, 2, 2,$$
$$1, 1, 2, 2, 2, 2, 2, 2, 2, 2, 2, 2, 2, 2, 2, 2, 2]. \tag{3.3.4}$$

表 3.3.1 从支付到策略 (例 3.3.1)

局势	11111	11112	11121	11122	11211	11212	11221	11222
c_{i-1}	-1	-1	-1	-1	-1	-1	-1	-1
c_i	-1	-1	-1	-1	2	2	1	1
c_{i+1}	-1	-1	2	1	-1	-1	1	0
f_i	1	1	2	2	2	2	2	2
局势	12111	12112	12121	12122	12211	12212	12221	12222
c_{i-1}	2	2	2	2	1	1	1	1
c_i	-1	-1	-1	-1	1	1	-2	0
c_{i+1}	-1	-1	2	1	-1	-1	1	0
f_i	2	2	2	2	2	2	2	2
局势	21111	21112	21121	21122	21211	21212	21221	21222
c_{i-1}	-1	-1	-1	-1	-1	-1	-1	-1
c_i	-1	-1	-1	-1	2	2	1	1
c_{i+1}	-1	-1	2	1	-1	-1	1	0
f_i	1	1	2	2	2	2	2	2
局势	22111	22112	22121	22122	22211	22212	22221	22222
c_{i-1}	1	1	1	1	0	0	0	0
c_i	-1	-1	-1	-1	1	1	0	0
c_{i+1}	-1	-1	2	1	-1	-1	1	0
f_i	2	2	2	2	2	2	2	2

于是有

$$x_1(t+1) = M_f x_4(t) x_5(t) x_1(t) x_2(t) x_3(t)$$
$$= M_f W_{[8,4]} x(t) := M_1 x(t),$$

这里 $x(t) = \ltimes_{i=1}^5 x_i(t)$,

$$M_1 = \delta_2[1, 2, 1, 2, 1, 2, 1, 2, 2, 2, 2, 2, 2, 2, 2, 2,$$
$$2, 2, 2, 2, 2, 2, 2, 2, 2, 2, 2, 2, 2, 2, 2, 2].$$

$$x_2(t+1) = M_f x_5(t) x_1(t) x_2(t) x_3(t) x_4(t)$$
$$= M_f W_{[16,2]} x(t) := M_2 x(t),$$

这里

$$M_2 = \delta_2[1, 1, 2, 2, 2, 2, 2, 2, 2, 2, 2, 2, 2, 2, 2, 2,$$
$$2, 2, 2, 2, 2, 2, 2, 2, 2, 2, 2, 2, 2, 2, 2, 2].$$

$$M_3 = M_f.$$

$$x_4(t+1) = M_f x_2(t) x_3(t) x_4(t) x_5(t) x_1(t)$$

$$= M_f W_{[2,16]} x(t) := M_4 x(t),$$

这里

$$M_4 = \delta_2[1,2,2,2,2,2,2,2,1,2,2,2,2,2,2,2,$$
$$1,2,2,2,2,2,2,2,1,2,2,2,2,2,2,2].$$

$$x_5(t+1) = M_f x_3(t) x_4(t) x_5(t) x_1(t) x_2(t)$$
$$= M_f W_{[4,8]} x(t) := M_5 x(t),$$

这里

$$M_5 = \delta_2[1,2,2,2,1,2,2,2,1,2,2,2,1,2,2,2,$$
$$2,2,2,2,2,2,2,2,2,2,2,2,2,2,2,2].$$

最后, 整个网络演化博弈的动态方程为

$$x(t+1) = Mx(t), \tag{3.3.5}$$

这里,

$$M = M_1 * M_2 * M_3 * M_4 * M_5$$
$$= \delta_{32}[1,20,8,24,15,32,16,32,29,32,32,32,31,32,32,32,$$
$$26,28,32,32,32,32,32,32,30,32,32,32,32,32,32,32].$$

下面再给一个非齐次的例子.

例 3.3.2　给定一个网络演化博弈系统, 设其网络图如图 3.2.2 (b) 所示; 基本网络博弈是 A-2 型, 其中 $A = H = 2, B = G = 1, E = F = C = D = 0$(即性别博弈). 策略更新规则是 Fermi 规则.

注意到基本博弈不对称, 而网络图也不是齐次的, 因此, 只能逐点计算其基本演化方程. 记

$$x_i(t+1) = M_i x_1 x_2 x_3 x_4 x_5 := M_i x, \quad i = 1,2,3,4,5, \tag{3.3.6}$$

这里 $x = \ltimes_{i=1}^5 x_i$. 结构矩阵 M_i 可通过下面两个步骤计算:

(i) 从局势计算支付. 例如, 设局势为

$$(x_1, x_2, x_3, x_4, x_5) = (1,\ 1,\ 2,\ 2,\ 2),$$

那么, 容易算得 (期望支付)

$$E(c_1) = 2,$$

$$E(c_2) = \frac{1}{3}(1 + 0 + 0) = \frac{1}{3},$$

$$E(c_3) = \frac{1}{2}(0 + 1) = \frac{1}{2},$$

$$E(c_4) = \frac{1}{2}(2 + 2) = 2,$$

$$E(c_5) = \frac{1}{2}(0 + 1) = \frac{1}{2}.$$

(ii) 比较 $E(c_1)$ 与 $E(c_2)$, 我们有 $f_1 = x_1 = 1$. 至于 f_2, 有 3 种选择:

$$j = 1 \Rightarrow f_2 = x_1 = 1,$$

$$j = 3 \Rightarrow f_2 = x_3 = 2,$$

$$j = 5 \Rightarrow f_2 = x_5 = 2.$$

因此, 以概率 $1/3$ 取 $f_2 = 1$, 概率 $2/3$ 取 $f_2 = 2$, 记为 $f_2 = 1(1/3) + 2(2/3)$. 类此, 可求得所有 f_i 值, 列于表 3.3.2 中 (其中, $a = 1(1/2) + 2(1/2)$, $b = 1(1/3) + 2(2/3)$, $c = 1(2/3) + 2(1/3)$).

于是, 我们可得到

$$M_1 = \delta_2[1, 1, 1, 1, 1, 1, 1, 1, 1, 2, 1, 2, 2, 2, 2, 2,$$
$$1, 1, 1, 1, 1, 2, 1, 2, 2, 2, 2, 2, 2, 2, 2, 2],$$

$$M_2 = \delta_2[1, 1, 1, 1, 1, 1, 1, 1(1/3) + 2(2/3), 1(2/3) + 2(1/3),$$
$$1(1/3) + 2(2/3), 2, 2, 1(1/3) + 2(2/3), 2, 2, 2, 1, 1, 1, 1, 1, 1, 1,$$
$$1(1/3) + 2(2/3), 1(2/3) + 2(1/3), 2, 2, 2, 2, 2, 2, 2],$$

$$M_3 = \delta_2[1, 1, 1, 1(1/2) + 2(1/2), 1, 1(1/2) + 2(1/2), 1(1/2) + 2(1/2),$$
$$2, 1, 1, 1, 2, 2, 2, 2, 1, 1, 1, 1, 1(1/2) + 2(1/2), 1, 2,$$
$$1(1/2) + 2(1/2), 2, 1, 1, 1(1/2) + 2(1/2), 2, 2, 2, 2, 2],$$

$$M_4 = \delta_2[1, 1, 1, 2, 1, 1, 2, 2, 1, 1(1/2) + 2(1/2), 2, 2, 1(1/2) + 2(1/2), 2, 2, 2,$$
$$1, 1, 1, 2, 1, 1, 2, 2, 1, 1(1/2) + 2(1/2), 2, 2, 1(1/2) + 2(1/2), 2, 2, 2],$$

$$M_5 = \delta_2\,[1, 1, 1, 1(1/2) + 2(1/2), 1, 1(1/2) + 2(1/2), 1, 2, 1, 2,$$
$$1, 2, 1, 2, 2, 2, 1, 1, 1, 1(1/2) + 2(1/2), 1, 2,$$
$$1(1/2) + 2(1/2), 2, 1, 2, 1(1/2) + 2(1/2), 2, 1, 2, 2, 2].$$

表 3.3.2 从支付到策略 (例 3.3.2)

局势	11111	11112	11121	11122	11211	11212	11221	11222
c_1	2	2	2	2	2	2	2	2
c_2	5/3	1	5/3	1	1	1/3	1	1/3
c_3	3/2	1	1/2	1/2	0	0	1/2	1/2
c_4	1	1/2	0	1	1/2	0	1	2
c_5	3/2	0	1/2	1/2	3/2	0	1/2	1/2
f_1	1	1	1	1	1	1	1	1
f_2	1	1	1	1	1	1	1	b
f_3	1	1	1	a	1	a	a	2
f_4	1	1	1	2	1	1	2	2
f_5	1	1	1	a	1	a	1	2
局势	12111	12112	12121	12122	12211	12212	12221	12222
c_1	0	0	0	0	0	0	0	0
c_2	0	1/3	0	1/3	1/3	2/3	1/3	2/3
c_3	1	1	0	0	1	1	3/2	3/2
c_4	1	1/2	0	1	1/2	0	1	2
c_5	1	1	0	3/2	1	1	0	3/2
f_1	1	2	1	2	2	2	2	2
f_2	c	b	2	2	b	2	2	2
f_3	1	1	1	2	2	2	2	2
f_4	1	a	2	2	a	2	2	2
f_5	1	2	1	2	1	2	2	2
局势	21111	21112	21121	21122	21211	21212	21221	21222
c_1	0	0	0	0	0	0	0	0
c_2	4/3	2/3	4/3	2/3	2/3	0	2/3	0
c_3	3/2	3/2	1/2	1/2	0	0	1/2	1/2
c_4	1	1/2	0	1	1/2	0	1	2
c_5	3/2	0	1/2	1/2	3/2	0	1/2	1/2
f_1	1	1	1	1	1	2	1	2
f_2	1	1	1	1	1	1	1	b
f_3	1	1	1	a	1	2	a	2
f_4	1	1	1	2	1	1	2	2
f_5	1	1	1	a	1	2	a	2
局势	22111	22112	22121	22122	22211	22212	22221	22222
c_1	1	1	1	1	1	1	1	1
c_2	2/3	1	2/3	1	1	4/3	1	4/3
c_3	1	1	0	0	1	1	3/2	3/2
c_4	1	1/2	0	1	1/2	0	1	2
c_5	1	1	0	3/2	1	1	0	3/2
f_1	2	2	2	2	2	2	2	2
f_2	c	2	2	2	2	2	2	2
f_3	1	1	a	2	2	2	2	2
f_4	1	a	2	2	a	2	2	2
f_5	1	2	a	2	1	2	2	2

最后可得

$$x(t+1) = Mx(t), \tag{3.3.7}$$

这里

$M = M_1 * M_2 * M_3 * M_4 * M_5$

$= \delta_{32}[1, 1, 1, 3(1/4) + 4(1/4) + 7(1/4) + 8(1/4),$

$\quad 1, 1(1/4) + 2(1/4) + 5(1/4) + 6(1/4), 3(1/2) + 7(1/2), 8(1/3) + 16(2/3),$

$\quad 1(2/3) + 9(1/3), 18(1/6) + 20(1/6) + 26(1/3) + 28(1/3), 11, 32,$

$\quad 21(1/6) + 23(1/6) + 29(1/3) + 31(1/3), 32, 32, 32,$

$\quad 1, 1, 1, 3(1/4) + 4(1/4) + 7(1/4) + 8(1/4),$

$\quad 1, 22, 3(1/4) + 4(1/4) + 7(1/4) + 8(1/4), 24(1/3) + 32(2/3),$

$\quad 17(2/3) + 25(1/3), 26(1/2) + 28(1/2), 27(1/4) + 28(1/4) + 31(1/4)$

$\quad + 32(1/4), 32, 29(1/2) + 31(1/2), 32, 32, 32].$

最后说明一下, 这里的记号 $a_1(p_1) + a_2(p_2) + \cdots + a_s(p_s)$ 表示该列在第 a_1 的位置为 p_1, 在第 a_2 的位置为 $p_2, \cdots$, 在第 a_s 的位置为 p_s, 其余位置为 0.

3.4 依赖于状态的演化博弈

前面我们讨论的演化博弈都是时不变的. 也就是说, 不管是定常形式或概率形式, 在它们的演化方程 (3.3.5) 或 (3.3.7) 中, 转移矩阵 M 都是时不变的. 只是在 (3.3.5) 中 $M \in \mathcal{L}_{2^n \times 2^n}$ 是逻辑矩阵, 而在 (3.3.7) 中 $M \in \Upsilon_{2^n \times 2^n}$ 为概率矩阵.

从 3.3 节的讨论中不难发现, 无论策略更新规则是什么, 演化博弈的转移矩阵都依赖于支付函数. 但是, 支付函数常常不是定常的. 例如, 某产品的价格, 当生产这种产品的厂家增加时, 价格就要下降; 反之, 价格就会上升. 这时, 如果把厂家生产的不同产品看作厂家的策略, 那么, 支付函数就依赖于策略的选择.

又比如在赌球或赌马中, 如果赌球中有 A, B 两个球队, 当投 A 的玩家多时, 庄家就会降低 A 的赔率而提高 B 的赔率. 因此, 支付函数就依赖于策略的选择, 从而使转移矩阵依赖于状态.

本节讨论一类非定常的演化博弈, 这里的转移矩阵依赖于状态.

3.4.1　确定型时变演化博弈

设 $\{\Omega_i \mid i = 1, 2, \cdots, s\}$ 为状态空间的一个分割, 即

$$\Delta_{2^n} = \bigcup_{i=1}^{s} \Omega_i. \tag{3.4.1}$$

相应地, 有 s 个不同的演化模型:

$$x(t+1) = M_i x(t), \quad i = 1, 2, \cdots, s. \tag{3.4.2}$$

我们要考虑的系统是

$$x(t+1) = M(x(t))x(t), \tag{3.4.3}$$

这里

$$M(x(t)) = M_i, \quad x(t) \in \Omega_i. \tag{3.4.4}$$

在向量表示下, 容易找到一个矩阵 M 使得

$$M(x(t)) = Mx(t). \tag{3.4.5}$$

于是, 系统 (3.4.3) 可写成

$$x(t+1) = Mx^2(t). \tag{3.4.6}$$

为了研究系统 (3.4.6), 我们构造一个辅助系统, 即令 $z(t) = x^2(t)$, 则得

$$z_{t+1} = (M * M)z(t), \tag{3.4.7}$$

这里 $*$ 是 Khatri-Rao 乘积.

首先讨论系统 (3.4.6) 与辅助系统 (3.4.7) 的关系. 下面这个定理揭示了它们之间的等价关系.

定理 3.4.1　$x(t) = x(t, x_0)$, $t \geqslant 0$ 为系统 (3.4.6) 的轨线, 当且仅当, $z(t) = z(t, x_0^2)$, $t \geqslant 0$ 为系统 (3.4.7) 的轨线, 那么

$$z_t = x^2(t), \quad t \geqslant 0. \tag{3.4.8}$$

为了证明这个定理, 需要一个引理.

引理 3.4.1　设 $A \in \Upsilon_{m \times s}$, $B \in \Upsilon_{n \times s}$. 则

$$(\mathbf{1}_m \otimes I_n)(A * B) = B, \tag{3.4.9a}$$

$$(I_m \otimes \mathbf{1}_n)(A * B) = A. \tag{3.4.9b}$$

证明 只证 (3.4.9a), (3.4.9b) 同理可证. 注意到

$$A * B = [\text{Col}_1(A)\,\text{Col}_1(B), \text{Col}_2(A)\,\text{Col}_2(B), \cdots, \text{Col}_s(A)\,\text{Col}_s(B)],$$

因此

$$
\begin{aligned}
(\mathbf{1}_m^{\mathrm{T}} \otimes I_n)(A * B) &= [(\mathbf{1}_m^{\mathrm{T}} \otimes I_n)\,\text{Col}_1(A)\,\text{Col}_1(B), \\
&\quad\; (\mathbf{1}_m^{\mathrm{T}} \otimes I_n)\,\text{Col}_2(A)\,\text{Col}_2(B), \\
&\quad\; \cdots, \\
&\quad\; (\mathbf{1}_m^{\mathrm{T}} \otimes I_n)\,\text{Col}_s(A)\,\text{Col}_s(B)] \\
&= [(\mathbf{1}_m^{\mathrm{T}}\,\text{Col}_1(A)) \otimes (I_n\,\text{Col}_1(B)), \\
&\quad\; (\mathbf{1}_m^{\mathrm{T}}\,\text{Col}_2(A)) \otimes (I_n\,\text{Col}_2(B)), \\
&\quad\; \cdots, \\
&\quad\; (\mathbf{1}_m^{\mathrm{T}}\,\text{Col}_m(A)) \otimes (I_n\,\text{Col}_m(B))] \\
&= [\text{Col}_1(B), \text{Col}_2(B), \cdots, \text{Col}_s(B)] \\
&= B. \qquad\qquad \square
\end{aligned}
$$

定理 3.4.1 的证明 设 $x(t, x_0)$ 为系统 (3.4.6) 的解, 构造

$$x(t+1) = Mx^2(t), \quad x(0) = x_0, \tag{3.4.10}$$

这里 $M \in \upsilon_{2^n \times 2^n}$. 令 $z(t) = x^2(t)$, 则得 (3.4.7) 且 $z(0) = x_0 x_0$.

设 $z(t, x_0^2)$ 为 (3.4.7) 的解, 则它与 (3.4.8) 的解等价, 即 $z(t, z(0)) = x_1(t, x_1^0)\,x_2(t, x_2^0)$.

这是因为, 如果 $x_1(t, x_1^0)$ 与 $x_2(t, x_2^0)$ 为 (3.4.8) 的解, 将上下两个方程相乘, 得 (3.4.9), 即 $x_1(t)x_2(t)$ 为 (3.4.9) 的解.

反之, 设 $z(t, z(0))$ 为 (3.4.9) 的满足初值 $z(0) = x_0^2$ 的解. 因为 $z(t) \in \upsilon_{2^{n+1}}$, 所以

$$
\begin{aligned}
z_1(t) &:= \left(I_{2^n} \otimes \mathbf{1}_{2^n}^{\mathrm{T}}\right) z(t) \in \upsilon_{2^n}, \\
z_2(t) &:= \left(\mathbf{1}_{2^n}^{\mathrm{T}} \otimes I_{2^n}\right) z(t) \in \upsilon_{2^n}.
\end{aligned}
$$

利用引理 3.4.1 可得

$$
\begin{aligned}
z_1(t+1) &= Mz(t), \\
z_2(t+1) &= Mz(t).
\end{aligned}
$$

因为 $z(0) = x_0^2$, 故 $z_1(1) = z_2(1)$. 利用数学归纳法即知: $z_1(t) = z_2(t)$, $t \geqslant 0$. 于是有

$$z_1(t+1) = z_2(t+1) = M z_1^2(t) = M z_2^2(t),$$

这里 $z_1(0) = z_2(0) = x_0$, 即 $z_1(t) = z_2(t) = x(t)$, $t \geqslant 0$.

注意, 在 (3.4.9) 的推导过程中, 多次用到从矩阵半张量积到标准积的转换, 并多次用到以下结论: 如果 A, C 及 B, D 在普通积意义下可乘, 则

$$(A \otimes B)(C \otimes D) = AC \otimes BD.$$

由 (3.4.9) 可知 $z(t) = x^2(t)$.   □

由定理 3.4.1 可知, 系统 (3.4.6) 的轨线性质可由辅助系统 (3.4.7) 的相应轨线完全确定. 而辅助系统 (3.4.7) 是标准多值逻辑系统, 它的轨线易于计算. 因此, 定理 3.4.1 为研究这类时变演化博弈提供了一个有效工具.

下面这个推论是显然的.

推论 3.4.1 (i) 演化博弈 (3.4.6) 的轨线 $x(t, x_0)$ 收敛于不动点 x_e, 当且仅当, 辅助系统 (3.4.7) 的轨线 $z(t, x_0^2)$ 收敛于不动点 $z_e = x_e^2$;

(ii) 演化博弈 (3.4.6) 的轨线 $x(t, x_0)$ 收敛于极限环 $(x_1, x_2, \cdots, x_s, x_{s+1} = x_1)$, 当且仅当, 辅助系统 (3.4.7) 的轨线 $z(t, x_0^2)$ 收敛于极限环 $(x_1^2, x_2^2, \cdots, x_s^2, x_{s+1}^2 = x_1^2)$;

(iii) 如果演化博弈 (3.4.6) 有一个全局稳定的纳什均衡点 x_*, 那么, 辅助系统 (3.4.7) 从任何初值 $z(0) = x_0^2$ 出发的轨线均收敛于 x_*^2.

例 3.4.1 设 $G \in \mathcal{G}_{[3;2,2,3]}$. 策略集记作

$$S_1 = S_2 = S_3 = \{\delta_2^1, \delta_2^2\}.$$

设

$$S = \Delta_8 = \Omega_A \cup \Omega_B,$$

其中

$$\Omega_A = \{(s_1, s_2, s_3) \mid \text{至少两个玩家取 } \delta_2^1\},$$
$$\Omega_B = \{(s_1, s_2, s_3) \mid \text{至多一个玩家取 } \delta_2^1\}.$$

如果支付矩阵分别为表 3.4.1 和表 3.4.2.

表 3.4.1 A 的支付矩阵

局势	111	112	121	122	211	212	221	222
c_1	3	1	2	2	2	2	1	3
c_2	2	3	4	3	2	3	5	4
c_3	4	2	2	1	3	0	2	1

表 3.4.2 B 的支付矩阵

局势	111	112	121	122	211	212	221	222
c_1	2	1	4	3	4	2	3	1
c_2	1	2	3	1	2	5	3	1
c_3	2	1	2	4	3	4	3	2

假定双方选用的策略更新规则均为短视最优响应, 那么不难算出, 在两种情况下转移矩阵分别为

(i) 情况 A:

$$f_1(x(t)) = \delta_2^1[1,2,1,2,1,2,1,2]x(t),$$
$$f_2(x(t)) = \delta_2^1[2,2,2,2,1,2,1,2]x(t), \tag{3.4.11}$$
$$f_3(x(t)) = \delta_2^1[2,2,1,1,1,1,1,1]x(t),$$

这里, $x(t) = \ltimes_{i=1}^3 x_i(t)$. 于是

$$T_A = \delta_8[4,8,3,7,1,7,1,7].$$

(ii) 情况 B:

$$f_1(x(t)) = \delta_2^1[2,2,1,1,2,2,1,1]x(t),$$
$$f_2(x(t)) = \delta_2^1[2,1,2,1,2,1,2,1]x(t), \tag{3.4.12}$$
$$f_3(x(t)) = \delta_2^1[1,1,2,2,2,2,1,1]x(t).$$

于是

$$T_B = \delta_8[7,5,4,2,8,6,3,1].$$

于是, 时变系统的演化方程为

$$x(t+1) = Mx^2(t), \tag{3.4.13}$$

这里

$$M = [T_A, T_A, T_A, T_B, T_A, T_B, T_B, T_B].$$

构造辅助系统

$$z(t+1) = (M * M)z(t). \tag{3.4.14}$$

考察 (3.4.13) 从初值 $x_0 = \delta_8^4$ 出发的轨线. 容易算出, (3.4.14) 从初值 $z(0) =$

$x_0^2 = \delta_{64}^{28}$ 出发的轨线为一周期为 4 的极限环:

$$z(t) = \begin{cases} \delta_{64}^{28}, & t = 4k, \\ \delta_{64}^{10}, & t = 4k+1, \\ \delta_{64}^{64}, & t = 4k+2, \\ \delta_{64}^{1}, & t = 4k+3, \end{cases}$$

则 (3.4.13) 从初值 $x_0 = \delta_8^4$ 出发的轨线也是一个周期为 4 的极限环:

$$x(t) = \begin{cases} (\mathbf{1}_8 \otimes I_8)\delta_{64}^{28} = \delta_8^4, & t = 4k, \\ (\mathbf{1}_8 \otimes I_8)\delta_{64}^{10} = \delta_8^2, & t = 4k+1, \\ (\mathbf{1}_8 \otimes I_8)\delta_{64}^{64} = \delta_8^8, & t = 4k+2, \\ (\mathbf{1}_8 \otimes I_8)\delta_{64}^{1} = \delta_8^1, & t = 4k+3, \end{cases}$$

实际上, 从 (3.4.14) 的每个对角元 $(\delta_8^i)^2$ 出发, 不难得出 (3.4.13) 完整的状态转移图, 参见图 3.4.1.

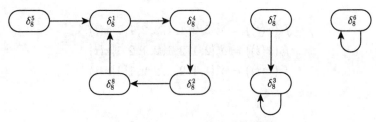

图 3.4.1　(3.4.13) 的状态转移图

3.4.2　混合型时变演化博弈

假如演化博弈允许使用混合策略, 本小节讨论其与相应的时变演化博弈动力学模型的关系.

设 $\{\Omega_i \mid i = 1, 2, \cdots, s\}$ 为状态空间的一个分割, 即

$$\Delta_{2^n} = \bigcup_{i=1}^{s} \Omega_i. \tag{3.4.15}$$

设有 r 个不同的确定型演化模型:

$$x(t+1) = D_j x(t), \quad j = 1, 2, \cdots, r. \tag{3.4.16}$$

s 个混合策略演化模型是由这 r 个确定型演化模型生成的, 即

$$x(t+1) = M_i x(t), \quad i = 1, 2, \cdots, s, \tag{3.4.17}$$

这里

$$M_i = \sum_{j=1}^{s} p_j^i D_j, \quad j = 1, 2, \cdots, r, \tag{3.4.18}$$

这里 $p_j^i \geqslant 0$, 且

$$\sum_{j=1}^{r} p_j^i = 1, \quad i = 1, 2, \cdots, s.$$

我们要考虑的系统是

$$x(t+1) = M(x(t))x(t), \tag{3.4.19}$$

这里

$$M(x(t)) = M_i, \quad x(t) \in \Omega_i. \tag{3.4.20}$$

与纯策略的情况相似, 同样可找到一个矩阵 M 使得

$$M(x(t)) = M x(t). \tag{3.4.21}$$

于是, 系统 (3.4.19) 可写成

$$x(t+1) = M x^2(t). \tag{3.4.22}$$

再构造辅助系统

$$z(t+1) = (M * M)z(t). \tag{3.4.23}$$

与纯策略的情况不同, 设 $x(t) = x(t, x_0)$, $t \geqslant 0$ 为系统 (3.4.6) 的一条可行轨线, 则 $z(t) = z(t, x_0^2)$, $t \geqslant 0$ 一般不是系统 (3.4.7) 的一条可行轨线. 反之, 设 $z(t) = z(t, x_0^2)$, $t \geqslant 0$ 为系统 (3.4.7) 的一条可行轨线, 那么

$$x(t) = (\mathbf{1}_{2^n}^{\mathrm{T}} \otimes I_{2^n})z(t), \quad x(0) = x_0$$

一般也不是 (3.4.6) 的一条可行轨线. 其原因在于系统 (3.4.7) 的轨线一般不能保持在 "对角线" 上, 即不存在 $x(t)$ 使 $z(t) = x^2(t)$.

但以下结论成立:

推论 3.4.2 推论 3.4.1 在混合策略演化模型下仍然成立.

证明 因为稳定点与极限环都由纯态组成, 而在纯态下这两个系统相应轨道是等价的, 结论显见. □

例 3.4.2 利用例 3.4.1 的模型, 设 $G \in \mathcal{G}_{[3;2,2,3]}$. 策略集 S_1, S_2, 分割 (Ω_1, Ω_2) 均同于例 3.4.1.

给定两个确定型模型:

$$D_1 = \delta_8[3,1,5,7,5,7,5,4]; \quad D_2 = \delta_8[2,5,1,6,5,2,1,3].$$

设有两个由 D_1, D_2 生成的混合策略演化模型 A, B, 满足

$$p_1^A = 0.8, \ p_2^A = 0.2; \quad p_1^B = 0.5, \ p_2^B = 0.5.$$

于是有

$$T_A = 0.8D_1 + 0.2D_2$$

$$= \begin{bmatrix}
0 & 0.8 & 0.2 & 0 & 0 & 0 & 0.2 & 0 \\
0.2 & 0 & 0 & 0 & 0 & 0.2 & 0 & 0 \\
0.8 & 0 & 0 & 0 & 0 & 0 & 0 & 0.2 \\
0 & 0 & 0 & 0 & 0 & 0 & 0.8 & 0.8 \\
0 & 0.2 & 0.8 & 0 & 1 & 0 & 0 & 0 \\
0 & 0 & 0 & 0.2 & 0 & 0 & 0 & 0 \\
0 & 0 & 0 & 0.8 & 0 & 0.8 & 0 & 0 \\
0 & 0 & 0 & 0 & 0 & 0 & 0 & 0
\end{bmatrix},$$

$$T_B = 0.5D_1 + 0.5D_2$$

$$= \begin{bmatrix}
0 & 0.5 & 0.5 & 0 & 0 & 0 & 0.5 & 0 \\
0.5 & 0 & 0 & 0 & 0 & 0.5 & 0 & 0 \\
0.5 & 0 & 0 & 0 & 0 & 0 & 0 & 0.5 \\
0 & 0 & 0 & 0 & 0 & 0 & 0.5 & 0.5 \\
0 & 0.5 & 0.5 & 0 & 1 & 0 & 0 & 0 \\
0 & 0 & 0 & 0.5 & 0 & 0 & 0 & 0 \\
0 & 0 & 0 & 0.5 & 0 & 0.5 & 0 & 0 \\
0 & 0 & 0 & 0 & 0 & 0 & 0 & 0
\end{bmatrix},$$

于是, 时变系统的演化方程为

$$x(t+1) = Mx^2(t), \tag{3.4.24}$$

这里

$$M = [T_A, T_A, T_A, T_B, T_A, T_B, T_B, T_B].$$

构造辅助系统

$$z(t+1) = (M * M)z(t). \tag{3.4.25}$$

不难验证

(i) δ_8^5 是 (3.4.24) 全局收敛的平衡点.

(ii) 自任何 $\delta_8^k \times \delta_8^k$ 出发, (3.4.25) 均收敛于 $\delta_8^5 \times \delta_8^5$.

3.5 策略演化与局势演化

考察一个有限博弈 $G \in \mathcal{G}_{[n;k_1,k_2,\cdots,k_n]}$. 设玩家只取纯策略, 则玩家的策略演化方程在向量表达下成为

$$
\begin{cases}
x_1(t+1) = M_1 x(t), \\
x_2(t+1) = M_2 x(t), \\
\qquad \vdots \\
x_n(t+1) = M_n x(t),
\end{cases}
\tag{3.5.1}
$$

这里 $x_i \in \Delta_{k_i}$, $M_i \in k_i \times \kappa$, $i = 1, 2, \cdots, n$, $\kappa = \prod_{i=1}^{n} k_i$.

从前面的讨论已知, 局势演化方程为

$$x(t+1) = Mx(t), \tag{3.5.2}$$

这里

$$M = M_1 * M_2 * \cdots * M_n. \tag{3.5.3}$$

另一方面, 如果局势演化方程已知, 能否从中推出每个玩家策略的演化方程呢? 为此, 先做一点准备工作. 定义

$$
\kappa_i = \begin{cases}
1, & i = 1, \\
\displaystyle\prod_{j=1}^{i-1} k_j, & i > 1;
\end{cases}
$$

$$
\kappa^i = \begin{cases}
1, & i = n, \\
\displaystyle\prod_{j=i+1}^{n} k_j, & i < n.
\end{cases}
$$

然后, 构造一组矩阵如下:

$$\Phi_i := J_{\kappa_i}^{\mathrm{T}} \otimes I_{k_i} \otimes J_{\kappa^i}^{\mathrm{T}}, \quad i = 1, 2, \cdots, n.$$

利用这组矩阵, 构造一族映射如下: $\phi_i : \Delta_\kappa \to \Delta_{k_i}$ 定义如下:

$$\phi(x) := \Phi x, \quad x \in \Delta_\kappa. \tag{3.5.4}$$

于是有如下命题.

命题 3.5.1 设网络的局势演化方程 (3.5.2) 已知. 则策略演化方程 (3.5.1) 中的 M_i 可计算如下:

$$M_i := \Phi_i M, \quad i = 1, 2, \cdots, n. \tag{3.5.5}$$

证明 将 E_i 乘式 (3.3.2) 的两边. 注意到

$$x(t) = \ltimes_{i=1}^n x_i(t) = x_1(t) \otimes x_2(t) \otimes \cdots \otimes x_n(t),$$

利用张量积的基本性质

$$(A \otimes B)(C \otimes D) = AC \otimes BD,$$

即得 (3.5.1). □

我们用图 3.5.1 描述纯策略下局势演化与策略演化的关系. 注意到, 在纯策略博弈中, 局势 (用 $x^*(t)$ 表示) 与策略乘积 $(x(t) = \ltimes_{i=1}^n x_i(t))$ 是一致的, 即

$$x(t) = x^*(t). \tag{3.5.6}$$

图 3.5.1 中, 为强调其物理意义, 我们仍使用了 $x^*(t)$.

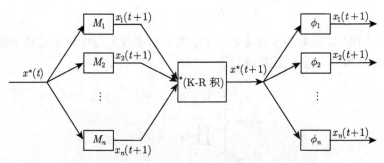

图 3.5.1　纯策略博弈中的局势演化与策略演化

下面考虑混合策略的情况. 通常将策略演化方程仍写成 (3.5.1). 其实, 这种表示是很不确切的.

将局势集合记作

$$x(t) = \{\underbrace{1,1,\cdots,1,1}_{n}, \underbrace{1,1,\cdots,1,2}_{n}, \cdots, \underbrace{k_1,k_2,\cdots,k_{n-1},k_n}_{n}\}. \tag{3.5.7}$$

记

$$M_i = (m_{p,q}) \in \Upsilon_{k_i \times \kappa},$$

则 $m_{p,q}$ 指当 $x(t)$ 为 (3.5.7) 中第 q 个值时, 玩家 i 取策略 p 的概率. 令 M 由 (3.5.3) 构成, 则仍可得 (3.2.2). 记

$$M = (m^{i,j}) \in \Upsilon_{\kappa \times \kappa},$$

那么, 现在 $m^{i,j}$ 是什么意思呢? 设各玩家取策略是独立的, 则不难看出 $m^{i,j}$ 是局势从 t 时刻为 $x(t)$ 中第 j 个局势到第 $t+1$ 时刻为 $x(t)$ 中第 i 个局势的局势转移概率. 于是 (3.5.2) 中的 M 是局势的马尔可夫状态转移矩阵, 即 (3.5.2) 确为混合策略下的局势演化方程.

因此, 在混合策略的情况下, 用 $x_i(t)$ 表示玩家 i 在时刻 t 的期望策略, 则玩家的策略演化方程在向量表达下应为

$$\begin{cases} x_1(t+1) = M_1 x^*(t), \\ x_2(t+1) = M_2 x^*(t), \\ \quad\vdots \\ x_n(t+1) = M_n x^*(t). \end{cases} \tag{3.5.8}$$

而局势演化方程应为

$$x^*(t+1) = M x^*(t). \tag{3.5.9}$$

通常假定各玩家选择策略是独立的, 于是, M 仍然可以用 (3.5.3) 计算.

下面考虑在混合策略下等式 (3.5.6) 是否仍成立. 如果成立, 则可利用 ϕ_i 由 (3.5.9) 得到 (3.5.8). 我们先看一个例子.

例 3.5.1 考察一个混合策略博弈 $G \in \mathcal{G}_{[2;2,2]}$. 设其策略演化方程为

$$\begin{cases} x_1(t+1) = M_1 x(t) = \begin{bmatrix} 0.3 & 0.5 & 1 & 0.2 \\ 0.7 & 0.5 & 0 & 0.8 \end{bmatrix} x(t), \\ x_2(t+1) = M_2 x(t) = \begin{bmatrix} 0.4 & 0.2 & 0.5 & 0.7 \\ 0.6 & 0.8 & 0.5 & 0.3 \end{bmatrix} x(t). \end{cases} \tag{3.5.10}$$

易知, 局势演化方程为

$$x^*(t+1) = Mx^*(t) = (M_1 * M_2)x^*(t)$$

$$= \begin{bmatrix} 0.12 & 0.1 & 0.5 & 0.14 \\ 0.18 & 0.4 & 0.5 & 0.06 \\ 0.28 & 0.1 & 0 & 0.56 \\ 0.42 & 0.4 & 0 & 0.24 \end{bmatrix} x^*(t). \tag{3.5.11}$$

设在混合策略下仍有

$$x^*(t) = x_1(t)x_2(t). \tag{3.5.12}$$

不妨假定在 t 时刻有 $x_1(t) = (0.4, 0.6)^{\mathrm{T}}$, $x_2(t) = (0.5, 0.5)^{\mathrm{T}}$. 则由策略演化方程 (3.5.10) 可得 $x_1(t+1) = (0.52, 0.48)^{\mathrm{T}}$, $x_2(t+1) = (0.48, 0.52)^{\mathrm{T}}$, 于是

$$x^*(t+1) = x_1(t+1)x_2(t+1) = (0.2496, 0.2704, 0.2304, 0.2496)^{\mathrm{T}}. \tag{3.5.13}$$

另一方面, 由假定 (3.5.12), 则 $x^*(t) = x_1(t)x_2(t) = (0.2, 0.2, 0.3, 0.3)^{\mathrm{T}}$. 利用局势演化方程 (3.5.11) 可得

$$x^*(t+1) = Mx^*(t) = (0.236, 0.284, 0.244, 0.236)^{\mathrm{T}}. \tag{3.5.14}$$

比较 (3.5.13) 与 (3.5.14) 可知, 在混合策略下 (3.5.12) 不成立!

如果我们仍然将投影公式用于 $x^*(t+1)$, 我们得到

$$\phi_1(x^*(t+1)) = (0.52, 0.48)^{\mathrm{T}} = x_1(t+1),$$
$$\phi_2(x^*(t+1)) = (0.48, 0.52)^{\mathrm{T}} = x_2(t+1).$$

这是十分迷惑人的地方, 它让人们误以为 (3.5.6) 是对的. 问题在于 $(x_1(t), x_2(t))$ 是在 $\Upsilon_2 \times \Upsilon_2$ 上演化的, 而 $x^*(t)$ 是在 Υ_4 上演化的. 当我们用 (ϕ_1, ϕ_2) 将 $x^*(t) \mapsto (x_1(t), x_2(t))$ 时, 这个映射不是一对一的, 而是多对一的. 因此, 像相同不等于原像相同. 当将 (ϕ_1, ϕ_2) 用于 Δ_4 时, 它是 $\Delta_4 \to \Delta_2 \times \Delta_2$ 的一对一映射, 故而每个点的点原像唯一, 即可逆.

我们用图 3.5.2 描述混合策略下局势演化与策略演化的关系.

下面考虑带控制的演化博弈. 实际上, 在每个确定控制下带控制的演化博弈即为无控制的演化博弈. 根据这个观点不难发现, 对纯策略控制演化博弈, 策略演

化方程为

$$\begin{cases} x_1(t+1) = L_1 u(t) x(t), \\ x_2(t+1) = L_2 u(t) x(t), \\ \quad \vdots \\ x_n(t+1) = L_n u(t) x(t), \end{cases} \tag{3.5.15}$$

这里, $x_i \in \Delta_{k_i}$, $u_j(t) \in \Delta_{r_j}$, $j = 1, 2, \cdots, m$, $L_i \in \mathcal{L}_{k_i \times \kappa r}$, $i = 1, 2, \cdots, n$, $\kappa = \prod_{i=1}^n k_i$, $r = \prod_{j=1}^m r_j$.

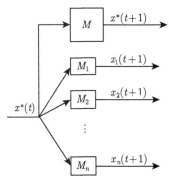

图 3.5.2 混合策略博弈中的局势演化与策略演化

局势演化方程为

$$x(t+1) = Lu(t)x(t), \tag{3.5.16}$$

这里

$$L = L_1 * L_2 * \cdots * L_n. \tag{3.5.17}$$

对混合策略控制演化博弈, 策略演化方程为

$$\begin{cases} x_1(t+1) = L_1 u(t) x^*(t), \\ x_2(t+1) = L_2 u(t) x^*(t), \\ \quad \vdots \\ x_n(t+1) = L_n u(t) x^*(t), \end{cases} \tag{3.5.18}$$

这里, $x_i \in \Upsilon_{k_i}$, $u_j(t) \in \Delta_{r_j}$, $j = 1, 2, \cdots, m$, $L_i \in \Upsilon_{k_i \times \kappa r}$, $i = 1, 2, \cdots, n$, $\kappa = \prod_{i=1}^n k_i$, $r = \prod_{j=1}^m r_j$.

局势演化方程为

$$x^*(t+1) = Lu(t)x^*(t), \tag{3.5.19}$$

这里, L 仍由 (3.5.17) 确定.

3.6　网络演化博弈的控制

定义 3.6.1　设 $((N,E),G,\Pi)$ 为一网络演化博弈, 这里 $N = U \cup Z$ 为顶点 N 的一个分割. 我们称 $((U \cup Z,E),G,\Pi)$ 为一个控制网络演化博弈, 如果玩家 $u \in U$ 的策略可以任选. 对于控制网络演化博弈, $z \in Z$ 称为状态, $u \in U$ 称为控制.

实际上, 一旦局势演化方程得到了, 那么, 网络演化博弈的控制问题就与混合值逻辑网络的控制大致一样了. 现在设 $|N| = n+m$, 其中 $|Z| = n$, $|U| = m$. 对于每一个 $i \in Z$, 设 $x_i \in \Delta_{k_i}$, 对于每一个 $j \in U$, 设 $u_j \in \Delta_{\ell_j}$, 然后记 $\kappa = \prod_{i=1}^{n} k_i$, $\ell = \prod_{j=1}^{m} \ell_j$.

根据基本网络博弈 G 和策略更新规则 Π, 按照与无控制网络演化博弈相同的建模方法, 可以得到 $i \in Z$ 的策略演化方程, 记为

$$x_i(t+1) = M_i u(t)x(t), \quad i = 1,2,\cdots,n, \tag{3.6.1}$$

这里, $u(t) = \ltimes_{j=1}^{m} u_j(t)$, $x(t) = \ltimes_{j=1}^{n} x_j(t)$. 于是, 可得带控制的局势演化方程

$$x(t+1) = Mu(t)x(t), \tag{3.6.2}$$

这里 $M = M_1 * M_2 * \cdots * M_n \in \mathcal{L}_{\kappa \times \kappa\ell}$.

对于混合策略的情况, 其演化方程为概率型的, 即 $x_i \in \Upsilon_{k_i}$, $i = 1,2,\cdots,n$, $u_j \in \Upsilon_{\ell_j}$, $j = 1,2,\cdots,m$. 局势演化方程变为

$$Ex(t+1) = MEu(t)x(t), \tag{3.6.3}$$

这里 $M = M_1 * M_2 * \cdots * M_n \in \Upsilon_{\kappa \times \kappa\ell}$.

例 3.6.1　回忆例 3.3.1. 假定玩家 2 和 4 为控制, 其余为状态, 即

$$u_1 = x_2, \quad u_2 = x_4, \quad z_1 = x_1, \quad z_2 = x_3, \quad z_3 = x_5.$$

利用例 3.3.1 中的已知结果, 我们有

$$x_1(t+1) = M_f x_4(t)x_5(t)x_1(t)x_2(t)x_3(t)$$

$$= M_f W_{[2^3,2^2]} x_1(t) x_2(t) x_3(t) x_4(t) x_5(t)$$

$$= M_f W_{[2^3,2^2]} W_{[2,2^3]} W_{[2,2^2]} u_1(t) u_2(t) z_1(t) z_2(t) z_3(t)$$

$$:= L_1 u(t) z(t),$$

这里 $L_1 = M_f W_{[2^3,2^2]} W_{[2,2^3]} W_{[2,2^2]}$, $u(t) = u_1(t) u_2(t)$, $z(t) = z_1(t) z_2(t) z_3(t)$. 类似地, 可以算得

$$z_i(t+1) = L_i u(t) z(t), \quad i = 1, 2, 3, \tag{3.6.4}$$

这里

$$L_1 = M_f W_{[2^3,2^2]} W_{[2,2^3]} W_{[2,2^2]}$$
$$= \delta_2[1, 2, 1, 2, 2, 2, 2, 2, 1, 2, 1, 2, 2, 2, 2, 2,$$
$$2, 2, 2, 2, 2, 2, 2, 2, 2, 2, 2, 2, 2, 2, 2, 2],$$

$$L_2 = M_f W_{[2,2^3]} W_{[2,2^2]}$$
$$= \delta_2[1, 1, 2, 2, 1, 1, 2, 2, 2, 2, 2, 2, 2, 2, 2, 2,$$
$$2, 2, 2, 2, 2, 2, 2, 2, 2, 2, 2, 2, 2, 2, 2, 2],$$

$$L_3 = M_f W_{[2^2,2^3]} W_{[2,2^3]} W_{[2,2^2]}$$
$$= \delta_2[1, 2, 1, 2, 2, 2, 2, 2, 2, 2, 2, 2, 2, 2, 2, 2,$$
$$1, 2, 1, 2, 2, 2, 2, 2, 2, 2, 2, 2, 2, 2, 2, 2].$$

最后, 控制网络演化博弈的局势演化方程为

$$z(t+1) = L u(t) z(t), \tag{3.6.5}$$

这里

$$L = L_1 * L_2 * L_3$$
$$= \delta_8[1, 6, 3, 8, 6, 6, 8, 8, 4, 8, 4, 8, 8, 8, 8, 8, 7, 8, 7, 8, 8, 8, 8, 8, 8, 8, 8, 8, 8, 8, 8, 8].$$

有了控制网络演化博弈的局势演化方程, 则所有相应的控制问题就都可以进行讨论了.

例 3.6.2 考察例 3.6.1.

(i) 控制网络博弈 (3.6.5) 的能控性.

直接计算可知, 其状态转移矩阵

$$M := \sum_{i=1}^{4} {}_{\mathcal{B}} L\delta_4^i$$

$$= \begin{bmatrix} 1 & 0 & 0 & 0 & 0 & 0 & 0 & 0 \\ 0 & 0 & 0 & 0 & 0 & 0 & 0 & 0 \\ 0 & 0 & 1 & 0 & 0 & 0 & 0 & 0 \\ 1 & 0 & 1 & 0 & 0 & 0 & 0 & 0 \\ 0 & 0 & 0 & 0 & 0 & 0 & 0 & 0 \\ 0 & 1 & 0 & 0 & 1 & 1 & 0 & 0 \\ 1 & 0 & 1 & 0 & 0 & 0 & 0 & 0 \\ 1 & 1 & 1 & 1 & 1 & 1 & 1 & 1 \end{bmatrix}. \tag{3.6.6}$$

于是, (3.6.5) 的能控性矩阵为

$$\mathcal{C} := \sum_{i=1}^{8} {}_{\mathcal{B}} M^{(i)}$$

$$= \begin{bmatrix} 1 & 0 & 0 & 0 & 0 & 0 & 0 & 0 \\ 0 & 0 & 0 & 0 & 0 & 0 & 0 & 0 \\ 0 & 0 & 1 & 0 & 0 & 0 & 0 & 0 \\ 1 & 0 & 1 & 0 & 0 & 0 & 0 & 0 \\ 0 & 0 & 0 & 0 & 0 & 0 & 0 & 0 \\ 0 & 1 & 0 & 0 & 1 & 1 & 0 & 0 \\ 1 & 0 & 1 & 0 & 0 & 0 & 0 & 0 \\ 1 & 1 & 1 & 1 & 1 & 1 & 1 & 1 \end{bmatrix}. \tag{3.6.7}$$

由此可知, (3.6.5) 不是完全能控的. 但是 $x_d = \delta_8^8$ 是全局能达的.

(ii) 控制网络博弈 (3.6.5) 的可镇定性.

由 $\mathcal{C}$ 可知, δ_8^8 是全局可达的. 再由 M 可知, δ_8 是控制不动点. 因此, (3.6.5) 可全局镇定到局势 δ_8^8.

3.7　基于网络图的演化博弈

基于网络图的演化博弈通常指的是每个玩家根据网络图上自己邻居的策略, 即可简单确定自己策略的博弈. 这不是一个严格的定义, 因为如果玩家的下一步策略只依赖于邻居当前策略, 似乎都可归于此类. 例如短视最优策略. 但通常, 在基于网络图的演化博弈中, 策略的决定会更简单一些, 甚至都不需要支付函数.

3.7.1 网络的局势演化方程

网络的局势演化方程可以由每个结点的策略演化方程组合而得到. 但通常许多结点的策略演化方程是相同的, 譬如, 对齐次网络, 所有点的策略演化方程都是相同的, 因此, 只要对每一类点求出其策略演化方程就可以了.

局势演化方程的算法步骤如下:

算法 3.7.1 第 1 步, 结点分类: 同质图按结点的度分类, 异质图按结点类型和 (i) 出入度 (对有向图) 或 (ii) 对不同性质结点的度 (对结点分类图).

第 2 步, 对每一类结点建立策略演化方程: 按策略更新规则建模.

第 3 步, 给出每一个结点的策略演化方程: 将一般方程用具体结点代入, 再将其扩充为包含所有结点的演化方程.

第 4 步, 建立全网络局势演化方程: 将所有结点策略演化方程利用 Khatri-Rao 积相乘即得.

下面给一个简单的例子.

例 3.7.1 一个网络演化博弈 $G^e = ((N,E),G,\Pi)$, 其网络图见图 3.7.1. $G \in \mathcal{G}_{[2;2]}$, 其策略集为 $S_1 = S_2 = \{W,B\}$. 策略演化规则为: 随大流. 具体地说, 如果邻居 (不含自己) 中 W (白) 多, 则 (下一时刻) 取 W, B (黑) 多, 则取 B. 一样多, 则不变.

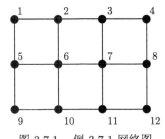

图 3.7.1 例 3.7.1 网络图

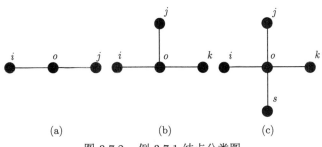

图 3.7.2 例 3.7.1 结点分类图

结点可分为三类, 分别为 $\deg = 2$, $\deg = 3$ 及 $\deg = 4$ (这里 $\deg$ 表示度 (degree)), 见图 3.7.2 (a)—(c). 例如, 点 6 为第三类, 则可令 $o = 6$, $i = 5$, $k = 7$, $j = 2$, $s = 10$ 等.

根据策略更新规则, 不难得到各类结点的策略更新方程.

(i) $\deg(o) = 2$:

$$x_o(t+1) = M_2 x_o(t) x_i(t) x_j(t), \tag{3.7.1}$$

这里

$$M_2 = \delta_2[1,1,1,2,1,2,2,2].$$

(ii) $\deg(o) = 3$:

$$x_o(t+1) = M_3 x_o(t) x_i(t) x_j(t) x_k(t), \tag{3.7.2}$$

这里

$$M_3 = \delta_2[1,1,1,2,1,2,2,2,2,1,1,1,2,1,2,2,2].$$

(iii) $\deg(o) = 4$:

$$x_o(t+1) = M_4 x_o(t) x_i(t) x_j(t) x_k(t) x_s(t), \tag{3.7.3}$$

这里

$$\begin{aligned}M_4 = \delta_2[\,&1,1,1,1,1,1,1,2,1,1,1,1,1,2,2,2,\\&1,1,1,2,1,2,2,2,1,2,2,2,2,2,2,2].\end{aligned}$$

下面给出每一点结点的策略演化方程.

(i) $n = 1$:

$$\begin{aligned}x_1(t+1) &= M_2 x_1(t) x_2(t) x_5(t)\\&= M_2(I_4 \otimes \mathbf{1}_4^{\mathrm{T}} \otimes I_2 \otimes \mathbf{1}_{2^7}^{\mathrm{T}})x(t)\\&:= L_1 x(t),\end{aligned}$$

这里

$$L_1 = \delta_2[1,1,1,2,1,2,2,2,\cdots,2] \in \mathcal{L}_{2\times 4096}.$$

(ii) $n = 2$:

$$\begin{aligned}x_2(t+1) &= M_3 x_2(t) x_1(t) x_3(t) x_6(t)\\&= M_3 W_{[2,2]}(I_8 \otimes \mathbf{1}_4^{\mathrm{T}} \otimes I_2 \otimes \mathbf{1}_{2^6}^{\mathrm{T}})x(t)\\&:= L_2 x(t),\end{aligned}$$

这里

$$L_2 = \delta_2[1,1,1,2,1,1,1,2,\cdots,2] \in \mathcal{L}_{2\times 4096}.$$

(iii) $n = 3$:

$$
\begin{aligned}
x_3(t+1) &= M_3 x_3(t) x_2(t) x_4(t) x_7(t) \\
&= M_3 W_{[2,2]} (\mathbf{1}_2^{\mathrm{T}} \otimes I_8 \otimes \mathbf{1}_4^{\mathrm{T}} \otimes I_2 \otimes \mathbf{1}_{2^5}^{\mathrm{T}}) x(t) \\
&:= L_3 x(t),
\end{aligned}
$$

这里

$$
L_3 = \delta_2[1,1,1,2,1,1,1,2,\cdots,2] \in \mathcal{L}_{2 \times 4096}.
$$

(iv) $n = 4$:

$$
\begin{aligned}
x_4(t+1) &= M_2 x_4(t) x_3(t) x_8(t) \\
&= M_2 W_{[2,2]} (\mathbf{1}_4^{\mathrm{T}} \otimes I_4 \otimes \mathbf{1}_8^{\mathrm{T}} \otimes I_2 \otimes \mathbf{1}_{2^4}^{\mathrm{T}}) x(t) \\
&:= L_4 x(t),
\end{aligned}
$$

这里

$$
L_4 = \delta_2[1,1,1,2,1,1,1,2,\cdots,2] \in \mathcal{L}_{2 \times 4096}.
$$

(v) $n = 5$:

$$
\begin{aligned}
x_5(t+1) &= M_3 x_5(t) x_1(t) x_6(t) x_9(t) \\
&= M_3 W_{[2,2]} (I_2 \otimes \mathbf{1}_8^{\mathrm{T}} \otimes I_4 \otimes \mathbf{1}_4^{\mathrm{T}} \otimes I_2 \otimes \mathbf{1}_{2^3}^{\mathrm{T}}) x(t) \\
&:= L_5 x(t),
\end{aligned}
$$

这里

$$
L_5 = \delta_2[1,1,1,2,1,1,1,2,\cdots,2] \in \mathcal{L}_{2 \times 4096}.
$$

(vi) $n = 6$:

$$
\begin{aligned}
x_6(t+1) &= M_4 x_6(t) x_2(t) x_5(t) x_7(t) x_{10}(t) \\
&= M_4 W_{[4,2]} (\mathbf{1}_2^{\mathrm{T}} \otimes I_2 \otimes \mathbf{1}_4^{\mathrm{T}} \otimes I_8 \otimes \mathbf{1}_4^{\mathrm{T}} \otimes I_2 \otimes \mathbf{1}_4^{\mathrm{T}}) x(t) \\
&:= L_6 x(t),
\end{aligned}
$$

这里

$$
L_6 = \delta_2[1,1,1,1,1,1,1,2,\cdots,2] \in \mathcal{L}_{2 \times 4096}.
$$

(vii) $n = 7$:

$$
\begin{aligned}
x_7(t+1) &= M_4 x_7(t) x_3(t) x_6(t) x_8(t) x_{11}(t) \\
&= M_4 W_{[4,2]} (\mathbf{1}_4^{\mathrm{T}} \otimes I_2 \otimes \mathbf{1}_4^{\mathrm{T}} \otimes I_8 \otimes \mathbf{1}_4^{\mathrm{T}} \otimes I_2 \otimes \mathbf{1}_2^{\mathrm{T}}) x(t) \\
&:= L_7 x(t),
\end{aligned}
$$

这里

$$L_7 = \delta_2[1,1,1,1,1,1,1,2,\cdots,2] \in \mathcal{L}_{2\times4096}.$$

(viii) $n = 8$:

$$
\begin{aligned}
x_8(t+1) &= M_3 x_8(t) x_4(t) x_7(t) x_{12}(t) \\
&= M_3 W_{[4,2]} (\mathbf{1}_8^{\mathrm{T}} \otimes I_2 \otimes \mathbf{1}_4^{\mathrm{T}} \otimes I_4 \otimes \mathbf{1}_8^{\mathrm{T}} \otimes I_2) x(t) \\
&:= L_8 x(t),
\end{aligned}
$$

这里

$$L_8 = \delta_2[1,1,1,1,1,2,1,2,\cdots,2] \in \mathcal{L}_{2\times4096}.$$

(ix) $n = 9$:

$$
\begin{aligned}
x_9(t+1) &= M_2 x_9(t) x_5(t) x_{10}(t) \\
&= M_2 W_{[2,2]} (\mathbf{1}_{2^4}^{\mathrm{T}} \otimes I_2 \otimes \mathbf{1}_8^{\mathrm{T}} \otimes I_4 \otimes \mathbf{1}_4^{\mathrm{T}}) x(t) \\
&:= L_9 x(t),
\end{aligned}
$$

这里

$$L_9 = \delta_2[1,1,1,2,1,2,2,2,\cdots,2] \in \mathcal{L}_{2\times4096}.$$

(x) $n = 10$:

$$
\begin{aligned}
x_{10}(t+1) &= M_3 x_{10}(t) x_6(t) x_9(t) x_{11}(t) \\
&= M_3 W_{[4,2]} (\mathbf{1}_{2^5}^{\mathrm{T}} \otimes I_2 \otimes \mathbf{1}_4^{\mathrm{T}} \otimes I_8 \otimes \mathbf{1}_2^{\mathrm{T}}) x(t) \\
&:= L_{10} x(t),
\end{aligned}
$$

这里

$$L_{10} = \delta_2[1,1,1,1,1,2,2,2,\cdots,2] \in \mathcal{L}_{2\times4096}.$$

(xi) $n = 11$:

$$
\begin{aligned}
x_{11}(t+1) &= M_3 x_{11}(t) x_7(t) x_{10}(t) x_{12}(t) \\
&= M_3 W_{[4,2]} (\mathbf{1}_{2^6}^{\mathrm{T}} \otimes I_2 \otimes \mathbf{1}_4^{\mathrm{T}} \otimes I_8) x(t) \\
&:= L_{11} x(t),
\end{aligned}
$$

这里

$$L_{11} = \delta_2[1,1,1,1,1,2,1,2,\cdots,2] \in \mathcal{L}_{2\times4096}.$$

(xii) $n = 12$:

$$
\begin{aligned}
x_{12}(t+1) &= M_2 x_{12}(t) x_8(t) x_{11}(t) \\
&= M_2 W_{[4,2]}(\mathbf{1}_{2^7}^{\mathrm{T}} \otimes I_2 \otimes \mathbf{1}_4^{\mathrm{T}} \otimes I_4) x(t) \\
&:= L_{12} x(t),
\end{aligned}
$$

这里

$$
L_{12} = \delta_2[1, 1, 1, 2, 1, 2, 2, 2, \cdots, 2] \in \mathcal{L}_{2 \times 4096}.
$$

最后, 网络演化博弈的局势演化方程为

$$
x(t+1) = Lx(t), \tag{3.7.4}
$$

这里

$$
\begin{aligned}
L &= L_1 * L_2 * \cdots * L_{12} \\
&= \delta_{4096}[1, 1, 1, 3978, 1, 2336, 2314, 4096, \cdots, 4096] \\
&\in \mathcal{L}_{4096 \times 4096}.
\end{aligned}
$$

下节讨论一个典型的基于网络图的演化博弈.

3.7.2 猜硬币的网络演化博弈

猜硬币的网络演化博弈 (networked matching pennies game) 最早是 Jackson 提出来的[71]. 它引发了一系列后继研究. 这里讨论的例子来自文献 [25], 主要结论根据文献 [41].

例 3.7.2[25] 考察一个网络博弈 $G^e = ((N, E), G, \Pi)$. 这里 (N, E) 是一个异质网络, 其结点分两类: 白结点 (W) 和黑结点 (B). 严格地说, 现在基本演化博弈 G 不是一个, 而是一组. $G = \{G_{WW}, G_{WB}, G_{BB}\}$, 这里 G_{WW} 指白玩家与白玩家之间的博弈, G_{WB} 指白玩家与黑玩家之间的博弈, 等等. 策略为 $S_1 = S_2 = \{H(\text{正面}), T(\text{反面})\}$. 白结点为随大流 (conformist) 的玩家, 黑结点为反潮流 (rebel) 的玩家. 网络图见图 3.7.3.

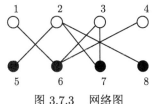

图 3.7.3 网络图

不同类型玩家间的支付函数见表 3.7.1—表 3.7.3 的支付双矩阵.

表 3.7.1　*W-W* 间的支付双矩阵

P_1 \ P_2	H	T
H	1, 1	−1, −1
T	−1, −1	1, 1

表 3.7.2　*B-B* 间的支付双矩阵

P_1 \ P_2	H	T
H	−1, −1	1, 1
T	1, 1	−1, −1

表 3.7.3　*W-B* 间的支付双矩阵

$P_1(W)$ \ $P_2(B)$	H	T
H	1, −1	−1, 1
T	−1, 1	1, −1

从支付函数不难发现, 策略的实际演化可简化如下:

对随大流玩家, 邻居白多则下次取白, 黑多则下次取黑, 相同则自己策略保持不变. 对反潮流玩家, 邻居白多则下次取黑, 黑多则下次取白, 相同则自己策略保持不变.

根据网络图 3.7.3, 将结点分为六类:

(i) W_1: 玩家 x 为白, $\deg(x) = 1$. 记邻居为 y, 那么

$$x(t+1) = y(t). \tag{3.7.5}$$

(ii) W_2: 玩家 x 为白, $\deg(x) = 2$. 记邻居为 y, z, 那么

$$x(t+1) = M_2 x(t)y(t)z(t), \tag{3.7.6}$$

其中, 容易算得

$$M_2 = \delta_2[1,1,1,2,1,2,2,2]. \tag{3.7.7}$$

(iii) W_3: 玩家 x 为白, $\deg(x) = 3$. 记邻居为 y, z, w, 那么

$$x(t+1) = M_3 y(t)z(t)w(t), \tag{3.7.8}$$

其中

$$M_3 = \delta_2[1,1,1,2,1,2,2,2]. \tag{3.7.9}$$

(iv) B_1: 玩家 x 为黑, $\deg(x) = 1$. 记邻居为 y, 那么

$$x(t+1) = \neg y(t). \tag{3.7.10}$$

(v) B_2: 玩家 x 为黑, $\deg(x) = 2$. 记邻居为 y, z, 那么

$$x(t+1) = N_2 x(t) y(t) z(t), \tag{3.7.11}$$

其中

$$N_2 = \delta_2[2, 2, 2, 1, 2, 1, 1, 1]. \tag{3.7.12}$$

(vi) B_3: 玩家 x 为黑, $\deg(x) = 3$. 记邻居为 y, z, w, 那么

$$x(t+1) = N_3 y(t) z(t) w(t), \tag{3.7.13}$$

其中

$$N_3 = \delta_2[2, 2, 2, 1, 2, 1, 1, 1]. \tag{3.7.14}$$

转化为全变量函数形式:

$$\begin{aligned}
x_1(t+1) &= x_6(t) \\
&= (\mathbf{1}_{2^5}^{\mathrm{T}} \otimes I_2 \otimes \mathbf{1}_{2^2}^{\mathrm{T}}) x(t) := L_1 x(t),
\end{aligned}$$

其中

$$L_1 = \mathbf{1}_{2^5}^{\mathrm{T}} \otimes I_2 \otimes \mathbf{1}_{2^2}^{\mathrm{T}}.$$

$$\begin{aligned}
x_2(t+1) &= M_3 x_5(t) x_7(t) x_8(t) \\
&= M_3 (\mathbf{1}_{2^4}^{\mathrm{T}} \otimes I_2 \otimes \mathbf{1}_2^{\mathrm{T}} \otimes I_4) x(t) := L_2 x(t),
\end{aligned}$$

其中

$$L_2 = M_3 (\mathbf{1}_{2^4}^{\mathrm{T}} \otimes I_2 \otimes \mathbf{1}_2^{\mathrm{T}} \otimes I_4).$$

$$\begin{aligned}
x_3(t+1) &= M_2 x_3(t) x_6(t) x_7(t) \\
&= M_2 (\mathbf{1}_4^{\mathrm{T}} \otimes I_2 \otimes \mathbf{1}_4^{\mathrm{T}} \otimes I_4 \otimes \mathbf{1}_2^{\mathrm{T}}) x(t) := L_3 x(t),
\end{aligned}$$

其中

$$L_3 = M_2 (\mathbf{1}_{2^4}^{\mathrm{T}} \otimes I_2 \otimes \mathbf{1}_4^{\mathrm{T}} \otimes I_4 \otimes \mathbf{1}_2^{\mathrm{T}}).$$

$$\begin{aligned}
x_4(t+1) &= x_6(t) \\
&= (\mathbf{1}_{2^5}^{\mathrm{T}} \otimes I_2 \otimes \mathbf{1}_4^{\mathrm{T}}) x(t) := L_4 x(t),
\end{aligned}$$

其中

$$L_4 = \mathbf{1}_{2^5}^{\mathrm{T}} \otimes I_2 \otimes \mathbf{1}_4^{\mathrm{T}}.$$

$$\begin{aligned}
x_5(t+1) &= \neg x_2(t) \\
&= M_\neg(\mathbf{1}_2^{\mathrm{T}} \otimes I_2 \otimes \mathbf{1}_{2^6}^{\mathrm{T}})x(t) := L_5 x(t),
\end{aligned}$$

其中

$$L_5 = M_\neg(\mathbf{1}_2^{\mathrm{T}} \otimes I_2 \otimes \mathbf{1}_{2^6}^{\mathrm{T}}).$$

$$\begin{aligned}
x_6(t+1) &= N_3 x_1(t)x_3(t)x_4(t) \\
&= N_3(I_2 \otimes \mathbf{1}_2^{\mathrm{T}} \otimes I_4 \otimes \mathbf{1}_{16}^{\mathrm{T}})x(t) := L_6 x(t),
\end{aligned}$$

其中

$$L_6 = N_3(I_2 \otimes \mathbf{1}_2^{\mathrm{T}} \otimes I_4 \otimes \mathbf{1}_{16}^{\mathrm{T}}).$$

$$\begin{aligned}
x_7(t+1) &= N_2 x_7(t)x_2(t)x_3(t) \\
&= N_2 W_{[4,2]} x_2(t)x_3(t)x_7(t) \\
&= N_2 W_{[4,2]}(\mathbf{1}_2^{\mathrm{T}} \otimes I_4 \otimes \mathbf{1}_8^{\mathrm{T}} \otimes I_2 \otimes \mathbf{1}_2^{\mathrm{T}})x(t) := L_7 x(t),
\end{aligned}$$

其中

$$L_7 = N_2 W_{[4,2]}(\mathbf{1}_2^{\mathrm{T}} \otimes I_4 \otimes \mathbf{1}_8^{\mathrm{T}} \otimes I_2 \otimes \mathbf{1}_2^{\mathrm{T}}).$$

$$\begin{aligned}
x_8(t+1) &= \neg x_2(t) \\
&= M_\neg(\mathbf{1}_2^{\mathrm{T}} \otimes I_2 \otimes \mathbf{1}_{64}^{\mathrm{T}})x(t) := L_8 x(t),
\end{aligned}$$

其中

$$L_8 = M_\neg(\mathbf{1}_2^{\mathrm{T}} \otimes I_2 \otimes \mathbf{1}_{64}^{\mathrm{T}}).$$

最后可得局势演化方程

$$x(t+1) = Lx(t), \tag{3.7.15}$$

其中

$$L = L_1 * L_2 * L_3 * L_4 * L_5 * L_6 * L_7 * L_8.$$

3.8　网络演化博弈的拓扑结构

网络演化博弈的动态性质是研究网络演化博弈的基本问题之一, 而它在本质上与逻辑网络是一致的. 因此, 逻辑网络的一般性结果及半张量积方法在这里都是有效的或可借鉴的.

3.8.1 不动点与极限环

考察一个网络演化博弈 G^e, 其基本网络博弈为 $G \in \mathcal{G}_{[n;k_1,k_2,\cdots,k_n]}$. 设 G^e 的局势演化方程为

$$x(t+1) = Lx(t), \qquad (3.8.1)$$

这里, $L \in \mathcal{L}_{\kappa \times \kappa}$. 那么, 网络的不动点和极限环的数目可用以下公式计算, 其中, N_1 为不动点数目, N_s 为长度为 s 的极限环的数目.

$$\begin{cases} N_1 = \mathrm{tr}(L), \\ N_s = \dfrac{\mathrm{tr}(L^s) - \sum\limits_{\mu \in \mathcal{P}(s)} \mu N_\mu}{s}, \quad 2 \leqslant s \leqslant \kappa. \end{cases} \qquad (3.8.2)$$

注意, $\mathcal{P}(s)$ 是 s 的真因子集合. 例如, $\mathcal{P}(6) = \{1,2,3\}$.

公式 (3.8.2) 最初是用于计算布尔网络的不动点和极限环的数目的[26], 它然后被推广到 k-值逻辑网络[80]. 这里将其用于混合值的情况, 但它们在本质上没有区别.

设 δ_κ^i 在 G^e 的长为 s 的极限环上, 则它必为 L^s 的不动点. 利用这个性质, 即可求出极限环. 具体算法可参见本丛书第二卷.

例 3.8.1 回忆例 3.7.2. 利用公式 (3.8.2) 不难算出, 网络 (3.7.15) 共有 4 个长度为 4 的极限环和一个长度为 12 的极限环.

(i) 长度为 12 的极限环 C^1:

$$\begin{aligned} C^1 = &\delta_{256}^{181} \to \delta_{256}^{186} \to \delta_{256}^{74} \to \delta_{256}^{69} \to \delta_{256}^{149} \to \delta_{256}^{156} \to \delta_{256}^{76} \to \delta_{256}^{71} \to \\ &\delta_{256}^{183} \to \delta_{256}^{188} \to \delta_{256}^{108} \to \delta_{256}^{101} \to \delta_{256}^{181} \to \end{aligned}$$

表示为分量形式可得

$$\begin{aligned} &(1,0,1,1,0,1,0,0) \to (1,0,1,1,1,0,0,1) \to (0,1,0,0,1,0,0,1) \to \\ &(0,1,0,0,0,1,0,0) \to (1,0,0,1,0,1,0,0) \to (1,0,0,1,1,0,1,1) \to \\ &(0,1,0,0,1,0,1,1) \to (0,1,0,0,0,1,1,0) \to (1,0,1,1,0,1,1,0) \to \\ &(1,0,1,1,1,0,1,1) \to (0,1,1,0,1,0,1,1) \to (0,1,1,0,0,1,0,0) \to \\ &(1,0,1,1,0,1,0,0) \to \end{aligned}$$

这里 1 是反面, 0 为正面. 这与 [24] 中的结果一致.

(ii) 长度为 4 的极限环 $C_1^2, C_2^2, C_3^2, C_4^2$:

$$C_1^2: \quad \delta_{256}^1 \to \delta_{256}^{16} \to \delta_{256}^{256} \to \delta_{256}^{241} \to \delta_{256}^1 \to$$

分量式为

$$(0,0,0,0,0,0,0,0) \to (0,0,0,0,1,1,1,1) \to (1,1,1,1,1,1,1,1) \to$$
$$(1,1,1,1,0,0,0,0) \to (0,0,0,0,0,0,0,0) \to$$

$$C_2^2: \quad \delta_{256}^5 \delta_{256}^{160} \to \delta_{256}^{252} \to \delta_{256}^{97} \to \delta_{256}^5 \to$$

分量式为

$$(0,0,0,0,0,1,0,0) \to (1,0,0,1,1,1,1,1) \to (1,1,1,1,1,0,1,1) \to$$
$$(0,1,1,0,0,0,0,0) \to (0,0,0,0,0,1,0,0) \to$$

$$C_3^2: \quad \delta_{256}^{10} \to \delta_{256}^{80} \to \delta_{256}^{247} \to \delta_{256}^{177} \to \delta_{256}^{10} \to$$

分量式为

$$(0,0,0,0,1,0,0,1) \to (0,1,0,0,1,1,1,1) \to (1,1,1,1,0,1,1,0) \to$$
$$(1,0,1,1,0,0,0,0) \to (0,0,0,0,1,0,0,1) \to$$

$$C_4^2: \quad \delta_{256}^{14} \to \delta_{256}^{224} \to \delta_{256}^{243} \to \delta_{256}^{33} \to \delta_{256}^{14} \to$$

分量式为

$$(0,0,0,0,1,1,0,1) \to (1,1,0,1,1,1,1,1) \to (1,1,1,1,0,0,1,0) \to$$
$$(0,0,1,0,0,0,0,0) \to (0,0,0,0,1,1,0,1) \to$$

3.8.2 纯纳什均衡点

寻找网络演化博弈的纯纳什均衡点是一个有意义的问题, 相关讨论可见文献 [24]. 下面给出一个计算方法.

设每个玩家的策略演化方程为

$$x_i(t+1) = L_i x(t), \quad i = 1, 2, \cdots, n. \tag{3.8.3}$$

设玩家 i 单独更新她的策略, 为方便计, 设 $|S_i| = k$, $i = 1, 2, \cdots, n$, 于是 $x_i(t) \in \Delta_k$, $i = 1, 2, \cdots, n$.

对于其他玩家, 他们不改变策略, 于是有

$$x_{-i}(t+1) = x_{-i}(t) = (I_{k^{i-1}} \otimes J_k^{\mathrm{T}} \otimes I_{k^{n-i}}) x(t)$$

$$:= L_{-i} x(t), \quad i = 1, 2, \cdots, n. \tag{3.8.4}$$

将 (3.8.3) 与 (3.8.4) 相乘可得

$$x_i(t+1) x_{-i}(t+1) = (L_i * L_{-i}) x(t). \tag{3.8.5}$$

将上式两边左乘 $W_{[k,k^{i-1}]}$ 即得

$$x(t+1) = W_{[k,k^{i-1}]}(L_i * L_{-i}) x(t)$$

$$:= H_i x(t). \tag{3.8.6}$$

称 (3.8.6) 为玩家 i 单独更新策略的局势演化方程.

注意到如果玩家依次以短视最优更新规则单独更新自己的策略, 且

$$\lim_{t \to \infty} x(t) = x_0,$$

那么, x_0 为纯纳什均衡点[56]. 根据这个道理, 不难得到如下结论.

命题 3.8.1 考察网络演化博弈 G^e. 设其玩家 i 单独更新策略的局势演化方程 (3.8.6), $i = 1, 2, \cdots, n$. 令

$$H := \bigwedge_{i=1}^{n} H_i. \tag{3.8.7}$$

那么, $x \in \Delta_\kappa$ 是 G^e 的纯纳什均衡点, 当且仅当, x 是 H-不变的. 因此, G^e 的纯纳什均衡点个数为

$$n_N = \mathrm{tr}(H). \tag{3.8.8}$$

例 3.8.2 考察 G^e, 这里基本网络博弈 G 为囚徒困境, 其支付双矩阵见表 1.3.1.

容易算得

$$x_1(t+1) = d_2[2, 2, 2, 2] x(t) := L_1 x(t). \tag{3.8.9}$$

同时

$$x_2(t+1) = x_{-1}(t+1) = x_{-1}(t)$$

$$= (\mathbf{1}_2^{\mathrm{T}} \otimes I_2) x(t)$$

$$= \delta_2[1, 2, 1, 2] x(t) := L_2 x(t). \tag{3.8.10}$$

使用 (3.8.9) 及 (3.8.10), 玩家 1 单独更新策略的局势演化方程为

$$x(t+1) = M_1 x(t), \tag{3.8.11}$$

这里

$$M_1 = L_1 * L_2 = \delta_2[3,4,3,4].$$

类似地, 可以得到玩家 2 单独更新策略的局势演化方程为

$$x(t+1) = M_2 x(t) = \delta_4[2,2,4,4]x(t). \tag{3.8.12}$$

于是

$$H = M_1 \wedge M_2 = \delta_4[0,0,0,4]. \tag{3.8.13}$$

H 的唯一不动点是 $\delta_4^4 \sim (2,2)$. 根据命题 3.8.1, 它是唯一纯纳什均衡点.

例 3.8.2 说明命题 3.8.1 亦可用于非网络化的博弈. 但对于非网络化的博弈, 显然它太麻烦了, 一般没有必要.

例 3.8.3　回忆例 3.7.2. 那里, 每个玩家的策略演化方程都已知, 即 L_i, $i = 1, 2, \cdots, 8$ 已知. 不难算得

$$E_i = I_{2^{i-1}} \otimes \mathbf{1}_2^{\mathrm{T}} \otimes 2^{8-i}, \quad i = 1, 2, \cdots, 8.$$

$$M_i = W_{[2^{i-1},2]} \ltimes E_i, \quad i = 1, 2, \cdots, 8.$$

令

$$H = \bigcap_{i=1}^{8} M_i,$$

直接检验可知 $\mathrm{tr}(H) = 0$. 因此, 例 3.7.2 中的网络演化博弈没有纯纳什均衡点.

例 3.8.4　考察一个观点动力学 (opinion dynamics) 博弈. 玩家分两类: 白结点 (W) 和黑结点 (B). 白结点为随大流的玩家, 黑结点为反潮流的玩家. 玩家策略为 $S_i = \{P, N, U\}$, $\forall i$, 这里 P 表示支持某种观点, N 表示反对某种观点, U 表示中立. 网络图见图 3.8.1.

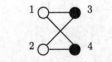

图 3.8.1　例 3.8.4 网络图

每个玩家根据自己邻居 (包含自己) 的观点决定自己的下一时刻观点: 对于随大流的玩家 (W), 多数人支持则支持, 多数人反对则反对, 人数一样则中立. 对于反潮流的玩家 (B), 多数人支持则反对, 多数人反对则支持, 人数一样则中立.

那么, 不难得到以下策略演化方程:

$$x_1(t+1) = Lx_3(t)x_4(t), \tag{3.8.14}$$

这里

$$L = \delta_3[1,1,2,1,2,3,2,3,3].$$

$$x_2(t+1) = x_4(t). \tag{3.8.15}$$

$$x_3(t+1) = M_n Lx_1(t)x_2(t). \tag{3.8.16}$$

这里, $M_n = \delta_3[3,2,1]$.

$$x_4(t+1) = M_n x_1(t). \tag{3.8.17}$$

则玩家 1 单独更新策略的局势演化方程可计算如下:

$$x_1(t+1) = Lx_3(t)x_4(t) = L(\mathbf{1}_9^{\mathrm{T}} \otimes I_9)x(t) := M_1 x(t). \tag{3.8.18}$$

$$x_{-1}(t+1) = (\mathbf{1}_3^{\mathrm{T}} \otimes I_{27})x(t) := H_1 x(t). \tag{3.8.19}$$

$$x(t+1) = x_1(t+1)x_{-1}(t+1) = (M_1 * H_1)x(t) := \Psi_1 x(t), \tag{3.8.20}$$

这里

$\Psi_1 = \delta_{81}[1,2,30,4,32,60,34,62,63,10,11,39,13,41,69,43,71,72,19,20,48,$
$22,50,78,52,80,81,1,2,30,4,32,60,34,62,63,10,11,39,13,41,69,$
$43,71,72,19,20,48,22,50,78,52,80,81,1,2,30,4,32,60,34,62,63,$
$10,11,39,13,41,69,43,71,72,19,20,48,22,50,78,52,80,81].$

类似地, 可以得到

$$x_2(t+1) = (\mathbf{1}_{27}^{\mathrm{T}} \otimes I_3)x(t) := M_2 x(t). \tag{3.8.21}$$

$$\begin{aligned} x_{-2}(t+1) &= (I_3 \otimes \mathbf{1}_3^{\mathrm{T}} \otimes I_9)x(t) \\ &:= H_2 x(t). \end{aligned} \tag{3.8.22}$$

$$\begin{aligned} x(t+1) &= W_{[3,3]}x_2(t+1)x_{-2}(t+1) \\ &= W_{[3,3]}(M_2 * H_2)x(t) := \Psi_2 x(t), \end{aligned} \tag{3.8.23}$$

这里

$$\Psi_2 = \delta_{81}[1, 11, 21, 4, 14, 24, 7, 17, 27, 1, 11, 21, 4, 14, 24, 7, 17, 27, 1, 11, 21, 4, 14, 24,$$
$$7, 17, 27, 28, 38, 48, 31, 41, 51, 34, 44, 54, 28, 38, 48, 31, 41, 51, 34, 44, 54,$$
$$28, 38, 48, 31, 41, 51, 34, 44, 54, 55, 65, 75, 58, 68, 78, 61, 71, 81, 55, 65, 75,$$
$$58, 68, 78, 61, 71, 81, 55, 65, 75, 58, 68, 78, 61, 71, 81].$$

$$x_3(t+1) = M_n L x_1(t) x_2(t)$$
$$= M_n L(I_9 \otimes \mathbf{1}_9^{\mathrm{T}}) x(t) := M_3 x(t). \tag{3.8.24}$$

$$x_{-3}(t+1) = (I_9 \otimes \mathbf{1}_3^{\mathrm{T}} \otimes I_3) x(t)$$
$$:= H_3 x(t). \tag{3.8.25}$$

$$x(t+1) = W_{[3,9]} x_3(t+1) x_{-3}(t+1)$$
$$= W_{[3,9]}(M_3 * H_3) x(t) := \Psi_3 x(t), \tag{3.8.26}$$

这里

$$\Psi_3 = \delta_{81}[7, 8, 9, 7, 8, 9, 7, 8, 9, 16, 17, 18, 16, 17, 18, 16, 17, 18, 22, 23, 24, 22, 23, 24,$$
$$22, 23, 24, 34, 35, 36, 34, 35, 36, 34, 35, 36, 40, 41, 42, 40, 41, 42, 40, 41, 42,$$
$$46, 47, 48, 46, 47, 48, 46, 47, 48, 58, 59, 60, 58, 59, 60, 58, 59, 60, 64, 65, 66,$$
$$64, 65, 66, 64, 65, 66, 73, 74, 75, 73, 74, 75, 73, 74, 75].$$

$$x_4(t+1) = \neg x_1(t) = M_n(I_3 \otimes \mathbf{1}_{27}^{\mathrm{T}}) x(t)$$
$$:= M_4 x(t). \tag{3.8.27}$$

$$x_{-4}(t+1) = (I_{27} \otimes \mathbf{1}_3^{\mathrm{T}}) x(t)$$
$$:= H_4 x(t). \tag{3.8.28}$$

$$x(t+1) = x_{-4}(t+1) x_4(t+1)$$
$$= (H_4 * M_4) x(t) := \Psi_4 x(t), \tag{3.8.29}$$

这里

$$\Psi_4 = \delta_{81}[3, 3, 3, 6, 6, 6, 9, 9, 9, 12, 12, 12, 15, 15, 15, 18, 18, 18, 21, 21, 21, 24, 24, 24,$$
$$27, 27, 27, 29, 29, 29, 32, 32, 32, 35, 35, 35, 38, 38, 38, 41, 41, 41, 44, 44, 44,$$
$$47, 47, 47, 50, 50, 50, 53, 53, 53, 55, 55, 55, 58, 58, 58, 61, 61, 61, 64, 64, 64,$$
$$67, 67, 67, 70, 70, 70, 73, 73, 73, 76, 76, 76, 79, 79, 79].$$

注意到, 公式 (3.8.20), (3.8.23), (3.8.26) 及 (3.8.29) 分别为玩家 1, 2, 3, 4 的单独更新策略的局势演化方程. 令

$$H = \Psi_1 \wedge \Psi_2 \wedge \Psi_3 \wedge \Psi_4,$$

不难算得

$$\mathrm{tr}(H) = 1,$$

且 $\mathrm{Col}_{41}(H) = \delta_{81}^{41}$, 因此, 唯一纯纳什均衡点是

$$\delta_{81}^{41} \sim (\delta_3^2, \delta_3^2, \delta_3^2),$$

它对应 (U, U, U).

第 4 章　演化稳定策略

演化稳定策略 (evolutionary stable strategy) 首先是由生物学家提出来的, 他们用这个概念研究动植物的进化与物种演变[114,115]. 这个概念后来也被经济学家和社会学家等广泛应用, 用以解决社会与经济问题中大量的稳态或平衡态的取得与破坏. 在网络化系统中, 同样要讨论网络演化博弈的演化稳定策略问题.

本章的基本概念主要来自文献 [115], 关于演化稳定策略的内容可参考文献 [31], 关于网络演化的等价性与稳定策略的内容主要来自文献 [33].

4.1　生物系统中演化策略的稳定性

演化稳定策略的概念最初来自生物系统. 按文献 [115] 的定义: 考虑一个演化博弈群体. 一个策略称为演化稳定策略, 如果群体成员均采用这一策略, 那么, 一个变异在自然选择下无法侵入该群体.

我们通过下面这个例子来理解它, 它来自文献 [115].

例 4.1.1　考虑鹰鸽博弈 (Hawk-Dove game), 用 H 表示鹰, D 表示鸽. 这个博弈是对称的, 支付矩阵见表 4.1.1, 这里 $E(X, Y)$ 表示取策略 X 的玩家对取策略 Y 的玩家时的所得, $X, Y \in \{H, D\}$.

表 4.1.1　鹰鸽博弈的支付矩阵

P_1 \ P_2	H	D
H	$E(H, H)$	$E(H, D)$
D	$E(D, H)$	$E(D, D)$

设 p 为群体中取策略 H 的概率, $W(H)$ 和 $W(D)$ 分别为策略 H 与 D 的适应度. 所有个体初始适应度均为 W_0. 则在一次博弈中, 适应度为

$$\begin{cases} W(H) = W_0 + pE(H, H) + (1 - p)E(H, D), \\ W(D) = W_0 + pE(D, H) + (1 - p)E(D, D). \end{cases} \tag{4.1.1}$$

假如个体是无性繁殖, 后代数目正比于适应度. 在后代中取策略 H 的概率 p' 为

$$p' = pW(H)/\overline{W}, \tag{4.1.2}$$

这里 $\overline{W} = pW(H) + (1-p)W(D)$.

现在假定 H 是演化稳定策略, 而 D 是变异的, 那么, $(1-p)$ 应当非常小. 因为 H 是稳定的, 所以 $W(H) > W(D)$. 于是有

$$E(H,H) > E(D,H) \tag{4.1.3}$$

或者

$$E(H,H) = E(D,H) \quad \text{且} \quad E(H,D) > E(D,D). \tag{4.1.4}$$

下面考虑一个有限网络演化博弈的演化稳定策略.

例 4.1.2 设有一网络演化博弈, 其网络图为图 4.1.1, 演化稳定策略满足条件 (4.1.3). 设所有玩家都采用策略 H, 仅在结点 O 出现变异.

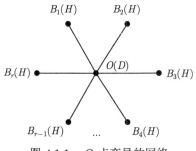

图 4.1.1 O 点变异的网络

回到式 (4.1.3), 看它对这个网络演化博弈是否成立. 由于变异是小概率事件, 我们假定 $U_2(O)$ 中没有其他变异. 假定 $W_0 = 0$, 设 $U(O) = \{O, B_1, \cdots, B_r\}$ 并且 $|U(B_i)| - 1 = \ell_i$, $i = 1, 2, \cdots, r$, 则有

$$c_i(B_i) = \frac{1}{\ell_i}\left[(\ell_i - 1)E(H,H) + E(H,D)\right], \quad i = 1, 2, \cdots, r,$$

$$c_0(O) = E(D,H).$$

假定策略更新规则为无条件模仿, 即选择最佳邻域 (即收益最高的邻居) 策略为下一步策略. 不难验证, 即使我们假定 $E(H,H) > E(D,H)$, 仍然不能保证 $c_i(B_i) > c_0(O)$. 因此, 即使不断演化下去, 变异也无法消去.

再者, 对于网络演化博弈, 由式 (4.1.2) 所定义的策略更新规则也不合适. 因为在网络演化博弈中, 每一个玩家只能得到他邻域的信息, 并依此更新自己的策略.

我们得出结论: 对这个博弈, (4.1.3) 或 (4.1.4) 都不能保证策略的演化稳定.

注 [114] 指出: 关系式 (4.1.3) 及关系式 (4.1.4) "可以作为演化稳定策略的一个定量的定义, 但它只能用于无限群体、无性繁殖和成对博弈的情况". 例 4.1.2 也证明了这一点.

因此, 基于生物学的这个演化稳定策略的定义对有限博弈是不适合的.

4.2 有限博弈的演化稳定策略

对于有限博弈, 可以将局势 $S = (s_1, s_2, \cdots, s_n)$ 看作一个距离空间. 为方便计, 一个局势记作 $X = (X_1, X_2, \cdots, X_n)$, 当策略 X_i 用向量表示时, 记

$$x_i = \vec{X}_i \in \Delta_{k_i}, \quad i = 1, 2, \cdots, n.$$

定义 4.2.1 设 $X, Y \in S$ 为两局势, 这里 $X = (X_1, X_2, \cdots, X_n)$, $Y = (Y_1, Y_2, \cdots, Y_n)$. 令

$$d_i = \begin{cases} 0, & X_i = Y_i, \\ 1, & X_i \neq Y_i. \end{cases}$$

则 X 与 Y 的距离, 记作

$$d(X, Y) = \sum_{i=1}^{n} d_i. \tag{4.2.1}$$

必须检验 (4.2.1) 定义的确实是一个距离, 这很容易, 留给读者.

有了距离, 就可以定义演化稳定策略了.

定义 4.2.2 设 $G \in \mathcal{G}_{[n;k_1,k_2,\cdots,k_n]}$. 令 $\mu \geqslant 1$. 局势 X_0 称为稳定半径为 μ 的演化稳定策略, 如果

(i) X_0 是一个稳定局势 (或不动点), 即

$$X(t) = X_0, \quad \forall t > 0, \text{ 如果 } X(0) = X_0. \tag{4.2.2}$$

(ii) X_0 在半径 μ 内是鲁棒的, 即对每一个满足 $d(X_0', X_0) \leqslant \mu$ 的局势 X_0', 均有一个 $T > 0$, 使得

$$X(t) = X_0, \quad \forall t > T, \text{ 如果 } X(0) = X_0'. \tag{4.2.3}$$

如果稳定半径 $\mu = n$, 即对任何 X_0' 式 (4.2.3) 均成立, 则称 X_0 为全局演化稳定策略.

不难看出, 这个定义与文献 [115] 中的一般定义相符, 或者说, 该定义符合 [115] 中描述的物理意义.

给定一个有限博弈 $G \in \mathcal{G}_{[n;k_1,k_2,\cdots,k_n]}$, 设其策略演化方程为

$$
\begin{cases}
x_1(t+1) = f_1(x_1(t), x_2(t), \cdots, x_n(t)), \\
x_2(t+1) = f_2(x_1(t), x_2(t), \cdots, x_n(t)), \\
\qquad\qquad\qquad\vdots \\
x_n(t+1) = f_n(x_1(t), x_2(t), \cdots, x_n(t)),
\end{cases}
\tag{4.2.4}
$$

这里, $x_i(t) \in \Delta_{k_i}$, $f_i : \prod_{j=1}^n \Delta_{k_j} \to \Delta_{k_i}$ 为逻辑函数, $i = 1, 2, \cdots, n$.

或者一个受控的有限博弈 $G \in \mathcal{G}_{[n+m;k_1,k_2,\cdots,k_n,r_1,r_2,\cdots,r_m]}$, 其策略演化方程为

$$
\begin{cases}
x_1(t+1) = f_1(x_1(t), x_2(t), \cdots, x_n(t), u_1(t), u_2(t), \cdots, u_m(t)), \\
x_2(t+1) = f_2(x_1(t), x_2(t), \cdots, x_n(t), u_1(t), u_2(t), \cdots, u_m(t)), \\
\qquad\qquad\qquad\vdots \\
x_n(t+1) = f_n(x_1(t), x_2(t), \cdots, x_n(t), u_1(t), u_2(t), \cdots, u_m(t)),
\end{cases}
\tag{4.2.5}
$$

这里, $x_i(t) \in \Delta_{k_i}$ 为状态玩家, $u_j(t) \in \Delta_{r_j}$ 为控制玩家, $f_i : \prod_{p=1}^n \times \Delta_{k_p} \prod_{q=1}^m \Delta_{r_q} \to \Delta_{k_i}$ 为逻辑函数, $i = 1, 2, \cdots, n$, $j = 1, 2, \cdots, m$.

一个受控的有限博弈也称为一个控制演化博弈系统. 用 $\mathcal{G}_{[n,m;k_1,k_2,\cdots,k_n;r_1,r_2,\cdots,r_m]}$ 表示这样的控制演化博弈系统集合: 它有 n 个状态玩家, 第 i 个玩家有 k_i 个策略; 有 m 个控制玩家, 第 j 个玩家有 r_i 个策略.

定义 4.2.3 考察控制演化博弈系统 (4.2.5), 如果存在一个状态反馈控制

$$
\begin{cases}
u_1(t) = g_1(x_1(t), x_2(t), \cdots, x_n(t)), \\
u_2(t) = g_2(x_1(t), x_2(t), \cdots, x_n(t)), \\
\qquad\qquad\qquad\vdots \\
u_m(t) = g_m(x_1(t), x_2(t), \cdots, x_n(t)),
\end{cases}
\tag{4.2.6}
$$

使 $X_0 \in S$ 成为闭环系统的稳定演化策略, 则 X_0 称为一个控制稳定演化策略.

因为策略局势的动态方程刻画了整个网络的演化, 它可以用来检验一个策略是否为稳定演化策略. 下面这个结论是显见的, 它反映了系统的稳定性与演化稳定策略的关系.

命题 4.2.1 (i) 考察演化博弈系统 (4.2.4). 如果 $X_0 \in S$ 是一个稳定演化策略, 则 X_0 是系统 (4.2.4) 的一个不动点.

(ii) 考察控制演化博弈系统 (4.2.5). 如果 $X_0 \in S$ 是一个稳定演化策略, 则 X_0 是系统 (4.2.4) 的一个不动点.

(iii) 考察演化博弈系统 (4.2.4). 如果 $X_0 \in S$ 是全局稳定的, 则 X_0 是全局演化稳定策略.

(iv) 考察控制演化博弈系统 (4.2.5). 如果 $X_0 \in S$ 是全局可镇定的, 则 X_0 是全局控制演化稳定策略.

下面这个例子具有启发意义, 它既可以用来帮助理解演化稳定策略的概念, 又可以启发我们考虑如何探讨一般的 (控制) 演化稳定策略.

例 4.2.1　设网络图为 S_7 (七个玩家联成一个环), 以 (mod 7) 记玩家, 则玩家 i 的邻域为 $U(i) = \{i-1, i, i+1\}$, 其 2 次邻域为 $U_2(i) = \{i-2, i-1, i, i+1, i+2\}$. 设基本网络博弈为囚徒困境, 即 $S_0 = \{1, 2\}$, 这里 1 代表 "合作", 而 2 代表 "背叛". 支付双矩阵见表 4.2.1.

表 4.2.1　囚徒困境支付双矩阵

P_1 ＼ P_2	1	2
1	(R, R)	(S, T)
2	(T, S)	(P, P)

设 $P = -6, R = -5, S = -5, T = -3$, 并且, 策略更新规则为取最小指标的确定型无条件模仿. 那么, 策略演化可由表 4.2.2 给出. 这里第一行是 $(x_{i-2}, x_{i-1}, x_i, x_{i+1}, x_{i+2})$ 的策略.

表 4.2.2　从支付到策略

局势	11111	11112	11121	11122	11211	11212	11221	11222
$c_{i-1}(t)$	-5	-5	-5	-5	-5	-5	-5	-5
$c_i(t)$	-5	-5	-5	-5	-3	-3	-4.5	-4.5
$c_{i+1}(t)$	-5	-5	-3	-4.5	-5	-5	-4.5	-6
$x_i(t+1)$	1	1	2	2	2	2	2	2
局势	12111	12112	12121	12122	12211	12212	12221	12222
$c_{i-1}(t)$	-3	-3	-3	-3	-4.5	-4.5	-4.5	-4.5
$c_i(t)$	-5	-5	-5	-5	-4.5	-4.5	-6	-6
$c_{i+1}(t)$	-5	-5	-3	-4.5	-5	-5	-4.5	-6
$x_i(t+1)$	2	2	2	2	2	2	2	2
局势	21111	21112	21121	21122	21211	21212	21221	21222
$c_{i-1}(t)$	-5	-5	-5	-5	-5	-5	-5	-5
$c_i(t)$	-5	-5	-5	-5	-3	-3	-4.5	-4.5
$c_{i+1}(t)$	-5	-5	-3	-4.5	-5	-5	-4.5	-6
$x_i(t+1)$	1	1	2	2	2	2	2	2
局势	22111	22112	22121	22122	22211	22212	22221	22222
$c_{i-1}(t)$	-4.5	-4.5	-4.5	-4.5	-6	-6	-6	-6
$c_i(t)$	-5	-5	-5	-5	-4.5	-4.5	-6	-6
$c_{i+1}(t)$	-5	-5	-3	-4.5	-5	-5	-4.5	-6
$x_i(t+1)$	2	2	2	2	2	2	2	2

将表 4.2.1 中的 $x_i(t+1)$ 放到一起, 则得局势演化方程如下:

$$x_i(t+1) = M \ltimes_{j=-2}^{2} x_{i+j}(t), \qquad (4.2.7)$$

这里, 结构矩阵为

$$M = \delta_2[1, 1, 2, 2, 2, 2, 2, 2, 2, 2, 2, 2, 2, 2, 2, 2, 1, 1, 2, 2, 2, 2, 2, 2, 2, 2, 2, 2, 2, 2, 2, 2].$$
$$(4.2.8)$$

利用基本演化方程 (4.2.6) 和结构矩阵 (4.2.7), 不难算得局势演化方程如下:

$$x(t+1) = Lx(t). \qquad (4.2.9)$$

这里 $x(t) = \ltimes_{i=1}^{7} x_i(t)$, 且

$$
\begin{aligned}
L = \delta_{128}[& 1, \quad 68, \quad 8, \quad 72, \quad 15, \quad 80, \quad 16, \quad 80, \quad 29, \quad 96, \quad 32, \quad 96, \\
& 31, \quad 96, \quad 32, \quad 96, \quad 57, \quad 124, \quad 64, \quad 128, \quad 63, \quad 128, \quad 64, \quad 128, \\
& 61, \quad 128, \quad 64, \quad 128, \quad 63, \quad 128, \quad 64, \quad 128, \quad 113, \quad 116, \quad 120, \quad 120, \\
& 127, \quad 128, \quad 128, \quad 128, \quad 125, \quad 128, \quad 128, \quad 128, \quad 127, \quad 128, \quad 128, \quad 128, \\
& 121, \quad 124, \quad 128, \quad 128, \quad 127, \quad 128, \quad 128, \quad 128, \quad 125, \quad 128, \quad 128, \quad 128, \\
& 127, \quad 128, \quad 128, \quad 128, \quad 98, \quad 100, \quad 104, \quad 104, \quad 112, \quad 112, \quad 112, \quad 112, \\
& 126, \quad 128, \quad 128, \quad 128, \quad 128, \quad 128, \quad 128, \quad 128, \quad 122, \quad 124, \quad 128, \quad 128, \\
& 128, \quad 128, \quad 128, \quad 128, \quad 126, \quad 128, \quad 128, \quad 128, \quad 128, \quad 128, \quad 128, \quad 128, \\
& 114, \quad 116, \quad 120, \quad 120, \quad 128, \quad 128, \quad 128, \quad 128, \quad 126, \quad 128, \quad 128, \quad 128, \\
& 128, \quad 128, \quad 128, \quad 128, \quad 122, \quad 124, \quad 128, \quad 128, \quad 128, \quad 128, \quad 128, \quad 128, \\
& 126, \quad 128, \quad 128, \quad 128, \quad 128, \quad 128, \quad 128, \quad 128].
\end{aligned}
$$

于是可直接检验, 当 $k \geqslant 3$ 时

$$
\begin{aligned}
L^k = \delta_{128}[& 1, \quad 128, \quad 128, \quad 128, \quad 128, \quad 128, \quad 128, \quad 128, \quad 128, \quad 128, \quad 128, \\
& 128, \quad 128, \quad 128, \quad 128, \quad 128, \quad 128, \quad 128, \quad 128, \quad 128, \quad 128, \quad 128, \\
& 128, \quad 128, \quad 128, \quad 128, \quad 128, \quad 128, \quad 128, \quad 128, \quad 128, \quad 128, \quad 128, \\
& 128, \quad 128, \quad 128, \quad 128, \quad 128, \quad 128, \quad 128, \quad 128, \quad 128, \quad 128, \quad 128, \\
& 128, \quad 128, \quad 128, \quad 128, \quad 128, \quad 128, \quad 128, \quad 128, \quad 128, \quad 128, \quad 128, \\
& 128, \quad 128, \quad 128, \quad 128, \quad 128, \quad 128, \quad 128, \quad 128, \quad 128, \quad 128, \quad 128, \\
& 128, \quad 128, \quad 128, \quad 128, \quad 128, \quad 128, \quad 128, \quad 128, \quad 128, \quad 128, \quad 128, \\
& 128, \quad 128, \quad 128, \quad 128, \quad 128, \quad 128, \quad 128, \quad 128, \quad 128, \quad 128, \quad 128, \\
& 128, \quad 128, \quad 128, \quad 128, \quad 128, \quad 128, \quad 128, \quad 128, \quad 128, \quad 128, \quad 128, \\
& 128, \quad 128, \quad 128, \quad 128, \quad 128, \quad 128, \quad 128, \quad 128, \quad 128, \quad 128, \quad 128].
\end{aligned}
$$

也就是说, 当 $x(0) = \delta_{128}^1$ 时, 局势收敛于 $x(\infty) = x(3) = \delta_{128}^1 \sim (1,1,1,1,1,$
$1, 1)$. 而当初态 $x(0) \neq \delta_{128}^1$ 时, 局势收敛于 $\delta_{128}^{128} \sim (2,2,2,2,2,2,2)$.

我们得出结论: $\xi = \delta_2^2 \sim 2$, 即策略 2 是演化稳定策略. 而且, 我们可以选择 $\mu = 6$, 即当 $|y_0 - x_0| \leqslant \mu$ 时 (这里, $x_0 = \xi^7$), 只要令 $T = 3$, 则式 (4.2.3) 成立. 因此, 稳定半径为 6.

考虑另一个平衡点 $\eta = \delta_2^1 \sim 1$. 显然, η 不是演化稳定策略, 因为对任何变异 $|y_0 - \eta^7| \geqslant 1$, 我们都有 $y(t, y_0) \to \xi$. 这表明任何一个变异都会侵入群体, 最后使群体完全改变.

注 在上述例子中, 我们设 $H = \delta_2^2 \sim 2$ 以及 $D = \delta_2^1 \sim 1$. 那么, 不难看出

$$E(H, H) = -6 < E(D, H) = -5,$$

即条件式 (4.1.3) 不再成立. 因此, 对有限集上的网络演化博弈, 条件式 (4.1.3) 不是演化稳定策略的必要条件. 实际上, 可以证明, 它也不是充分的.

受这个例子的启发, 不难得到如下的结论.

命题 4.2.2 考察演化博弈系统 (4.2.4). $X_0 \in S$ 是一稳定半径为 $r \geqslant \mu(\mu \geqslant 1)$ 的演化稳定策略, 当且仅当,

(i) X_0 是一个不动点;

(ii) $U_\mu(X_0) \subset A(X_0)$, 这里, $U_\mu(X_0)$ 是 X_0 的 μ-邻域, 它是一个中心为 X_0, 半径为 μ 的闭圆盘, 即

$$U_\mu(X_0) := \{Y \in S \mid d(Y, X_0) \leqslant \mu\};$$

而 $A(X_0)$ 为 X_0 的吸引域.

例 4.2.2 设 $G \in \mathcal{G}_{[3;2,2,3]}$, 其演化博弈的动力学模型为

$$x(t+1) = \delta_{12}[7,9,6,5,6,6,8,1,10,10,4,3]x(t). \tag{4.2.10}$$

问该演化博弈是否有稳定演化策略?

首先, 演化稳定策略必须是一个不动点. 不难看出, 这个模型有两个不动点: $X_0 = (1,2,3) \sim \delta_{12}^6$, $Z_0 = (2,2,1) \sim \delta_{12}^{10}$. 不难得到系统 (4.2.10) 的状态转移图 (图 4.2.1).

不难看出, X_0 是系统 (4.2.10) 的一个稳定半径为 1 的稳定演化策略.

下面考虑控制演化稳定策略, 实际上, 控制演化博弈系统 (4.2.5) 就是一个混合值逻辑动态系统.

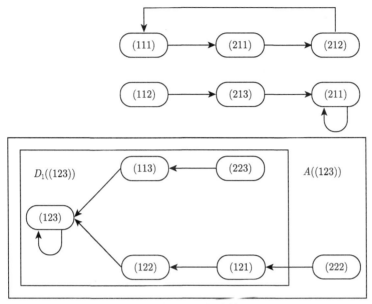

图 4.2.1 例 4.2.2 状态转移图

讨论一个控制演化稳定策略, 可以将该策略的一个 μ 邻域当作初始集合, 如果这个集合中所有的局势都能控制到预定的策略, 并且可稳定在该点, 则该策略为半径为 μ 的控制演化稳定策略. 于是, 控制稳定策略的研究可转化为逻辑系统的集合镇定问题.

关于逻辑动态系统的控制问题, 不妨参考本丛书第二卷相关内容. 这里简单回顾一点必要的知识.

设系统 (4.2.5) 的代数状态空间表示为

$$x(t+1) = Mu(t)x(t). \tag{4.2.11}$$

一个点 $x^* \in \Delta_\kappa$ (这里 $\kappa = \prod_{i=1}^{n} k_i$), 称为控制不动点, 如果存在 $u^* \in \Delta_\gamma$ (这里 $\gamma = \prod_{j=1}^{m} r_j$), 使得

$$x^* = Mu^*x^*.$$

考察控制演化博弈系统 (4.2.5), 其玩家集合为 $N = \{1, 2, \cdots, n\}$, 局势集合为 Z, 设 P^0 和 P^d 为 Z 子集的集合, 记作

$$P^0 := \left\{ s_1^0, s_2^0, \cdots, s_\alpha^0 \right\}, \quad P^d := \left\{ s_1^d, s_2^d, \cdots, s_\beta^d \right\}, \tag{4.2.12}$$

这里 $s_i^0 \subset Z$, $i = 1, 2, \cdots, \alpha$, $s_j^d \subset Z$, $j = 1, 2, \cdots, \beta$ 均为 Z 的子集. P^0 称为初始集合集, P^d 称为目标集合集.

利用初始集合集与目标集合集, 集合能控性可定义如下.

定义 4.2.4 考察控制演化博弈系统 (4.2.5) 以及由 (4.2.12) 所给定的初始局势集合集与目标局势集合集.

(i) 系统 (4.2.5) 称为从 $s_j^0 \in P^0$ 到 $s_i^d \in P^d$ 集合能控, 如果存在 $x^0 \in s_j^0$ 及 $x^d \in s_i^d$, 使得系统 (4.2.5) 可从状态 x^0 控制到状态 x^d.

(ii) 系统 (4.2.5) 称为在 $s_j^0 \in P^0$ 集合能控, 如果对任何 $s_i^d \in P^d$ 系统 (4.2.5) 从集合 s_j^0 到集合 s_i^d 均为集合能控.

(iii) 系统 (4.2.5) 称为到 $s_i^d \in P^d$ 集合能达, 如果对任何 $s_j^0 \in P^0$ 系统 (4.2.5) 从集合 s_j^0 到集合 s_i^d 均为集合能控.

(iv) 系统 (4.2.5) 称为从 P^0 到 P^d 完全集合能控, 如果系统 (4.2.5) 从任何 $s_j^0 \in P^0$ 到任何 $s_i^d \in P^d$ 均为集合能控.

定义 4.2.5 设 $W = \{w_1, w_2, \cdots, w_n\}$ 为一有限集.

(i) $s \subset W$, s 的示性向量, 记作 $V(s) \in \mathbb{R}^n$, 定义如下:

$$(V(s))_i = \begin{cases} 1, & w_i \in s, \\ 0, & w_i \notin s. \end{cases} \tag{4.2.13}$$

(ii) 设 $P = \{s_1, s_2, \cdots, s_r\} \subset 2^W$, 即 $s_i \subset W$, $i = 1, 2, \cdots, r$. P 的示性矩阵, 记作 $J(P) \in \mathcal{B}_{n \times r}$, 定义为

$$J(P) = [V(s_1), V(s_2), \cdots, V(s_r)]. \tag{4.2.14}$$

考察由 (4.2.12) 所给定的初始集合集与目标集合集. 记

$$J(P^0) := J_0, \quad J(P^d) = J^d.$$

然后集合能控性矩阵, 记作 $\mathcal{C}_S$, 定义如下:

$$\mathcal{C}_S := J_d^{\mathrm{T}} \times_{\mathcal{B}} \mathcal{C} \times_{\mathcal{B}} J_0 \in \mathcal{B}_{\beta \times \alpha}, \tag{4.2.15}$$

这里, $\mathcal{C}$ 是原系统的能控性矩阵.

于是, 集合能控性与集合能控性矩阵有如下关系.

定理 4.2.1 考察系统 (4.2.5) 以及由 (4.2.12) 所给定的初始集合集与目标集合集. 其相应的集合能控性矩阵 $\mathcal{C}_S = (c_{i,j})$ 由 (4.2.15) 定义. 那么

(i) 系统 (4.2.5) 从 s_j^0 到 s_i^d 集合能控, 当且仅当, $c_{i,j} = 1$.

(ii) 系统 (4.2.5) 在 s_j^0 集合能控, 当且仅当, $\mathrm{Col}_j(\mathcal{C}_S) = \mathbf{1}_\beta$.

(iii) 系统 (4.2.5) 到 s_i^d 集合能控, 当且仅当, $\mathrm{Row}_i(\mathcal{C}_S) = \mathbf{1}_\alpha^{\mathrm{T}}$.

(iv) 系统 (4.2.5) 从 P^0 到 P^d 完全集合能控, 当且仅当, $\mathcal{C}_S = \mathbf{1}_{\alpha \times \beta}$.

回到控制演化稳定策略 (或局势, 这时允许各人策略不同), 利用集合能控性的结论, 不难得到如下结论.

命题 4.2.3 考察控制演化博弈系统 (4.2.5). 令

$$p^0 = \{p_i^0 = \{X_i\} \mid X_i \in D_\mu(X_0)\},$$
$$p^d = \{p_1^d = \{X_0\}\}. \tag{4.2.16}$$

则 X_0 是稳定半径为 $\mu \geqslant 1$ 的控制演化稳定局势, 当且仅当,

(i) X_0 是控制不动点;

(ii) 系统 (4.2.5) 是从 p^0 到 p^d 集合能控的, 这里 p^0 及 p^d 由 (4.2.16) 定义.

例 4.2.3 考察一个控制演化博弈 $G \in \mathcal{G}_{[3,1;2,2,3;2]}$, 这里有三个玩家: 玩家 1 与玩家 2 各有两个策略, 玩家 3 有三个策略. 这里有两个博弈演化模态, 模态由一个控制决定. 设各玩家的策略演化方程如下:

$$\begin{cases} x_1(t+1) = M_1 u(t) x(t), \\ x_2(t+1) = M_2(t) x(t), \\ x_3(t+1) = M_3(t) x(t), \end{cases} \tag{4.2.17}$$

这里

$$M_1 = \delta_2[1,1,1,1,1,2,2,1,1,1,2,1,1,2,1,2,1,1,2,1,2,1,2,2],$$
$$M_2 = \delta_2[1,1,2,2,2,1,1,1,2,2,1,2,2,2,2,1,2,1,1,1,1,2,2,2],$$
$$M_3 = \delta_3[3,2,1,2,2,1,1,2,1,1,2,2,1,3,2,1,2,3,1,1,3,1,2,1].$$

于是可得局势演化方程

$$x(t+1) = Mx(t), \tag{4.2.18}$$

其中

$$M = \delta_{12}[3,2,4,5,5,7,7,2,4,4,8,5,4,12,5,7,5,3,7,1,9,4,11,10].$$

设 $X_0 = (1,2,2) \sim \delta_{12}^5$. 易知

$$U_2(X_0) = \{(111),(112),(113),(121),(122),(123),(212),(221),(222),(223)\}.$$

于是可得

$$J_d = \delta_{12}^5;$$

$$J_0 = \delta_{12}[1,2,3,4,5,6,8,10,11,12].$$

然后可算出集合能控性矩阵:

$$\mathcal{C}_S = J_d^{\mathrm{T}} \mathcal{C} J_0 = \mathbf{1}_{10}^{\mathrm{T}}.$$

根据命题 4.2.3, X_0 是演化稳定策略, 稳定半径为 $\mu = 2$. 不难验证, X_0 不是全局稳定的.

4.3 网络拓扑与策略演化

4.3.1 非对称网络演化博弈

对于一个网络演化博弈, 如果其基本网络博弈是不对称的, 那么, 进行基本网络博弈的双方所起的作用是不一样的. 本小节讨论两种类型的非对称网络演化博弈.

(i) 多身份结点网络演化博弈: 这里的每个结点 (玩家) 既可能是玩家 1, 也可能是玩家 2. 基本网络博弈为 $G \in \mathcal{G}_{[2;k,k]}$. 网络图 (N, E) 是有向图. 如果 $(i, j) \in E$, 那么, 玩家 i 和玩家 j 就进行基本网络博弈, 并且, 玩家 i 在博弈中是玩家 1, 而玩家 j 在博弈中是玩家 2. 如果同时有 $(k, i) \in E$, 那么, 在与玩家 k 的博弈中, 玩家 i 就成了玩家 2 了.

(ii) 单身份结点网络演化博弈: 这里的每个结点 (玩家) 只可能是一种玩家, 即, 一个玩家只能或者永远是玩家 1, 或者永远是玩家 2, 等等. 这时, 结点分为几类: 玩家 1 结点, 玩家 2 结点, $\cdots$, 玩家 k 结点. 基本网络博弈最多有

$$k^2 - \frac{k(k-1)}{2}$$

个, 即任意两个不同结点间有一种二人博弈.

下面这个例子是多身份结点网络演化博弈.

例 4.3.1 考察一个网络演化博弈, 其基本网络博弈是智猪博弈[109], $G \in \mathcal{G}_{[2;2,2]}$. 设猪圈中有两只猪, 一只小猪, 一只大猪. 食槽能装八斤猪食. 要靠踩踏板才能放入食物. 踏板在食槽另一端, 于是, 去不去踩踏板就成了猪的两种策略. 设玩家 1 是小猪, 玩家 2 是大猪, $S_i = \{s_1, s_2\}$, $i = 1, 2$. $s_1 := 1$ 表示 "去踩踏板", $s_2 := 1$ 表示 "不去踩踏板". 在这些约定下, 设支付双矩阵为表 4.3.1.

表 4.3.1   智猪博弈的支付双矩阵

小猪 \ 大猪	踩 (1)	不踩 (2)
踩 (1)	(3, 5)	(1, 7)
不踩 (2)	(6, 2)	(0, 0)

设有四只猪, 分别记为 1, 2, 3 及 4, 其中, 1 为小猪, 2 与 4 为中猪, 3 为大猪. 设网络结构如图 4.3.1 所示.

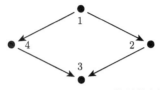

图 4.3.1   例 4.3.1 网络结构图

又设策略更新规则为随机短视最优策略. 即每个玩家将对付邻居 t 时刻策略的最优策略作为自己 $t+1$ 时刻的策略, 并且, 当最优策略不唯一时, 以平均概率任选其一.

那么, 每个玩家的基本演化方程可由其收益函数推出, 见表 4.3.2—表 4.3.4.

表 4.3.2   猪 1 的收益函数与演化方程

(x_2, x_4)	$(1, 1)$	$(1, 2)$	$(2, 1)$	$(2, 2)$
$c_1(1)$	$3 + 3$	$3 + 1$	$1 + 3$	$1 + 1$
$c_1(2)$	$6 + 6$	$6 + 0$	$0 + 6$	$0 + 0$
f_1	2	2	2	1

表 4.3.3   猪 2 的收益函数与演化方程

(x_1, x_3)	$(1, 1)$	$(1, 2)$	$(2, 1)$	$(2, 2)$
$c_2(1)$	$5 + 3$	$5 + 1$	$7 + 3$	$7 + 1$
$c_2(2)$	$2 + 6$	$2 + 0$	$0 + 6$	$0 + 0$
f_2	$0.5 \times 1 + 0.5 \times 2$	1	1	1

这里 $0.5 \times 1 + 0.5 \times 2$ 表示取 1 和取 2 的概率均为 0.5.

表 4.3.4   猪 3 的收益函数与演化方程

(x_2, x_4)	$(1, 1)$	$(1, 2)$	$(2, 1)$	$(2, 2)$
$c_3(1)$	$5 + 5$	$5 + 7$	$7 + 5$	$7 + 7$
$c_3(2)$	$2 + 2$	$2 + 0$	$0 + 2$	$0 + 0$
f_3	1	1	1	1

第 4 只猪的演化方程显然与第 2 只猪一样. 于是, 各只猪的基本演化方程为

$$
\begin{aligned}
x_1(t+1) &= V_1 x_2(t) x_4(t) = \delta_2[2, 2, 2, 1] x_2(t) x_4(t), \\
x_2(t+1) &= V_2 x_1(t) x_3(t) = \delta_2[0.5 \times 1 + 0.5 \times 2, 1, 1, 1] x_1(t) x_3(t), \\
x_3(t+1) &= V_3 x_2(t) x_4(t) = \delta_2[1, 1, 1, 1] x_2(t) x_4(t), \\
x_4(t+1) &= V_4 x_1(t) x_3(t) = \delta_2[0.5 \times 1 + 0.5 \times 2, 1, 1, 1] x_1(t) x_3(t).
\end{aligned}
\tag{4.3.1}
$$

将它们变为全变量形式

$$x_i(t+1) = M_i x(t), \quad i = 1, 2, 3, 4,$$

这里, $x(t) = \ltimes_{i=1}^4 x_i(t)$. 则有

$$M_1 = V_1(\mathbf{1}_2^{\mathrm{T}} \otimes I_2 \otimes \mathbf{1}_2^{\mathrm{T}} \otimes I_2),$$
$$M_2 = V_2(I_2 \otimes \mathbf{1}_2^{\mathrm{T}} \otimes I_2 \otimes \mathbf{1}_2^{\mathrm{T}}),$$
$$M_3 = V_3(\mathbf{1}_2^{\mathrm{T}} \otimes I_2 \otimes \mathbf{1}_2^{\mathrm{T}} \otimes I_2),$$
$$M_4 = M_2.$$

最后可得策略演化方程

$$x(t+1) = Mx(t), \tag{4.3.2}$$

这里

$$M = M_1 * M_2 * M_3 * M_4$$
$$= \delta_{16}[\mu, 14, \mu, 14, 14, 6, 14, 6, \mu, 14, \mu, 14, 14, 6, 14, 6],$$

其中

$$\mu = 0.25 \times 9 + 0.25 \times 10 + 0.25 \times 13 + 0.25 \times 14.$$

下面给一个单身份两类结点网络演化博弈的例子.

例 4.3.2   设有六只猪, 分别记为 $a = 1$, $b = 2$, $c = 3$, $A = 4$, $B = 5$ 及 $C = 6$. 其中, a, b, c 为小猪, A, B, C 为大猪. 设网络结构如图 4.3.2 所示.

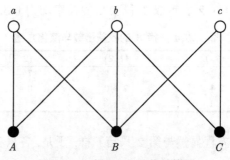

图 4.3.2   例 4.3.2 网络结构图

设支付双矩阵仍为表 4.3.1, 策略更新规则仍为随机短视最优策略.

那么, 每个玩家的基本演化方程可由其收益函数推出, 见表 4.3.5—表 4.3.8.

表 4.3.5 猪 a 的收益函数与演化方程

(x_4, x_5)	$(1,1)$	$(1,2)$	$(2,1)$	$(2,2)$
$c_1(1)$	$3+3$	$3+1$	$1+3$	$1+1$
$c_1(2)$	$6+6$	$6+0$	$0+6$	$0+0$
f_1	2	2	2	1

表 4.3.6 猪 b 的收益函数与演化方程

(x_4, x_5, x_6)	$(1,1,1)$	$(1,1,2)$	$(1,2,1)$	$(1,2,2)$
$c_2(1)$	$3+3+3$	$3+3+1$	$3+1+3$	$3+1+1$
$c_2(2)$	$6+6+6$	$6+6+0$	$6+0+6$	$6+0+0$
f_2	2	2	2	2
(x_4, x_5, x_6)	$(2,1,1)$	$(2,1,2)$	$(2,2,1)$	$(2,2,2)$
$c_2(1)$	$1+3+3$	$1+3+1$	$1+1+3$	$1+1+1$
$c_2(2)$	$0+6+6$	$0+6+0$	$0+0+6$	$0+0+0$
f_2	2	2	2	1

表 4.3.7 猪 A 的收益函数与演化方程

(x_1, x_2)	$(1,1)$	$(1,2)$	$(2,1)$	$(2,2)$
$c_4(1)$	$4+4$	$4+1$	$1+4$	$1+1$
$c_4(2)$	$6+6$	$6+0$	$0+6$	$0+0$
f_4	2	2	2	1

表 4.3.8 猪 B 的收益函数与演化方程

(x_1, x_2, x_3)	$(1,1,1)$	$(1,1,2)$	$(1,2,1)$	$(1,2,2)$
$c_5(1)$	$4+4+4$	$4+4+1$	$4+1+4$	$4+1+1$
$c_5(2)$	$6+6+6$	$6+6+0$	$6+0+6$	$6+0+0$
f_5	2	2	2	$0.5 \times 1 + 0.5 \times 2$
(x_1, x_2, x_3)	$(2,1,1)$	$(2,1,2)$	$(2,2,1)$	$(2,2,2)$
$c_5(1)$	$1+4+4$	$1+4+1$	$1+1+4$	$1+1+1$
$c_5(2)$	$0+6+6$	$0+6+0$	$0+0+6$	$0+0+0$
f_5	2	$0.5 \times 1 + 0.5 \times 2$	2	1

注意到 c 和 a 相似, C 和 A 相似, 于是有

$$x_1(t+1) = V_1 x_4(t) x_5(t) = \delta_2[2,2,2,1] x_4(t) x_5(t),$$

$$x_2(t+1) = V_2 x_4(t) x_5(t) x_6(t) = \delta_2[2,2,2,2,2,2,2,1] x_4(t) x_5(t) x_6(t),$$

$$x_3(t+1) = V_1 x_5(t) x_6(t) = \delta_2[2,2,2,1] x_5(t) x_6(t),$$

$$x_4(t+1) = V_4 x_1(t) x_2(t) = \delta_2[2,2,2,1] x_1(t) x_2(t),$$

$$x_5(t+1) = V_5 x_1(t) x_2(t) x_3(t) = \delta_2[2,2,2,0.5 \times 1 + 0.5 \times 2, 2,$$

$$0.5 \times 1 + 0.5 \times 2, 2, 1]x_1(t)x_2(t)x_3(t),$$

$$x_6(t+1) = V_4 x_2(t)x_3(t) = \delta_2[2, 2, 2, 1]x_2(t)x_3(t).$$

略去完备变量形式的计算过程, 最后可得策略演化方程

$$x(t+1) = Mx(t),\tag{4.3.3}$$

这里

$$
\begin{aligned}
M = \delta_{64}[&64, 64, 64, 56, 64, 64, 32, 8, 64, 64, 64, 56, 64, 64, 32, 8,\\
&64, 64, 64, 56, 64, 64, 32, 8, a, a, a, b, a, a, c, d,\\
&64, 64, 64, 56, 64, 64, 32, 8, e, e, e, f, e, e, g, h,\\
&60, 60, 60, 52, 60, 60, 28, 4, 57, 57, 57, 49, 57, 57, 25, 1],
\end{aligned}
$$

其中

$$
\begin{aligned}
a &= 0.5 \times 61 + 0.5 \times 63, & b &= 0.5 \times 53 + 0.5 \times 55,\\
c &= 0.5 \times 29 + 0.5 \times 31, & d &= 0.5 \times 5 + 0.5 \times 7,\\
e &= 0.5 \times 62 + 0.5 \times 64, & f &= 0.5 \times 54 + 0.5 \times 56,\\
g &= 0.5 \times 30 + 0.5 \times 32, & h &= 0.5 \times 6 + 0.5 \times 8.
\end{aligned}
$$

最后讨论一个多种类型结点的例子.

例 4.3.3 考察一个大网络中的一个局部网络, 网络图见图 4.3.3. 这里有三类结点 (玩家): 白点 (W)、黑点 (B)、边界点 (S). 边界点用小矩形表示, 它是局部网络与网络其他部分的连接点. 策略集为 $S_i = \{P, N\}$, $\forall i$, P 为支持, N 为反对. 三类玩家的策略演化规则分别为

(i) W, 随大流: 邻域中 (含自己) 白多取白, 黑多取黑.

(ii) B, 反潮流: 邻域中 (含自己) 白多取黑, 黑多取白.

(iii) S, 局部网的边界点: 有稳态分布.

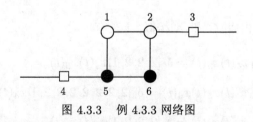

图 4.3.3　例 4.3.3 网络图

下面考察各结点策略演化方程:

$$x_1(t+1) = L_1 x_1(t)x_2(t)x_5(t) = M_1 x(t),\tag{4.3.4}$$

这里 $x(t) = \ltimes_{i=1}^{6} x_i(t)$, 且由策略演化规则不难推得

$$L_1 = \delta_2[1, 1, 1, 2, 1, 2, 2, 2].$$

于是有

$$M_1 = (I_4 \otimes \mathbf{1}_4^{\mathrm{T}} \otimes I_2 \otimes \mathbf{1}_2^{\mathrm{T}})L_1,$$

$$x_2(t+1) = L_2 x_1(t)x_2(t)x_3(t)x_6(t) = M_2 x(t), \qquad (4.3.5)$$

这里

$$L_2 = \delta_2[1, 1, 1, 1, 1, 2, 2, 2, 1, 1, 1, 2, 2, 2, 2, 2],$$

$$M_2 = (I_8 \otimes \mathbf{1}_4^{\mathrm{T}} \otimes I_2)L_2.$$

设 $x_3(t) = (0.7, 0.3)^{\mathrm{T}}$, 则

$$x_3(t+1) = M_3 x(t), \qquad (4.3.6)$$

这里

$$M_3 = (0.7, 0.3)^{\mathrm{T}}(\mathbf{1}_{64}^{\mathrm{T}}).$$

设 $x_4(t) = (0.5, 0.5)^{\mathrm{T}}$, 则

$$x_4(t+1) = M_4 x(t), \qquad (4.3.7)$$

这里

$$M_4 = (0.5, 0.5)^{\mathrm{T}}(\mathbf{1}_{64}^{\mathrm{T}}).$$

$$x_5(t+1) = L_5 x_1(t)x_4(t)x_5(t)x_6(t) = M_5 x(t), \qquad (4.3.8)$$

这里

$$L_5 = \delta_2[2, 2, 2, 2, 2, 1, 2, 1, 2, 1, 2, 1, 1, 1, 1, 1],$$

$$M_5 = (I_2 \otimes \mathbf{1}_4^{\mathrm{T}} \otimes I_8)L_5.$$

$$x_6(t+1) = L_6 x_2(t)x_5(t)x_6(t) = M_6 x(t), \qquad (4.3.9)$$

这里

$$L_6 = \delta_2[2, 2, 2, 1, 2, 1, 1, 1],$$

$$M_6 = L_6(\mathbf{1}_2^{\mathrm{T}} \otimes I_2 \otimes \mathbf{1}_4^{\mathrm{T}} \otimes I_4)L_6.$$

最后可得局势演化方程

$$x(t+1) = Mx(t), \tag{4.3.10}$$

这里 $M \in \Upsilon_{64 \times 64}$. 因 M 每一列都只有 4 个非零因子, 我们将其依列表示如下:

$$\text{Col}_i(M) = [\mathbf{0}_{j_i}^{\mathrm{T}}, h, \mathbf{0}_{51-j_i}^{\mathrm{T}}]^{\mathrm{T}}, \quad i = 1, 2, \cdots, 64.$$

这里

$$h = [0.35, 0, 0, 0, 0.35, 0, 0, 0, 0.15, 0, 0, 0, 0.15] \in \Upsilon^{13},$$

且

$$\begin{aligned}
\{j_i \mid i = 1, 2, \cdots, 64\} = [&3, 3, 3, 2, 3, 1, 3, 0, 3, 3, 3, 2, 3, 1, 3, 0, 3, 18, 34, 50,\\
&3, 16, 34, 48, 19, 18, 50, 50, 19, 16, 50, 48, 3, 1, 35,\\
&32, 1, 1, 33, 32, 3, 17, 35, 48, 1, 17, 33, 48, 51, 48,\\
&50, 48, 49, 48, 48, 48, 51, 48, 50, 48, 49, 48, 48, 48].
\end{aligned}$$

4.3.2 齐次网络演化博弈

定义 4.3.1 (i) 一个无向图, 每一个结点的度定义为与其连接的边的数目. 一个无向图, 如果每一个结点的度都相同, 则称该图为齐次的.

(ii) 一个有向图, 指向某个结点的边的数目称为该结点的入度 (in-degree), 离开某个结点的边的数目称为该结点的出度 (out-degree). 一个有向图, 如果每一个结点的入度及出度都相同, 则称该图为齐次的.

定义 4.3.2 一个演化博弈称为齐次网络演化博弈, 如果它是一个网络演化博弈, 并且, 它的网络图是齐次的.

例 4.3.4 (i) S_n 表示 n 边形, 其结点记为 $\{1, 2, \cdots, n\}$, 为方便计, 点可依圆周重复标记, 即

$$\begin{aligned}
n + i &\sim i, \quad i = 1, 2, \cdots,\\
-i &\sim n - i, \quad i = 0, 1, \cdots.
\end{aligned} \tag{4.3.11}$$

图 4.3.4 是 S_5. 这是一个齐次无向图, 每个结点的度均为 2.

(ii) R_∞^2 表示无穷多个矩形, 见图 4.3.5, 这里, 每条竖边为向上箭头, 每条横边为向右箭头. 这是一个齐次有向图, 每个结点的入度均为 2, 出度也均为 2.

对于齐次网络演化博弈, 每个结点的基本演化方程都是一样的. 因此, 一个结点的基本演化方程就决定了网络博弈的动力学性质. 下面考虑一个例子:

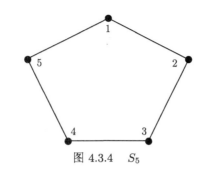

图 4.3.4 S_5

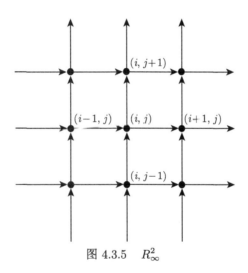

图 4.3.5 R_∞^2

例 4.3.5 考察一个网络演化博弈 $((N,E),G,\Pi)$, 这里, 网络图 $(N,E) = S_5$; 基本网络博弈 G 为囚徒困境, 其支付双矩阵见表 4.3.9. 策略更新规则为随机无条件模仿, 即在邻域 (包括自己) 中选 t 时刻收益最高者的策略作为自己 $t+1$ 时刻的策略. 当最优收益者不唯一时, 等概率地任选一个.

表 4.3.9 囚徒困境支付双矩阵

P_1 \ P_2	合作 (1)	背叛 (2)
合作 (1)	$(-1, -1)$	$(-10, 0)$
背叛 (2)	$(0, -10)$	$(-5, -5)$

首先计算任一结点 i 的基本演化方程. 利用重复标记 (4.3.11), 在 S_n 上结点 i 的邻域为 $U(i) = \{i-1, i, i+1\}$, $U_2(i) = \{i-2, i-1, i, i+1, i+2\}$, 因此, 基本演化方程为

$$x_i(t+1) = f(x_{i-2}(t), x_{i-1}(t), x_i(t), x_{i+1}(t), x_{i+2}(t)), \quad i = 1, 2, \cdots, n. \quad (4.3.12)$$

结合表 4.3.10 中的结果可得

$$x_i(t+1) = L_5 \ltimes_{j=-2}^{2} x_{i+j}(t), \quad (4.3.13)$$

表 4.3.10   从收益到基本演化方程

局势	11111	11112	11121	11122	11211	11212	11221	11222
c_{i-1}	−2	−2	−2	−2	−11	−11	−11	−11
c_i	−2	−2	−11	−11	0	0	−5	−5
c_{i+1}	−2	−11	0	−5	−11	−20	−5	−10
f	1	1	2	1	2	2	2	2
局势	12111	12112	12121	12122	12211	12212	12221	12222
c_{i-1}	0	0	0	0	−5	−5	−5	−5
c_i	−11	−11	−20	−20	−5	−5	−10	−10
c_{i+1}	−2	−11	0	−5	−11	−20	−5	−10
f	2	2	2	2	2	2	2	2
局势	21111	21112	21121	21122	21211	21212	21221	21222
c_{i-1}	−11	−11	−11	−11	−20	−20	−20	−20
c_i	−2	−2	−11	−11	0	0	−5	−5
c_{i+1}	−2	−11	0	−5	−11	−20	−5	−10
f	1	1	2	2	2	2	2	2
局势	22111	22112	22121	22122	22211	22212	22221	22222
c_{i-1}	−5	−5	−5	−5	−10	−10	−10	−10
c_i	−11	−11	−20	−20	−5	−5	−10	−10
c_{i+1}	−2	−11	0	−5	−11	−20	−5	−10
f	1	2	2	2	2	2	2	2

这里, 结构矩阵

$$L_5 = \delta_2[1, 1, 2, 1, 2, 2, 2, 2, 2, 2, 2, 2, 2, 2, 2, 2, 1, 1, 2, 2, 2, 2, 2, 2, 1, 2, 2, 2, 2, 2, 2, 2].$$
$$(4.3.14)$$

(i) 设 $n = 5$:

利用换位矩阵将自变量换序, 则得

$$x_1(t+1) = L_5 x_4(t) x_5(t) x_1(t) x_2(t) x_3(t) = L_5 W_{[2^3, 2^2]} x(t),$$

$$x_2(t+1) = L_5 x_5(t) x_1(t) x_2(t) x_3(t) x_4(t) = L_5 W_{[2^4, 2]} x(t),$$

$$x_3(t+1) = L_5 x_1(t) x_2(t) x_3(t) x_4(t) x_5(t) = L_5 x(t), \quad (4.3.15)$$

$$x_4(t+1) = L_5 x_2(t) x_3(t) x_4(t) x_5(t) x_1(t) = L_5 W_{[2, 2^4]} x(t),$$

$$x_5(t+1) = L_5 x_3(t) x_4(t) x_5(t) x_1(t) x_2(t) = L_5 W_{[2^2, 2^3]} x(t),$$

这里, $x(t) = \ltimes_{j=1}^{5} x_j(t)$. 最后可得网络动态演化方程

$$x(t+1) = M_5 x(t), \tag{4.3.16}$$

这里, 结构矩阵 M_5 为

$$M_5 = \left(L_5 W_{[2^3,2^2]}\right) * \left(L_5 W_{[2^4,2]}\right) * L_5 * \left(L_5 W_{[2,2^4]}\right) * \left(L_5 W_{[2^2,2^3]}\right)$$

$$= \delta_{32}[1, 20, 8, 4, 15, 32, 7, 32, 29, 32, 32, 32, 13, 32, 32, 26$$

$$18, 32, 32, 32, 32, 32, 32, 25, 32, 32, 32, 32, 32, 32, 32]. \tag{4.3.17}$$

(ii) 设 $2 < n < 5$.

当 $n = 3$ 或 $n = 4$ 时, 构造演化方程的方法与 $n = 5$ 基本上是一样的, 只是要处理重复因子, 这可以用降阶矩阵来处理, 这里就不再赘述了.

(iii) $n > 5$.

先考虑 x_1. 利用 (4.3.13)—(4.3.14), 可得

$$x_1(t+1) = L_5 x_{n-1}(t) x_n(t) x_1(t) x_2(t) x_3(t)$$

$$= L_5 D_r^{2^5, 2^{n-5}} x_{n-1}(t) x_n(t) x_1(t) x_2(t) \cdots x_{n-2}(t)$$

$$= L_5 D_r^{2^5, 2^{n-5}} W_{[2^{n-2}, 2^2]} x_1(t) \cdots x_n(t)$$

$$:= H_1 x(t),$$

这里

$$D_r^{p,q} = I_p \otimes \mathbf{1}_q^{\mathrm{T}}.$$

它用于消去向量相乘的后因子. 设 $x \in \Delta_p$(或 $x \in \Upsilon_p$), $y \in \Delta_q$(或 $y \in \Upsilon_q$), 则

$$D_r^{p,q} xy = x.$$

类似地, 我们可以得到

$$x_i(t+1) = H_i x(t), \quad i = 1, 2, \cdots, n, \tag{4.3.18}$$

这里

$$H_i = L_5 D_r^{2^5, 2^{n-5}} W_{[2^{\alpha(i)}, 2^{n-\alpha(i)}]}, \quad i = 1, \cdots, n,$$

其中

$$\alpha(i) = \begin{cases} i - 3, & i \geqslant 3, \\ i - 3 + n, & i < 3. \end{cases}$$

最后可得演化矩阵

$$M_n = H_1 * H_2 * \cdots * H_n. \tag{4.3.19}$$

4.4   策略的收敛性

4.4.1   有限演化博弈策略的拓扑结构

一个有限演化博弈 (包括有限网络演化博弈), 设其为马尔可夫型的, 记作 $G \in \mathcal{G}_{[n; k_1, k_2, \cdots, k_n]}$. 则在代数状态空间表述下, 它的演化方程可写为

$$x(t + 1) = Mx(t). \tag{4.4.1}$$

(i) 当只允许纯策略时,

$$x(t) \in \Delta_\kappa, \quad M \in \mathcal{L}_{\kappa \times \kappa},$$

这里 $\kappa = \prod_{i=1}^n k_i$.

(ii) 当允许混合策略时,

$$x(t) \in \Upsilon_\kappa, \quad M \in \Upsilon_{\kappa \times \kappa}.$$

定义 4.4.1   (i) 对于纯策略演化博弈, 局势 $x_0 \in \Delta_\kappa$ 称为不动点, 如果

$$Mx_0 = x_0. \tag{4.4.2}$$

(ii) 对于纯策略演化博弈, 局势集合 $(x_0, x_1, \cdots, x_\ell = x_0)$ 称为一个长度为 ℓ 的极限环, 如果

$$Mx_i = x_{i+1}, \quad i = 0, 1, \cdots, \ell - 1. \tag{4.4.3}$$

(iii) 对于混合策略演化博弈, 局势 $x_0 \in \Delta_\kappa$ 称为 (概率为 1 的) 不动点, 如果 (4.4.2) 以概率 1 成立.

(iv) 对于混合策略演化博弈, 局势集合 $c = (x_0, x_1, \cdots, x_\ell = x_0)$ 称为一个 (概率为 1 的) 长度为 ℓ 的极限环, 如果 (4.4.3) 以概率 1 成立.

因为纯策略有限演化博弈就是一个混合值逻辑系统, 它的拓扑结构可通过逻辑系统的相应结果来判定. 回忆混合值逻辑系统, 它的拓扑结构满足如下结果.

定理 4.4.1[79]   考察一个混合值逻辑系统

$$x(t + 1) = Lx(t), \tag{4.4.4}$$

这里, $x(t) = \ltimes_{i=1}^{n} x_i(t)$, $L \in \mathcal{L}_{\kappa \times \kappa}$. 那么

(i) δ_{κ}^{i} 是一个不动点, 当且仅当, L 的对角元素 $L_{i,i} = 1$. 于是 (4.4.4) 的不动点个数, 记为 N_e, 为

$$N_e = \operatorname{tr}(L). \tag{4.4.5}$$

(ii) (4.4.4) 长度为 ℓ 的极限环, 记为 N_ℓ, 可用下式递推计算:

$$\begin{cases} N_1 = N_e, \\ N_\ell = \dfrac{\operatorname{tr}(L^\ell) - \displaystyle\sum_{t \in \mathcal{P}(\ell)} t N_t}{\ell}, \quad 2 \leqslant \ell \leqslant \kappa. \end{cases} \tag{4.4.6}$$

注意, 在 (4.4.6) 中 $\mathcal{P}(s)$ 表示 s 的真因子集, 例如, $\mathcal{P}(6) = \{1, 2, 3\}$, $\mathcal{P}(125) = \{1, 5, 25\}$.

与逻辑网络不同的是, 对于演化博弈, 我们最关心的是作为不动点的局势和各初始局势对不动点局势的收敛性.

命题 4.4.1 考察系统 (4.4.4), 这里 $L \in \Upsilon_{k^n \times k^n}$ 为一随机矩阵. 则

(i) $x = \delta_{k^n}^{i}$ 为一不动点 (依概率 1), 当且仅当, L 的第 i 个对角元素 $L_{i,i} = 1$;

(ii) 设 $\delta_{k^n}^{i}$ 为一不动点, $\delta_{k^n}^{j}$ (依概率 1) 收敛于 $\delta_{k^n}^{i}$, 当且仅当, 存在 $T > 0$, 使得

$$\operatorname{Col}_j(L^s) = \delta_{k^n}^{i}, \quad s \geqslant T.$$

下面讨论一个例子.

例 4.4.1 考察一个网络演化博弈, $((N, E), G, C, \Pi)$, 这里网络图为图 4.4.1.

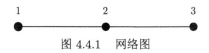

图 4.4.1 网络图

网络基本博弈为石头-剪刀-布, 其收益函数由表 4.4.1 决定.

表 4.4.1 石头-剪刀-布支付函数

P_1 \ P_2	$R = 1$	$S = 2$	$C = 3$
$R = 1$	(0, 0)	(1, -1)	(-1, 1)
$S = 2$	(-1, 1)	(0, 0)	(1, -1)
$C = 3$	(1, -1)	(-1, 1)	(0, 0)

(i) 设策略更新规则 Π 为确定性简单模仿, 即取邻域中 t 时刻收益最高者策略为自己 $t+1$ 时刻策略, 且当最优玩家多于一个时, 选编号最小的玩家定策略.

据此可得收益函数与策略更新函数, 见表 4.4.2.

表 4.4.2　收益与策略更新函数

局势	111	112	113	121	122	123	131	132	133
C_1	0	0	0	1	1	1	−1	−1	−1
C_2	0	1	−1	−2	−1	0	2	0	1
C_3	0	−1	1	1	0	−1	−1	1	0
f_1	1	1	1	1	1	1	3	3	3
f_2	1	1	3	1	1	1	3	2	3
f_3	1	1	3	1	2	2	3	2	3
局势	211	212	213	221	222	223	231	232	233
C_1	−1	−1	−1	0	0	0	1	1	1
C_2	1	2	0	−1	0	1	0	−2	−1
C_3	0	−1	1	1	0	−1	−1	1	0
f_1	1	1	1	2	2	2	2	2	2
f_2	1	1	3	1	2	2	2	2	2
f_3	1	1	3	1	2	2	3	2	3
局势	311	312	313	321	322	323	331	332	333
C_1	1	1	1	−1	−1	−1	0	0	0
C_2	−1	0	−2	0	1	2	1	−1	0
C_3	0	−1	1	1	0	−1	−1	1	0
f_1	3	3	3	2	2	2	3	3	3
f_2	3	3	3	1	2	2	3	2	3
f_3	1	1	3	1	2	2	3	2	3

于是, 在代数状态空间表达式下有

$$x_i(t+1) = M_i x(t), \quad i = 1, 2, 3, \tag{4.4.7}$$

这里 $x_i(t) \in \Delta_3$, $x(t) = \ltimes_{i=1}^3 x_i(t)$, 且

$$M_1 = \delta_3[1,1,1,1,1,1,3,3,3,1,1,1,2,2,2,2,2,2,3,3,3,2,2,2,3,3,3],$$
$$M_2 = \delta_3[1,1,3,1,1,1,3,2,3,1,1,3,1,2,2,2,2,2,3,3,3,1,2,2,3,2,3],$$
$$M_3 = \delta_3[1,1,3,1,2,2,3,2,3,1,1,3,1,2,2,3,2,3,1,1,3,1,2,2,3,2,3].$$

利用 (4.4.7), 可得状态转移方程

$$x(t+1) = M_G x(t), \tag{4.4.8}$$

这里

$$\begin{aligned}
M_G &= M_1 * M_2 * M_3 \\
&= \delta_{27}[1,1,9,1,2,2,27,23,27,1,1,9,10,14,14, \\
&\qquad 15,14,15,25,25,29,10,14,14,27,23,27].
\end{aligned}$$

因为

$$(M_G)^k = \delta_{27}[1, 1, 27, 1, 1, 1, 27, 14, 27, 1, 1, 27, 1, 14, 14, 14,$$
$$14, 14, 27, 27, 27, 1, 14, 14, 27, 14, 27], \quad k \geqslant 2,$$

可知:

这里有三个不动点: $\delta_{27}^1 \sim (1, 1, 1)$, $\delta_{27}^{14} \sim (2, 2, 2)$, $\delta_{27}^{27} \sim (3, 3, 3)$;

这三个不动点的吸引域分别为

$$B_1 = \delta_{27}\{1, 2, 4, 5, 6, 10, 11, 13, 22\},$$
$$B_2 = \delta_{27}\{8, 14, 15, 16, 17, 18, 23, 24, 26\},$$
$$B_3 = \delta_{27}\{3, 7, 9, 12, 19, 20, 21, 25, 27\}.$$

(ii) 设策略更新规则 II 为随机简单模仿:

这时, 结点 1 和 3 的演化方程不变, 只有第 2 个结点的演化矩阵变为

$$M_2' = \begin{bmatrix} 1 & 1 & \frac{1}{2} & 1 & \frac{1}{2} & \frac{1}{2} & 0 & 0 & 0 & 1 & 1 & \frac{1}{2} & \cdots & 0 & 0 \\ 0 & 0 & 0 & 0 & \frac{1}{2} & \frac{1}{2} & 0 & \frac{1}{2} & 0 & 0 & 0 & 0 & \cdots & \frac{1}{2} & 0 \\ 0 & 0 & \frac{1}{2} & 0 & 0 & 0 & 1 & \frac{1}{2} & 1 & 0 & 0 & \frac{1}{2} & \cdots & \frac{1}{2} & 1 \end{bmatrix}. \qquad (4.4.9)$$

于是有

$$x(t+1) = M_G' x(t), \qquad (4.4.10)$$

这里

$$M_G' = M_1 * M_2' * M_3.$$

直接计算可知

$$[M_G']^k = [M_G]^k, \quad k \geqslant 16.$$

于是, 两种策略更新规则有相同的不动点与收敛域. 只是收敛速度稍有不同.

4.4.2 齐次网络的策略收敛性

从前面的讨论不难发现, 要验证网络演化博弈策略的收敛性需要得到全局的演化方程, 这对于大型网络几乎是不可能的. 对于齐次网络的网络演化博弈, 因为一个结点的基本演化方程就可以代表整个网络的演化, 我们希望通过基本演化方程直接验证策略的收敛性.

先做一些准备工作.

定义一族投影映射 $\pi_i(n,k) \in \mathcal{L}_{k \times k^n}$ 如下:

$$\pi_i(n,k) := \mathbf{1}_{k^{i-1}}^{\mathrm{T}} \otimes I_k \otimes \mathbf{1}_{k^{n-i}}^{\mathrm{T}}, \quad i = 1, \cdots, n. \tag{4.4.11}$$

在齐次网络演化博弈中, n 表示玩家个数, k 表示每个玩家的策略数. 因为在一个博弈中 n 及 k 是不变的, 故可将 $\pi_i(n,k)$ 简记作 π_i.

容易验证

引理 4.4.1 设 $x_i \in \Upsilon_k$, $i = 1, 2, \cdots, n$; $x = \ltimes_{i=1}^{n} x_i$. 则

$$\pi_i x = x_i, \quad i = 1, 2, \cdots, n. \tag{4.4.12}$$

定义 4.4.2 考察一个网络演化博弈, 如果存在 $T > 0$ 使得 $t \geqslant T$ 后所有玩家都不再改变策略, 即

$$X_i(t) := P_i, \quad t \geqslant T; \quad i = 1, \cdots, n. \tag{4.4.13}$$

那么 $\{P_i \,|\, i = 1, \cdots, n\}$, 称为稳态局势. 当 P_i 用它的向量形式 $p_i = \vec{P_i}$ 表示时, 也称 (等价地) $p = \ltimes_{i=1}^{n} p_i$ 为稳态局势. 最小的 $T\ (> 0)$ 称为到达时间.

例 4.4.2 回忆例 4.4.1. 显然, 它有 3 个稳态局势, 即

$$\{p^1, p^2, p^3\} = \delta_{27}\{1, 14, 27\}.$$

有趣的是, 如果 $p^i = (p_1^i, p_2^i, p_3^i)$, 那么, $p_1^i = p_2^i = p_3^i$, $i = 1, 2, 3$.

并且, 对于确定型演化, 到达时间为 $T = 2$; 对随机演化, 到达时间为 $T = 16$.

注 (i) 从动力学观点看, 稳态局势就是平衡点. 演化博弈收敛到那个稳态局势 (平衡点), 当然依赖于初值.

(ii) 如果一个演化博弈以每次一个人以严格短视最优方法更新自己当前的策略 (严格指只有比自己当前策略好才动), 那么, 纳什均衡点显然是一个稳态局势, 而一个稳态局势也必定是一个纳什均衡点.

下面考虑对于大型齐次网络如何找出稳态局势. 设 $N = \{1, 2, \cdots, n\}$, 这里, n 足够大.

给定一个结点 (玩家) $\theta \in N$. 记 $U_1(\theta) := U(\theta)$ 为 θ 的邻域, θ 的 $k > 1$ 邻域可递推地定义如下:

$$U_{\ell+1}(\theta) := \{x \in U(\eta) \,|\, \eta \in U_\ell(\theta)\}, \quad \ell \geqslant 1.$$

回忆网络演化方程 (3.3.2), 可知 $\theta(1)$ 的值只与 $x \in U_2(\theta)$ 点的初值有关. 类似可知, $\theta(\ell)$ 的值只与 $x \in U_{2\ell}(\theta)$ 在 $\ell - 1$ 时刻的值有关.

考察 θ 值的相关邻域, 记 $U_0(\theta) = \{\theta\}$, $\alpha(\ell) := |U_{2\ell}|$, $\beta(\ell)$ 为 θ 在 $U_\ell(\theta)$ 中的标号. 标号指在邻域中点的号码. 例如在图 4.3.5 的 $U_4(\theta)$ 中点按从左到右、从上到下排列. 于是有 $\beta(4) = 21$.

下面用一个简单例子说明参数的意义.

例 4.4.3 (i) 记 R_∞ 为一维齐次网络, 网络图见图 4.4.2.

不难看出

$$\alpha(0) = 1; \quad \beta(0) = 1,$$

$$\alpha(2) = 5; \quad \beta(2) = 3,$$

$$\alpha(4) = 9; \quad \beta(4) = 5,$$

$$\cdots\cdots$$

$$\alpha(2k) = 4k - 3; \quad \beta(2k) = 2k + 1, \quad k = 1, 2, 3, \cdots.$$

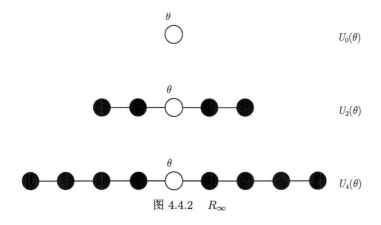

图 4.4.2 R_∞

(ii) 记 R_∞^2 为二维齐次网络, 网络图见图 4.4.3.

不难看出

$$\alpha(0) = 1; \quad \beta(0) = 1,$$

$$\alpha(2) = 13; \quad \beta(2) = 7,$$

$$\alpha(4) = 41; \quad \beta(4) = 21,$$

$$\cdots\cdots$$

$$\alpha(2k) = (2k+1)^2 + (2k)^2; \quad \beta(2k) = \frac{(2k+1)^2 + (2k)^2 + 1}{2}, \quad k = 1, 2, 3, \cdots.$$

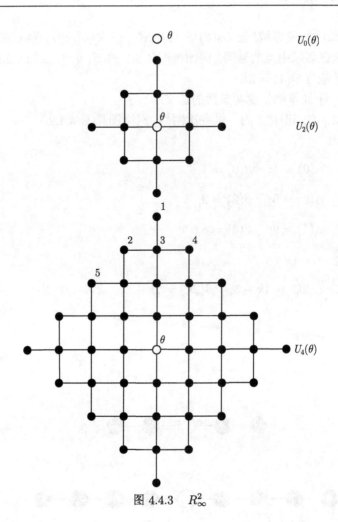

图 4.4.3 R_∞^2

记 M_{U_ℓ} 为策略演化映射限制在 $U_\ell(\theta)$ 上的矩阵表示. 令 $U_{2\ell}$ 上的初始状态 (即初始策略) 为 $(X_1(0), \cdots, X_\beta(0), \cdots, X_\alpha(0))$, 这里, $X_\beta(0) = \theta(0)$.

利用这些记号, 则有如下结果.

定理 4.4.2   一个网络演化博弈具有稳态局势, 当且仅当, 存在 $\ell > 0$ 使得

$$\left[M_{U_{2(\ell+1)}}\right]^{\ell+1} = \left[M_{U_{2(\ell+1)}}\right]^{\ell}. \tag{4.4.14}$$

并且, 令 T 为最小的, 使 (4.4.14) 成立的 ℓ, 称为最小到达时间, 那么, θ 点的稳态策略为

$$p_\theta = \theta(\infty) = \pi_\beta \left[M_{U_{2T}}\right]^{\mathrm{T}} \ltimes_{i \in U_{2T}} \bar{x}_i(0). \tag{4.4.15}$$

为证明定理 4.4.2, 需要一些准备.

引理 4.4.2　设 $\xi \in U_{2s}$, $0 \leqslant s < \ell$, 则

$$\pi_\beta[M_{U_{2\ell}}]^{\ell-s} \ltimes_{i \in U_{2\ell}} \bar{x}_i(t) = \pi_{\beta_w} W^{\ell-s} \ltimes_{i \in N} x_i(t), \tag{4.4.16}$$

这里 W 是全网络的演化矩阵, β_w 和 β 分别为 ξ 在全网络和在邻域 $U_{2\ell}$ 上的位置指标.

证明　首先, 设 $\xi \in U_{2(\ell-1)}$. 那么, 显然 ξ 的 2 邻域 $U_2(\xi)$ 在子图 $U_{2\ell}$ 中的位置与其在原始网络图上的位置是一样的 (图 4.4.4). 根据基本演化方程 (3.3.2), 显然, 用全网络演化矩阵计算 ξ 的一步更新值与用其限制在 $U_{2\ell}$ 上的子映射计算该点的一步更新值是一样的. 换言之, 当 $s = \ell-1$ 时式 (4.4.16) 成立. 设 $\xi \in U_{2(\ell-2)}$, 那么, 显然用两种方法计算一步更新值, 则对于 ξ 的 2 邻域内的点, 这个值都是一样的. 与前面类似的讨论可知, 当 $s = \ell - 2$ 时式 (4.4.16) 也成立. 继续这个讨论直至 $s = 0$, 即可证得式 (4.4.16). □

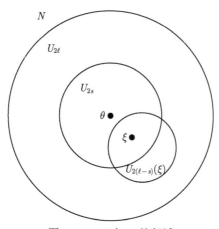

图 4.4.4　θ 与 ξ 的邻域

引理 4.4.3　设 $\xi \in U_{2s}$, $s < \ell < \eta$, 那么

$$\pi_\beta[M_{U_{2\ell}}]^{\ell-s} \ltimes_{i \in U_{2\ell}} \bar{x}_i(t) = \pi_{\tilde{\beta}}[M_{U_{2\eta}}]^{\ell-s} \ltimes_{i \in U_{2\eta}} \tilde{x}_i(t), \tag{4.4.17}$$

这里, β 和 $\tilde{\beta}$ 分别为 ξ 在 $U_{2\ell}$ 及 $U_{2\eta}$ 位置指标, $\tilde{x}_i$ 指在 $U_{2\eta}$ 中被重新标注过的元素.

证明　令 $s' = \eta - \ell + s$, 并利用式 (4.4.16) 可得

$$\pi_{\tilde{\beta}}[M_{U_{2\eta}}]^{\eta-s'} \ltimes_{i \in U_{2\eta}} \tilde{x}_i(t)$$

$$= \pi_{\beta_w} W^{\ell-s} \ltimes_{i \in N} x_i(t)$$

$$= \pi_\beta[M_{U_{2\ell}}]^{\ell-s} \ltimes_{i \in U_{2\ell}} \bar{x}_i(t). \quad □$$

现在可以证明定理 4.4.2 了.

定理 4.4.2 的证明 (充分性) 参见图 4.4.5: 利用式 (4.4.16), 可知

$$\theta(\ell) = \pi_\beta \left[M_{U_{2\ell}} \right]^\ell \ltimes_{i \in U_{2\ell}} \bar{x}_i(0), \tag{4.4.18}$$

这里, β 是 θ 在邻域 $U_{2\ell}$ 中的位置指标. 将 (4.4.17) 用于 (4.4.18) 并利用 (4.4.14) 可得

$$\theta(\ell) = \pi_{\tilde{\beta}} \left[M_{U_{2(\ell+1)}} \right]^\ell \ltimes_{i \in U_{2(\ell+1)}} \tilde{x}_i(0)$$

$$= \pi_{\tilde{\beta}} \left[M_{U_{2(\ell+1)}} \right]^{\ell+1} \ltimes_{i \in U_{2(\ell+1)}} \tilde{x}_i(0) = \theta(\ell+1).$$

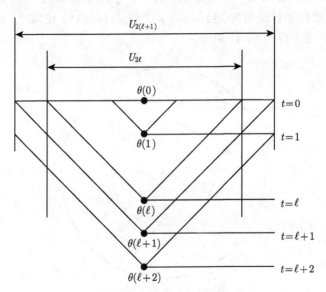

图 4.4.5　邻域对 θ 的影响

另外, 考虑 $\theta(\ell+2)$, 我们有

$$\theta(\ell+2) = \pi_{\tilde{\beta}} \left[M_{U_{2(\ell+1)}} \right]^{\ell+1} \ltimes_{i \in U_{2(\ell+1)}} \tilde{x}_i(1)$$

$$= \pi_{\tilde{\beta}} \left[M_{U_{2(\ell+1)}} \right]^\ell \ltimes_{i \in U_{2(\ell+1)}} \tilde{x}_i(1)$$

$$= \pi_{\tilde{\beta}} \left[M_{U_{2(\ell+1)}} \right]^\ell \left[M_{U_{2(\ell+1)}} \right] \ltimes_{i \in U_{2(\ell+1)}} \tilde{x}_i(0)$$

$$= \theta(\ell+1).$$

继续这个过程, 最后我们有

$$\theta(t) = \theta(\ell), \quad t \geqslant \ell.$$

于是即得 (4.4.15).

(必要性) 设存在 $\ell > 0$ 使得

$$\left[M_{U_{2(\ell+1)}}\right]^{\ell+1} \neq \left[M_{U_{2(\ell+1)}}\right]^{\ell},$$

则必存在一个 ζ 使得

$$\begin{aligned}
\zeta(\ell+1) &= \pi_\beta \left[M_{U_{2(\ell+1)}}\right]^{\ell+1} \ltimes_{i \in U_{2(\ell+1)}} \bar{x}_i \\
&\neq \pi_\beta \left[M_{U_{2(\ell+1)}}\right]^{\ell} \ltimes_{i \in U_{2(\ell+1)}} \bar{x}_i = \zeta(\ell).
\end{aligned}$$

记

$$S_\ell = \{x \in N \mid x(\ell+1) \neq x(\ell)\}, \quad \ell = 1, 2, \cdots.$$

上面的讨论说明 $S_\ell \neq \varnothing, \forall \ell$. 因为 $|N| = n < \infty$, 所以至少存在一个 $\zeta \in N$ 使得 ζ 属于无穷多个 S_ℓ, 即对任何 $T > 0$ 存在 $\ell > T$ 使得 $\zeta(\ell+1) \neq \zeta(\ell)$. 这表明, 不存在稳态的局势. $\square$

注 从定理 4.4.2 充分性的证明可以看出, 即使对无穷结点网络它仍然成立. 因为只要将全网络的演化矩阵用足够大的邻域, 譬如, $U_{2(\ell+2)}$ 代替就可以了. 因此, (4.4.14) 对无穷结点网络仍然是稳定策略的充分条件.

例 4.4.4 回忆例 4.3.5.

(i) 设网络图为多边形 S_n 或直线 R_∞, 这里, n 足够大. 利用 (4.3.18)—(4.3.19) 即可算得 $M_{U_6} = M_{13}$. 进而可验证

$$[M_{13}]^3 = [M_{13}]^2. \tag{4.4.19}$$

在这种一维齐次网络的情况下, 考察一组由连续 13 个点组成的集合, 它们形成了中心点的 U_6 邻域, 而等式 (4.4.19) 验证了式 (4.4.14), 那里取 $\ell = 2$. 于是, 由定理 4.4.2 可知 $M_{U_4} = M_9$ 决定了整个网络的稳态局势.

(ii) 注意到 $|U_4(x_0)| = 9$, 且 $\beta = 5$, 依据 (4.4.15), 定义

$$\begin{aligned}
\psi_\infty &:= \pi_5 [M_9]^2 \\
&= \delta_2 [1, 1, 1, 1, 1, 1, 1, 1, 2, 2, 2, 2, 1, 1, 1, 1, 2, 2, \cdots, \\
&\qquad 2, 2, 2, 2, 2, 2, 2, 2, 2, 2, 2, 2, 2, 2, 2, 2, 2, 2].
\end{aligned}$$

(iii) 考虑 R_∞. 随机地取一组初值如下:

$$\begin{aligned}
&\cdots, x_{-6}(0), x_{-5}(0), \cdots, x_6(0), \cdots \\
&= \cdots, 1, 2, 2, 1, 1, 1, 2, 2, 2, 1, 1, 2, 1, \cdots.
\end{aligned}$$

利用

$$(x_{-6}(0), x_{-5}(0), \cdots, x_2(0)) = (\ 1,\ 2,\ 2,\ 1,\ 1,\ 1,\ 2,\ 2,\ 2) \sim \delta_{512}^{200},$$

可算得

$$x_{-2}(\infty) = \psi_\infty \delta_{512}^{200} = \delta_2^1.$$

类似地, 可得到

$$x_{-1}(\infty) = \psi_\infty \delta_{512}^{399} = \delta_2^1; \qquad x_0(\infty) = \psi_\infty \delta_{512}^{285} = \delta_2^2;$$

$$x_1(\infty) = \psi_\infty \delta_{512}^{58} = \delta_2^2; \qquad x_2(\infty) = \psi_\infty \delta_{512}^{115} = \delta_2^2.$$

(iv) 因为在 ψ_∞ 中有 72 个 δ_2^1 及 $512 - 72 = 440$ 个 δ_2^2, 如果在 $R_\infty = \mathbb{Z}$ 中 $i \in \mathbb{Z}$ 是均匀分布的, 那么, 稳态局势中有 14.0625% 的结点取策略 1, 85.9375% 的结点取策略 2.

注　演化稳定策略在生物演化的分析中至为重要[114]. 它与后面讨论的稳态策略是什么关系呢? 直观地说, 稳态策略是指策略的稳定性, 即它必须是演化的不动点. 而演化稳定策略讨论的是稳态策略的鲁棒性. 因此, 稳态策略是作为演化稳定策略的前提或必要条件.

4.5　博弈的演化等价

一个演化博弈的动力学行为是由其局势演化方程决定的, 因此, 如果两个演化博弈有相同的局势演化方程, 则可认为是演化等价的.

定义 4.5.1　两个演化博弈称为演化等价的, 如果它们有相同的演化方程[①].

考虑两个网络演化博弈.

命题 4.5.1　两个网络演化博弈 $G_1,\ G_2 \in \mathcal{G}_{[n;k]}$ 演化等价, 当且仅当,

(1) 它们的网络图相同;

(2) 每个结点的策略演化方程相同.

证明　(充分性) 因为每个结点的基本演化方程都一样, 而且网络图相同, 所以保证了基本演化方程的连接方法也一样, 因此, 整个网络的局势演化方程也必定是一样的.

(必要性) 假定整个网络的局势演化方程为

$$x(t + 1) = Wx(t).$$

---

① 在 [33] 中演化等价称为策略等价. 但因一些文献中策略等价另有定义, 这里改称为演化等价.

则结点的策略演化方程为

$$x_i(t+1) = M_i x(t), \quad i = 1, \cdots, n,$$

这里

$$M_i = \pi_i W = [\mathbf{1}_{k^{i-1}}]^{\mathrm{T}} \otimes I_k \otimes [\mathbf{1}_{k^{n-i}}]^{\mathrm{T}} W.$$

因此, 每个玩家的策略演化方程唯一地由局势演化方程决定. 这表明局势演化方程相同, 则每个结点的策略演化方程也必定相同. 结点的策略演化方程决定了结点与其他结点的联系形式, 于是, 相同的结点策略演化方程表明网络结构是一样的.

□

注 上述命题其实对 G_1, $G_2 \in \mathcal{G}_{[n;k_1,k_2,\cdots,k_n]}$ 也是成立的, 只是因为此时各玩家不同质, 网络结构相同这一点陈述麻烦. 但在应用上通常只需要充分性, 而这是显然成立的.

我们对齐次网络演化博弈尤其感兴趣. 因为所有结点分享一个基本演化方程. 所以, 如果基本演化方程相同, 则两个网络是否等价只依赖于它们的网络图. 基本演化方程是否相同, 则可由支付函数决定. 或者说, 一个博弈的支付函数值与给定博弈的支付函数值之间只要满足一定条件就与之等价.

下面考虑几个例子.

例 4.5.1 回忆例 4.3.5. 所有的结果都依赖于支付函数的几个参数: $R = -1$, $S = -10$, $T = 0$, $P = -5$. 仔细考察其基本演化方程的建立过程, 不难发现, 当参数满足以下条件

$$\begin{cases} T > R, \\ T > P, \\ 2R > T + P, \\ T + P > R + S \end{cases} \tag{4.5.1}$$

时, 基本演化方程 (4.3.13) 不会改变. 因此, 例 4.3.5 中得到的结果依旧成立.

进而可以证明, (4.5.1) 对保持 (4.3.14) 中的 L_5 不变也是必要且充分的.

为讨论支付参数对策略演化的影响, 我们换一组参数讨论囚徒困境.

例 4.5.2 设讨论的问题与例 4.5.1 相同, 但是, 支付函数的参数变为 $R = -3$, $S = -20$, $T = 0$, $P = -5$. 那么, 不难得出, 演化方程形式与 (4.3.13) 相同, 只是转移矩阵 (4.3.14) 变为如下形式

$$L_5 = \delta_2[1, 1, 2, 2, 2, 2, 2, 2, 2, 2, 2, 2, 2, 2, 2, 2,$$
$$1, 1, 2, 2, 2, 2, 2, 2, 2, 2, 2, 2, 2, 2, 2, 2]. \tag{4.5.2}$$

进而可知, 这个 L_5 保持不变, 当且仅当,

$$
\begin{cases}
T > R, \\
T > S, \\
P + T > 2R, \\
P + T > 2S.
\end{cases}
\tag{4.5.3}
$$

这组参数所导致的演化与例 4.5.1 不同. 例如, 选 $n = 7$, 那么, 立刻算得, 转移矩阵 M_G 满足

$$
[M_G]^k = \delta_{128}[1\ 128\ 128\ \cdots\ 128], \quad k \geqslant 3.
$$

显然, 当 $x_0 = \delta_{128}^1$ 时, 它收敛于稳态策略 $x_s = \delta_{128}^1 \sim (1, 1, 1, 1, 1, 1, 1)$, 而当 $x(0) \neq x_0$ 时, $x_s = \delta_{128}^{128} \sim (2, 2, 2, 2, 2, 2, 2)$.

网络演化博弈的演化等价是十分有用的性质. 例如, 第 6 章将看到, 一个势博弈在适当的策略更新规则下会收敛于纯纳什均衡点. 但势博弈是有限博弈中的零测集. 这限制了势博弈方法的应用. 而演化等价可以证明与势博弈等价的系统均能收敛到纳什均匀点. 这就是 [22] 中近似势博弈有效的基本原理.

我们知道, $\mathcal{G}_{[n;k_1,k_2,\cdots,k_n]} \cong \mathbb{R}^{n\kappa}$ 这里, $\kappa = \prod_{i=1}^{n} k_i$. 但在等价意义下, 如果取纯策略, 每个演化方程均可表示为

$$
x(t + 1) = M x(t), \quad M \in \mathcal{L}_{\kappa \times \kappa}.
$$

这样的方程共有 κ^κ. 因此, $\mathcal{G}_{[n;k_1,k_2,\cdots,k_n]}$ 共有 κ^κ 个等价类. 它使对一个 (不可数) 无穷集合的讨论简化成对一个有限集的讨论.

第 5 章　受限逻辑系统与智能系统的控制

在一个博弈决策过程中, 至少两位玩家根据自己所掌握的信息 (譬如其他玩家的历史决策与收益), 做出满足自己目标的决策. 当单个玩家需要在指定规则下达到某个具体目标而非累积更高收益时, 博弈决策问题就简化为智能规划问题, 或者, 在控制的视角下, 转化为智能系统的控制问题, 因此对这些问题的探讨有助于理解博弈问题.

一般智能系统, 如 "农夫-狼-羊-白菜的渡河问题" 和 "传教士与食人族的渡河问题" 等, 是对人们智慧的挑战. 古往今来, 人们使用了很多种方法来研究它们. 在文献 [17, 68, 76, 105] 中, 作者分别使用了有限自动机、计算机代码、自旋模型和基于图论的算法来解决此类问题. 在这些文献中, 作者从不同的角度解决智能规划问题, 但到目前为止, 针对这类智能规划问题, 还没有一个一般的框架可以对其进行建模, 并且智能规划问题解的存在性也是一个有待研究的课题. 例如, 当撰写代码来处理智能规划问题时, 计算机实际上分析了所有可能的情况. 如果一个程序在对每种可能的情况逐一进行计算的过程中得到了满足题设的解, 则问题得到了解决, 但解的存在性无法在程序运行结束前得知. 对于这个不足之处, 本章通过建立一类新的逻辑动态系统, 研究并给出解决这类智能规划问题的一般方法. 使用这种方法, 人们可以首先得到智能规划问题的可解性. 若问题可解, 则可以通过反解方程的方法得到每一步的规划, 从而解决问题.

本章首先提出一类新的逻辑动态系统, 称之为受限逻辑动态系统. 在一个受限逻辑动态系统中, 特定的控制只能在特定的情境 (状态) 下施加. 使用矩阵半张量积方法, 受限逻辑动态系统可以转化为一个包含受限逻辑矩阵的代数状态空间表达式, 并据此研究受限逻辑动态系统与含有禁止状态的受限逻辑动态系统的能控性问题. 此外, 相关成果被推广到周期切换的受限逻辑动态系统中. 本章研究的受限逻辑动态系统与其他研究含有禁止状态的布尔控制网络的文献相比较 (例如文献 [77] 研究了含有禁止状态的布尔控制网络), 不同之处在于, 任意的控制均可施加于含有禁止状态的布尔控制网络, 因此从控制的角度来看, 这些控制系统依然是 "不受限" 的. 本章所研究的受限逻辑动态系统也含有禁止状态, 但相较于其他系统, 它的控制-状态乘积空间具有一个禁止集合, 该集合使得系统 "受限".

此外, 本章应用受限逻辑动态系统的结果, 解决农夫-狼-羊-白菜的渡河问题和传教士与食人族的渡河的问题. 将这两个智能规划问题转化为含有禁止状态的受限逻辑动态系统的能控性问题. 本章主要内容可参考文献 [144].

5.1 受限逻辑动态系统

一个混合值逻辑动态系统可以表示为以下形式:

$$
\begin{cases}
x_1(t+1) = f_1(x_1(t), x_2(t), \cdots, x_n(t), u_1(t), u_2(t), \cdots, u_m(t)), \\
x_2(t+1) = f_2(x_1(t), x_2(t), \cdots, x_n(t), u_1(t), u_2(t), \cdots, u_m(t)), \\
\qquad\qquad\qquad\qquad\qquad\vdots \\
x_n(t+1) = f_n(x_1(t), x_2(t), \cdots, x_n(t), u_1(t), u_2(t), \cdots, u_m(t)),
\end{cases}
\tag{5.1.1}
$$

这里 $x_i \in \mathcal{D}_{k_i}$, $i = 1, 2, \cdots, n$ 是状态变量, $u_j \in \mathcal{D}_{\ell_j}$, $j = 1, 2, \cdots, m$ 是控制输入, $f_i : \mathcal{D}_\kappa \times \mathcal{D}_\ell \to \mathcal{D}_{k_i}$ ($\kappa = \prod_{i=1}^{n} k_i$, $\ell = \prod_{j=1}^{m} \ell_j$) 是混合值逻辑函数.

下面我们给出混合值逻辑动态系统的代数状态空间表达式.

命题 5.1.1　使用矩阵半张量积方法, 系统 (5.1.1) 可以表示为

$$
x(t+1) = Lu(t)x(t),
\tag{5.1.2}
$$

称 $L \in \mathcal{L}_{\kappa \times \kappa\ell}$ 为逻辑动态系统 (5.1.1) 的结构矩阵.

下面的引理是显然的.

引理 5.1.1　考虑系统 (5.1.1). 令 $u(t) = \delta_\ell^i$, $x(t) = \delta_\kappa^j$. 则

$$
x(t+1) = \operatorname{Col}_\alpha(L),
\tag{5.1.3}
$$

其中 $\alpha = (i-1)\kappa + j$.

现在我们给出受限逻辑动态系统的定义.

定义 5.1.1　对于一个逻辑动态系统, 假设在特定的状态下, 特定的控制是禁用的, 准确地说, 存在一个控制-状态对的集合

$$
\Theta := \left\{ (\delta_\ell^{\xi_i}, \delta_\kappa^{\eta_i}) \mid i = 1, 2, \cdots, s \right\} \subset \Delta_\ell \times \Delta_\kappa,
\tag{5.1.4}
$$

使得控制 $\delta_\ell^{\xi_i}$ 在状态为 $\delta_\kappa^{\eta_i}$ 时是禁用的. 我们称 Θ 为 (该逻辑动态系统的) 控制-状态禁止集. 若 $\Theta \neq \varnothing$, 则称该逻辑动态系统是一个受限逻辑动态系统.

对于一个含有控制-状态禁止集 Θ 的受限逻辑动态系统, 当 $u(t) = \delta_\ell^{\xi_i}$, $x(t) = \delta_\kappa^{\eta_i}$ 且有 $(\delta_\ell^{\xi_i}, \delta_\kappa^{\eta_i}) \in \Theta$ 时, 令 $\operatorname{Col}_\alpha(L) = \mathbf{0}_\kappa$, 这里 $\alpha = (\xi_i - 1)\kappa + \eta_i$, 这使得相应的 $x(t+1)$ 是不存在于已定义的逻辑向量空间中的. 为了后续研究的顺利进行, 我们定义这些不能出现的状态为 $\mathbf{0}_\kappa$.

5.2 系统的能控性分析

本章研究的规划问题有下列特征: 第一, 状态是离散的; 第二, 存在禁用的控制-状态对. 因此, 我们需要找到那些合适的解, 保证这些解既能达到目标又不会与题设的限制冲突. 需要注意的是, 这些智能规划问题并不需要最优解. 例如, 在农夫-狼-羊-白菜的渡河问题中, 找到令所有对象安全过河的方法即可, 不要求提供最短步数渡河的规划方案. 但在我们的结果中, 总可以得到满足问题目标的最优解 (最短步长解), 并将其作为评价所有解的标准.

在决策过程中, 根据系统的状态, 可能会存在一些禁止的行动 (控制). 为避免系统在某些状态下运行, 我们需要做出一系列决策, 能够把系统从给定的初始状态转移到最终的目标状态, 同时避免禁止状态的出现. 这类只含有有限状态的决策问题可以用带有状态限制的逻辑动态系统 (5.1.1) 所描述 (详见文献 [77]). 鉴于此, 在本节的余下内容中我们提出相关理论方法, 并在 5.3 节将结果应用到两个智能规划问题的决策中.

在一个决策问题中, 假设有 ℓ 个可选决策, 则我们视其为 ℓ 个可选控制. 因此, $u(t) \in \Delta_\ell$.

接下来我们可以将结构矩阵 L 分为 ℓ 个大小相同的块

$$L = [L_1, L_2, \cdots, L_\ell].$$

对于每个 $u(t) = \delta_\ell^j$, 对应的状态演化公式变为

$$x(t+1) = L_j x(t).$$

在文献 [146] 中, 作者给出了一个研究布尔控制网络能控性的简洁方法. 另外, 对于一个混合值逻辑动态系统, 该方法的自然推广仍然有效. 我们将文献 [146] 的结果在一般化的形式下表述如下.

定理 5.2.1 定义系统 (5.1.2) 的控制转移矩阵为

$$M := \sum_{i=1}^{\ell} L_i \in \mathcal{M}_{\kappa \times \kappa}, \tag{5.2.1}$$

定义系统 (5.1.2) 的能控性矩阵为

$$\mathcal{C} := \sum_{i=1}^{\kappa} M^i. \tag{5.2.2}$$

则

(i) 状态 δ_κ^i 可由初始状态 δ_κ^j 经有限步控制达到, 当且仅当 $[\mathcal{C}]_{i,j} > 0$.

(ii) 系统在状态 δ_κ^j 处能控, 即任意状态可由初始状态 δ_κ^j 经有限步控制达到, 当且仅当 $\mathrm{Col}_j(\mathcal{C}) > 0$.

(iii) 系统能控, 即任意状态可由任意初始状态经有限步控制达到, 当且仅当 $\mathcal{C} > 0$.

在文献 [77] 中, 作者研究了含有禁止状态的逻辑动态系统的能控性问题. 我们回顾系统 (5.1.2). 定义 $\mathcal{E}$ 为含有 z 个禁止状态的集合, 即

$$\mathcal{E} := \left\{ \delta_\kappa^{i_j} \,\big|\, j = 1, 2, \cdots, z \right\}. \tag{5.2.3}$$

定义

$$M_\mathcal{E} := I_\mathcal{E} M I_\mathcal{E}, \tag{5.2.4}$$

这里 $I_\mathcal{E} \in \mathcal{M}_{\kappa \times \kappa}$ 是一个 $\kappa \times \kappa$ 的矩阵, 由单位阵 I_κ 替换其第 i_j 行与第 i_j 列为 $\mathbf{0}_\kappa^\mathrm{T}$ 与 $\mathbf{0}_\kappa$, $j = 1, 2, \cdots, z$ 得到, $M \in \mathcal{M}_{\kappa \times \kappa}$ 为系统的控制转移矩阵.

根据已有结果, 我们可以得到下面的结论.

定理 5.2.2　考虑系统 (5.1.2) 与其禁止状态集 $\mathcal{E}$(5.2.3). 定义

$$\mathcal{C}_\mathcal{E} := \sum_{i=1}^\kappa M_\mathcal{E}^i, \tag{5.2.5}$$

则状态 δ_κ^i 可由状态 δ_κ^j 经有限步控制达到, 当且仅当 $[\mathcal{C}_\mathcal{E}]_{i,j} > 0$.

使用定理 5.2.1 的论证方法, 我们可以得到下面的推论.

推论 5.2.1　在第 s 步将系统自状态 $x(0) = \delta_\kappa^\alpha$ 转移到状态 $x(s) = \delta_\kappa^\beta$ 的控制个数, 记作 $l(\alpha, \beta, \mathcal{E})$, 可由下列公式计算

$$l(\alpha, \beta, \mathcal{E}) = (\delta_\kappa^\beta)^\mathrm{T} M_\mathcal{E}^s \delta_\kappa^\alpha. \tag{5.2.6}$$

至少存在一个控制可将系统从状态 $x(0) = \delta_\kappa^\alpha$ 转移到状态 $x(t) = \delta_\kappa^\beta$, $t > 0$, 当且仅当,

$$(\delta_\kappa^\beta)^\mathrm{T} \sum_{i=1}^\kappa M_\mathcal{E}^i \delta_\kappa^\alpha > 0. \tag{5.2.7}$$

注意, 当一个决策问题转化为逻辑动态系统的能控性问题时, 可施加控制的数量实际上是可选决策的数量, 这些控制 (决策) 使得系统的状态得到转移.

5.2.1 受限逻辑动态系统的能控性

考虑一个受限逻辑动态系统. 假设它的控制-状态禁止集为 Θ (见公式 (5.1.4)). 使用引理 5.1.1, 我们可以得到以下结果.

命题 5.2.1 一个包含控制-状态禁止集 Θ 的受限逻辑动态系统, 其代数状态空间表达式如 (5.1.3), 其中

$$\mathrm{Col}_{\alpha_i}(L) = \mathbf{0}_\kappa, \quad \alpha_i = (\xi_i - 1)\kappa + \eta_i, \quad i = 1, 2, \cdots, s. \tag{5.2.8}$$

我们将命题 5.2.1 给出的受限逻辑动态系统结构矩阵记作 L^Θ. 利用单位矩阵 $I_{\kappa\ell \times \kappa\ell}$, 将其第 α_i 列换为 $\mathbf{0}_{\kappa\ell}$, $i = 1, 2, \cdots, s$ 来构建矩阵 I^Θ, 就可以得到

$$L^\Theta = LI^\Theta. \tag{5.2.9}$$

接下来, 我们将 L^Θ 分成 ℓ 个维数相等的块 $L^\Theta = [L_1^\Theta, L_2^\Theta, \cdots, L_\ell^\Theta]$, 定义受限逻辑动态系统的状态转移矩阵为

$$M^\Theta := \sum_{i=1}^{\ell} L_i^\Theta \in \mathcal{M}_{\kappa \times \kappa}, \tag{5.2.10}$$

同时定义受限逻辑动态系统的能控性矩阵为

$$\mathcal{C}^\Theta := \sum_{i=1}^{\kappa} (M^\Theta)^i. \tag{5.2.11}$$

根据上面的结果, 我们可将定理 5.2.1 推广到受限逻辑动态系统.

定理 5.2.3 考虑一个包含控制-状态禁止集 Θ 的受限逻辑动态系统. 则

(i) 状态 δ_κ^i 可由初始状态 δ_κ^j 经有限步控制达到, 当且仅当 $\left[\mathcal{C}^\Theta\right]_{i,j} > 0$.

(ii) 系统在状态 δ_κ^j 处能控, 即任意状态都可由初始状态 δ_κ^j 经有限步控制达到, 当且仅当 $\mathrm{Col}_j\left(\mathcal{C}^\Theta\right) > 0$.

(iii) 系统是能控的, 即任意状态都可由任意初始状态经有限步控制达到, 当且仅当 $\mathcal{C}^\Theta > 0$.

最后, 我们假设有一个受限逻辑动态系统. 给其规定一个禁止状态集 $\mathcal{E}$, 则我们可以按公式 (5.2.4) 给出的方式构造 $I_\mathcal{E}$. 利用 L^Θ, 我们按与公式 (5.2.10) 相同的方式构造 M^Θ. 然后定义

$$M_\mathcal{E}^\Theta := I_\mathcal{E} M^\Theta I_\mathcal{E}. \tag{5.2.12}$$

则系统可表示为

$$x(t+1) = L_\mathcal{E}^\Theta u(t)x(t), \tag{5.2.13}$$

其中 $L_{\mathcal{E}}^{\Theta} = [I_{\mathcal{E}} L_1 I_\Theta I_{\mathcal{E}}, I_{\mathcal{E}} L_2 I_\Theta I_{\mathcal{E}}, \cdots, I_{\mathcal{E}} L_\ell I_\Theta I_{\mathcal{E}}]$.

同理, 推论 5.2.1 可推广到包含控制-状态禁止集的受限逻辑动态系统中.

定理 5.2.4　考虑包含控制-状态禁止集 Θ 和禁止状态集 $\mathcal{E}$ 的受限逻辑动态系统 (5.2.13). 记系统从初始状态 $x(0) = \delta_\kappa^\alpha$ 转移到 $x(s) = \delta_\kappa^\beta$ 的可用控制序列数量为 $l(\alpha, \beta, \Theta, \mathcal{E})$, 可由下式计算得出

$$l(\alpha, \beta, \Theta, \mathcal{E}) = (\delta_\kappa^\beta)^{\mathrm{T}} (M_{\mathcal{E}}^{\Theta})^s \delta_\kappa^\alpha. \tag{5.2.14}$$

至少有一个控制序列可将初始状态 $x(0) = \delta_\kappa^\alpha$ 转移到状态 $x(t) = \delta_\kappa^\beta, t > 0$, 当且仅当

$$(\delta_\kappa^\beta)^{\mathrm{T}} \sum_{i=0}^{\kappa-1} (M_{\mathcal{E}}^{\Theta})^i \delta_\kappa^\alpha > 0. \tag{5.2.15}$$

5.2.2　受限周期逻辑动态系统的能控性

在开始本节的内容前, 我们首先给出受限周期逻辑动态系统的概念.

假设一个包含禁止状态的受限逻辑动态系统有 μ 个不同的模态, 即

$$x(t+1) = L_{\mathcal{E}_i}^{\Theta_i} u(t) x(t), \quad i = 1, 2, \cdots, \mu, \tag{5.2.16}$$

则系统 (5.2.16) 可由下面的切换系统表示:

$$x(t+1) = L^{\sigma(t)} u(t) x(t), \tag{5.2.17}$$

这里 $L^i = L_{\mathcal{E}_i}^{\Theta_i}$, $i = 1, 2, \cdots, \mu$. 若满足 $\sigma(t) = t(\mathrm{mod}\ \mu) + 1$, 则系统 (5.2.17) 是一个周期为 μ 的切换逻辑动态系统.

定义 5.2.1　称周期切换系统 (5.2.17) 是自状态 δ_κ^α 到状态 δ_κ^β i-步能控的, 如果存在一个控制序列可以将状态 δ_κ^α 在时间 $t(\mathrm{mod}\ \mu) + 1 = i$ 时转移到 δ_κ^β.

考虑周期为 μ 的周期切换系统 (5.2.17). 对于每个模态, 我们首先定义 $M_{\mathcal{E}_i}^{\Theta_i}$, $i = 1, 2, \cdots, \mu$, 然后定义

$$\begin{aligned} P &:= M_{\mathcal{E}_\mu}^{\Theta_\mu} M_{\mathcal{E}_{\mu-1}}^{\Theta_{\mu-1}} \cdots M_{\mathcal{E}_1}^{\Theta_1}, \\ M^i &:= M_{\mathcal{E}_i}^{\Theta_i} M_{\mathcal{E}_{i-1}}^{\Theta_{i-1}} \cdots M_{\mathcal{E}_1}^{\Theta_1}. \end{aligned} \tag{5.2.18}$$

需要注意的是, 公式 (5.2.18) 中的定义只在本章中有效.

使用与非切换情况类似的研究方法, 我们可以得到以下结果.

定理 5.2.5　(i) 系统 (5.2.17) 自初始状态 δ_κ^α 在时间 $s\mu + i - 1$, $i = 1, 2, \cdots, \mu$ 时转移到状态 δ_κ^β 的控制序列数量可由下式计算得到

$$(\delta_\kappa^\beta)^{\mathrm{T}} M^{i-1} P^s \delta_\kappa^\alpha, \tag{5.2.19}$$

这里 $M^0 = M_{\mathcal{E}_0}^{\Theta_0} = I_\kappa$.

(ii) 系统 (5.2.17) 自状态 δ_κ^α 到状态 δ_κ^β 是 i-步能控的, 当且仅当

$$\left(M^i \sum_{j=1}^\kappa P^j \right)_{\beta,\alpha} > 0. \tag{5.2.20}$$

5.3 智能规划问题的控制

本节将受限逻辑动态系统以及受限周期逻辑动态系统的能控性结果应用于两个典型智能规划系统的控制.

5.3.1 农夫-狼-羊-白菜的渡河问题

问题的描述   有一位农夫需要带一匹狼、一只羊和一些白菜渡河. 由于渡河用的船很小, 除了划船的农夫以外只剩下一个位置. 没有了农夫的监管, 狼会吃掉羊, 羊会吃掉白菜. 求解能让他们安全过河的方法.

为将问题建模, 我们使用 x_1, x_2, x_3, x_4 作为状态变量, 分别表示狼、羊、白菜以及农夫的状态. 其中, $x_i = \delta_2^1 \sim 1$, $i = 1, 2, 3, 4$ 表示在起点, $x_i = \delta_2^2 \sim 0$ 表示在对岸 (终点). 设 $x(t) = \ltimes_{i=1}^4 x_i(t)$ 是所有状态变量的矩阵半张量积.

农夫做出的决策用 $u(t) = \delta_4^i \in \Delta_4$, $i = 1, 2, 3, 4$ 表示, 这里 i 的取值从 1 到 4 分别表示农夫决定带狼、羊、白菜和不带任何对象上船.

由题设, 在系统的演化过程中, 会存在一个控制-状态禁止集 Θ. 例如, $u = \delta_4^1$ 和 $x = \delta_2^2 \ltimes \delta_2^1 \ltimes \delta_2^1 \ltimes \delta_2^1$ 形成一个禁止的控制-状态对. 因为这时狼在终点而农夫在起点, 显然不能做出带狼过河的决策. 使用矩阵半张量积方法, 我们可以得到系统的代数状态空间表达式:

$$x(t+1) = Lu(t)x(t) = [L_1^\Theta, L_2^\Theta, L_3^\Theta, L_4^\Theta]u(t)x(t). \tag{5.3.1}$$

利用命题 5.2.1, 对于所有禁止的控制-状态对, 该问题的动态过程可用下列结构矩阵表示:

$$L_1^\Theta = \delta_{16}[10, 0, 12, 0, 14, 0, 16, 0, 0, 1, 0, 3, 0, 5, 0, 7];$$

$$L_2^\Theta = \delta_{16}[6, 0, 8, 0, 0, 1, 0, 3, 14, 0, 16, 0, 0, 9, 0, 11];$$

$$L_3^\Theta = \delta_{16}[4, 0, 0, 1, 8, 0, 0, 5, 12, 0, 0, 9, 16, 0, 0, 13];$$

$$L_4^\Theta = \delta_{16}[2, 1, 4, 3, 6, 5, 8, 7, 10, 9, 12, 11, 14, 13, 16, 15].$$

接下来, 我们考虑禁止状态. 根据题设, (x_1, x_2, x_3, x_4) 不能为

$$(0001), \quad (0011), \quad (0110), \quad (1001), \quad (1100), \quad (1110),$$

即

$$\mathcal{E} = \{\delta_{16}^2, \delta_{16}^4, \delta_{16}^7, \delta_{16}^{10}, \delta_{16}^{13}, \delta_{16}^{15}\}.$$

根据公式 (5.2.12), 可以得到

$$M_{\mathcal{E}}^{\Theta} = I_{\mathcal{E}} M^{\Theta} I_{\mathcal{E}} = I_{\mathcal{E}} \left(\sum_{i=1}^{4} L_i^{\Theta} \right) I_{\mathcal{E}}$$

$$= [\delta_{16}^6, \mathbf{0}_{16}, \delta_{16}^8 + \delta_{16}^{12}, \mathbf{0}_{16}, \delta_{16}^6 + \delta_{16}^8 + \delta_{16}^{14}, \delta_{16}^1 + \delta_{16}^5,$$

$$\mathbf{0}_{16}, \delta_{16}^3 + \delta_{16}^5, \delta_{16}^{12} + \delta_{16}^{14}, \mathbf{0}_{16}, \delta_{16}^{12} + \delta_{16}^{16},$$

$$\delta_{16}^3 + \delta_{16}^9 + \delta_{16}^{11}, \mathbf{0}_{16}, \delta_{16}^5 + \delta_{16}^9, \mathbf{0}_{16}, \delta_{16}^{11}],$$

这里 $I_{\mathcal{E}} = \delta_{16}[1, 0, 3, 0, 5, 6, 0, 8, 9, 0, 11, 12, 0, 14, 0, 16]$.

　　根据定义我们知道初始状态为 $x(0) = \delta_{16}^1$, 最终状态为 $x(k) = \delta_{16}^{16}$. 使用定理 5.2.4, 我们可以求得解决该问题的最短步数:

$$l(\alpha, \beta, \Theta, \mathcal{E}) = (\delta_{16}^{16})^{\mathrm{T}} (M_{\mathcal{E}}^{\Theta})^k \delta_{16}^1 = 0, \quad k = 1, 2, \cdots, 6,$$

$$l(\alpha, \beta, \Theta, \mathcal{E}) = (\delta_{16}^{16})^{\mathrm{T}} (M_{\mathcal{E}}^{\Theta})^7 \delta_{16}^1 = 2,$$

这表示在 6 步以内, 没有能把 δ_{16}^1 转移到 δ_{16}^{16} 的控制序列, 而有两个控制序列可以用 7 步将 δ_{16}^1 转移到 δ_{16}^{16}.

　　我们可以使用下列公式得到在使用特定控制序列第 h 步时系统的状态

$$M_{\mathcal{E}}^{\Theta} (M_{\mathcal{E}}^{\Theta})^{h-1} x(0) = c x(h), \quad c \in \mathbb{N}, \tag{5.3.2}$$

其中 c 是系统从状态 $x(0)$ 出发能控制到状态 $x(h)$ 的控制序列个数.

　　将 $h = 7$ 和 $c = 2$ 代入公式 (5.3.2), 得到

$$M_{\mathcal{E}}^{\Theta} (M_{\mathcal{E}}^{\Theta})^6 \delta_{16}^1 = 2\delta_{16}^{16}, \tag{5.3.3}$$

这意味着如果 $(M_{\mathcal{E}}^{\Theta})_{16,\gamma} \times (M_{\mathcal{E}}^{\Theta})_{\gamma,1}^6 = c$, 则 $x(7-1) = \delta_{16}^{\gamma}$. 这里 $\gamma = 11$, 因此 $x(6) = \delta_{16}^{11}$.

　　需要注意的是对于每一步, γ 都可能有多个取值, 其中不同的值对应着不同的状态. 得到相邻两步的状态后, 我们可通过观察结构矩阵 $L_{\mathcal{E}}^{\Theta}$ 推得转移状态时使用的控制.

　　图 5.3.1 展示了受限系统的状态-控制转移图, 其中结点代表系统的状态, 有向边代表使用的控制. 图 5.3.2 与图 5.3.3 分别详细描述了决策树的两个分支, 其中上面一行的结点表示起点的情况, 下面一行的结点表示终点的情况. 有向边的 "W"、"S"、"C" 和 "ϕ" 分别表示农夫在运送狼、羊、白菜, 以及只有自己乘船.

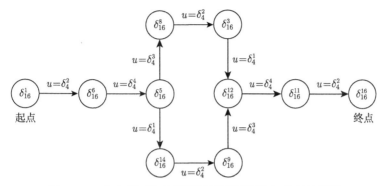

图 5.3.1　农夫-狼-羊-白菜渡河问题解的状态-控制转移图

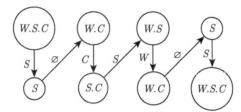

图 5.3.2　状态-控制转移图上侧分支示意图

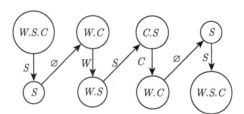

图 5.3.3　状态-控制转移图下侧分支示意图

5.3.2　传教士与食人族的渡河问题

问题的描述　有三个传教士和三个食人族需要乘船渡河. 小船每次最多能乘坐两人, 在河岸的任意一边, 如果食人族的人数多于传教士的人数, 则食人族将杀死并吃掉传教士. 求解一个方案可使所有人安全渡河.

这个问题含有 16 个状态, 我们使用 $x(t) = \delta_{16}^i \in \Delta_{16}$ 来表示它们. 用控制 $u(t) = \delta_{10}^j \in \Delta_{10}$ 来表示每一步的决策. 表 5.3.1 展示了所有状态对应的情境, 这里标有 "$*$" 的是禁止状态. 表 5.3.2 展示了所有的控制对应的决策, 这里 "$\rightarrow$" 表示由起点到对岸 (终点), "$\leftarrow$" 表示由对岸回到起点, 一个 "M" 表示一个传教士, 一个 "C" 表示一个食人族, "$\varnothing$" 表示没有任何人.

表 5.3.1　状态集

起点	终点	$x(t)$	起点	终点	$x(t)$
$MMMCCC$	$\varnothing$	δ_{16}^1	MMC	$*MCC$	δ_{16}^9
$*MMCCC$	M	δ_{16}^2	MMM	CCC	δ_{16}^{10}
$MMMCC$	C	δ_{16}^3	CC	$MMMC$	δ_{16}^{11}
$*MCCC$	MM	δ_{16}^4	MC	$MMCC$	δ_{16}^{12}
$MMCC$	MC	δ_{16}^5	MM	$*MCCC$	δ_{16}^{13}
$MMMC$	CC	δ_{16}^6	C	$MMMCC$	δ_{16}^{14}
CCC	MMM	δ_{16}^7	M	$*MMCCC$	δ_{16}^{15}
$*MCC$	MMC	δ_{16}^8	$\varnothing$	$MMMCCC$	δ_{16}^{16}

表 5.3.2　控制集

对象	方向	$u(t)$	对象	方向	$u(t)$
M	$\rightarrow$	δ_{10}^1	MM	$\leftarrow$	δ_{10}^6
M	$\leftarrow$	δ_{10}^2	MC	$\rightarrow$	δ_{10}^7
C	$\rightarrow$	δ_{10}^3	MC	$\leftarrow$	δ_{10}^8
C	$\leftarrow$	δ_{10}^4	CC	$\rightarrow$	δ_{10}^9
MM	$\rightarrow$	δ_{10}^5	CC	$\leftarrow$	δ_{10}^{10}

该问题的动态过程可由下列系统描述:

$$x(t+1) = Lu(t)x(t)$$
$$= [L_1, L_2, L_3, L_4, L_5, L_6, L_7, L_8, L_9, L_{10}]u(t)x(t),$$

则可得禁止状态集 $\mathcal{E}$ 与矩阵 $I_{\mathcal{E}}$ 如下:

$$\mathcal{E} = \{\delta_{16}^2, \delta_{16}^4, \delta_{16}^8, \delta_{16}^9, \delta_{16}^{13}, \delta_{16}^{15}\},$$

$$I_{\mathcal{E}} = \delta_{16}[1, 0, 3, 0, 5, 6, 7, 0, 0, 10, 11, 12, 0, 14, 0, 16].$$

下面我们考虑控制-状态禁止集 Θ. 例如, $u = \delta_{10}^1$ 和 $x = \delta_{16}^7$ 形成一个禁止对, 此时所有的传教士都在终点, 我们不能从起点将一个传教士送往终点. 利用命题 5.2.1 和所有的禁止对, 我们可以得到

$$L_1^{\Theta} = \delta_{16}[2, 4, 5, 7, 8, 9, 0, 11, 12, 13, 0, 14, 15, 0, 16, 0];$$

$$L_2^{\Theta} = \delta_{16}[0, 1, 0, 2, 3, 0, 4, 5, 6, 0, 8, 9, 10, 12, 13, 15];$$

$$L_3^{\Theta} = \delta_{16}[3, 5, 6, 8, 9, 10, 11, 12, 13, 0, 14, 15, 0, 16, 0, 0];$$

$$L_4^{\Theta} = \delta_{16}[0, 0, 1, 0, 2, 3, 0, 4, 5, 6, 7, 8, 9, 11, 12, 14];$$

$$L_5^{\Theta} = \delta_{16}[4, 7, 8, 0, 11, 12, 0, 0, 14, 15, 0, 0, 16, 0, 0, 0];$$

$$L_6^{\Theta} = \delta_{16}[0, 0, 0, 1, 0, 0, 2, 3, 0, 0, 5, 6, 0, 9, 10, 13];$$

$$L_7^{\Theta} = \delta_{16}[5, 8, 9, 11, 12, 13, 0, 14, 15, 0, 0, 16, 0, 0, 0, 0];$$

$$L_8^{\Theta} = \delta_{16}[0, 0, 0, 0, 1, 0, 0, 2, 3, 0, 4, 5, 6, 8, 9, 12];$$

$$L_9^{\Theta} = \delta_{16}[6, 9, 10, 12, 13, 0, 14, 15, 0, 0, 16, 0, 0, 0, 0, 0];$$

$$L_{10}^{\Theta} = \delta_{16}[0, 0, 0, 0, 0, 1, 0, 0, 2, 3, 0, 4, 5, 7, 8, 11].$$

在该问题中, 每一步的运输方向都会改变, 因此其对应的系统为模 2 的周期逻辑动态系统, 形如

$$x(t+1) = L^{\sigma(t)} u(t) x(t),$$

这里 $\sigma(t) = t (\bmod 2) + 1$ 与 $L^i = L_{\mathcal{E}_i}^{\Theta_i}, i = 1, 2$.

因为 L_j^{Θ}, $j = 1, 2, \cdots, 10$ 在第 $j (\bmod 2) + 1$ 个模态下, 显然有

$$M_{\mathcal{E}_1}^{\Theta_1} = I_{\mathcal{E}} \left(\sum_{n=1}^{5} L_{2n-1}^{\Theta} \right) I_{\mathcal{E}}, \quad M_{\mathcal{E}_2}^{\Theta_2} = I_{\mathcal{E}} \left(\sum_{n=1}^{5} L_{2n}^{\Theta} \right) I_{\mathcal{E}}.$$

在表 5.3.1 中, 我们知道初始状态 $x(0) = \alpha = \delta_{16}^1$, 最终状态 $x(k) = \beta = \delta_{16}^{16}$ 与达到最终状态所需状态数为奇数 $2s + 1$, $s = 1, 2, \cdots$. 利用定义 5.2.1 与定理 5.2.5, 可以得到

$$P = M_{\mathcal{E}_2}^{\Theta_2} M_{\mathcal{E}_1}^{\Theta_1}, \quad M^1 = M_{\mathcal{E}_1}^{\Theta_1};$$

$$l(\alpha, \beta, \Theta, \mathcal{E}) = (\delta_{16}^{16})^{\mathrm{T}} M^1 P^s \delta_{16}^1 = 0 \quad (s \leqslant 4),$$

$$l(\alpha, \beta, \Theta, \mathcal{E}) = (\delta_{16}^{16})^{\mathrm{T}} M^1 P^5 \delta_{16}^1 = 4,$$

这意味着在 10 步以内, 无法令 δ_{16}^1 转移到 δ_{16}^{16}, 而有 4 个控制序列可用 11 步把 δ_{16}^1 转移到 δ_{16}^{16}.

下面我们计算每一步使用的控制.

$$(M_{\mathcal{E}_1}^{\Theta_1})_{16,\gamma} (P^5)_{\gamma,1} = 4 \Rightarrow \gamma \in \{11, 12\};$$

$$\begin{cases} (M_{\mathcal{E}_2}^{\Theta_2})_{11,\gamma} (M_{\mathcal{E}_1}^{\Theta_1} P^4)_{\gamma,1} = 2 \Rightarrow \gamma = 14, \\ (M_{\mathcal{E}_2}^{\Theta_2})_{12,\gamma} (M_{\mathcal{E}_1}^{\Theta_1} P^4)_{\gamma,1} = 2 \Rightarrow \gamma = 14; \end{cases}$$

$$(M_{\mathcal{E}_1}^{\Theta_1})_{14,\gamma} (P^4)_{\gamma,1} = 2 \Rightarrow \gamma = 7;$$

$$(M_{\mathcal{E}_2}^{\Theta_2})_{7,\gamma}(M_{\mathcal{E}_1}^{\Theta_1}P^3)_{\gamma,1} = 2 \Rightarrow \gamma = 11;$$

$$(M_{\mathcal{E}_1}^{\Theta_1})_{11,\gamma}(P^3)_{\gamma,1} = 2 \Rightarrow \gamma = 5;$$

$$(M_{\mathcal{E}_2}^{\Theta_2})_{5,\gamma}(M_{\mathcal{E}_1}^{\Theta_1}P^2)_{\gamma,1} = 2 \Rightarrow \gamma = 12;$$

$$(M_{\mathcal{E}_1}^{\Theta_1})_{12,\gamma}(P^2)_{\gamma,1} = 2 \Rightarrow \gamma = 6;$$

$$(M_{\mathcal{E}_2}^{\Theta_2})_{6,\gamma}(M_{\mathcal{E}_1}^{\Theta_1}P)_{\gamma,1} = 2 \Rightarrow \gamma = 10;$$

$$(M_{\mathcal{E}_1}^{\Theta_1})_{10,\gamma}P_{\gamma,1} = 2 \Rightarrow \gamma = 3;$$

$$(M_{\mathcal{E}_2}^{\Theta_2})_{3,\gamma}(M_{\mathcal{E}_1}^{\Theta_1})_{\gamma,1} = 1 \Rightarrow \gamma \in \{5,6\}.$$

因此我们得到图 5.3.4 所示的状态-控制转移图. 图 5.3.5 与图 5.3.6 展示了转移图外层与内层分支的详细内容, 其中上面一行表示起点处情况, 下面一行表示对岸处情况, 其他分支类似可得 (每个分支对应一个最小步数解).

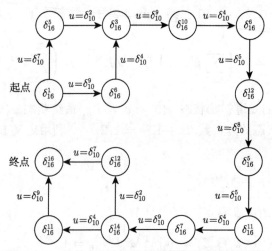

图 5.3.4　传教士与食人族问题的状态-控制转移图

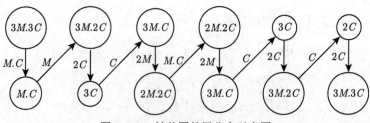

图 5.3.5　转移图外层分支示意图

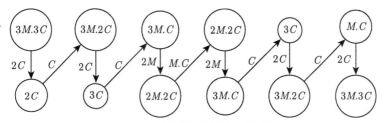

图 5.3.6 转移图内层分支示意图

第 6 章 势 博 弈

势博弈的概念是 Rosenthal 在 1973 年提出的[110]. 此后, 势博弈的理论与应用的研究发展很快. 在理论研究方面, 如 Monderer 与 Shapley 对其性质与判定做了较系统的讨论[99], 还有关于有限势博弈判定的研究[32,65,92], 以及基于势博弈的有限博弈的空间分解[21,35], 等等. 其应用更是多方面的, 如电力系统优化[63]、通信基站的分布[75]、道路拥塞控制[124] 等等.

特别是, 它是博弈控制论的核心[55], 实际上, 在优化问题中, 势函数起着类似李雅普诺夫函数的作用.

6.1 势博弈及其基本性质

定义 6.1.1 设 $G = (N, S, C)$ 为一有限博弈, 其中 $N = \{1, 2, \cdots, n\}$ 为玩家集合, $S = \prod_{i=1}^{n} S_i$ 称为局势集合, $S_i = \{1, 2, \cdots, k_i\}$ 为第 i 个玩家的策略集合. $C = (c_1, c_2, \cdots, c_n)$ 为支付函数集合, 其中 c_i 为玩家 i 的支付函数.

(i) G 称为一个泛势博弈 (ordinal potential game), 如果存在一个函数 $P : S \to \mathbb{R}$, 称为势函数, 使得对每个 i, 每一组 x_i, $y_i \in S_i$ 和每个 $s_{-i} \in S_{-i}$ 均成立

$$c_i(x_i, s_{-i}) - c_i(y_i, s_{-i}) > 0 \Leftrightarrow P(x_i, s_{-i}) - P(y_i, s_{-i}) > 0. \tag{6.1.1}$$

(ii) G 称为一个加权势博弈 (weighted potential game), 如果存在一组正数 $\{w_i > 0 \mid i = 1, 2, \cdots, n\}$ (称为权重) 和一个函数 $P : S \to \mathbb{R}$ (称为加权势函数), 使得对每个 i, 每一组 x_i, $y_i \in S_i$ 和每一个 $s_{-i} \in S_{-i}$ 均成立

$$c_i(x_i, s_{-i}) - c_i(y_i, s_{-i}) = w_i \left[P(x_i, s_{-i}) - P(y_i, s_{-i}) \right]. \tag{6.1.2}$$

(iii) G 称为一个 (纯) 势博弈 (pure potential game), 如果 G 是一个加权势博弈, 且所有权重均为 1, 即 $w_i = 1, \forall i$. 相应的函数 P 称为 (纯) 势函数.

注意, 它们之间显然有如下蕴涵关系:

$$势博弈 \Rightarrow 加权势博弈 \Rightarrow 泛势博弈.$$

下面讨论势博弈的一些主要性质.

命题 6.1.1 如果 G 是势博弈, 那么, 势函数 P 在容许一个常数差的意义下唯一. 换言之, 如果 P_1 和 P_2 为 G 的两个势函数, 则存在一个常数 $c_0 \in \mathbb{R}$, 使得

$$P_1(s) - P_2(s) = c_0, \quad \forall \, s \in S. \tag{6.1.3}$$

证明 设 P_1, P_2 为两个势函数, 由定义可知

$$\begin{aligned} c_i(x_i, x_{-i}) - c_i(x_i', x_{-i}) &= P_1(x_i, x_{-i}) - P_1(x_i', x_{-i}) \\ &= P_2(x_i, x_{-i}) - P_2(x_i', x_{-i}). \end{aligned}$$

于是有

$$P_1(x_i, x_{-i}) - P_2(x_i, x_{-i}) = P_1(x_i', x_{-i}) - P_2(x_i', x_{-i}). \tag{6.1.4}$$

(6.1.4) 说明, P_1 与 P_2 的差与 x_i 无关. 又因 i 是任选的, 可见这个差与任何变量均无关, 故为常数. □

命题 6.1.2 如果 G 是势博弈, P 是 G 的势函数, s^* 是势函数的一个极大点. 那么, s^* 是 G 的一个 (纯) 纳什均衡点.

证明

$$c_i(s^*) - c_i(x_i, s_{-i}^*) = P_i(s^*) - P_i(x_i, s_{-i}^*) \geqslant 0, \quad \forall \, i \in N.$$

由定义即知, s^* 为纯纳什均衡. □

由上述命题可知, 势博弈必有纯纳什均衡.

下面的推论是显然的.

推论 6.1.1 如果 G 是有限势博弈, 由它依串联 MBRA 更新方式形成演化博弈, 则该演化博弈收敛于一个纯纳什均衡点.

证明 根据势博弈的定义, 串联 MBRA 的每一步更新都会让局势的势函数值增加. 但所有局势是有限的, 在有限步后一定会达到极大点. □

熟知, 无论是在力学中还是在电场中的势函数都对闭路增量为零. 下面的命题显示了博弈中势函数的类似性质. 它也被用来检验一个博弈是不是势博弈.

命题 6.1.3 [99] 一个博弈 G 是势博弈, 当且仅当对每一对 $i, j \in N$, 选择任何一个 $a \in S_{-\{i,j\}}$, 一对 $x_i, y_i \in S_i$ 和一对 $x_j, y_j \in S_j$, 均有

$$c_i(B) - c_i(A) + c_j(C) - c_j(B) + c_i(D) - c_i(C) + c_j(A) - c_j(D) = 0, \tag{6.1.5}$$

这里 $A = (x_i, x_j, a), B = (y_i, x_j, a), C = (y_i, y_j, a), D = (x_i, y_j, a)$ (参见图 6.1.1).

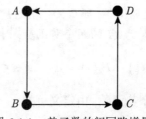

图 6.1.1 势函数的闭回路增量

注 关于势博弈性质, 即命题 6.1.1、命题 6.1.2、推论 6.1.1 及命题 6.1.3, 可以平行地推到加权势博弈. 实际上, 如果用 c_i/w_i 来代替支付函数 c_i, 则加权势博弈变为势博弈.

6.2 势 方 程

势博弈虽然在工程问题中十分有用, 但是, 检验一个博弈是不是势博弈却长期未得到有效解决. 对于有限博弈, 迭代的方法曾经是一个主要方法[65,67]. [65] 一文中提到: "检验一个博弈是不是势博弈不是一件容易的事." 对于有限博弈, 本节介绍的势方程方法给出了一个易于检验的闭式解. 对于连续博弈, 至今还未有有效的检验方法.

下面推导 (加权) 势博弈所满足的基本方程, 称为 (加权) 势方程.

引理 6.2.1 一个有限博弈 $G \in \mathcal{G}_{[n;k_1,k_2,\cdots,k_n]}$ 是加权势博弈, 当且仅当, 存在: (i) $P(x_1, x_2, \cdots, x_n)$; (ii) $d_i(x_1, x_2, \cdots, \hat{x}_i, \cdots, x_n)$, $i = 1, 2, \cdots, n$, 这里 $\hat{\cdot}$ 表示没有该项 (即 d_i 与 x_i 无关); (iii) $w_i > 0$, $i = 1, 2, \cdots, n$, 使得

$$c_i(x_1, x_2, \cdots, x_n) = w_i P(x_1, x_2, \cdots, x_n) + d_i(x_1, x_2, \cdots, \hat{x}_i, \cdots, x_n), \quad (6.2.1)$$

这里 P 为加权势函数.

证明 (充分性) 设 (6.2.1) 成立. 因为 d_i 不依赖于 x_i, 所以有

$$\begin{aligned}
c_i(u, s_{-i}) - c_i(v, s_{-i}) &= [w_i P(u, s_{-i}) + d_i(s_{-i})] - [w_i P(v, s_{-i}) + d_i(s_{-i})] \\
&= w_i [P(u, s_{-i}) - P(v, s_{-i})], \quad u, v \in S_i, \ s_{-i} \in S_{-i}.
\end{aligned}$$

(必要性) 令

$$d_i(x_1, \cdots, x_n) := c_i(x_1, \cdots, x_n) - w_i P(x_1, \cdots, x_n).$$

设 $u, v \in S_i$. 利用 (6.2.1),

$$\begin{aligned}
d_i(u, s_{-i}) - d_i(v, s_{-i}) &= [c_i(u, s_{-i}) - c_i(v, s_{-i})] - w_i [P(u, s_{-i}) - P(v, s_{-i})] \\
&= 0.
\end{aligned}$$

因为 u, $v \in S_i$ 是任意的, 所以 d_i 与 x_i 无关. □

将式 (6.2.1) 中的变量 (即策略) 用向量形式表示, 则得式 (6.2.1) 的代数状态空间表示形式如下:

$$V_i^c \ltimes_{j=1}^n x_j = w_i V_P \ltimes_{j=1}^n x_j + V_i^d \ltimes_{j \neq i} x_j, \quad i = 1, 2, \cdots, n, \tag{6.2.2}$$

这里 V_i^c, $V_P \in \mathbb{R}^\kappa$ ($\kappa = \prod_{i=1}^n k_i$) 以及 $V_i^d \in \mathbb{R}^{\frac{\kappa}{k_i}}$ 都是行向量, 是相应函数的结构向量.

因此, 检验 G 是否势博弈就等价于式 (6.2.1) 是否存在相应的 P 和 d_i. 这又等价于式 (6.2.2) 是否存在解 V_P 和 V_i^d.

定义

$$E_i := I_{\alpha_i} \otimes \mathbf{1}_{k_i} \otimes I_{\beta_i}, \quad i = 1, 2, \cdots, n, \tag{6.2.3}$$

这里

$$\alpha_1 = 1, \quad \alpha_i = \prod_{j=1}^{i-1} k_j, \quad i \geqslant 2,$$
$$\beta_n = 1, \quad \beta_i = \prod_{j=i+1}^{n} k_j, \quad i \leqslant n-1.$$

那么式 (6.2.2) 就可以表示成

$$V_i^c \ltimes_{j=1}^n x_j = w_i V_P \ltimes_{j=1}^n x_j + V_i^d E_i^{\mathrm{T}} \ltimes_{j=1}^n x_j, \quad i = 1, 2, \cdots, n.$$

由于 $x_j \in \Delta_{k_j}$, $j = 1, 2, \cdots, n$ 是任意的, 则可得

$$V_i^d E_i^{\mathrm{T}} = V_i^c - w_i V_P, \quad i = 1, 2, \cdots, n. \tag{6.2.4}$$

从式 (6.2.4) 第一个方程解出

$$w_1 V_P = V_1^c - V_1^d E_1^{\mathrm{T}}.$$

代入式 (6.2.4) 的其他方程可得

$$w_1 V_i^d E_i^{\mathrm{T}} - w_i V_1^d E_1^{\mathrm{T}} = w_1 V_i^c - w_i V_1^c, \quad i = 2, 3, \cdots, n. \tag{6.2.5}$$

定义两组向量如下:

$$\begin{aligned} \xi_i &:= (V_i^d)^{\mathrm{T}}, \quad i = 1, 2, \cdots, n, \\ b_{i-1} &:= [w_1 V_i^c - w_i V_1^c]^{\mathrm{T}}, \quad i = 2, 3, \cdots, n. \end{aligned} \tag{6.2.6}$$

那么, (6.2.5) 可表达为

$$E^w \xi = b, \tag{6.2.7}$$

这里

$$\xi = \begin{bmatrix} \xi_1 \\ \xi_2 \\ \vdots \\ \xi_n \end{bmatrix}, \quad b = \begin{bmatrix} b_1 \\ b_2 \\ \vdots \\ b_{n-1} \end{bmatrix};$$

并且

$$E^w = \begin{bmatrix} -w_2 E_1 & w_1 E_2 & 0 & \cdots & 0 \\ -w_3 E_1 & 0 & w_1 E_3 & \cdots & 0 \\ \vdots & \vdots & \vdots & & \vdots \\ -w_n E_1 & 0 & 0 & \cdots & w_1 E_n \end{bmatrix}. \tag{6.2.8}$$

综合以上的讨论可知:

定理 6.2.1 设 $G = (N, S, C)$ 为一有限博弈, $|N| = n$, $|S_i| = k_i$, $i = 1, 2, \cdots, n$. G 是一个以 $\{w_i > 0 \mid i = 1, 2, \cdots, n\}$ 为权的加权势博弈, 当且仅当, 方程 (6.2.7) 有解. 并且, 如果解存在, 则

$$V_{P_w} = \frac{1}{w_1} \left[V_1^c - \xi_1^{\mathrm{T}} E_1^{\mathrm{T}} \right]. \tag{6.2.9}$$

称式 (6.2.7) 为加权势方程, 其中 E^w 称为加权势矩阵. 当 $w_i = 1$, $i = 1, 2, \cdots, n$ 时, 加权势博弈变为势博弈. 这时

$$E := E^w \big|_{w=1} \tag{6.2.10}$$

称为势矩阵,

$$E\xi = b \tag{6.2.11}$$

称为势方程.

注 (i) (纯) 势博弈具有特殊的重要性. 在考虑势博弈时, 注意到 E 只依赖于 $n = |N|$ 以及 $k_i = |S_i|$, $i = 1, 2, \cdots$. 因此, 所有 $G \in \mathcal{G}_{[n;k_1,k_2,\cdots,k_n]}$ 都有共同的 E.

(ii) E^w 可以看作对 E 的一种加权下的修正. 有加权的情况下的许多结果可基于无加权情况下的结果进行适当修正. 因此, 后面的讨论常从纯势博弈开始.

例 6.2.1 考察囚徒困境, 其支付双矩阵见表 6.2.1.

表 6.2.1　囚徒困境的支付双矩阵

P_1 \ P_2	1	2
1	(R, R)	(S, T)
2	(T, S)	(P, P)

表 6.2.1 可改写为支付矩阵形式, 见表 6.2.2.

表 6.2.2　囚徒困境的支付矩阵

c \ p	11	12	21	22
c_1	R	S	T	P
c_2	R	C	S	P

由表 6.2.2 可得

$$V_1^c = (R, S, T, P),$$
$$V_2^c = (R, T, S, P).$$

设 $V_1^d = (a, b)$ 及 $V_2^d = (c, d)$. 不难算得

$$E_1 = \mathbf{1}_2 \otimes I_2 = \delta_2[1, 2, 1, 2],$$
$$E_2 = I_2 \otimes \mathbf{1}_2 = \delta_2[1, 1, 2, 2],$$
$$b_2 = (V_2^c - V_1^c)^{\mathrm{T}} = (0, T - S, S - T, 0)^{\mathrm{T}}.$$

于是, 方程 (6.2.7) 成为

$$\begin{bmatrix} -1 & 0 & 1 & 0 \\ 0 & -1 & 1 & 0 \\ -1 & 0 & 0 & 1 \\ 0 & -1 & 0 & 1 \end{bmatrix} \begin{bmatrix} a \\ b \\ c \\ d \end{bmatrix} = \begin{bmatrix} 0 \\ T - S \\ S - T \\ 0 \end{bmatrix}. \tag{6.2.12}$$

不难解出

$$\begin{cases} a = c = T - c_0, \\ b = d = S - c_0, \end{cases}$$

这里, $c_0 \in \mathbb{R}$ 为任意实数. 于是, 根据定理 6.2.1, 囚徒困境是势博弈.

根据公式 (6.2.9), 可计算势函数如下:

$$V_P = V_1^c - V_1^d D_f^{[2,2]}$$

$$= (R-T, 0, 0, P-S) + c_0(1,1,1,1). \tag{6.2.13}$$

文献 [99] 考察囚徒困境, 设 $R=1, S=9, T=0, P=6$, 得到 P 的结构向量为 $V_P = (4,3,3,0)$. 它显然是 (6.2.13) 的特例, 其中 $c_0 = 3$.

下面考察非对称的 "囚徒困境" $G \in \mathcal{G}_{[2;2,2]}$, 设支付双矩阵如表 6.2.3 所示.

表 6.2.3　非对称 "囚徒困境" G 的支付双矩阵

P_1 ＼ P_2	1	2
1	(A, E)	(B, F)
2	(C, G)	(D, H)

记号 V_1^d 与 V_2^d 同例 6.2.1. 则得方程 (6.2.11), 其中 E 与 ξ 同例 6.2.1, 并且有

$$b = \begin{bmatrix} E-A \\ F-B \\ G-C \\ H-D \end{bmatrix}.$$

因为 $\mathrm{rank}(E) = 3$, 不难检验: 方程 (6.2.11) 有解, 当且仅当

$$E - A - F + B - G + C + H - D = 0. \tag{6.2.14}$$

于是有如下结论.

命题 6.2.1　非对称的 "囚徒困境" $G \in \mathcal{G}_{[2;2,2]}$ 是势博弈, 当且仅当其支付双矩阵 (表 6.2.3) 中的参数满足 (6.2.14).

并且, 设 (a,b,c,d) 为 (6.2.11) 的一组解, 那么, 势函数的结构向量为

$$V_P = (A, B, C, D) - (a, a, b, b) + c_0(1,1,1,1), \tag{6.2.15}$$

这里, $c_0 \in \mathbb{R}$ 为任意实数.

6.3　势方程的结构与解

这一节探讨 (加权) 势方程的一些性质, 根据这些性质可以知道, 如果一个博弈是势博弈, 则可以得到势方程的闭式解, 从而算出势函数. 在以下的讨论中, 我们总假定 $G \in \mathcal{G}_{[n;k_1,k_2,\cdots,k_n]}$.

为方便计算, 记

$$\kappa_{-i} := \frac{\kappa}{k_i}, \quad i = 1, 2, \cdots, n, \tag{6.3.1}$$

这里 $\kappa = \prod_{i=1}^{n} k_i$.

又记

$$\kappa_0 := \sum_{i=1}^{n} \kappa_{-i}. \tag{6.3.2}$$

不妨回忆一下, 在公式 (6.2.8) 中 $E_i \in \mathcal{M}_{\kappa \times \kappa_{-i}}$, $i = 1, 2, \cdots, n$. 因此

$$E^w, \ E \in \mathcal{M}_{(n-1)\kappa \times \kappa_0}.$$

文献 [32] 讨论了势方程的解结构. 为了把那些结果直接推广到加权势方程, 先给出两者间的基本联系.

定义

$$\Psi := \begin{bmatrix} w_1 I_{\kappa_{-1}} & 0 & \cdots & 0 \\ 0 & w_2 I_{\kappa_{-2}} & \cdots & 0 \\ \vdots & \vdots & & \vdots \\ 0 & 0 & \cdots & w_n I_{\kappa_{-n}} \end{bmatrix}. \tag{6.3.3}$$

命题 6.3.1 ξ 为 $Ex = 0$ 的解, 当且仅当, $\Psi\xi$ 为 $E^w x = 0$ 的解.

证明 直接代入验证即可. □

根据命题 6.3.1, 定义 $\psi : \mathbb{R}^{(n-1)\kappa} \to \mathbb{R}^{(n-1)\kappa}$ 如下: $\psi(X) := \sqrt{\Psi}X$. 于是易知

命题 6.3.2 $V \subset \mathbb{R}^{(n-1)\kappa}$ 是 $W \subset \mathbb{R}^{(n-1)\kappa}$ 的正交补空间, 当且仅当, $\psi(V) \subset \mathbb{R}^{(n-1)\kappa}$ 是 $\psi(W) \subset \mathbb{R}^{(n-1)\kappa}$ 的正交补空间.

因此, 在考虑加权势矩阵 E^w 的列秩, 与解空间维数等问题时, 它们与加权无关, 即只要考虑势矩阵 E 的情况就可以了.

引理 6.3.1 $\mathbf{1}_{\kappa_0}$ 是 $Ex = 0$ 的一个解, 这里 E 是势矩阵 (见定义式 (6.2.10)).

证明 注意到 E_i 的结构可知, E_i 的每一行都有且只有一个 1, 其余为 0. 因此, E 的每一行只有两个非零元素, 一个为 1, 另一个为 -1, 结论显见. □

推论 6.3.1 $\Psi\mathbf{1}_{nk_0}$ 是 $E^w x = 0$ 的一个解, 这里 E^w 是加权势矩阵.

引理 6.3.2 设 E 为势矩阵, 那么

$$\text{span}(\text{Row}(E)) = \mathbf{1}_{\kappa_0}^{\perp}. \tag{6.3.4}$$

证明 根据引理 6.3.1 可得

$$\text{span}(\text{Row}(E)) \subset \mathbf{1}_{\kappa_0}^{\perp}.$$

另外, 如果 (6.3.4) 成立, 再利用引理 6.3.1, 不难知道, 如果 ξ_0 是 (6.2.11) 的一个解, 则 (6.2.11) 的通解可表示为 $\xi = \xi_0 + c_0 \mathbf{1}_{\kappa_0}$. 因此, 相应的势函数 P 满足 $P = P_0 + c_0$, 这里, P_0 是由 ξ_0 构造出的势函数.

反之, 如果 (6.2.10) 不成立, 那么, $\text{rank}(E) < \kappa_0 - 1$. 那么, 存在 $\xi_0' \in \mathbf{1}_{\kappa_0}$, 它是 $Ex = 0$ 的解, 且与 ξ_0 线性无关. 利用它, 我们可以构造 P'.

注意到 ξ_0' 与 ξ_0 线性无关, 则至少有一个 i 使得

$$[\xi_0']_i - [\xi_0]_i \notin \text{span}(\mathbf{1}_{\kappa_0}). \tag{6.3.5}$$

注意到: 对任何 $1 \leqslant j \leqslant n$ 均有

$$V_P = V_j^c - \xi_j^{\text{T}} E_j^{\text{T}}.$$

取 $j = i$, 则有

$$V_P - V_{P'} = \left([\xi_0]_i - [\xi_0']_i\right) E_i^{\text{T}}.$$

设 $V_P - V_{P'} = c \mathbf{1}_{\kappa}^{\text{T}}$. 注意到 E_i 的构造, 不难看出

$$E_i x = c \mathbf{1}_{\kappa}$$

的唯一解是 $x = c \mathbf{1}_{\kappa_0}$, 这与 (6.3.5) 矛盾. 因此

$$V_P - V_{P'} \neq c \mathbf{1}_{\kappa}^{\text{T}}. \tag{6.3.6}$$

而式 (6.3.6) 又与命题 6.1.1 矛盾. 故 (6.3.4) 成立.   □

类似地证明可知:

推论 6.3.2 设 E^w 为加权势矩阵, 那么

$$\text{span}(\text{Row}(E^w)) = \{\Psi \mathbf{1}_{\kappa_0}\}^{\perp}. \tag{6.3.7}$$

根据定理 6.2.1 以及引理 6.3.2, 利用前面的记号, 可得如下结果.

定理 6.3.1 设 $G \in \mathcal{G}_{[n;k_1,k_2,\cdots,k_n]}$. 则以下几点等价:

(i) G 为势博弈.

(ii)
$$\text{rank}([E,b]) = \kappa_0 - 1. \qquad (6.3.8)$$

(iii)
$$b \in \text{span}(\text{Col}(E)). \qquad (6.3.9)$$

(iv) 任选 $i \in \{1, 2, \cdots, n\}$,
$$b \in \text{span}(\{\text{Col}_j(E)|j \neq i\}). \qquad (6.3.10)$$

证明 由引理 6.3.2 可知 $\text{rank}(E) = \kappa_0 - 1$.

(i) $\Leftrightarrow$ (ii): 由线性代数可知, 条件 (6.3.8) 是方程 (6.2.11) 有解的充要条件. 根据定理 6.2.1, (ii) 等价于 G 是势博弈.

(ii) $\Leftrightarrow$ (iii): 显见.

(iii) $\Leftrightarrow$ (iv): 由 (iv) 推出 (iii) 是显然的. 要证明 (iii) 推 (iv), 只要证明以下事实即可: E 的任何 $\kappa_0 - 1$ 列均为 $\text{span}(\text{Col}(E))$ 的一个基底. 利用引理 6.3.1 可知

$$\sum_{j=1}^{\kappa_0 - 1} \text{Col}_j(E) = 0.$$

因此, 对任何 $1 \leqslant i \leqslant n\kappa^{n-1}$ 有

$$\text{Col}_i(E) = -\sum_{j \neq i} \text{Col}_j(E).$$

因此, E 的任何 $\kappa_0 - 1$ 列均线性无关. 于是可得 (6.3.10). $\qquad \square$

利用前面的记号, 上述定理可平行推广至加权势博弈的情况.

推论 6.3.3 设 $G \in \mathcal{G}_{[n;k_1,k_2,\cdots,k_n]}$. 则以下几点等价:

(i) G 为加权势博弈.

(ii)
$$\text{rank}[E^w, b] = \kappa_0 - 1. \qquad (6.3.11)$$

(iii)
$$b \in \text{span}(\text{Col}(E^w)). \qquad (6.3.12)$$

(iv) 任选 $i \in \{1, 2, \cdots, n\}$,
$$b \in \text{span}(\{\text{Col}_j(E^w)|j \neq i\}). \qquad (6.3.13)$$

设 $G \in \mathcal{G}_{[n;k_1,k_2,\cdots,k_n]}$，下面给一个算法，用于检验势博弈与计算势函数.

由定理 6.3.1 可知，E 的任何 $\kappa_0 - 1$ 列均线性无关. 因此，为找到方程 (6.2.10) 的一个特解，我们不妨令 ξ 的最后一个分量为 0. 这相当于将 E 的最后一列删去后再求解. 这就是以下算法的出发点.

算法 6.3.1　**第 1 步**　将 E 的最后一列删去，得到 E_0.

第 2 步　令

$$\xi = \begin{bmatrix} \xi^0 \\ 0 \end{bmatrix}.$$

解方程

$$E_0 \xi^0 = b, \tag{6.3.14}$$

得其最小二乘解为

$$\xi^0 = \left(E_0^{\mathrm{T}} E_0\right)^{-1} E_0^{\mathrm{T}} b. \tag{6.3.15}$$

第 3 步　将式 (6.3.15) 代入方程 (6.3.14)，以验证 (6.3.15) 是否真为 (6.3.14) 的解.

如果不是，则 G 不是势博弈，退出算法.

如果是，则进入第 4 步.

第 4 步　记 ξ_1 为 ξ^0 的首个分量，即前 $\kappa_{-1} = \kappa/k_1$ 个元素. 利用公式 (6.2.9) 计算势函数.

注　(i) 博弈 G 是势博弈，当且仅当，算法 6.3.1 能走到第 4 步.

(ii) 如果 G 是势博弈，则算法给出 V_P. 于是 G 的势函数为

$$P(x) = V_P \ltimes_{i=1}^n x_i + c_0, \tag{6.3.16}$$

这里，x_i 是玩家 i 策略的向量表示，$c_0 \in \mathbb{R}$ 为任意实数.

(iii) 即使 G 不是势博弈，最小二乘解 (6.3.15) 也是有意义的. 它给出离 G 最近的势博弈，可作为势博弈意义下的近似 (见本章后面的讨论).

(iv) 从算法到以上讨论，可以几乎一字不差地搬到加权势博弈上去. 但它们只能用于加权已知的情况. 然而，在实际问题中，给定一个博弈，要检验它是否加权势博弈，难点在于加权是很难预知的. 因此这里不把这些推广写成推论. 加权的情况在后面讨论.

下面讨论几个例子.

例 6.3.1　考察一个对称博弈 $G \in \mathcal{G}_{[3;2,2,2]}$，其支付矩阵见表 6.3.1.

表 6.3.1 例 6.3.1的支付矩阵

p $\backslash$ c	111	112	121	122	211	212	221	222
c_1	a	b	b	d	c	e	e	f
c_2	a	b	c	e	b	d	e	f
c_3	a	c	b	e	b	e	d	f

考虑其是否为势博弈?

利用 (6.2.7)—(6.2.8) 有

$$E_1 = \mathbf{1}_2 \otimes I_4$$
$$= (\delta_4[1,2,3,4,1,2,3,4])^{\mathrm{T}}; \tag{6.3.17}$$

$$E_2 = I_2 \otimes \mathbf{1}_2 \otimes I_2$$
$$= (\delta_4[1,2,1,2,3,4,3,4])^{\mathrm{T}}; \tag{6.3.18}$$

$$E_3 = I_4 \otimes \mathbf{1}_2$$
$$= (\delta_4[1,1,2,2,3,3,4,4])^{\mathrm{T}}. \tag{6.3.19}$$

于是有

$$E = \begin{bmatrix}
-1 & 0 & 0 & 0 & 1 & 0 & 0 & 0 & 0 & 0 & 0 & 0 \\
0 & -1 & 0 & 0 & 0 & 1 & 0 & 0 & 0 & 0 & 0 & 0 \\
0 & 0 & -1 & 0 & 1 & 0 & 0 & 0 & 0 & 0 & 0 & 0 \\
0 & 0 & 0 & -1 & 0 & 1 & 0 & 0 & 0 & 0 & 0 & 0 \\
-1 & 0 & 0 & 0 & 0 & 0 & 1 & 0 & 0 & 0 & 0 & 0 \\
0 & -1 & 0 & 0 & 0 & 0 & 0 & 1 & 0 & 0 & 0 & 0 \\
0 & 0 & -1 & 0 & 0 & 0 & 1 & 0 & 0 & 0 & 0 & 0 \\
0 & 0 & 0 & -1 & 0 & 0 & 0 & 1 & 0 & 0 & 0 & 0 \\
-1 & 0 & 0 & 0 & 0 & 0 & 0 & 0 & 1 & 0 & 0 & 0 \\
0 & -1 & 0 & 0 & 0 & 0 & 0 & 0 & 1 & 0 & 0 & 0 \\
0 & 0 & -1 & 0 & 0 & 0 & 0 & 0 & 0 & 1 & 0 & 0 \\
0 & 0 & 0 & -1 & 0 & 0 & 0 & 0 & 0 & 1 & 0 & 0 \\
-1 & 0 & 0 & 0 & 0 & 0 & 0 & 0 & 0 & 0 & 1 & 0 \\
0 & -1 & 0 & 0 & 0 & 0 & 0 & 0 & 0 & 0 & 1 & 0 \\
0 & 0 & -1 & 0 & 0 & 0 & 0 & 0 & 0 & 0 & 0 & 1 \\
0 & 0 & 0 & -1 & 0 & 0 & 0 & 0 & 0 & 0 & 0 & 1
\end{bmatrix}.$$

下面计算

$$b_1 = V_2^c - V_1^c = [0, 0, c - b, e - d, b - c, d - e, 0, 0]^\mathrm{T},$$

$$b_2 = V_3^c - V_1^c = [0, c - b, 0, e - d, b - c, 0, d - e, 0]^\mathrm{T}.$$

因此

$$b = \begin{bmatrix} b_1^\mathrm{T}, & b_2^\mathrm{T} \end{bmatrix}^\mathrm{T}$$
$$= [0, 0, \alpha, \beta, -\alpha, -\beta, 0, 0, 0, \alpha, 0, \beta, -\alpha, 0, -\beta, 0]^\mathrm{T},$$

这里, $\alpha = c - b$, $\beta = e - d$.

不难检验

$$b = (\alpha + \beta)\, \mathrm{Col}_1(E) + \beta\, \mathrm{Col}_2(E) + \beta\, \mathrm{Col}_3(E) + (\alpha + \beta)\, \mathrm{Col}_5(E) + \beta\, \mathrm{Col}_6(E)$$
$$+ \beta\, \mathrm{Col}_7(E) + (\alpha + \beta)\, \mathrm{Col}_9(E) + \beta\, \mathrm{Col}_{10}(E) + \beta\, \mathrm{Col}_{11}(E).$$

根据定理 6.2.1 可知, 对称的 $G \in \mathcal{G}_{[3;2,2]}$ 都是势博弈.

为了计算势函数, 给定一组常数. 设 $a = 1$, $b = 1$, $c = 2$, $d = -1$, $e = 1$, $f = -1$, 则

$$b_1 = [V_2^c - V_1^c]^\mathrm{T} = [0, 0, 1, 2, -1, -2, 0, 0]^\mathrm{T},$$

$$b_2 = [V_3^c - V_1^c]^\mathrm{T} = [0, 1, 0, 2, -1, 0, -2, 0]^\mathrm{T}.$$

依算法 6.3.1 可逐次算得

$$\xi^0 = [3, 2, 2, 0, 3, 2, 2, 0, 3, 2, 2]^\mathrm{T},$$

$$V_1^d = \xi_1^\mathrm{T} = [3, 2, 2, 0],$$

并且,

$$V_P = V_1^c - V_1^d D_r^{[2,2]}$$
$$= [1, 1, 1, -1, 2, 1, 1, -1] - [3, 2, 2, 0]\delta_2[1, 2, 1, 2]$$
$$= [-2, -1, -1, -1, -1, -1, -1, -1].$$

最后可得

$$P(x) = [-2, -1, -1, -1, -1, -1, -1, -1]x + c_0,$$

这里, $x = \ltimes_{i=1}^3 x_i \in \Delta_8$.

下面考察石头-剪刀-布.

例 6.3.2 考察石头-剪刀-布, 其支付矩阵见表 6.3.2, 这里, 1 为石头, 2 为布, 3 为剪刀.

表 6.3.2 石头-剪刀-布支付矩阵

$\begin{smallmatrix}p\\c\end{smallmatrix}$	11	12	13	21	22	23	31	32	33
c_1	0	−1	1	1	0	−1	−1	1	0
c_2	0	1	−1	−1	0	1	1	−1	0

验证其是否为势博弈?

容易算得

$$E_1 = \mathbf{1}_3 \otimes I_3 = (\delta_3[1,2,3,1,2,3,1,2,3])^{\mathrm{T}},$$

$$E_2 = I_3 \otimes \mathbf{1}_3 = (\delta_3[1,1,1,2,2,2,3,3,3])^{\mathrm{T}}.$$

于是

$$E = [-E_1\ E_2] = \begin{bmatrix} -1 & 0 & 0 & 1 & 0 & 0 \\ 0 & -1 & 0 & 1 & 0 & 0 \\ 0 & 0 & -1 & 1 & 0 & 0 \\ -1 & 0 & 0 & 0 & 1 & 0 \\ 0 & -1 & 0 & 0 & 1 & 0 \\ 0 & 0 & -1 & 0 & 1 & 0 \\ -1 & 0 & 0 & 0 & 0 & 1 \\ 0 & -1 & 0 & 0 & 0 & 1 \\ 0 & 0 & -1 & 0 & 0 & 1 \end{bmatrix},$$

$$b = V_2^c - V_1^c = [0,2,-2,-2,0,2,2,-2,0]^{\mathrm{T}}.$$

因为 $\mathrm{rank}(E) = 5$ 而 $\mathrm{rank}[E,\ b] = 6$, 可知势方程无解, 所以, 石头-剪刀-布不是势博弈.

6.4 网络演化势博弈

回忆一个网络演化博弈, 记作 $G^v = ((N,E),G,\Pi)$, 这里, (N,E) 是网络图, G 是基本网络博弈, Π 是策略更新规则.

需要进一步说明的是, 每个玩家 i, 他与邻居 j 的博弈的收益为 c_i^j, 玩家 i 的总收益定义为

$$c_i = \sum_{j \in U_1(i) \setminus \{i\}} c_i^j. \tag{6.4.1}$$

为方便计, 下面的例子中将以 "短视最优策略" 为策略更新规则. 视最优策略是指以对付对手 t 时刻策略的最佳策略作为自己 $t+1$ 时刻的策略[99]. 这在以下的讨论中其实不是必要的, 但它有如下优点:

定理 6.4.1[99]   如果每次允许一个玩家依短视最优策略方法单独更新其策略, 则一个有限演化博弈必定收敛到一个纯纳什均衡点.

为考虑何时网络演化博弈是势博弈, 先计算几个例子.

例 6.4.1   考察一个网络演化博弈 $G^v = ((N, E), G, \Pi)$, 这里的网络图如图 6.4.1, 或图 6.4.2.

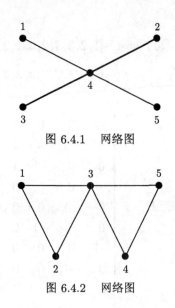

图 6.4.1   网络图

图 6.4.2   网络图

设基本网络博弈为囚徒困境, 其支付双矩阵见表 6.2.1, 其中参数如下: $R = -1, S = -10, T = 0, P = -5$.

因为势矩阵 E 只依赖于 $|N|$ 和 $k(= k_1 = k_2)$, 它与网络图无关, 计算如下:

$$E = \begin{bmatrix} -1 & 0 & \cdots & 0 \\ 0 & -1 & \cdots & 0 \\ \vdots & \vdots & \ddots & \vdots \\ 0 & 0 & \cdots & 1 \\ 0 & 0 & \cdots & 1 \end{bmatrix} \in \mathcal{M}_{128 \times 80}.$$

(因为矩阵太大, 又不难计算, 这里只给出少数几个元素.)

下面计算支付函数, 它与网络图有关.

(i) (图 6.4.1 (a)): 不难算出

$$
V_1^c = \begin{bmatrix} -1 & -1 & -10 & -10 & -1 & -1 & -10 & -10 \\ -1 & -1 & -10 & -10 & -1 & -1 & -10 & -10 \\ 0 & 0 & -5 & -5 & 0 & 0 & -5 & -5 \\ 0 & 0 & -5 & -5 & 0 & 0 & -5 & 5 \end{bmatrix},
$$

$$
V_2^c = \begin{bmatrix} -1 & -1 & -10 & -10 & -1 & -1 & -10 & -10 \\ 0 & 0 & -5 & -5 & 0 & 0 & -5 & -5 \\ -1 & -1 & -10 & -10 & -1 & -1 & -10 & -10 \\ 0 & 0 & -5 & -5 & 0 & 0 & -5 & -5 \end{bmatrix},
$$

$$
V_3^c = \begin{bmatrix} -1 & -1 & -10 & -10 & 0 & 0 & -5 & -5 \\ -1 & -1 & -10 & -10 & 0 & 0 & -5 & -5 \\ -1 & -1 & -10 & -10 & 0 & 0 & -5 & -5 \\ -1 & -1 & -10 & -10 & 0 & 0 & -5 & -5 \end{bmatrix},
$$

$$
V_4^c = \begin{bmatrix} -4 & -13 & 0 & -5 & -13 & -22 & -5 & -10 \\ -13 & -22 & -5 & -10 & -22 & -31 & -10 & -15 \\ -13 & -22 & -5 & -10 & -22 & -31 & -10 & -15 \\ -22 & -31 & -10 & -15 & -31 & -40 & -15 & -20 \end{bmatrix},
$$

$$
V_5^c = \begin{bmatrix} -1 & 0 & -10 & -5 & -1 & 0 & -10 & -5 \\ -1 & 0 & -10 & -5 & -1 & 0 & -10 & -5 \\ -1 & 0 & -10 & -5 & -1 & 0 & -10 & -5 \\ -1 & 0 & -10 & -5 & -1 & 0 & -10 & -5 \end{bmatrix}.
$$

利用算法 6.3.1 可以检验, 它确实为势博弈. 进而可算得

$$
\xi_1 = \begin{bmatrix} 28 & 27 & 15 & 10 & 27 & 26 & 10 & 5 \\ 27 & 26 & 10 & 5 & 26 & 25 & 5 & 0 \end{bmatrix}.
$$

于是有

$$
V_P^a = \begin{bmatrix} -29 & -28 & -25 & -20 & -28 & -27 & -20 & -15 \\ -28 & -27 & -20 & -15 & -27 & -26 & -15 & -10 \\ -28 & -27 & -20 & -15 & -27 & -26 & -15 & -10 \\ -27 & -26 & -15 & -10 & -26 & -25 & -10 & -5 \end{bmatrix}.
$$

(ii) (图 6.4.2 (b)): 类似于 (i) 可验证, 它也是一个势博弈. 进而计算它的势函数如下:

$$
V_P^b = \begin{bmatrix}
-46 & -44 & -44 & -38 & -42 & -36 & -36 & -26 \\
-44 & -42 & -42 & -36 & -36 & -30 & -30 & -20 \\
-44 & -42 & -42 & -36 & -36 & -30 & -30 & -20 \\
-38 & -36 & -36 & -30 & -26 & -20 & -20 & -10
\end{bmatrix}.
$$

在这个例子的启发下, 容易猜到, 只要基本演化博弈是势博弈, 则在任意网络图下, 网络演化博弈也是势博弈.

定理 6.4.2 设 $G^n = ((N, E), G, \Pi)$ 为一个网络演化博弈, 如果基本网络博弈 G 是势博弈, 那么, 对任意网络图 (N, E), 网络演化博弈 G^n 都是一个势博弈.

证明 设 $(i, j) \in E$, 即为一条边. 因为基本网络博弈是势博弈, 所以有

$$
c_i^j(u, s_j) - c_i^j(v, s_j) = P^{i,j}(u, s_j) - P^{i,j}(v, s_j), \quad \forall\, u, v \in S_i,\ \forall\, s_j \in S_j,
$$

这里, c_i^j 是玩家 i 在与玩家 j 的博弈中的收益, $P^{i,j}$ 是 i 与 j 博弈的势函数. 于是 i 的全部收益为

$$
c_i(s) = c_i(U(i)) = \sum_{j \in U(i)^{-i}} c_i^j(s_i, s_j), \quad s \in S,\ s_i \in S_i,\ s_j \in S_j.
$$

令

$$
P(s) := \sum_{(i,j) \in E} P^{i,j}(s_i, s_j). \tag{6.4.2}
$$

那么, 对任意玩家 $i \in N$ 有

$$
\begin{aligned}
& P(u, s_{-i}) - P(v, s_{-i}) \\
= & \sum_{(p,q) \in E,\ \text{且}\ i \notin \{p,q\}} [P^{p,q}(s_p, s_q) - P^{p,q}(s_p, s_q)] \\
& + \sum_{\{j | (i,j) \in E\}} \left[P^{i,j}(u, s_j) - P^{i,j}(v, s_j) \right] \\
= & \sum_{j \in U(i)^{-i}} \left[P^{i,j}(u, s_j) - P^{i,j}(v, s_j) \right] \\
= & \sum_{j \in U(i)^{-i}} c_i^j(u, s_j) - \sum_{j \in U(i)^{-i}} c_i^j(v, s_j)
\end{aligned}
$$

$$= c_i(u, U(i)^{-i}) - c_i(v, U(i)^{-i})$$

$$= c_i(u, s_{-i}) - c_i(v, s_{-i}).$$

因此, P 是 G^v 的势函数. $\qquad\square$

注 (i) 定理 6.4.2 对检验一个网络演化博弈是否势博弈是很方便的. 其实, 从例 6.4.1 可以看出, 直接用公式验证一个网络演化博弈是否势博弈是很麻烦的, 特别是大型网络.

(ii) 实际上, (6.4.2) 可以作为计算网络演化势博弈势函数的公式, 它比直接用公式 (6.2.9) 方便多了. 下面的例子对此做了比较.

例 6.4.2 回忆例 6.4.1. 注意到囚徒困境的势函数为 (参见 (6.2.13))

$$V_0 = (R - T, 0, 0, P - S),$$

即对任意 $(i,j) \in E$ 有

$$P(x_i, x_j) = V_0 x_i x_j, \tag{6.4.3}$$

这里

$$V_0 = (R - T, 0, 0, P - S) = (-1,\ 0,\ 0,\ 5).$$

要得到全局势函数表达式, 要将每个势函数表示成全变量的函数, 即

$$P(x_i, x_j) = V_0 x_i x_j = V_P^{i,j} x, \tag{6.4.4}$$

这里, $x = \ltimes_{i=1}^5 x_i$.

通过加哑变量的方法可得到 $V_P^{i,j}$. 例如

$$P(x_1, x_2) = V_0 x_1 x_2 = V_0(I_4 \otimes \mathbf{1}_8^{\mathrm{T}}) x_1 x_2 x_3 x_4 x_5.$$

因此可得

$$V_P^{1,2} = V_0 \left(I_4 \otimes \mathbf{1}_8^{\mathrm{T}}\right)$$
$$= \begin{bmatrix} -1 & -1 & -1 & -1 & -1 & -1 & -1 & -1 \\ 0 & 0 & 0 & 0 & 0 & 0 & 0 & 0 \\ 0 & 0 & 0 & 0 & 0 & 0 & 0 & 0 \\ 5 & 5 & 5 & 5 & 5 & 5 & 5 & 5 \end{bmatrix}.$$

类似地, 我们可以计算出所有的边的势博弈结构向量 $V_P^{i,j}$ 如下.

$$V_P^{1,3} = V_0 D_r^{[2,2]} D_r^{[8,2]}, \qquad V_P^{1,4} = V_0 D_r^{[2,4]} D_r^{[16,2]},$$
$$V_P^{1,5} = V_0 D_r^{[2,8]}, \qquad V_P^{2,3} = V_0 D_f^{[2,2]} D_r^{[8,4]},$$
$$V_P^{2,4} = V_0 D_f^{[2,2]} D_r^{[4,2]} D_r^{[16,2]}, \quad V_P^{2,5} = V_0 D_f^{[2,2]} D_r^{[4,4]}$$
$$V_P^{3,4} = V_0 D_f^{[4,2]} D_r^{[16,2]}, \qquad V_P^{3,5} = V_0 D_f^{[4,2]} D_r^{[8,2]},$$
$$V_P^{4,5} = V_0 D_f^{[8,2]},$$

这里
$$D_f^{[p,q]} = \mathbf{1}_p^{\mathrm{T}} \otimes I_q, \quad D_r^{[p,q]} = I_p \otimes \mathbf{1}_q^{\mathrm{T}}$$

分别称为前消去算子和后消去算子[32].

注意到 $V_P^{i,j} = V_P^{j,i}$, 我们就可以用公式 (6.4.2) 计算势函数了. 因为例 6.4.1 已经得到势函数 P, 这里用 $\tilde{P}$ 以示区别.

(i) (图 6.4.1) 利用式 (6.4.2) 可得

$$V_{\tilde{P}}^a = V_P^{1,4} + V_P^{2,4} + V_P^{3,4} + V_P^{4,5}$$

$$= \begin{bmatrix} -4 & -3 & 0 & 5 & -3 & -2 & 5 & 10 \\ -3 & -2 & 5 & 10 & -2 & -1 & 10 & 15 \\ -3 & -2 & 5 & 10 & -2 & -1 & 10 & 15 \\ -2 & -1 & 10 & 15 & -1 & 0 & 15 & 20 \end{bmatrix}.$$

与例 6.4.1 已经得到的 V_P^a 相比, 由于

$$P^a(x) := V_P^a x; \quad \tilde{P}^a(x) = V_{\tilde{P}}^a x,$$

显见
$$\tilde{P}^a(x) = P^a(x) + 25.$$

故它们仅差一个常数.

(ii) (图 6.4.2) 利用式 (6.4.2) 可得

$$V_{\tilde{P}}^b = V_P^{1,2} + V_P^{1,3} + V_P^{2,3} + V_P^{3,4} + V_P^{3,5} + V_P^{4,5}$$

$$= \begin{bmatrix} -6 & -4 & -4 & 2 & -2 & 4 & 4 & 14 \\ -4 & -2 & -2 & 4 & 4 & 10 & 10 & 20 \\ -4 & -2 & -2 & 4 & 4 & 10 & 10 & 20 \\ 2 & 4 & 4 & 10 & 14 & 20 & 20 & 30 \end{bmatrix}.$$

与例 6.4.1 的 V_P^b 相比, 可知

$$\tilde{P}^b(x) = P^b(x) + 40.$$

6.5 加权势博弈

从应用的角度看, 势博弈与加权势博弈有完全相同的优秀品质. 但由于多了加权的自由度, 这大大提高了势函数方法的可能使用范围. 从前面的讨论可知, 势博弈是一种特殊的加权势博弈, 即所有权重均为 1. 如果权重知道了, 则加权势博弈的运算与势博弈一般无异. 于是, 要让加权势博弈得到广泛应用, 必须解决一个瓶颈问题是如何计算加权. 这就是本节要解决的问题. 本节内容主要来自 [40].

6.5.1 加权势博弈方程的双线性表示

回忆加权势博弈方程 (6.2.7), 其中 E_i 由 (6.2.3) 式确定; E^w 由 (6.2.8) 式确定; b 由 (6.2.6) 确定; 最后, 势函数可用公式 (6.2.9) 算出. 实际上, (6.2.13) 中的下标 1 可以用任意 $1 \leqslant i \leqslant n$ 代替, 即

$$V_P = \frac{1}{w_i} \left[V_i^c - \xi_i^{\mathrm{T}} E_i^{\mathrm{T}} \right], \quad 1 \leqslant i \leqslant n. \tag{6.5.1}$$

设有限博弈 $G \in \mathcal{G}_{[n;k_1,k_2,\cdots,k_n]}$. 根据定理 6.2.1, 不难给出一个等价的说法: G 是一个具有权 $\{w_i | 1 \leqslant i \leqslant n\}$ 的加权势博弈, 当且仅当,

$$\begin{bmatrix} w_1 V_2^{\mathrm{T}} - w_2 V_1^{\mathrm{T}} \\ w_1 V_3^{\mathrm{T}} - w_3 V_1^{\mathrm{T}} \\ \vdots \\ w_1 V_n^{\mathrm{T}} - w_n V_1^{\mathrm{T}} \end{bmatrix} = E^w \xi \in \mathrm{span}(E^w). \tag{6.5.2}$$

定义

$$E^e = \begin{bmatrix} w_1 I_\kappa & 0 \\ 0 & E^w \end{bmatrix}. \tag{6.5.3}$$

那么, (6.5.2) 可以改写成

$$\begin{bmatrix} w_1 V_1^{\mathrm{T}} \\ w_1 V_2^{\mathrm{T}} - w_2 V_1^{\mathrm{T}} \\ w_1 V_3^{\mathrm{T}} - w_3 V_1^{\mathrm{T}} \\ \vdots \\ w_1 V_n^{\mathrm{T}} - w_n V_1^{\mathrm{T}} \end{bmatrix} = E^e \begin{bmatrix} V_1^{\mathrm{T}} \\ \xi \end{bmatrix} \in \mathrm{span}(E^e). \tag{6.5.4}$$

(6.5.4) 的左边可进一步表示成

$$
C\begin{bmatrix} V_1^{\mathrm{T}} \\ V_2^{\mathrm{T}} \\ \vdots \\ V_n^{\mathrm{T}} \end{bmatrix},
$$

这里

$$
C = \begin{bmatrix} w_1 I_\kappa & 0 & \cdots & 0 \\ -w_2 I_\kappa & w_1 I_k & \cdots & 0 \\ \vdots & \vdots & \ddots & \vdots \\ -w_n I_\kappa & 0 & \cdots & w_1 I_\kappa \end{bmatrix}.
$$

不难算出

$$
C^{-1} = \begin{bmatrix} \dfrac{1}{w_1} I_\kappa & 0 & \cdots & 0 \\ \dfrac{w_2}{w_1^2} I_\kappa & \dfrac{1}{w_1} I_\kappa & \cdots & 0 \\ \vdots & \vdots & \ddots & \vdots \\ \dfrac{w_n}{w_1^2} I_\kappa & 0 & \cdots & \dfrac{1}{w_1} I_\kappa \end{bmatrix}.
$$

再定义

$$
E_w^p = w_1 C^{-1} E^e
$$

$$
= \begin{bmatrix} w_1 I_\kappa & 0 \\ w_2 I_\kappa & \\ w_3 I_\kappa & \\ \vdots & E^w \\ w_n I_\kappa & \end{bmatrix}
$$

$$
= \begin{bmatrix} w_1 I_\kappa & 0 & 0 & 0 & \cdots & 0 \\ w_2 I_\kappa & -w_2 E_1 & w_1 E_2 & 0 & \cdots & 0 \\ w_3 I_\kappa & -w_3 E_1 & 0 & w_1 E_3 & \ddots & \vdots \\ \vdots & \vdots & \vdots & \vdots & \ddots & 0 \\ w_n I_\kappa & -w_n E_1 & 0 & 0 & \cdots & w_1 E_n \end{bmatrix} \in \mathcal{M}_{n\kappa \times s}, \qquad (6.5.5)
$$

这里

$$s = \kappa + \kappa_0 = \kappa + \frac{\kappa}{k_1} + \frac{\kappa}{k_2} + \cdots + \frac{\kappa}{k_n}. \tag{6.5.6}$$

于是, 我们有 (6.5.2) 的等价形式

$$V_G^{\mathrm{T}} = \begin{pmatrix} V_1^{\mathrm{T}} \\ V_2^{\mathrm{T}} \\ \vdots \\ V_n^{\mathrm{T}} \end{pmatrix} = C^{-1} E^e \begin{bmatrix} V_1^{\mathrm{T}} \\ \xi \end{bmatrix} = \frac{1}{w_1} E_w^p \begin{bmatrix} V_1^{\mathrm{T}} \\ \xi \end{bmatrix}. \tag{6.5.7}$$

注　值得指出的是, 即使我们知道了 ξ, 我们还是无法由 (6.5.7) 唯一确定 V_G, 因为在式中 V_1 是任意的. 实际上, G 是否加权势博弈是由差 $V_i - V_1$, $i = 2, 3, \cdots, n$ 来确定的. 因此, 为了得到唯一的 V_G, 我们可令 $V_1 = 0$. (当然, 也可以设为任何一个预先给定的定常向量). 在数值计算中这一点很重要.

记 $G \in \mathcal{G}_{[n;k_1,k_2,\cdots,k_n]}^w$ 为加权势博弈 $G \in \mathcal{G}_{[n;k_1,k_2,\cdots,k_n]}$ 的集合, 则由上面的讨论可知如下结果:

命题 6.5.1　给定 $G \in \mathcal{G}_{[n;k_1,k_2,\cdots,k_n]}$. 那么, $G \in \mathcal{G}_{[n;k_1,k_2,\cdots,k_n]}^w$, 其中, 加权为 $\{w_i \,|\, 1 \leqslant i \leqslant n\}$, 当且仅当,

$$V_G^{\mathrm{T}} \in \mathrm{span}(E_w^p), \tag{6.5.8}$$

即存在 $\xi \in \mathbb{R}^{s-\kappa}$ 使得 (6.5.7) 成立.

类似于对严格势博弈的讨论, 不难看出 E_w^p 关于列具有余维数 1, 并且删去任意一列, 余下的矩阵均为列满秩. 为方便计, 约定删去 E_w^p 的最后一列, 记剩下的矩阵为

$$\check{E}_w^p = E_w^p \backslash \{\mathrm{Col}_s(E_w^p)\},$$

它是列满秩的. 于是有

命题 6.5.2　$G \in \mathcal{G}_{[n;k_1,k_2,\cdots,k_n]}^w$ 形成一个 $\mathcal{G}_{[n;k_1,k_2,\cdots,k_n]} \sim \mathbb{R}^{n\kappa}$ 的子空间, 其维数为

$$\dim\left(\mathcal{G}_{[n;k_1,k_2,\cdots,k_n]}^w\right) = \kappa + \kappa_0 - 1. \tag{6.5.9}$$

并且, $\mathrm{Col}(\check{E}_w^p)$ 是其基底.

利用最小二乘博弈可以立得如下结论.

推论 6.5.1　设 $G \in \mathcal{G}_{[n;k_1,k_2,\cdots,k_n]}$，其结构向量为 V_G，并且，一组权重 $\{w_i \mid i = 1, 2, \cdots, n\}$ 给定. 那么，与 G 最接近的加权势博弈，记作 G^w，其结构向量为

$$V_{G^w}^{\mathrm{T}} = \breve{E}_w^p x, \tag{6.5.10}$$

这里

$$x = \left[(\breve{E}_w^p)^{\mathrm{T}} \breve{E}_w^p \right]^{-1} (\breve{E}_w^p)^{\mathrm{T}} V_G^{\mathrm{T}}. \tag{6.5.11}$$

并且，因 $\mathcal{G}_{[n;k_1,k_2,\cdots,k_n]} \simeq \mathbb{R}^{n\kappa}$，利用欧氏空间距离，则有 G 与 G^w 的如下距离

$$d(G, G^w) = \|V_G^{\mathrm{T}} - V_{G^w}^{\mathrm{T}}\|_2 = \sqrt{(V_G - V_{G^w})(V_G^{\mathrm{T}} - V_{G^w}^{\mathrm{T}})}. \tag{6.5.12}$$

6.5.2　权重的计算

对加权势博弈，不失一般性，可设 $w_1 = 1$，因可将原来的势函数 P 用 $\tilde{P} := w_1 P$ 代替. 对新的势函数，加权变为 $\{1, w_2/w_1, w_3/w_1, \cdots, w_n/w_1\}$.

于是 (6.2.8) 可改写成

$$E^w = \left[-\begin{bmatrix} E_1 & 0 & \cdots & 0 \\ 0 & E_1 & \cdots & 0 \\ \vdots & \vdots & \ddots & \vdots \\ 0 & 0 & \cdots & E_1 \end{bmatrix} \begin{bmatrix} w_2 \\ w_3 \\ \vdots \\ w_n \end{bmatrix}, \begin{bmatrix} E_2 & 0 & \cdots & 0 \\ 0 & E_3 & \cdots & 0 \\ \vdots & \vdots & \ddots & \vdots \\ 0 & 0 & \cdots & E_n \end{bmatrix} \right]. \tag{6.5.13}$$

类似地，(6.2.6) 可写为

$$B = -\begin{bmatrix} (V_1^c)^{\mathrm{T}} & 0 & \cdots & 0 \\ 0 & (V_1^c)^{\mathrm{T}} & \cdots & 0 \\ \vdots & \vdots & \ddots & \vdots \\ 0 & 0 & \cdots & (V_1^c)^{\mathrm{T}} \end{bmatrix} \begin{bmatrix} w_2 \\ w_3 \\ \vdots \\ w_n \end{bmatrix} + \begin{bmatrix} (V_2^c)^{\mathrm{T}} \\ (V_3^c)^{\mathrm{T}} \\ \vdots \\ (V_n^c)^{\mathrm{T}} \end{bmatrix}. \tag{6.5.14}$$

将 (6.5.13)—(6.5.14) 代入 (6.2.7) 得

$$-(I_{n-1} \otimes E_1) \begin{bmatrix} w_2 \\ w_3 \\ \vdots \\ w_n \end{bmatrix} \xi_1 + \begin{bmatrix} E_2 & 0 & \cdots & 0 \\ 0 & E_3 & \cdots & 0 \\ \vdots & \vdots & \ddots & \vdots \\ 0 & 0 & \cdots & E_n \end{bmatrix} \begin{bmatrix} \xi_2 \\ \xi_3 \\ \vdots \\ \xi_n \end{bmatrix}$$

$$
= - \left(I_{n-1} \otimes E_1\right) W_{[\kappa-1, n-1]} \xi_1 \begin{bmatrix} w_2 \\ w_3 \\ \vdots \\ w_n \end{bmatrix} + \begin{bmatrix} E_2 & 0 & \cdots & 0 \\ 0 & E_3 & \cdots & 0 \\ \vdots & \vdots & \ddots & \vdots \\ 0 & 0 & \cdots & E_n \end{bmatrix} \begin{bmatrix} \xi_2 \\ \xi_3 \\ \vdots \\ \xi_n \end{bmatrix}
$$

$$
= - \left(I_{n-1} \otimes (V_1^c)^{\mathrm{T}}\right) \begin{bmatrix} w_2 \\ w_3 \\ \vdots \\ w_n \end{bmatrix} + \begin{bmatrix} (V_2^c)^{\mathrm{T}} \\ (V_3^c)^{\mathrm{T}} \\ \vdots \\ (V_n^c)^{\mathrm{T}} \end{bmatrix}. \tag{6.5.15}
$$

因此, 我们有

$$
\left[\left(I_{n-1} \otimes E_1\right) W_{[\kappa-1, n-1]} \xi_1 - \left(I_{n-1} \otimes (V_1^c)^{\mathrm{T}}\right)\right] \begin{bmatrix} w_2 \\ w_3 \\ \vdots \\ w_n \end{bmatrix}
$$

$$
= \begin{bmatrix} E_2 & 0 & \cdots & 0 \\ 0 & E_3 & \cdots & 0 \\ \vdots & \vdots & \ddots & \vdots \\ 0 & 0 & \cdots & E_n \end{bmatrix} \begin{bmatrix} \xi_2 \\ \xi_3 \\ \vdots \\ \xi_n \end{bmatrix} - \begin{bmatrix} (V_2^c)^{\mathrm{T}} \\ (V_3^c)^{\mathrm{T}} \\ \vdots \\ (V_n^c)^{\mathrm{T}} \end{bmatrix}. \tag{6.5.16}
$$

下面我们给出一种算法, 它可在未知加权的情况下检验一个有限博弈是否为加权势博弈.

算法 6.5.1 **第 1 步** 1-a: 设 $w_i = w_i^0 = 1$, $i = 1, 2, \cdots, n$. 利用 (6.2.6)—(6.2.8), 可得到 (6.2.7) 的一个最小二乘解如下:

$$
\xi^1 = \begin{bmatrix} \xi_1^1 \\ \xi_2^1 \\ \vdots \\ \xi_n^1 \end{bmatrix}, \quad \text{这里 } \xi_i^1 \in \mathbb{R}^{\kappa-i}, \ i = 1, 2, \cdots, n.
$$

1-b: 如果 ξ^1 满足 (6.2.7), 则 G 为势博弈. 算法终止. 否则继续.

1-c: 设 $\xi = \xi^1$. 利用 (6.5.16) 找出最小二乘解 $w^1 = \{w_1^1, w_2^1, \cdots, w_n^1\}$. (注意, $w_1^s := 1$, $s = 1, 2, \cdots$) 然后走到下一步.

第 s 步 s-a: 令 $w = w^{s-1}$, 后者是在第 $s-1$ 步产生的. 利用 w 和式 (6.2.7) 计算 ξ 的最小二乘解 ξ^s.

s-b: 设 $\xi = \xi^s$. 利用式 (6.5.16) 找出最小二乘解 w^s.

s-c: 如果 $\|\xi^s - \xi^{s-1}\|_2 < \epsilon$ 且 $\|w^s - w^{s-1}\|_2 < \epsilon$, 迭代结束 (这里, $0 < \epsilon \ll 1$ 为容许误差).

当算法 6.5.1 结束后, 可利用 (6.2.13) 计算 V_{G^w}. 然后验证

$$d(G, G^w) < \epsilon? \tag{6.5.17}$$

于是有

定理 6.5.1 如果不等式 (6.5.17) 成立, 则 G 是加权势博弈. 否则, G 不是加权势博弈. 但是, G^w 是 G 的最佳加权势博弈逼近.

证明 在算法 6.5.1 中, 不难看出, 迭代的每一步都会使 $d(G, G^w)$ 单调下降, 故必定收敛. 因 $d(G, G^w)$ 是双线性抛物函数, 只有唯一驻点, 故必收敛到最小点. 结论显见. □

下面考虑几个例子.

例 6.5.1 考察一个 $G \in \mathcal{G}_{[2;2,3]}$, 其支付双矩阵见表 6.5.1.

表 6.5.1   例 6.5.1 的支付双矩阵

P_1 \ P_2	1	2	3
1	(5, 0)	(1, 4)	(0, 2)
2	(2, −2)	(−1, 2)	(1, 8)

显然

$$V_1^c = [5, 2, 0, 2, -1, 1],$$
$$V_2^c = [0, 4, 2, -2, 2, 8].$$

计算

$$E_1 = \mathbf{1}_2 \otimes I_3,$$
$$E_2 = I_2 \otimes \mathbf{1}_3.$$

利用算法 6.5.1, 可计算如下:

1-a: 设 $w_1^0 = w_2^0 = 1$, ξ 的最小二乘解为

$$\xi_1^0 = [3.3333, -3.6667, -5.6667]^{\mathrm{T}}; \quad \xi_2^0 = [-2.3333, 0]^{\mathrm{T}}.$$

1-b: 检验 $d(G, G^w) = 0$? 显然不对. 继续下一步.

1-c: 利用 ξ^0, 可得到加权的最佳近似 $w^1 = 1.0443$ (注意, 这里 $w^1 = w_2^1$, 根据约定, $w_1^1 = 1$).

ˎ   进入迭代算法 ⋯⋯ .

最后, 如果取 $\epsilon = 10^{-6}$, 那么, 经 214 次迭代, 可得

$$w = 2.0000,$$

以及

$$\xi_1 = [3.0000, -2.0000, -3.0000]^{\mathrm{T}}; \quad \xi_2 = [-4.0000, 0].$$

相应的势函数的结构向量为

$$V_P = [2.0000, 4.0000, 3.0000, -1.0000, 1.0000, 4.0000].$$

最后可知, G 是加权势博弈, 其加权为 $w_1 = 1$, $w_2 = 2$.

例 6.5.2 考察一个 $G \in \mathcal{G}_{[3;2,3,2]}$, 其支付矩阵见表 6.5.2.

表 6.5.2   例 6.5.2 的支付矩阵

局势	111	112	121	122	131	132	211	212	221	222	231	232
c_1	4	1	3	0	5	2	2	2	3	1	6	1
c_2	2.4	1.6	3.2	2.4	1.6	2.4	1.6	0.8	4	1.6	3.2	0
c_3	4.5	3	6	4.5	1.5	4.5	7.5	6	6	4	5	3

利用算法 6.5.1, 经过 500 次迭代可得

(i) 解为

$$\xi = [1, -1, -1, -3, 3, -1, 0, 0, 0.8, -1.6, 0, 0, -3, 3, 0]^{\mathrm{T}}. \tag{6.5.18}$$

(ii) 加权为

$$w = (1, 0.8, 1.5). \tag{6.5.19}$$

将 (6.5.18) 及 (6.5.19) 代入方程 (6.2.7) 可以验证 (6.2.7) 成立. 故 G 为加权势博弈, 并且可算得势函数为

$$P(x) = V_P x_1 x_2 x_3, \tag{6.5.20}$$

其中

$$V_P = [3, 2, 4, 3, 2, 3, 1, 3, 4, 4, 3, 2].$$

6.6 余集加权势博弈

泛势博弈是最广泛的势博弈, 但是, 因为它是由不等式来刻画的, 解不等式不容易, 这在应用上造成了困难. 因此, 以等式约束表示的势博弈以及加权势博弈在应用上方便很多. 那么, 是否存在比加权势博弈更广泛的, 又可以用等式来描述的势博弈呢? 由 [126] 提出的余集加权势博弈就是这样的势博弈. 而且, 这是最大的一类可由等式描述的势博弈.

6.6.1 余集加权势博弈的代数结构

定义 6.6.1 一个有限博弈 $G=(N,S,C)$ 称为余集加权势博弈 (coset weighted potential game), 如果存在一个函数 $P:S \to \mathbb{R}$, 称为余集加权势函数, 一组余集权重 $\{w_i(s_{-i}) \mid s_{-i} \in S_{-i}, i=1,2,\cdots,n\}$, 其中 $w_i(s_{-i})$ 依赖于余集 s_{-i}, 使对任何 $x, y \in S_i$, 任何 $s_{-i} \in S_{-i}, i \in N$ 均成立

$$c_i(x,s_{-i}) - c_i(y,s_{-i}) = w_i(s_{-i})\left[P(x,s_{-i}) - P(y,s_{-i})\right]. \tag{6.6.1}$$

显然, 当

$$w_i(s_{-i}) = w_i, \quad \forall s_{-i}, \quad i=1,2,\cdots,n$$

时, 余集加权势博弈变为加权势博弈, 因此

$$\text{势博弈} \subset \text{加权势博弈} \subset \text{余集加权势博弈} \subset \text{泛势博弈}.$$

这个包含关系见图 6.6.1.

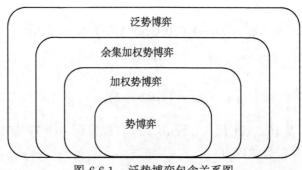

图 6.6.1 泛势博弈包含关系图

显然, (6.6.1) 等价于存在 $d_i(s_{-i})$, 它不依赖于 $s_i \in S_i$, 使得对任何 $s_i \in S_i$ 和 $s_{-i} \in S_{-i}$, 有

$$c_i(s_i,s_{-i}) - w_i(s_{-i})P(s_i,s_{-i}) = d_i(s_{-i}). \tag{6.6.2}$$

设 $G \in \mathcal{G}_{[n;k_1,k_2,\cdots,k_n]}$, 并记 $\kappa := \prod_{i=1}^{n} k_i$, $\kappa_{-i} = \kappa/k_i$. 将 (6.6.2) 用代数向量空间表示为

$$V_i^c \ltimes_{j=1}^{n} x_j - V_i^w \ltimes_{j \neq i} x_j V^P \ltimes_{j=1}^{n} x_j = V_i^d \ltimes_{j \neq i} x_j, \qquad (6.6.3)$$

这里, V_i^c, $V^P \in \mathbb{R}^\kappa$ 及 $V_i^w \in \mathbb{R}_+^{\kappa_{-i}}$, $V_i^d \in \mathbb{R}^{\kappa_{-i}}$ 为行向量. 于是, G 是否为余集加权势博弈等价于 (6.6.3) 是否有解?

将 (6.6.3) 表示成代数状态空间形式, 则有

$$V_i^c \ltimes_{j=1}^{n} x_j - V_i^w E_i^{\mathrm{T}} \ltimes_{j=1}^{n} x_j V^P \ltimes_{j=1}^{n} x_j = V_i^d E_i^{\mathrm{T}} \ltimes_{j=1}^{n} x_j. \qquad (6.6.4)$$

利用降阶矩阵[①] 则可将 (6.6.4) 变为

$$V_i^c \ltimes_{j=1}^{n} x_j - V_i^w E_i^{\mathrm{T}} (I_\kappa \otimes V^P) PR_\kappa \ltimes_{j=1}^{n} x_j = V_i^d E_i^{\mathrm{T}} \ltimes_{j=1}^{n} x_j. \qquad (6.6.5)$$

于是可得

$$V_i^c - V_i^w E_i^{\mathrm{T}} (I_\kappa \otimes V^P) PR_\kappa = V_i^d E_i^{\mathrm{T}}, \quad i = 1, \cdots, n. \qquad (6.6.6)$$

注意到 $V_i^w E_i^{\mathrm{T}} \in \mathcal{M}_{1 \times \kappa}$, 直接计算可知

$$V_i^w E_i^{\mathrm{T}} (I_\kappa \otimes V^P) = V^P (V_i^w E_i^{\mathrm{T}} \otimes I_\kappa).$$

经上述向量-矩阵换位后得

$$V^P (V_i^w E_i^{\mathrm{T}} \otimes I_\kappa) PR_\kappa = V_i^c - V_i^d E_i^{\mathrm{T}}, \quad i = 1, \cdots, n. \qquad (6.6.7)$$

因为 $V_i^w E_i^{\mathrm{T}} \in \mathbb{R}_+^\kappa$. 记

$$V_i^w E_i^{\mathrm{T}} = [w_i^1, w_i^2, \cdots, w_i^\kappa],$$

可得

$$(V_i^w E_i^{\mathrm{T}} \otimes I_\kappa) PR_\kappa = V_i^w E_i^{\mathrm{T}} \ltimes PR_\kappa = \mathrm{diag}(w_i^1, w_i^2, \cdots, w_i^\kappa).$$

定义

$$\Lambda_i = V_i^w E_i^{\mathrm{T}} \ltimes PR_\kappa, \quad i = 1, 2, \cdots, n.$$

---

① 设 $x \in \Delta_\kappa$, 则

$$x^2 = PR_\kappa x,$$

这里, 降阶矩阵 PR_κ 为

$$PR_\kappa = \mathrm{diag}\left(\delta_\kappa^1, \delta_\kappa^2, \cdots, \delta_\kappa^\kappa\right).$$

显见, 对角阵 Λ_i 可逆. 从 (6.6.7) 的第一个方程解出 V^P:

$$V^P = (V_1^c - V_1^d E_1^{\mathrm{T}})(V_1^w E_1^{\mathrm{T}} \ltimes PR_\kappa)^{-1} = (V_1^c - V_1^d E_1^{\mathrm{T}})\Lambda_1^{-1}.$$

代入 (6.6.7) 可得

$$(V_1^c - V_1^d E_1^{\mathrm{T}})\Lambda_1^{-1}\Lambda_i = V_i^c - V_i^d E_i^{\mathrm{T}}, \quad i = 2, \cdots, n.$$

于是有

$$(V_1^c - V_1^d E_1^{\mathrm{T}})\Lambda_1^{-1} = (V_i^c - V_i^d E_i^{\mathrm{T}})\Lambda_i^{-1}, \quad i = 2, \cdots, n.$$

取转置, 得

$$\Lambda_1^{-1}\left[(V_1^c)^{\mathrm{T}} - E_1(V_1^d)^{\mathrm{T}}\right] = \Lambda_i^{-1}\left[(V_i^c)^{\mathrm{T}} - E_i(V_i^d)^{\mathrm{T}}\right].$$

整理后得

$$-\Lambda_1^{-1}E_1(V_1^d)^{\mathrm{T}} + \Lambda_i^{-1}E_i(V_i^d)^{\mathrm{T}} = \Lambda_i^{-1}(V_i^c)^{\mathrm{T}} - \Lambda_1^{-1}(V_1^c)^{\mathrm{T}}. \tag{6.6.8}$$

由于 Λ_i 是对角阵, 故它们可交换. 在方程 (6.6.8) 两边同时左乘 Λ_1 及 Λ_i, 可得

$$-\Lambda_i E_1(V_1^d)^{\mathrm{T}} + \Lambda_1 E_i(V_i^d)^{\mathrm{T}} = \Lambda_1(V_i^c)^{\mathrm{T}} - \Lambda_i(V_1^c)^{\mathrm{T}}, \quad i = 2, \cdots, n. \tag{6.6.9}$$

记

$$\xi_i^{cw} := \left(V_i^d\right)^{\mathrm{T}} \in \mathbb{R}^{\kappa - i}, \quad i = 1, \cdots, n,$$

以及

$$b_i^{cw} := \Lambda_1(V_i^c)^{\mathrm{T}} - \Lambda_i(V_1^c)^{\mathrm{T}} \in \mathbb{R}^\kappa, \quad i = 2, \cdots, n.$$

(6.6.9) 可表示为线性方程组:

$$E_{cw}\xi^{cw} = b^{cw}, \tag{6.6.10}$$

这里, $\xi^{cw} = [\xi_1^{cw}, \xi_2^{cw}, \cdots, \xi_n^{cw}]^{\mathrm{T}}$, $b^{cw} = [b_2^{cw}, b_3^{cw}, \cdots, b_n^{cw}]^{\mathrm{T}}$, 且

$$E_{cw} = \begin{bmatrix} -\Lambda_2 E_1 & \Lambda_1 E_2 & 0 & \cdots & 0 \\ -\Lambda_3 E_1 & 0 & \Lambda_1 E_3 & \cdots & 0 \\ \vdots & \vdots & \vdots & \ddots & \vdots \\ -\Lambda_n E_1 & 0 & 0 & \cdots & \Lambda_1 E_n \end{bmatrix}.$$

(6.6.10) 称为余集加权势方程, 而 E_{cw} 称为余集加权势矩阵. 根据以上讨论可得如下结论.

定理 6.6.1　一个有限博弈 $G \in \mathcal{G}_{[n;k_1,k_2,\cdots,k_n]}$ 为一余集加权势博弈, 当且仅当, 存在余集加权 $w_i(s_{-i}) > 0$, $s_{-i} \in S_{-i}$, $i = 1, 2, \cdots, n$, 使得余集加权势方程 (6.6.10) 有解. 并且, 如果余集加权势方程有解, 则势函数的结构向量为

$$V_P = (V_1^c - V_1^d E_1^{\mathrm{T}})\Lambda_1^{-1}. \tag{6.6.11}$$

6.6.2 余集加权两个玩家布尔势博弈

作为应用, 我们考虑两个玩家布尔势博弈的情况, 即 $G \in \mathcal{G}_{[2;2,2]}$. 其支付双矩阵如表 6.6.1 所示.

表 6.6.1　两个玩家布尔势博弈的支付双矩阵

P_1 \ P_2	1	2
1	$(a,\ e)$	$(b,\ f)$
2	$(c,\ g)$	$(d,\ h)$

(i) 用势方程可以检验, G 是 (纯) 势博弈, 当且仅当,

$$a - b - c + d = e - f - g + h.$$

(ii) 同样, 利用加权势方程不难检验 (参考 [125]), G 是加权势函数, 当且仅当,

$$(a - b - c + d)(e - f - g + h) > 0.$$

(iii) 当 $(a - b - c + d)(e - f - g + h) \leqslant 0$ 时 G 不是一个加权势博弈.

那么, 它何时是余集加权势博弈呢?

例 6.6.1　考虑一个 $G \in \mathcal{G}_{[2;2,2]}$, 其支付参数为 $a = -1$, $b = 2$, $c = 0$, $d = 3$, $e = 3$, $f = 3$, $g = 5$, $h = 4$. 因为 $a - b - c + d = 0$, $e - f - g + h \neq 0$, 显然, 它不是一个加权势博弈.

下面我们设法构造一组适当的余集权重, 使其成为余集加权势博弈.

设 $V_i^w = [\alpha_i, \beta_i]$, $\alpha_i, \beta_i > 0$, $i = 1, 2$, 那么我们有

$$\Lambda_1 = V_1^w E_1^{\mathrm{T}} \ltimes PR_k = \mathrm{diag}(\alpha_1, \beta_1, \alpha_1, \beta_1),$$

$$\Lambda_2 = V_2^w E_2^{\mathrm{T}} \ltimes PR_k = \mathrm{diag}(\alpha_2, \alpha_2, \beta_2, \beta_2).$$

根据 (6.6.10) 可得

$$\begin{bmatrix} -\alpha_2 & 0 & \alpha_1 & 0 \\ 0 & -\alpha_2 & \beta_1 & 0 \\ -\beta_2 & 0 & 0 & \alpha_1 \\ 0 & -\beta_2 & 0 & \beta_1 \end{bmatrix} \begin{bmatrix} \xi_1^w \\ \xi_2^w \end{bmatrix} = \begin{bmatrix} 3\alpha_1 + \alpha_2 \\ 3\beta_1 - 2\alpha_2 \\ 5\alpha_1 \\ 4\beta_1 - 3\beta_2 \end{bmatrix}. \tag{6.6.12}$$

选 $\alpha_1 = 1$, $\beta_1 = 2$, $\alpha_2 = 3$, $\beta_2 = 2$, 不难验证, (6.6.12) 有解. 并且, 一组可行解为

$$\xi_1^w = \left(V_i^d \right)^{\mathrm{T}} = [-2.5, -1]^{\mathrm{T}}.$$

利用 (6.6.11) 可得

$$V_P = (V_1^c - V_1^d E_1^{\mathrm{T}})\Lambda_1^{-1} = [1.5,\ 1.5,\ 2.5,\ 2].$$

因此, G 是关于所选余集权重的余集加权势博弈.

由例 6.6.1 可见, 余集加权势博弈确实比加权势博弈更广泛.

特别是, 对二人布尔博弈, (6.6.10) 变为

$$\begin{bmatrix} -\alpha_2 & 0 & \alpha_1 & 0 \\ 0 & -\alpha_2 & \beta_1 & 0 \\ -\beta_2 & 0 & 0 & \alpha_1 \\ 0 & -\beta_2 & 0 & \beta_1 \end{bmatrix} \begin{bmatrix} \xi_1^w \\ \xi_2^w \end{bmatrix} = \begin{bmatrix} \alpha_1 e - \alpha_2 a \\ \beta_1 f - \alpha_2 b \\ \alpha_1 g - \beta_2 c \\ \beta_1 h - \beta_2 d \end{bmatrix}. \tag{6.6.13}$$

再通过检验下式是否成立

$$\mathrm{rank}(E_{cw}) = \mathrm{rank}(E_{cw}, b^{cw}),$$

即可得到如下结果:

定理 6.6.2 对于一个两个玩家布尔博弈 $G \in \mathcal{G}_{[2;2,2]}$, 以下三个结论等价:

(i) G 是带有余集权重 $w_i(s_{-i}) = [\alpha_i, \beta_i] \ltimes_{j \neq i} x_j,\ \alpha_i, \beta_i > 0,\ i = 1, 2$ 的余集加权势博弈.

(ii) 方程 (6.6.13) 有解.

(iii)

$$\frac{1}{\alpha_1}(c - a) + \frac{1}{\alpha_2}(e - f) + \frac{1}{\beta_1}(b - d) + \frac{1}{\beta_2}(h - g) = 0. \tag{6.6.14}$$

并且, 设 $[A, B, C, D]^{\mathrm{T}}$ 为 (6.6.13) 的一组解, 则余集加权势函数为

$$P(x_1, \cdots, x_n) = V_P \ltimes_{j=1}^n x_j + c_0, \quad \forall c_0 \in \mathbb{R}, \tag{6.6.15}$$

这里

$$V_P = ([a, b, c, d] - [A, B, A, B])\Lambda_1^{-1} = \left[\frac{a - A}{\alpha_1}, \frac{b - B}{\beta_1}, \frac{c - A}{\alpha_1}, \frac{d - B}{\beta_1}\right].$$

6.7 从布尔博弈到势博弈

本节内容主要基于文献 [37].

6.7.1 布尔博弈与对称博弈

定义 6.7.1 一个博弈 G 称为布尔博弈, 如果只有两个玩家且每个玩家都只有两个策略. 换言之, $G \in \mathcal{G}_{[n;\underbrace{2, 2, \cdots, 2}_{n}]}$ 称为布尔博弈.

有限布尔博弈与布尔网络的联系是很密切的. 首先, 所有的支付函数都是伪布尔函数. 其次, 当策略更新规则是马尔可夫型时, 演化博弈的演化方程就数学结构而言就是布尔网络. 因此, 布尔网络理论可直接用于演化布尔博弈.

对称博弈的一个基本要求是: 所有玩家的策略数都相等, 即 $k_1 = k_2 = \cdots = k_n := k$. 因为如果策略数都不一样, 则谈不上对称. 我们将这类博弈简记作 $\mathcal{G}_{[n;k]}$. 于是, 布尔博弈可记作 $\mathcal{G}_{[n;2]}$.

定义 6.7.2 [23] 一个有限博弈 $G \in \mathcal{G}_{[n;k]}$ 称为 (普通) 对称的, 如果对任何 $\sigma \in \mathbf{S}_n$,

$$c_i(x_1, \cdots, x_n) = c_{\sigma(i)}(x_{\sigma^{-1}(1)}, x_{\sigma^{-1}(2)}, \cdots, x_{\sigma^{-1}(n)}), \quad i = 1, \cdots, n. \quad (6.7.1)$$

普通对称博弈也简称为对称博弈.

对于每一个 $\sigma \in \mathbf{S}_n$, 定义其结构矩阵为

$$P_\sigma = \delta_n[\sigma(1), \sigma(2), \cdots, \sigma(n)]. \quad (6.7.2)$$

那么, 显然有 $\sigma(i) = j$, 当且仅当,

$$P_\sigma \delta_n^i = \delta_n^j.$$

命题 6.7.1 [70] $\mathbf{S}_n$ 可由 i 与 1 的对换生成, 即

$$\mathbf{S}_n = \langle (1, i) \mid 1 < i \leqslant n \rangle. \quad (6.7.3)$$

关于以下对称博弈的定义, 可见 [23, 24].

定义 6.7.3 设 $G \in \mathcal{G}_{[n;k]}$, $\mu_i \in \mathbb{R}_+$, $i = 1, \cdots, n$ 为一组正实数, 称为权重. G 称为对于置换 $\sigma \in \mathbf{S}_n$ 及参数 μ_i, $i = 1, \cdots, n$ 对称, 如果

$$\mu_i c_i(x_1, \cdots, x_n) = \mu_{\sigma(i)} c_{\sigma(i)} \left(x_{\sigma^{-1}(1)}, \cdots, x_{\sigma^{-1}(n)} \right), \quad i = 1, \cdots, n. \quad (6.7.4)$$

例 6.7.1 考察一个博弈 $G \in \mathcal{G}_{[2;2]}$. 其支付双矩阵见表 6.7.1.

表 6.7.1   例 6.7.1 的支付双矩阵

P_1 \ P_2	1	2
1	2, 3	4, 9
2	6, 6	4, 6

那么

$$3c_1(1,1) = 2c_2(1,1) = 6, \quad 3c_1(2,2) = 2c_2(2,2) = 12,$$
$$3c_1(1,2) = 2c_2(2,1) = 12, \quad 3c_1(2,1) = 2c_2(1,2) = 18.$$

因此, G 是加权对称博弈, 其权重为 $\mu_1 = 3$ 及 $\mu_2 = 2$.

定义 6.7.4 设 $G \in \mathcal{G}_{[n;k]}$, 那么,

(i) 一组置换 $r = (r_1, \cdots, r_n)$, 这里 $r_i \in \mathbf{S}_k$ 是 S_i 上的一个置换, $i = 1, \cdots, n$, 称为一个重置名 (renaming).

(ii) G 的一个重置名博弈记作 $G^r := (N, (S_i^r)_{i \in N}, (c_i^r)_{i \in N})$, 这里

$$\begin{aligned} S_i^r &= \{r_i(1), r_i(2), \cdots, r_i(k)\}, \\ c_i^r(x_1, \cdots, x_n) &= c_i^r(r_1^{-1}(x_1), \cdots, r_n^{-1}(x_n)). \end{aligned} \tag{6.7.5}$$

(iii) G 称为重置名对称的, 如果存在一个重置名 $r = (r_1, \cdots, r_n)$ 使得重置名博弈 G^r 是普通对称的.

为方便计, 引入以下记号:

- $\mathcal{S}_{[n;k]}^o$: 普通对称博弈集合;
- $\mathcal{S}_{[n;k]}^w$: 加权对称博弈集合;
- $\mathcal{S}_{[n;k]}^r$: 重置名对称博弈集合.

6.7.2 对称布尔博弈

定义 6.7.5 [23] 考察一个有限博弈 $G = (N, S, C) \in \mathcal{G}_{[n;k]}$. 令 $s \in S$, 则 s 的策略重数向量定义为

$$\#(s) = (\#(s,1), \#(s,2), \cdots, \#(s,k)), \tag{6.7.6}$$

这里

$$\#(s,i) := |\{j \mid s_j = i\}|, \quad i = 1, \cdots, k.$$

注意, 如果 $t \in S^{N_1} := \prod_{j \in N_1} S_j$, 那么, t 的策略重数向量 $\#(t)$ 可以类似地定义. 特别是, $\#(s_{-i}) \in \mathbb{R}^k$ 也是定义好的.

下面这个关于普通对称等价条件是显见的.

命题 6.7.2 给定 $G \in \mathcal{G}_{[n;k]}$. G 是关于参数 μ_i, $i = 1, \cdots, n$ 对称的, 当且仅当,

$$\mu_i c_i(x_i, x_{-i}) = \mu_j c_j(y_j, y_{-j}), \quad 1 \leqslant i, j \leqslant n, \tag{6.7.7}$$

这里 $x_i = y_j$, 并且 $\#(x_{-i}) = \#(y_{-j})$.

注 当 $\mu_i = 1$, $i = 1, \cdots, n$ 时, (6.7.7) 变为普通对称的充要条件. 在 [23] 中, 它被当作普通对称的定义.

利用 (6.7.4) 并令 $\mu_i = 1$, $\forall i \in N$, 则可知: $G \in \mathcal{G}_{[n;k]}$ 是普通对称的, 当且仅当, 对任何 $\sigma \in \mathbf{S}_n$ 均有

$$V_i^c \ltimes_{i=1}^n x_i = V_{\sigma(i)}^c \ltimes_{i=1}^n x_{\sigma^{-1}(i)}. \tag{6.7.8}$$

将 c_i 用代数形式表示, 则得

$$c_i(x) = V_i^c \ltimes_{j=1}^n x_j = V_i^c W_{[k,k^{i-1}]} x_i \ltimes_{j \neq i} x_j = V_i^c W_{[k,k^{i-1}]} W_{[k^{i-1},k]} x. \tag{6.7.9}$$

根据命题 6.7.1, 要检验 $c_i(x)$ 是否满足对称性条件, 只要看 (6.7.9) 中的 $c_i(x)$ 在 $\sigma = (1, s) \in \mathbf{S}_{n-1}$ $(2 \leqslant s \leqslant n-1)$ 对 $\{j \mid j \neq i\}$ 的变换下是否不变. 因此我们有

$$\begin{aligned}
c_i(x) &= V_i^c W_{[k,k^{i-1}]} x_i W_{[k^{s-2},k]} W_{[k,k^{s-1}]} \ltimes_{j \neq i} x_j \\
&= V_i^c W_{[k,k^{i-1}]} \left(I_k \otimes (W_{[k^{s-2},k]} W_{[k,k^{s-1}]}) \right) x_i \ltimes_{j \neq i} x_j \\
&= V_i^c W_{[k,k^{i-1}]} \left(I_k \otimes (W_{[k^{s-2},k]} W_{[k,k^{s-1}]}) \right) W_{[k^{i-1},k]} x.
\end{aligned} \tag{6.7.10}$$

比较 (6.7.9) 与 (6.7.10) 可得

$$\begin{aligned}
V_i^c W_{[k,k^{i-1}]} \left[\left(I_k \otimes (W_{[k^{s-2},k]} W_{[k,k^{s-1}]}) \right) - I_{k^{s+1}} \right] W_{[k^{i-1},k]} = 0, \\
s = 2, 3, \cdots, n-1.
\end{aligned} \tag{6.7.11}$$

根据命题 6.7.1, 只要 V_i^c 满足 (6.7.11), 则对任何 $\sigma \in \mathbf{S}_n$ 以及 $\sigma(i) = i$, 均有

$$c_i(x) = c_i \left(x_{\sigma^{-1}(1)}, x_{\sigma^{-1}(2)}, \cdots, x_{\sigma^{-1}(n)} \right). \tag{6.7.12}$$

因此, (6.7.11) 是使单个支付函数满足对称性的充要条件.

下面考虑交叉支付函数所要满足的条件, 也就是两个支付应当满足的共同条件. 设 $p \neq q$, 有

$$\begin{cases}
c_p(x) = V_p^c W_{[k,k^{p-1}]} x_p \ltimes_{j \neq p} x_j, \\
c_q(x) = V_q^c W_{[k,k^{q-1}]} x_q \ltimes_{j \neq q} x_j.
\end{cases} \tag{6.7.13}$$

假如 $x_p = x_q$, 那么, $\#(x_{-p}) = \#(x_{-q})$. 根据命题 6.7.2, 我们有

$$c_p(x) = V_p^c W_{[k,k^{p-1}]} x_q \ltimes_{j \neq q} x_j = c_q(x). \tag{6.7.14}$$

于是, 我们有如下结果, 它保证了 $c_q(x)$ 的结构矩阵的唯一性:

$$V_p^c W_{[k,k^{p-1}]} = V_q^c W_{[k,k^{q-1}]}, \quad p \neq q. \tag{6.7.15}$$

在 (6.7.12) 中设 $i = 1$ 并且在 (6.7.14) 中设 $p = 1$, 即得如下结果:

定理 6.7.1 $G \in \mathcal{G}_{[n;k]}$ 为一对称博弈, 当且仅当,

(i) $V_1^c \left[I_k \otimes \left(W_{[k^{s-2},k]} W_{[k,k^{s-1}]} \right) - I_{k^{s+1}} \right] = 0, \quad s = 2, 3, \cdots, n-1.$ (6.7.16)

(ii) $\qquad\qquad V_i^c = V_1^c W_{[k^{i-1},k]}, \quad i = 2, 3, \cdots, n.$ (6.7.17)

注 其实, c_i 应该满足

$$c_i(x_1, \cdots, x_n) = c_1(x_i, x_2, \cdots, x_{i-1}, x_1, x_{i+1}, \cdots, x_n).$$

上式的代数形式是

$$V_i^c = V_1^c W_{[k^{i-1},k]} W_{[k,k^{i-2}]}. \tag{6.7.18}$$

但由于 (6.7.16) 保证了

$$c_1(x_1, x_2, \cdots, x_n) = c_1(x_1, x_{\mu(2)}, \cdots, x_{\mu(n)}),$$

这里, μ 是 $\{2, 3, \cdots, n\}$ 上的一个置换. 因此, 根据 (6.7.16) 及 (6.7.17) 有

$$c_i = c_1(x_i, x_1, \cdots, x_{i-1}, x_{i+1}, \cdots, x_n),$$

它保证了 (6.7.18) 成立. 反之, (6.7.16) 和 (6.7.18) 也保证了 (6.7.17) 成立.

6.7.3 检验布尔博弈的对称性

考察有限布尔博弈的对称性. 设 $G \in \mathcal{G}_{[n;2]}$, 由 (6.7.16) 可知

$$V_1^c \in I_2 \otimes \left[W_{[2^{s-2},2]} W_{[2,2^{s-1}]} - I_{2^s} \right]^\perp \otimes I_{2^{n-s-1}}, \quad s = 2, 3, \cdots, n-1, \tag{6.7.19}$$

这里, $A^\perp := \mathrm{span}(A)^\perp$ 是 $\mathrm{span}(A)$ 的正交补. 进一步可得

$$\begin{aligned}
&\left[W_{[2^{s-2},2]} W_{[2,2^{s-1}]} - I_{2^s} \right]^\perp \\
&= \left[\left(W_{[2^{s-2},2]} \otimes I_2 \right) \left(I_{2^{s-2}} \otimes W_{[2,2]} \right) \left(W_{[2,2^{s-2}]} \otimes I_2 \right) - I_{2^s} \right]^\perp \\
&= \left\{ \left(W_{[2^{s-2},2]} \otimes I_2 \right) \left[I_{2^{s-2}} \otimes \left(W_{[2,2]} - I_4 \right) \right] \left(W_{[2,2^{s-2}]} \otimes I_2 \right) \right\}^\perp \\
&= \left(W_{[2^{s-2},2]} \otimes I_2 \right) \left[I_{2^{s-2}} \otimes \left(W_{[2,2]} + I_4 \right) \right] \left(W_{[2,2^{s-2}]} \otimes I_2 \right) \\
&= W_{[2^{s-2},2]} W_{[2,2^{s-1}]} + I_{2^s}.
\end{aligned}$$

以上关于置换的等式来自 (i) 正交性及 (ii) 维数互补.

下面讨论满足 (6.7.16) 的 V_1^c 的向量表示. 注意到对任一 $s_{-1} \in S_{-1}$, $\#(s_{-1}, 0)$ (或 $\#(s_{-1}, 1)$) 可以是 $\{0, 1, 2, \cdots, n-1\}$ 中的一个. 定义

$$S_j^{-1} := \{s_{-1} \in S_{-1} \mid \#(s_{-1}, 0) = j\}, \quad j = 0, \cdots, n-1,$$

那么, 根据命题 6.7.7, 对每个 $x_1 \in \{0, 1\}$ 及每个 $x_{-1} \in S_j^{-1}$, $c_1(x_1, x_{-1})$ 的值是一样的. 因此, 对布尔对称博弈, V_1^c 具有维数 $2n$, 这里, 2 来自 x_1 的二值性. 但由于 $V_1^c \in \mathbb{R}^{2^n}$, 定义一个映射: $h_n : \mathbb{R}^{2n} \to \mathbb{R}^{2^n}$, 使每个对称布尔博弈满足 $V_1^c \in \text{Im}(h_n)$, 这里, $\text{Im}(h_n)$ 是 h_n 的像集.

为构造 h_n, 先设 $T_2 := I_2$. 然后递推地定义

$$T_{k+1} := \begin{bmatrix} T_k & \mathbf{0}_{2^{k-1}} \\ \mathbf{0}_{2^{k-1}} & T_k \end{bmatrix} \in \mathcal{B}_{2^k \times (k+1)}, \quad k = 2, 3, \cdots. \tag{6.7.20}$$

利用它们, 可定义

$$H_k := I_2 \otimes T_k, \ T_k \in \mathcal{B}_{2^{k-1} \times k}, \quad k = 2, 3, \cdots. \tag{6.7.21}$$

直接计算可得到如下结果.

命题 6.7.3 设 $h_n : \mathbb{R}^{2n} \to \mathbb{R}^{2^n}$ 为由下式定义的映射,

$$h_n(u) := H_n u, \quad u \in \mathbb{R}^{2n}.$$

那么, V_1^c 是一个布尔对称博弈所容许的可行分量, 当且仅当, 存在 $u \in \mathbb{R}^{2n}$, 使得 $V_1^c = h_n^{\mathrm{T}}(u)$. 换言之, 存在 $u \in \mathbb{R}^{2n}$ 使 $h_n^{\mathrm{T}}(u)$ 满足 (6.7.16), 反之亦然.

要证明这个命题, 需要一个引理.

引理 6.7.1 设 $T_n \in \mathcal{B}_{2^{n-1} \times n}$ 由 (6.7.20) 确定. 则对所有 $i = 1, \cdots, n$ 及每一个 $x_j \in \Delta_2$, $j = 1, \cdots, n-1$ 有

$$\text{Col}_i(T_n)^{\mathrm{T}} x_1 \cdots x_{n-1} = \begin{cases} 1, & \#(x, 1) = n - i, \\ 0, & \text{其他}, \end{cases} \tag{6.7.22}$$

这里, $x = (x_1, \cdots, x_{n-1})$.

证明 利用数学归纳法. 显然, (6.7.22) 对 $n = 2$ 成立. 令 $t_i = \text{Col}_i(T_k)$ 并设 (6.7.22) 对 $n = k$ 成立, 即

$$t_i^{\mathrm{T}} x_1 \cdots x_{k-1} = \begin{cases} 1, & \#(x, 1) = k - i, \\ 0, & \text{其他}, \end{cases} \quad i = 1, \cdots, k. \tag{6.7.23}$$

根据由 (6.7.20) 定义的 T_{k+1} 可得

$$T_{k+1} = \begin{bmatrix} t_1 & t_2 & \cdots & t_k & t_{k+1} \\ t_0 & t_1 & \cdots & t_{k-1} & t_k \end{bmatrix}, \qquad (6.7.24)$$

这里, $t_0 = t_{k+1} = \mathbf{0}_{2^{k-1}}$.

于是, $\mathrm{Col}_s(T_{k+1}) = [t_s^{\mathrm{T}}, t_{s-1}^{\mathrm{T}}]^{\mathrm{T}}$, $s = 1, \cdots, k+1$. 利用假定 (6.7.23), 则有

$$\mathrm{Col}_s(T_{k+1})^{\mathrm{T}} x_1 x_2 \cdots x_k$$

$$= [t_s^{\mathrm{T}} x_2 \cdots x_k, t_{s-1}^{\mathrm{T}} x_2 \cdots x_k] x_1$$

$$= \begin{cases} 1, & x_1 = \delta_2^1, \ \#(x_{-1}, 1) = k - s, \\ 1, & x_1 = \delta_2^2, \ \#(x_{-1}, 1) = k - s + 1, \\ 0, & 其他 \end{cases}$$

$$= \begin{cases} 1, & \#(x, 1) = k + 1 - s, \\ 0, & 其他. \end{cases} \qquad (6.7.25)$$

这说明 (6.7.21) 对 $n = k+1$ 成立. 因此, (6.7.21) 成立.   □

现在可开始证明命题 6.7.3.

命题 6.7.3 的证明   命题 6.7.3 等价于: H_n 的列包含任何对称布尔博弈 $G \in \mathcal{S}_{[n;2]}^o$ 的 V_1^c 的一个基底.

在关于命题 6.7.3 的讨论中, 我们知道, 对称博弈 $G \in \mathcal{S}_{[n;2]}^o$ 的 V_1^c 的维数为 $2n$. 不难验证 $|\mathrm{Col}(H_n)| = 2n$. 记

$$h_i = \mathrm{Col}_i(H_n), \quad i = 1, \cdots, 2n.$$

因此, 只要证明, $\{h_i, i = 1, \cdots, 2n\}$ 是 $\mathcal{S}_{[n;2]}^o$ 的 V_1^c 的一个基底.

首先, 我们证明: h_i, $i = 1, \cdots, 2n$, 线性无关. 换言之, T_n 列满秩. 为证明这一点, 令 $t_i = \mathrm{Col}_i(T_n)$, $i = 1, \cdots, n$, 并令

$$\sum_{i=1}^n a_i t_i = \mathbf{0}_{2^{n-1}}. \qquad (6.7.26)$$

在等式两边取转置再乘以 $x_{-1}^i \in \Delta_{2^{n-1}}$ 且 $\#(x_{-1}^i, 1) = n - i$, $i = 1, \cdots, n$, 因此有 $a_i = 0$, $i = 1, \cdots, n$.

由此可知, T_n 是列满秩的, 并且, h_i, $i = 1, \cdots, 2n$ 线性无关.

还需要证明的是, 每个 h_i 都可以作为 $G \in \mathcal{S}^o_{[n;2]}$ 的 V_1^c. 根据命题 6.7.2, 这表明

$$h_i^{\mathrm{T}} x_1 \cdots x_n = h_i^{\mathrm{T}} y_1 \cdots y_n, \tag{6.7.27}$$

这里, $x_1 = y_1$, 并且, $\#(x_{-1}) = \#(y_{-1})$. 根据由 (6.7.21) 定义的 H_n 可得

$$h_i^{\mathrm{T}} = \begin{cases} [t_i^{\mathrm{T}}, \mathbf{0}_{2^{n-1}}^{\mathrm{T}}], & i = 1, \cdots, n, \\ [\mathbf{0}_{2^{n-1}}^{\mathrm{T}}, t_{i-n}^{\mathrm{T}}], & i = n+1, \cdots, 2n. \end{cases} \tag{6.7.28}$$

将它代入 (6.7.27) 并利用引理 6.7.1, 即可验证 (6.7.27) 成立.

因此, $\{h_i, i = 1, \cdots, 2n\}$ 是 $G \in \mathcal{S}^o_{[n;2]}$ 中的 V_1^c 的一组基. 这就证明了命题 6.7.3. $\qquad\square$

下面的例子显示如何计算 $\mathcal{S}^o_{[n;2]}$ 的基底.

例 6.7.2 (i) 构造 H_n:

因为 $T_2 = I_2$, 我们有

$$H_2 = I_2 \otimes I_2 = I_4.$$

$$T_3 = \begin{bmatrix} & T_2 & & \mathbf{0}_2 \\ \mathbf{0}_2 & & T_2 & \end{bmatrix} = \begin{bmatrix} 1 & 0 & 0 \\ 0 & 1 & 0 \\ 0 & 1 & 0 \\ 0 & 0 & 1 \end{bmatrix},$$

$$T_4 = \begin{bmatrix} & T_3 & & \mathbf{0}_4 \\ \mathbf{0}_4 & & T_3 & \end{bmatrix} = \begin{bmatrix} 1 & 0 & 0 & 0 \\ 0 & 1 & 0 & 0 \\ 0 & 1 & 0 & 0 \\ 0 & 0 & 1 & 0 \\ 0 & 1 & 0 & 0 \\ 0 & 0 & 1 & 0 \\ 0 & 0 & 1 & 0 \\ 0 & 0 & 0 & 1 \end{bmatrix},$$

等等. 于是可得 $H_3 = I_2 \otimes T_3$, $H_4 = I_2 \otimes T_4$, 等等.

(ii) 构造对称布尔博弈:

考察 $G \in \mathcal{G}_{[4;2]}$, 记

$$x = (A, B, C, D, E, F, G, H)^{\mathrm{T}} \in \mathbb{R}^8.$$

利用命题 6.7.3 及等式 (6.7.17) 可知, G 是普通对称博弈, 当且仅当,

$$
\begin{aligned}
V_1^c &= (H_4 x)^{\mathrm{T}} \\
&= [A, B, B, C, B, C, C, D, E, F, F, G, F, G, G, H]; \\
V_2^c &= V_1^c W_{[2,2]} \\
&= [A, B, B, C, E, F, F, G, B, C, C, D, F, G, G, H]; \\
V_3^c &= V_1^c W_{[4,2]} \\
&= [A, B, E, F, B, C, F, G, B, C, F, G, C, D, G, H]; \\
V_4^c &= V_1^c W_{[8,2]} \\
&= [A, E, B, F, B, F, C, G, B, F, C, G, C, G, D, H].
\end{aligned}
\tag{6.7.29}
$$

于是可得 $G \in \mathcal{G}_{[4;2]}$ 是普通对称博弈, 当且仅当,

$$
V_G = A V_1 + B V_2 + C V_3 + D V_4 + E V_5 + F V_6 + G V_7 + H V_8, \tag{6.7.30}
$$

这里, V_i, $i = 1, 2, \cdots, 8$ 形成了 $\mathcal{G}_{[4;2]}^o$ 的一个基底. 这组基底向量是

$$
V_1 = \begin{bmatrix} \delta_{16}^1 \\ \delta_{16}^1 \\ \delta_{16}^1 \\ \delta_{16}^1 \end{bmatrix}^{\mathrm{T}}, \quad
V_2 = \begin{bmatrix} \delta_{16}^2 + \delta_{16}^3 + \delta_{16}^5 \\ \delta_{16}^2 + \delta_{16}^3 + \delta_{16}^9 \\ \delta_{16}^2 + \delta_{16}^5 + \delta_{16}^9 \\ \delta_{16}^3 + \delta_{16}^5 + \delta_{16}^9 \end{bmatrix}^{\mathrm{T}}, \quad
V_3 = \begin{bmatrix} \delta_{16}^4 + \delta_{16}^6 + \delta_{16}^7 \\ \delta_{16}^4 + \delta_{16}^{10} + \delta_{16}^{11} \\ \delta_{16}^6 + \delta_{16}^{10} + \delta_{16}^{13} \\ \delta_{16}^7 + \delta_{16}^{11} + \delta_{16}^{13} \end{bmatrix}^{\mathrm{T}},
$$

$$
V_4 = \begin{bmatrix} \delta_{16}^8 \\ \delta_{16}^{12} \\ \delta_{16}^{14} \\ \delta_{16}^{15} \end{bmatrix}^{\mathrm{T}}, \quad
V_5 = \begin{bmatrix} \delta_{16}^9 \\ \delta_{16}^5 \\ \delta_{16}^3 \\ \delta_{16}^9 \end{bmatrix}^{\mathrm{T}}, \quad
V_6 = \begin{bmatrix} \delta_{16}^{10} + \delta_{11}^6 + \delta_{16}^{13} \\ \delta_{16}^6 + \delta_{16}^7 + \delta_{16}^{13} \\ \delta_{16}^4 + \delta_{16}^7 + \delta_{16}^{11} \\ \delta_{16}^4 + \delta_{16}^6 + \delta_{16}^{10} \end{bmatrix}^{\mathrm{T}},
$$

$$
V_7 = \begin{bmatrix} \delta_{16}^{12} + \delta_{16}^{14} + \delta_{16}^{15} \\ \delta_{16}^8 + \delta_{16}^{14} + \delta_{16}^{15} \\ \delta_{16}^8 + \delta_{16}^{12} + \delta_{16}^{15} \\ \delta_{16}^8 + \delta_{16}^{12} + \delta_{16}^{14} \end{bmatrix}^{\mathrm{T}}, \quad
V_8 = \begin{bmatrix} \delta_{16}^{16} \\ \delta_{16}^{16} \\ \delta_{16}^{16} \\ \delta_{16}^{16} \end{bmatrix}^{\mathrm{T}}.
$$

利用定理 6.7.1 和命题 6.7.3, 可立即推出如下结论.

命题 6.7.4　(i) $G \in \mathcal{S}_{[n;2]}^o$, 当且仅当, 方程

$$
Bv = V_G^{\mathrm{T}} \tag{6.7.31}
$$

有解 $v \in \mathbb{R}^{2n}$, 这里

$$B = \begin{bmatrix} I_{2^n} \\ W_{[2,4]} \otimes I_{2^{n-3}} \\ \vdots \\ W_{[2,2^{n-1}]} \end{bmatrix} H_n \tag{6.7.32}$$

是 $\mathcal{S}^o_{[n;2]}$ 的一个基底.

(ii)
$$\dim\left(\mathcal{S}^o_{[n;2]}\right) = 2n. \tag{6.7.33}$$

6.7.4 从对称博弈到势博弈

将 (6.7.31) 用到定理 6.2.1, 则可得到如下结论.

引理 6.7.2 一个对称博弈 $G \in \mathcal{S}^o_{[n;2]}$ 为一个势博弈, 当且仅当, 对任何 $v \subset \mathbb{R}^{2n}$,

$$E(n)\xi(n) = B(n)H_n v \tag{6.7.34}$$

有解 ξ, 这里

$$B(n) = \begin{bmatrix} -I_{2^n} + W_{[2,2]} \otimes I_{2^{n-2}} \\ -I_{2^n} + W_{[2,4]} \otimes I_{2^{n-3}} \\ -I_{2^n} + W_{[2,8]} \otimes I_{2^{n-4}} \\ \vdots \\ -I_{2^n} + W_{[2,2^{n-1}]} \end{bmatrix}, \tag{6.7.35}$$

$E(n) := E^w(n)$, 其中, 权重 $w_i = 1$, $i = 1, \cdots, n$ (见式 (6.2.8)).

注意到 (6.7.34) 对任意 v 有解, 则 (6.7.34) 与以下说法等价: 方程

$$E(n)K_n = B(n)H_n \tag{6.7.36}$$

有解 $K_n \in \mathcal{M}_{n2^{n-1} \times 2n}$. 实际上, $\mathrm{Col}_i(K_n)$ 是令 $v = \delta^i_{2n}$ 时得到的解 $\xi(n)$, $i = 1, 2, \cdots, 2n$.

引理 6.7.3 方程 (6.7.36) 的解 K_n 必定存在.

证明 我们用构造性的方法证明. 令

$$K_n := \mathbf{1}_n \otimes Q_n, \tag{6.7.37}$$

这里

$$Q_n := [\mathbf{0}_{2^{n-1}}, -R_n, R_n, \mathbf{0}_{2^{n-1}}],\tag{6.7.38}$$

并且, $R_n \in \mathcal{M}_{2^{n-1} \times (n-1)}$ 由如下递归定义

$$\begin{cases} R_2 = \begin{bmatrix} 1 \\ 0 \end{bmatrix}, \\ R_{t+1} = \begin{bmatrix} R_t & \mathbf{1}_{2^{t-1}} \\ \mathbf{0}_{2^{t-1}} & R_t \end{bmatrix}, & t \geqslant 2. \end{cases}\tag{6.7.39}$$

我们证明, 由 (6.7.37)—(6.7.39) 所定义的 K_n 满足 (6.7.36). 也就是说, 我们需要证明

$$(-E_1 + E_i)Q_n = \left(-I_{2^n} + W_{[2,2^{i-1}]} \otimes I_{2^{n-i}}\right) H_n, \quad i = 2, \cdots, n.\tag{6.7.40}$$

$\square$

为完成这个证明, 我们需要下面这个引理.

引理 6.7.4 记 $r_i = \mathrm{Col}_i(R_n)$, $i = 1, \cdots, n-1$, 则有

$$r_i^{\mathrm{T}} x_1 \cdots x_{n-1} = \begin{cases} 1, & \#(x, 1) \geqslant n - i, \\ 0, & 其他, \end{cases}\tag{6.7.41}$$

这里 $x = (x_1, \cdots, x_{n-1})$.

证明 我们用数学归纳法证明. 当 $n = 2$ 时显然 (6.7.40) 成立. 设 $n = k$ 时 (6.7.40) 也成立, 首先, 记 $r_i = \mathrm{Col}_i(R_k)$, 则有

$$r_i^{\mathrm{T}} x_1 \cdots x_{k-1} = \begin{cases} 1, & \#(x, 1) \geqslant k - i, \\ 0, & 其他. \end{cases}\tag{6.7.42}$$

其次, 将 R_{k+1} 按列表示为

$$R_{k+1} = \begin{bmatrix} r_1 & r_2 & \cdots & r_{k-1} & r_k \\ r_0 & r_1 & \cdots & r_{k-2} & r_{k-1} \end{bmatrix},\tag{6.7.43}$$

这里, $r_0 = \mathbf{0}_{2^{k-1}}$, $r_k = \mathbf{1}_{2^{k-1}}$.

于是, $\mathrm{Col}_s(R_{k+1}) = [r_s^{\mathrm{T}}, r_{s-1}^{\mathrm{T}}]^{\mathrm{T}}$, $s = 1, \cdots, k$. 利用假设 (6.7.42), 可得

$$
\begin{aligned}
&\mathrm{Col}_s(R_{k+1})^{\mathrm{T}} x_1 x_2 \cdots x_k \\
&= [r_s^{\mathrm{T}} x_2 \cdots x_k, r_{s-1}^{\mathrm{T}} x_2 \cdots x_k] x_1 \\
&= \begin{cases} 1, & x_1 = \delta_2^1, \ \#(x_{-1}, 1) \geqslant k - s, \\ 1, & x_1 = \delta_2^2, \ \#(x_{-1}, 1) \geqslant k - s + 1, \\ 0, & \text{其他} \end{cases} \\
&= \begin{cases} 1, & \#(x, 1) \geqslant k + 1 - s, \\ 0, & \text{其他}. \end{cases}
\end{aligned} \tag{6.7.44}
$$

因此, (6.7.41) 对 $n = k + 1$ 也成立. $\qquad\square$

下面继续证明引理 6.7.3.

继续证明引理 6.7.3 Q_n 与 H_n 的第 s 列分别记为 q_s 与 h_s. 将它们代入 (6.7.40) 各式中, 两边再取转置, 则对每个 $i = 2, \cdots, n$ 可得到下列等式:

$$
q_s^{\mathrm{T}}(-E_1^{\mathrm{T}} + E_i^{\mathrm{T}}) = h_s^{\mathrm{T}}(-I_{2^n} + W_{[2^{i-1},2]} \otimes I_{2^{n-i}}), \quad s = 1, 2, \cdots, 2n. \tag{6.7.45}
$$

不难看出, (6.7.45) 成立, 当且仅当, 对任何 $x = \ltimes_{i=1}^n x_i \in \Delta_{2^n}$,

$$
q_s^{\mathrm{T}}(-E_1^{\mathrm{T}} + E_i^{\mathrm{T}})x = h_s^{\mathrm{T}}(-I_{2^n} + W_{[2^{i-1},2]} \otimes I_{2^{n-i}})x, \quad s = 1, 2, \cdots, 2n. \tag{6.7.46}
$$

等价地, 我们有

$$
q_s^{\mathrm{T}}(-x_{-1} + x_{-i}) = h_s^{\mathrm{T}}(-x_1 x_{-1} + x_i x_{-i}), \tag{6.7.47}
$$

这里 $x_{-i} = \ltimes_{j \neq i}^n x_j$, $x_{-1} = \ltimes_{j \neq 1}^n x_j$, $s = 1, 2, \cdots, 2n$.

注意到

$$
q_s = \begin{cases} -r_{s-1}, & s \leqslant n, \\ r_{s-n}, & s > n, \end{cases} \tag{6.7.48}
$$

这里, $r_j = \mathrm{Col}_j(R_n)$, $j = 0, \cdots, n$, $\mathrm{Col}_0(R_n) := \mathrm{Col}_n(R_n) := \mathbf{0}_{2^{n-1}}$.

如果 $x_1 = x_i$, 则 $\#(x_{-i}) = \#(x_{-1})$. 根据引理 6.7.1 及引理 6.7.4, 不难看出 (6.7.47) 的两边均为 0.

如果 $x_1 \neq x_i$, 不失一般性, 可设 $x_1 = \delta_2^1$ 及 $x_i = \delta_2^2$, 于是

$$
\#(x_{-1}, 1) = \#(x_{-i}, 1) - 1. \tag{6.7.49}
$$

利用 (6.7.28) 及 (6.7.48) 可知, (6.7.47) 等价于

$$- \mathrm{Col}_{s-1}(R_n)^{\mathrm{T}}(-x_{-1} + x_{-i}) = - \mathrm{Col}_s(T_n)^{\mathrm{T}}x_{-1}, \quad s \leqslant n, \tag{6.7.50}$$

以及

$$\mathrm{Col}_{s-n}(R_n)^{\mathrm{T}}(-x_{-1} + x_{-i}) = \mathrm{Col}_{s-n}(T_n)^{\mathrm{T}}x_{-i}, \quad s > n. \tag{6.7.51}$$

由 (6.7.22) 可知, (6.7.50) 的右边 (记作 RHS) 等于 0, 除非

$$\mathrm{RHS} = -1, \quad \#(x_{-1}, 1) = n - s, \quad s = 2, \cdots, n. \tag{6.7.52}$$

因为 $x_i = \delta_2^2$ 且 $\#(x_{-1}, 1) = n - 1$ 是不可能的, 当 $s = 1$ 时, RHS $= -1$ 是不可能的.

再由 (6.7.41) 及 (6.7.49) 可知, (6.7.50) 的左边 (记作 LHS) 满足

$$\mathrm{LHS} = \begin{cases} -1, & \#(x_{-1}, 1) = n - s, \quad s = 2, \cdots, n, \\ 0, & \text{其他.} \end{cases} \tag{6.7.53}$$

因此, 当 $s \leqslant n$ 时有 LHS = RHS.

类似地, 我们也可以证明, 当 $s > n$ 时, (6.7.51) 成立.

于是可知, (6.7.45) 成立, 这就证明了引理 6.7.3. □

将 K_n 分块, 即令

$$K_n = \begin{bmatrix} K_n^1 \\ K_n^2 \\ \vdots \\ K_n^n \end{bmatrix},$$

这里, $K_n^i \in \mathcal{M}_{2^{n-1} \times 2n}$, $i = 1, \cdots, n$, 则得如下结论.

定理 6.7.2 给定 $G \in \mathcal{G}_{[n;2]}$, 如果 V_G 满足 (6.7.31), 也就是, $G \in \mathcal{S}_{[n;2]}^o$, 那么, 它就是一个势博弈.

并且, 其势函数的结构向量为

$$V_P = v^{\mathrm{T}} \left(H_n^{\mathrm{T}} - (K_n^1)^{\mathrm{T}} E_1^{\mathrm{T}} \right), \tag{6.7.54}$$

这里, $v \in \mathbb{R}^{2n}$ 是方程 (6.7.31) 的解.

例 6.7.3 考察一个对称布尔博弈 $G \in \mathcal{S}^o_{[4;2]}$, 设其已用一般形式 (6.7.30) 表示. 不难算出

$$K_4^1 = \begin{bmatrix} 0 & -1 & -1 & -1 & 1 & 1 & 1 & 0 \\ 0 & 0 & -1 & -1 & 0 & 1 & 1 & 0 \\ 0 & 0 & -1 & -1 & 0 & 1 & 1 & 0 \\ 0 & 0 & 0 & -1 & 0 & 0 & 1 & 0 \\ 0 & 0 & -1 & -1 & 0 & 1 & 1 & 0 \\ 0 & 0 & 0 & -1 & 0 & 0 & 1 & 0 \\ 0 & 0 & 0 & -1 & 0 & 0 & 1 & 0 \\ 0 & 0 & 0 & 0 & 0 & 0 & 0 & 0 \end{bmatrix}.$$

根据定义

$$E_1 = \mathbf{1}_2 \otimes I_{2^3}.$$

又 H_4 已在例 6.7.2 给出. 利用公式 (6.7.54), 可算出 G 的结构向量为

$$V_G = v^{\mathrm{T}} \left(H_4^{\mathrm{T}} - (K_4^1)^{\mathrm{T}} E_1^{\mathrm{T}} \right) := v^{\mathrm{T}} \Psi, \tag{6.7.55}$$

这里

$$v = [A,B,C,D,E,F,G,H]^{\mathrm{T}} \in \mathbb{R}^8,$$

并且

$$\Psi = \begin{bmatrix} 1 & 0 & 0 & 0 & 0 & 0 & 0 & 0 & 0 & 0 & 0 & 0 & 0 & 0 & 0 & 0 \\ 1 & 1 & 1 & 0 & 1 & 0 & 0 & 0 & 1 & 0 & 0 & 0 & 0 & 0 & 0 & 0 \\ 1 & 1 & 1 & 1 & 1 & 1 & 1 & 0 & 1 & 1 & 1 & 0 & 1 & 0 & 0 & 0 \\ 1 & 1 & 1 & 1 & 1 & 1 & 1 & 1 & 1 & 1 & 1 & 1 & 1 & 1 & 1 & 0 \\ -1 & 0 & 0 & 0 & 0 & 0 & 0 & 0 & 0 & 0 & 0 & 0 & 0 & 0 & 0 & 0 \\ -1 & -1 & -1 & 0 & -1 & 0 & 0 & 0 & -1 & 0 & 0 & 0 & 0 & 0 & 0 & 0 \\ -1 & -1 & -1 & -1 & -1 & -1 & -1 & 0 & -1 & -1 & -1 & 0 & -1 & 0 & 0 & 0 \\ 0 & 0 & 0 & 0 & 0 & 0 & 0 & 0 & 0 & 0 & 0 & 0 & 0 & 0 & 0 & 1 \end{bmatrix}.$$

注意, (6.7.55) 给出了 $G \in \mathcal{S}^o_{[4;2]}$ 的一个一般的结构公式.

6.7.5 加权布尔博弈

命题 6.7.5 考察一个有限布尔博弈 $G \in \mathcal{G}_{[n;2]}$. 设 G 为加权对称博弈, 其权重为 μ_i, $i=1,\cdots,n$, 即 G 满足 (6.7.4). 则 G 为加权势博弈, 其权重为 $w_i = \dfrac{1}{\mu_i}$, $i=1,\cdots,n$.

证明　构造一个辅助博弈 $G^\mu \in \mathcal{G}_{[n;2]}$, 其支付函数为

$$c_i^\mu(x) := \mu_i c_i(x), \quad i = 1, \cdots, n.$$

那么, (6.7.4) 保证了 G^μ 是一个普通对称博弈. 根据定理 6.7.2, G^μ 是一个势博弈. 因此, 存在势函数 P, 使得

$$\mu_i c_i(x_i, s_{-i}) - \mu_i c_i(y_i, s_{-i}) = P(x_i, s_{-i}) - P(y_i, s_{-i}), \quad i = 1, \cdots, n. \tag{6.7.56}$$

(6.7.56) 表明, G 是一个加权势博弈, 其权重为 $w_i = \dfrac{1}{\mu_i}$, $i = 1, \cdots, n$. □

利用 $w_i = \dfrac{1}{\mu_i}$, 势矩阵 (6.2.8) 可改写成

$$E_\mu(n) := \begin{bmatrix} -\mu_1 E_1 & \mu_2 E_2 & 0 & \cdots & 0 \\ -\mu_1 E_1 & 0 & \mu_3 E_3 & \cdots & 0 \\ \vdots & \vdots & \vdots & & \vdots \\ -\mu_1 E_1 & 0 & 0 & \cdots & \mu_n E_n \end{bmatrix}. \tag{6.7.57}$$

同时, 相应的 b 变为

$$b_\mu(n) = \begin{bmatrix} b_\mu^2 \\ b_\mu^3 \\ \vdots \\ b_\mu^n \end{bmatrix} = \begin{bmatrix} (\mu_2 V_2^c - \mu_1 V_1^c)^{\mathrm{T}} \\ (\mu_3 V_3^c - \mu_1 V_1^c)^{\mathrm{T}} \\ \vdots \\ (\mu_n V_n^c - \mu_1 V_1^c)^{\mathrm{T}} \end{bmatrix}. \tag{6.7.58}$$

于是, 势方程 (6.2.7) 变为

$$E_\mu(n)\xi_\mu(n) = b_\mu(n). \tag{6.7.59}$$

因此, 我们有如下推论.

推论 6.7.1　给定加权对称布尔博弈 $G \in \mathcal{S}_{[n;2]}^w$. 其势函数的结构向量为

$$V_P = \mu_1 \left(V_1^c - \left(\xi_\mu^1\right)^{\mathrm{T}} E_1^{\mathrm{T}} \right), \tag{6.7.60}$$

这里, $\xi_\mu^1 \in \mathbb{R}^{2^{n-1}}$ 是由方程 (6.7.59) 解 $\xi_\mu(n)$ 的第一个分量, 即由其首 2^{n-1} 个元素组成的向量.

最后, 要检验一个 $G \in \mathcal{G}_{[n;k]}$ 是否加权对称, 从以上的讨论可知, 定理 6.7.1 可略微改写如下:

命题 6.7.6 一个博弈 $G \in \mathcal{G}_{[n;k]}$ 是关于加权 $\{\mu_i, \ i = 1, \cdots, n\}$ 的对称博弈, 当且仅当,

(i) (6.7.16) 成立;

(ii)

$$V_i^c = e_i V_1^c W_{[k^{i-1}, k]}, \quad i = 2, 3, \cdots, n. \tag{6.7.61}$$

这里, $e_i = \dfrac{\mu_1}{\mu_i} > 0$, $i = 2, \cdots, n$.

下面讨论一个例子.

例 6.7.4 回忆例 6.7.1. 因为 $\mu_1 = 3$, $\mu_2 = 2$, 其修正的辅助博弈 G^μ 的支付双矩阵见表 6.7.2.

表 6.7.2 G^μ 的支付双矩阵

P_1 \ P_2	1	2
1	6, 6	12, 18
2	18, 12	12, 12

于是有

$$V_{G^\mu} = [6, 12, 18, 12, 6, 18, 12, 12].$$

利用公式 (6.7.31),

$$V_{G^\mu} = v^T[H_2^T, H_2^T W_{[2,2]}^T]$$
$$= v^T \begin{bmatrix} 1 & 0 & 0 & 0 & 1 & 0 & 0 & 0 \\ 0 & 1 & 0 & 0 & 0 & 0 & 1 & 0 \\ 0 & 0 & 1 & 0 & 0 & 1 & 0 & 0 \\ 0 & 0 & 0 & 1 & 0 & 0 & 0 & 1 \end{bmatrix}.$$

于是有

$$v = [6, 12, 18, 12]^T.$$

注意到 $H_2 = I_4$, $E_1 = \mathbf{1}_2 \otimes I_2$,

$$K_2^1 = \begin{bmatrix} 0 & 0 & 1 & 0 \\ 0 & 1 & 0 & 0 \end{bmatrix}.$$

将它们代入 (6.7.54) 则得

$$V_P = v^T \Psi.$$

这里

$$\Psi = H_2^{\mathrm{T}} - K_2^1 E_1^{\mathrm{T}} = \begin{bmatrix} 1 & 0 & 0 & 0 \\ 0 & 0 & 0 & -1 \\ -1 & 0 & 0 & 0 \\ 0 & 0 & 0 & 1 \end{bmatrix}.$$

最后可得

$$V_P = [-12, 0, 0, 0],$$

即势函数为

$$P(x_1, x_2) = [-12, 0, 0, 0]x_1 x_2.$$

6.7.6 重置名布尔博弈

考察一个重置名对称博弈 $G^r \in \mathcal{S}_{[n;k]}^r$. 设 G^r 的支付函数的结构向量为 V_i^r, $i = 1, \cdots, n$. 直接计算可得 (亦可参见 [36])

$$V_i^r = V_i^c \Gamma_r^{\mathrm{T}} = V_i^c (P_{r_1} \otimes P_{r_2} \otimes \cdots \otimes P_{r_n})^{\mathrm{T}}, \quad i = 1, \cdots, n, \tag{6.7.62}$$

这里 P_{r_i} 是置换 r_i 的结构矩阵.

定义 6.7.6 一个博弈 $G \in \mathcal{G}_{[n;k]}$ 称为重置名势博弈, 如果存在重置名 $r = (r_1, \cdots, r_n)$, $r_i \in \mathbf{S}_k$, $i = 1, \cdots, n$, 使得重置名博弈 G^r 为势博弈.

注意到 $r_i \in \mathbf{S}_k$ 只改变 $\mathbf{S}_i$ 中策略的排列顺序, 因此, 如果重置名博弈 G^r 满足对每个 i, 每个 $s_{-i} \in \mathbf{S}_{-i}$,

$$c_i^r(x_i, s_{-i}) - c_i^r(y_i, s_{-i}) = P^r(x_i, s_{-i}) - P^r(y_i, s_{-i}), \quad \forall x_i, y_i \in S_i, \tag{6.7.63}$$

那么, G 也满足 (6.7.63).

将定理 6.2.1 用于 G^r 则得如下结果.

命题 6.7.7 (i) 一个博弈 $G \in \mathcal{G}_{[n;k]}$ 是关于重命名 $r = (r_i, \cdots, r_n)$ 的重命名势博弈, 当且仅当,

$$E(n)\xi(n) = (I_{n-1} \otimes \Gamma_r)b(n) \tag{6.7.64}$$

有解, 这里, $E(n)$, $b(n)$ 以及 $\xi(n)$ 见 (6.2.6)—(6.2.8), n 指玩家个数 (在 (6.2.8) 中 $w_i = 1$, $i = 1, \cdots, n$).

(ii) 如果 (6.7.64) 有解, 那么, 势函数的结构向量为

$$V^{P^r} = V_1^c \Gamma_r^{\mathrm{T}} - \xi_1^{\mathrm{T}} E_1^{\mathrm{T}}, \tag{6.7.65}$$

这里, ξ_1 是 (6.7.59) 解的第一块分量.

最后考虑布尔博弈的情况, 即 $G \in \mathcal{S}_{[n;2]}^r$. 从前面的讨论可知: G^r 是普通对称的, 因此是势博弈. 同时, G 也是势博弈, 且与 G^r 有相同的势函数.

并且, 公式 (6.7.54) 可以用来计算 G 的势函数. 步骤如下:

第 1 步 构造 G^r 的势函数: 利用式 (6.7.54) 可得

$$V^{P^r} = v^{\mathrm{T}} \left(H_n^{\mathrm{T}} - (K_n^1)^{\mathrm{T}} E_1^{\mathrm{T}} \right).$$

于是有关于 G^r 的势函数

$$P^r(x) = V^{P^r} \ltimes_{i=1}^n x_i.$$

注意到

$$r_i^{-1}(x_i) = P_{r_i^{-1}} x_i = P_{r_i}^{\mathrm{T}} x_i, \quad i = 1, \cdots, n.$$

第 2 步 构造 G 的势函数:

$$\begin{aligned}
P^r(x) &= V^{P^r} x \\
&= P(r_1^{-1}(x_1), \cdots, r_n^{-1}(x_n)) \\
&= V_P(P_{r_1}^{\mathrm{T}} \otimes P_{r_2}^{\mathrm{T}} \cdots \otimes P_{r_n}^{\mathrm{T}}) x \\
&= V_P \Gamma_r^{\mathrm{T}} x.
\end{aligned} \tag{6.7.66}$$

于是有

$$V_P = V^{P^r} \Gamma_r. \tag{6.7.67}$$

下面给一个重置名对称布尔博弈的例子.

例 6.7.5 考察性别战, 其支付双矩阵见表 6.7.3. 不难验证, 它是关于 $r_1 = \mathbf{id}$ 及 $r_2 = (1, 2)$ 的重置名对称博弈.

表 6.7.3 性别战支付双矩阵

P_1 \ P_2	F	C
F	2, 1	0, 0
C	0, 0	1, 2

于是可得

$$V_{G^r} = [0, 2, 1, 0, 0, 1, 2, 0].$$

并且,

$$V_{G^r} = v^{\mathrm{T}}(H_2^{\mathrm{T}}, H_2^{\mathrm{T}}W_{[2,2]}^{\mathrm{T}})$$

$$= v^{\mathrm{T}} \begin{bmatrix} 1 & 0 & 0 & 0 & 1 & 0 & 0 & 0 \\ 0 & 1 & 0 & 0 & 0 & 0 & 1 & 0 \\ 0 & 0 & 1 & 0 & 0 & 1 & 0 & 0 \\ 0 & 0 & 0 & 1 & 0 & 0 & 0 & 1 \end{bmatrix}.$$

容易解出

$$v = [0, 2, 1, 0]^{\mathrm{T}}.$$

注意到 $H_2 = I_4$, $E_1 = \mathbf{1}_2 \otimes I_2$, 可得

$$K_2^1 = \begin{bmatrix} 0 & -1 & 1 & 0 \\ 0 & 0 & 0 & 0 \end{bmatrix}.$$

代入 (6.7.54) 得

$$V^{P^r} = v^{\mathrm{T}}\Psi.$$

这里

$$\Psi = H_2^{\mathrm{T}} - (K_2^1)^{\mathrm{T}}E_1^{\mathrm{T}} = \begin{bmatrix} 1 & 0 & 0 & 0 \\ 1 & 1 & 1 & 0 \\ -1 & 0 & 0 & 0 \\ 0 & 0 & 0 & 1 \end{bmatrix}.$$

因此有

$$V^{P^r} = v^{\mathrm{T}}\Psi = [1, 2, 2, 0].$$

利用公式 (6.7.67) 可得

$$V_P = V^{P^r}(I_2 \otimes M_n) = [2, 1, 0, 2].$$

故性别战的势函数为

$$P(x) = [2, 1, 0, 2]x_1 x_2.$$

6.7.7 翻转对称布尔博弈

前面我们看到, 一个 (普通、重置名或加权) 对称布尔博弈是一个势博弈 (或加权势博弈). 大致可以这样说: 对于布尔博弈, "对称" 博弈 ⇒ 势博弈. 一个自然的问题是, 势博弈能推出对称博弈吗?

本节讨论一种布尔博弈, 它不属于 (普通、重置名或加权) 对称博弈, 但它也是势博弈.

定义 6.7.7 一个博弈 $G \in \mathcal{G}_{[n;2]}$ 称为翻转对称布尔博弈 (flipped symmetry Boolean game), 如果

$$c_i(\neg x_1, x_2, \cdots, \neg x_i, \cdots, x_n) = c_1(x_1, \cdots, x_n), \quad i = 2, \cdots, n. \tag{6.7.68}$$

下面这个命题可用于检验翻转对称布尔博弈.

命题 6.7.8 一个博弈 $G \in \mathcal{G}_{[n;2]}$ 是翻转对称的, 当且仅当,

$$V_i^c = V_1^c \left(I_{2^{i-1}} \otimes M_n \right) M_n, \quad i = 2, 3, \cdots, n. \tag{6.7.69}$$

证明 将 (6.7.68) 转为代数形式, 再利用矩阵半张量积基本性质, 即得 (6.7.69). $\square$

例 6.7.6 给定一个 $G \in \mathcal{G}_{[2;2]}$. 直接验证可知, G 是一个翻转对称布尔博弈, 当且仅当, 其支付双矩阵如表 6.7.4.

表 6.7.4 二人翻转对称布尔博弈的支付双矩阵

P_1 \ P_2	1	2
1	a, b	c, d
2	d, c	b, a

对翻转对称布尔博弈, 有如下结果.

定理 6.7.3 一个翻转对称布尔博弈是一个势博弈.

证明 利用 (6.7.69), 可知

$$(V_i^c)^{\mathrm{T}} - (V_1^c)^{\mathrm{T}} = \left[M_n \left(I_{2^{i-1}} \otimes M_n \right) - I_{2^i} \right] (V_1^c)^{\mathrm{T}}, \quad i = 2, \cdots, n. \tag{6.7.70}$$

从 (6.7.70) 出发, 通过简单的代数变换可得

$$\begin{bmatrix} (V_2^c - V_1^c)^{\mathrm{T}} \\ (V_3^c - V_1^c)^{\mathrm{T}} \\ \vdots \\ (V_n^c - V_1^c)^{\mathrm{T}} \end{bmatrix} = \begin{bmatrix} M_n \otimes M_n \otimes I_{2^{n-2}} - I_{2^n} \\ M_n \otimes I_2 \otimes M_n \otimes I_{2^{n-3}} - I_{2^n} \\ \vdots \\ M_n \otimes I_{2^{n-2}} \otimes M_n - I_{2^n} \end{bmatrix} (V_1^c)^{\mathrm{T}}$$

$$:= \begin{bmatrix} \Gamma_1 \\ \Gamma_2 \\ \vdots \\ \Gamma_n \end{bmatrix} (V_1^c)^{\mathrm{T}} := \Gamma (V_1^c)^{\mathrm{T}}. \tag{6.7.71}$$

令

$$B = \begin{bmatrix} \mathbf{1}_2^{\mathrm{T}} \otimes I_{2^{n-1}} \\ M_n \otimes \mathbf{1}_2^{\mathrm{T}} \otimes I_{2^{n-2}} \\ M_n \otimes I_2 \otimes \mathbf{1}_2^{\mathrm{T}} \otimes I_{2^{n-3}} \\ \vdots \\ M_n \otimes I_{2^{n-2}} \otimes \mathbf{1}_2^{\mathrm{T}} \end{bmatrix} := \begin{bmatrix} B_1 \\ B_2 \\ \vdots \\ B_n \end{bmatrix}. \tag{6.7.72}$$

对任何 $i = 2, \cdots, n$, 不难验证

$$- E_1 B_1 + E_i B_i$$

$$= -E_1 \mathbf{1}_2^{\mathrm{T}} \otimes I_{2^{n-1}} + E_i M_n \otimes I_{2^{i-2}} \otimes \mathbf{1}_2^{\mathrm{T}} \otimes I_{2^{n-i}}$$

$$= - \begin{bmatrix} 1, 1 \\ 1, 1 \end{bmatrix} \otimes I_{2^{n-1}} + M_n \otimes I_{2^{i-2}} \otimes \begin{bmatrix} 1, 1 \\ 1, 1 \end{bmatrix} \otimes I_{2^{n-i}}$$

$$= -(M_n + I_2) \otimes I_{2^{n-1}} + M_n \otimes I_{2^{i-2}} \otimes (M_n + I_2) \otimes I_{2^{n-i}}$$

$$= M_n \otimes I_{2^{i-2}} \otimes M_n \otimes I_{2^{n-i}} - I_{2^n}$$

$$= \Gamma_i. \tag{6.7.73}$$

因此可知

$$E(n)B = \Gamma. \tag{6.7.74}$$

这说明

$$B \left(V_1^c \right)^{\mathrm{T}} \tag{6.7.75}$$

是势方程 (6.2.7) 的解 (这里, $w_i = 1, \forall i$). 结论显见.   □

不难算出

$$\xi_1 = \left(\mathbf{1}_2^{\mathrm{T}} \otimes I_{2^{n-1}} \right) \left(V_1^c \right)^{\mathrm{T}}.$$

根据公式 (6.2.9), 势函数的结构向量为

$$V_P = V_1^c [I_{2^n} - (\mathbf{1}_2 \otimes I_{2^{n-1}}) E_1^{\mathrm{T}}]$$

$$= -V_1^c (M_n \otimes I_{2^{n-1}}). \tag{6.7.76}$$

注 从翻转对称布尔博弈可以看出, 对于布尔博弈:

$$(\text{加权}) \text{ 对称} \implies (\text{加权}) \text{ 势}.$$

但它的逆命题不成立.

第 7 章 不完全信息博弈

不完全信息博弈也称贝叶斯博弈 (Bayesian game). 本书前几章讨论的都是完全信息博弈, 它假定每个玩家对所有玩家的策略与相应收益函数都有完全的了解. 对于不完全信息博弈, 至少有一个玩家, 他只知道其他玩家的几种可能的策略集选择, 而不能准确知道他们的策略集与相应支付.

与完全信息博弈相比, 不完全信息博弈有更多的应用, 这是因为在现实世界中, 信息不完全或具有不确定性的系统是大量存在的. 教程 [53] 给出一些经典的例子, 例如, 非对称信息下的古诺竞争 (Cournot competition)、价格优先的密封拍卖等. 它有许多实际应用, 见 [48, 54, 64].

7.1 静态贝叶斯博弈

作为预备知识, 我们回忆一下概率论中的两个公式:

(i) 条件概率公式: 设 A, B 为两个事件, 且 $P(A) > 0$. 那么, 在 A 发生时 B 发生的概率为

$$P(B|A) = \frac{P(A \cap B)}{P(A)}. \tag{7.1.1}$$

(ii) 贝叶斯公式: 设 $B_1, B_2, \cdots, B_n$ 为样本空间的一个分割, 且 $P(B_i) > 0$, $i = 1, 2, \cdots, n$. 那么, 对任一事件 A, $P(A) > 0$, 则有

$$P(B_i|A) = \frac{P(B_i)P(A|B_i)}{\sum\limits_{i=1}^{n} P(B_i)P(A|B_i)}. \tag{7.1.2}$$

定义 7.1.1 [53] 一个有限静态贝叶斯博弈 (或称不完全信息博弈) 可表示为一个五元组, $G = (N, T, A, c, p)$, 这里

(i) 玩家:

$$N = \{1, 2, \cdots, n\}, \tag{7.1.3}$$

即这个博弈有 n 个玩家.

(ii) 类型:

$$T = \{T_1, T_2, \cdots, T_n\},$$ (7.1.4)

这里

$$T_i = \{t_i^1, t_i^2, \cdots, t_i^{s_i}\}, \quad i = 1, 2, \cdots, n.$$ (7.1.5)

它表示第 i 个玩家可能被指定的类型.

(iii) 局势-策略:

$$A = A_1 \times A_2 \times \cdots \times A_n,$$ (7.1.6)

这里, A 为局势集合, 它是 A_i 的乘积集合, 而

$$A_i = \{A_i^1, A_i^2, \cdots, A_i^{r_i}\}, \quad i = 1, 2, \cdots, n$$ (7.1.7)

为第 i 个玩家所有可能的策略集合. 注意到, 当第 i 个玩家被指定为类型 t_i^j 后, 其可用策略为

$$A_i(t_i^j) \subset A_i, \quad j = 1, 2, \cdots, s_i, \, i = 1, \cdots, n.$$ (7.1.8)

(iv) 支付函数:

$$c_i : A_1(t_1^{j_1}) \times A_2(t_2^{j_2}) \times \cdots \times A_n(t_n^{j_n}) \to \mathbb{R}, \quad i = 1, 2, \cdots, n$$ (7.1.9)

表示第 i 个玩家的支付函数. 注意, 这时支付函数不仅依赖于 A_i, $i = 1, 2, \cdots, n$, 并且依赖于类型 $t = (t_1^{j_1}, t_2^{j_2}, \cdots, t_n^{j_n})$.

(v) 推断 (belief): 利用贝叶斯公式可得

$$p_{t_i} := \Pr(t_{-i} \mid t_i) = \frac{\Pr(t_1, t_2, \cdots, t_n)}{\Pr(t_i)}$$
$$= \frac{\Pr(t_i, t_{-i})}{\sum\limits_{t_{-i}} \Pr(t_i, t_{-i})}.$$ (7.1.10)

这里, $\Pr(t_i, t_2, \cdots, t_n)$ 是一个先验的概率分布, 它是所有玩家的共同知识. 而 t_i 是玩家 i 的个人信息.

将策略与类型用向量形式表示, 则得

$$A_i = \{\delta_{r_i}^j \mid 1 \leqslant j \leqslant r_i\};$$
$$T_i = \{\delta_{s_i}^j \mid 1 \leqslant j \leqslant s_i\}, \quad i = 1, 2, \cdots, n.$$

因为在某个特定类型下有些策略不允许使用. 为了将支付函数定义域一般化, 可将支付函数 c_i 扩充为 $\bar{c}_i$. 支付函数可表示如下:

$$
\begin{aligned}
&\bar{c}_i(a_1,\cdots,a_n;t_1,\cdots,t_n)\\
&=\begin{cases}c_i(a_1,\cdots,a_n;t_1,\cdots,t_n), & a_j\in A_j(t_j),\ \forall j,\\ -\infty, & \text{其他}, \quad 1\leqslant i\leqslant n.\end{cases}
\end{aligned}\tag{7.1.11}
$$

记 $r=\prod_{i=1}^n r_i$, $s=\prod_{i=1}^n s_i$, 并令

$$\mathbb{R}_{-\infty}^{st}=\mathbb{R}\cup\{-\infty\}^{st}$$

那么, 当策略与类型用向量表示时, 有

$$\bar{c}_i:\Delta_{rs}\to\mathbb{R}_{-\infty}^{st},\quad 1\leqslant i\leqslant n.\tag{7.1.12}$$

利用 (7.1.11), 则显然对每个 i 存在唯一的行向量 $V_i\in\mathbb{R}_{-\infty}^{st}$, 使得

$$\bar{c}_i=V_i tx,\quad 1\leqslant i\leqslant n,\tag{7.1.13}$$

这里, $x=\ltimes_{i=1}^n x_i$, $t=\ltimes_{i=1}^n t_i$.

注 (i) 这里, 我们假定每个玩家的目的, 都是要极大化他的收益. 因此, 极大化 $\bar{c}_i$ 就等于极大化实际支付函数 c_i. 假如每个玩家的目标是极小化他的花费, 则在式 (7.1.11) 中应当用 $+\infty$ 取代 $-\infty$.

(ii) 事实上, 式 (7.1.13) 给出了一个自然的向量空间结构: $c_i(x,t)\in\mathbb{R}^{rs}$. 于是

$$\{c_i(x,t)\mid i=1,\cdots,n;x=a_1a_2\cdots a_n\in\Delta_r;t=t_1t_2\cdots t_n\in\Delta_s\}\cong\mathbb{R}^{nrs}.$$

例 7.1.1 考察一个有限贝叶斯博弈

$$G=(N,T,A,c,p),\tag{7.1.14}$$

这里 $N=\{1,2\}$,

$$T=\{T_1,T_2\}:\quad T_1=\{t_1^1,t_1^2\},\qquad T_2=\{t_2^1,t_2^2\};$$
$$A=\{A_1,A_2\}:\quad A_1=\{a_1^1,a_1^2,a_1^3\},\quad A_2=\{a_2^1,a_2^2,a_2^3\};$$

$$A_1(t_1^1)=\{a_1^1,a_1^2\},\qquad A_1(t_1^2)=\{a_1^2,a_1^3\};$$
$$A_2(t_2^1)=\{a_2^1,a_2^2,a_2^3\},\quad A_2(t_2^2)=\{a_2^1,a_2^3\}.$$

不同类型下的支付函数见表 7.1.1—表 7.1.4.

表 7.1.1　类型 $t_1^1 - t_2^1$ 下的支付函数

P_1 ＼ P_2	a_2^1	a_2^2	a_2^3
a_1^1	2, 3	1, 4	1, -2
a_1^2	1, -2	2, 1	0, -3

表 7.1.2　类型 $t_1^1 - t_2^2$ 下的支付函数

P_1 ＼ P_2	a_2^1	a_2^3
a_1^1	-1, 2	1, 3
a_1^2	1, -2	-2, 0

表 7.1.3　类型 $t_1^2 - t_2^1$ 下的支付函数

P_1 ＼ P_2	a_2^1	a_2^2	a_2^3
a_1^2	3, 5	2, 4	2, 0
a_1^3	2, -2	-2, 4	3, 3

表 7.1.4　类型 $t_1^2 - t_2^2$ 下的支付函数

P_1 ＼ P_2	a_2^1	a_2^3
a_1^2	2, 1	-1, -3
a_1^3	2, 2	-1, -2

先验概率分布见表 7.1.5.

表 7.1.5　先验概率分布

t_1 ＼ t_2	t_2^1	t_2^2
t_1^1	0.3	0.2
t_1^2	0.1	0.4

利用条件概率公式可得

$$\Pr(t_2^1 \mid t_1^1) = \frac{\Pr(t_1^1 \cap t_2^1)}{\Pr(t_1^1)} = \frac{\Pr(t_1^1 \cap t_2^1)}{\Pr(t_1^1 \cap t_2^1) + \Pr(t_1^1 \cap t_2^2)} = 0.6;$$

$$\Pr(t_2^2 \mid t_1^1) = 0.4; \quad \Pr(t_2^1 \mid t_1^2) = 0.2; \quad \Pr(t_2^2 \mid t_1^2) = 0.8;$$

$$\Pr(t_1^1 \mid t_2^1) = 0.75; \quad \Pr(t_1^2 \mid t_2^1) = 0.25; \quad \Pr(t_1^1 \mid t_2^2) = \frac{1}{3};$$

$$\Pr(t_1^2 \mid t_2^2) = \frac{2}{3}.$$

于是可得以下推断:

$$p_{t_1^1} = (0.6,\ 0.4)^{\mathrm{T}}, \qquad p_{t_1^2} = (0.2,\ 0.8)^{\mathrm{T}};$$

$$p_{t_2^1} = (0.75,\ 0.25)^{\mathrm{T}}, \qquad p_{t_2^2} = \left(\frac{1}{3},\ \frac{2}{3}\right)^{\mathrm{T}}. \tag{7.1.15}$$

最后考虑不同策略下的支付函数, 其值见表 7.1.6.

表 7.1.6 不同策略下的支付函数

c \ (x,t)	(δ_4^1, d_9^1)	(δ_4^1, δ_9^2)	(δ_4^1, d_9^3)	(δ_4^1, δ_9^4)	(δ_4^1, d_9^5)	(δ_4^1, δ_9^6)	(δ_4^1, d_9^7)	(δ_4^1, δ_9^8)
$\bar{c}_1$	2	1	1	1	2	0	$-\infty$	$-\infty$
$\bar{c}_2$	3	4	-2	-2	1	-3	$-\infty$	$-\infty$

c \ (x,t)	(δ_4^1, d_9^9)	(δ_4^2, δ_9^1)	(δ_4^2, d_9^2)	(δ_4^2, δ_9^3)	(δ_4^2, d_9^4)	(δ_4^2, δ_9^5)	(δ_4^2, d_9^6)	(δ_4^2, δ_9^7)
$\bar{c}_1$	$-\infty$	-1	$-\infty$	1	1	$-\infty$	-2	$-\infty$
$\bar{c}_2$	$-\infty$	2	$-\infty$	3	-2	$-\infty$	0	$-\infty$

c \ (x,t)	(δ_4^2, d_9^8)	(δ_4^2, δ_9^9)	(δ_4^3, d_9^1)	(δ_4^3, δ_9^2)	(δ_4^3, d_9^3)	(δ_4^3, δ_9^4)	(δ_4^3, d_9^5)	(δ_4^3, δ_9^6)
$\bar{c}_1$	$-\infty$	$-\infty$	$-\infty$	$-\infty$	$-\infty$	3	2	2
$\bar{c}_2$	$-\infty$	$-\infty$	$-\infty$	$-\infty$	$-\infty$	5	4	0

c \ (x,t)	(δ_4^3, d_9^7)	(δ_4^3, δ_9^8)	(δ_4^3, d_9^9)	(δ_4^4, δ_9^1)	(δ_4^4, d_9^2)	(δ_4^4, δ_9^3)	(δ_4^4, d_9^4)	(δ_4^4, δ_9^5)
$\bar{c}_1$	2	-2	3	$-\infty$	$-\infty$	$-\infty$	2	$-\infty$
$\bar{c}_2$	-2	4	3	$-\infty$	$-\infty$	$-\infty$	-1	$-\infty$

c \ (x,t)	(δ_4^4, d_9^6)	(δ_4^4, δ_9^7)	(δ_4^4, d_9^8)	(δ_4^4, δ_9^9)
$\bar{c}_1$	1	2	$-\infty$	-1
$\bar{c}_2$	-3	2	$-\infty$	-2

将支付函数表示为向量形式为

$$\begin{cases} \bar{c}_1 = V_1^{\bar{c}} tx, \\ \bar{c}_2 = V_2^{\bar{c}} tx, \end{cases}$$

这里

$$\begin{aligned} V_1^{\bar{c}} = [&2, 1, 1, 1, 2, 0, -\infty, -\infty, -\infty, -1, -\infty, 1, \\ &1, -\infty, -2, -\infty, -\infty, -\infty, -\infty, -\infty, -\infty, 3, 2, 2, \\ &2, -2, 3, -\infty, -\infty, -\infty, 2, -\infty, -1, 2, -\infty, -1]; \\ V_2^{\bar{c}} = [&3, 4, -2, -2, 1, -3, -\infty, -\infty, -\infty, 2, -\infty, 3, \\ &-2, -\infty, 0, -\infty, -\infty, -\infty, -\infty, -\infty, -\infty, 5, 4, 0, \\ &-2, 4, 3, -\infty, -\infty, -\infty, -1, -\infty, 3, 2, -\infty, -2]. \end{aligned}$$

7.2　贝叶斯-纳什均衡

本节首先介绍两种类型:

定义 7.2.1　对有限贝叶斯博弈, 定义两种信息类型 (information style):

(i) 自然信息.

这种信息由预先给定的一个概率分布 $\Pr(t_1, t_2, \cdots, t_n)$ 决定. 这个分布称为先验概率分布, 是所有玩家同享的公共知识.

每个玩家 i 的独家信息是他自己的类型 t_i, 这个类型是自然赋予的.

(ii) 玩家信息.

每个玩家除知道先验概率分布外, 还可以自由选择自己的类型. 这时, t_i 成为玩家 i 策略的一部分, $i = 1, 2, \cdots, n$.

考虑预期的支付函数值, 不难得到以下结果.

命题 7.2.1　有限贝叶斯博弈的支付函数的期望值依赖于信息类型. 期望值分别如下:

(i) 自然信息.

当局势为 $a = (a_1, a_2, \cdots, a_n)$ 时, 玩家 i 的期望收益为

$$e_i^N(a) := E_i(a(T)) = \sum_{t \in T} p_t V_i^c ta, \quad i = 1, 2, \cdots, n. \tag{7.2.1}$$

(ii) 玩家信息.

当局势由 $a = (a_1, a_2, \cdots, a_n)$ 以及 t_i^j 构成时, 玩家 i 的期望支付为

$$e_i^H(a, t_i^j) := E_i(a(T)|t_i = t_i^j)$$

$$= \sum_{t_{-i} \in T_{-i}} p_{t_i^j}(t_{-i}) V_i^c t(t_i^j, t_{-i}) a, \quad i = 1, 2, \cdots, n. \tag{7.2.2}$$

证明　利用公式 (7.1.13) 及先验概率分布, 直接计算即可得到.　　□

定义 7.2.2　给定一个有限静态贝叶斯博弈 $G = (N, T, A, c, p)$.

(i) 在自然信息下:

一个局势 $(a_1^*, a_2^*, \cdots, a_n^*)$ 称为一个纯贝叶斯-纳什均衡, 如果对任何 i 和任何 $t_i \in T_i$, 下列不等式成立:

$$E_i^N(a^*(t)|t_i) \geqslant E_i^H\left(a_1^*(t_1), \cdots, a_{i-1}^*(t_{i-1}), a_i, a_{i+1}^*(t_{i+1}), \cdots, a_n^*(t_n)|t_i\right),$$
$$\forall t_i \in T_i; \quad i = 1, 2, \cdots, n.$$

$$\tag{7.2.3}$$

(ii) 在玩家信息下:

一个局势 $(a_1^*(t_1^*), a_2^*(t_2^*), \cdots, a_n^*(t_n^*))$ 称为一个纯贝叶斯-纳什均衡, 如果对任何 i 和任何 $t \in T$, 下列不等式成立:

$$E_i^{\mathrm{H}}\left(a_1^*(t_1^*), a_2^*(t_2^*), \cdots, a_n^*(t_n^*)\right) \geqslant E_i^{\mathrm{H}}\left(a_1^*(t_1^*), \cdots, a_{i-1}^*(t_{i-1}^*), a_i(t_i),\right.$$
$$\left. a_{i+1}^*(t_{i+1}^*), \cdots, a_n^*(t_n^*)\right),$$
$$\forall t_i \in T_i, \quad i = 1, 2, \cdots, n. \tag{7.2.4}$$

定义 7.2.3 考察一个有限静态贝叶斯博弈 $G = (N, T, A, c, p)$. 给定 t_i^j, 则 t_i^j 关于 t_{-i} 的推断向量定义为

$$p_{t_i^j} := E(t_{-i} \in T_{-i} | t_i = t_i^j)$$

$$= \begin{bmatrix} \mathrm{Pr}\left(t_{-i} = (t_1^1, \cdots, t_{i-1}^1, t_{i+1}^1, \cdots, t_n^1) | t_i = t_i^j\right) \\ \mathrm{Pr}\left(t_{-i} = (t_1^1, \cdots, t_{i-1}^1, t_{i+1}^1, \cdots, t_n^2) | t_i = t_i^j\right) \\ \vdots \\ \mathrm{Pr}\left(t_{-i} = (t_1^{s_1}, \cdots, t_{i-1}^{s_{i-1}}, t_{i+1}^{s_{i+1}}, \cdots, t_n^{s_n}) | t_i = t_i^j\right) \end{bmatrix} \in \Upsilon_{s/s_i},$$

$$i = 1, 2, \cdots, n. \tag{7.2.5}$$

例 7.2.1 考察一个贝叶斯博弈, 其先验概率分布见表 7.2.1.

表 7.2.1 先验概率分布

t_1 \ t_2	t_2^1	t_2^2	t_2^3
t_1^1	0.1	0.2	0.3
t_1^2	0.15	0.1	0.15

不难算出

$$p_{t_1^1} = \begin{bmatrix} \mathrm{Pr}(t_2^1 | t_1^1) \\ \mathrm{Pr}(t_2^2 | t_1^1) \\ \mathrm{Pr}(t_2^3 | t_1^1) \end{bmatrix} = \begin{bmatrix} \dfrac{\mathrm{Pr}(t_2^1, t_1^1)}{\mathrm{Pr}(t_2^1, t_1^1)\mathrm{Pr}(t_2^2, t_1^1)\mathrm{Pr}(t_2^3, t_1^1)} \\ \dfrac{\mathrm{Pr}(t_2^2, t_1^1)}{\mathrm{Pr}(t_2^1, t_1^1)\mathrm{Pr}(t_2^2, t_1^1)\mathrm{Pr}(t_2^3, t_1^1)} \\ \dfrac{\mathrm{Pr}(t_2^3, t_1^1)}{\mathrm{Pr}(t_2^1, t_1^1)\mathrm{Pr}(t_2^2, t_1^1)\mathrm{Pr}(t_2^3, t_1^1)} \end{bmatrix} = \begin{bmatrix} 1/6 \\ 1/3 \\ 1/2 \end{bmatrix}.$$

类似可得

$$p_{t_1^2} = (3/8, 1/4, 3/8)^{\mathrm{T}}, \quad p_{t_2^1} = (0.4, 0.6)^{\mathrm{T}},$$
$$p_{t_2^2} = (2/3, 1/3)^{\mathrm{T}}, \qquad p_{t_2^3} = (2/3, 1/3)^{\mathrm{T}}.$$

7.3　贝叶斯博弈的转换

处理贝叶斯博弈最有效的方法之一是将其转换为完全信息博弈. 常见的转换有两种: 一种是 Harsanyi 转换 (H-转换)[62]; 另一种是 Selten 转换 (S-转换)[64]. 本节还将介绍一种新的转换, 称为策略-类型转换 (AT-转换).

定义 7.3.1　给定一个有限贝叶斯博弈, 其先验概率分布为 $\Pr(t_1, t_2, \cdots, t_n)$. 三种不同的转换定义如下:

(i) H-转换: 定义

$$c_i^H(a) := Ec_i(a), \quad i = 1, 2, \cdots, n. \tag{7.3.1}$$

(ii) S-转换: 因为玩家 i 知道他自己的类型 $t_i = t_i^\theta$. 利用这一信息, 可以改进 (7.3.1) 的期望值. 于是定义

$$c_i^S(a) := E(c_i(a)|t_i = t_i^\theta), \quad i = 1, 2, \cdots, n. \tag{7.3.2}$$

(iii) AT-转换: 对于玩家信息, 玩家 i 可选择 t_i. 定义

$$c_i^{AC}(t_i, a) := \left[E(c_i(a)|t_i = t_i^1), E(c_i(a)|t_i = t_i^2), \cdots, E(c_i(a)|t_i = t_i^{s_i}) \right], \\ i = 1, 2, \cdots, n. \tag{7.3.3}$$

实际上, 转换就是将相应的期望值当作转换后的博弈的支付函数. 因此, 转换后就变成了完全信息博弈. 只要将相应的期望值算出, 则转换后的博弈就完全确定了. 下面的定理给出相应的支付函数.

定理 7.3.1　三种转换的转换后支付函数的结构向量分别为

(i) H-转换:

记

$$p = \left[\Pr(t_1^1, \cdots, t_{n-1}^1, t_n^1), \cdots, \Pr(t_1^1, \cdots, t_{n-1}^1, t_n^2), \cdots, \Pr(t_1^{s_1}, t_2^{s_2}, \cdots, t_n^{s_n}) \right]^{\mathrm{T}}.$$

则

$$V_i^H = V_i^c p, \quad i = 1, 2, \cdots, n. \tag{7.3.4}$$

(ii) S-转换:

对每个给定的 $\bar{t} = (t_1^{\lambda_1}, \cdots, t_n^{\lambda_n})$,

$$V_i^S = V_i^c W_{[s_i, \prod_{k=1}^{s-1} s_k]} \delta_{s_i}^{\bar{t}_i} p_{t_i^{\lambda_i}}, \quad i = 1, 2, \cdots, n. \tag{7.3.5}$$

(iii) AT-转换:

$$V_i^{\mathrm{AT}} = V_i^c W_{[s_i,\prod_{k=1}^{s-1} s_k]} \left[\delta_{s_i}^1 p_{t_i^1}, \delta_{s_i}^2 p_{t_i^2}, \cdots, \delta_{s_i}^{s_i} p_{t_i^{s_i}} \right], \qquad (7.3.6)$$
$$i = 1, 2, \cdots, n.$$

定义 7.3.2 考察一个有限贝叶斯博弈 $G = (N, T, A, c, p)$.

(i) G 经 H-转换后得到的完全信息博弈称为 H-B (Harsanyi-Bayesian) 博弈.

(ii) a^* 称为 G 的一个 H-B-纳什均衡点, 如果 a^* 为 H-B 博弈的纳什均衡点, 即

$$V_i^{\mathrm{H}} a^* \geqslant V_i^{\mathrm{H}} a_1^* \cdots a_{i-1}^* a_i a_{i+1}^* \cdots a_n^*, \quad a_i \in A_i, \ i = 1, \cdots, n. \qquad (7.3.7)$$

(iii) G 经 S-转换后得到的完全信息博弈称为 S-B (Selten-Bayesian) 博弈.

(iv) a^* 称为 G 的一个 S-B-纳什均衡点, 如果对预先给定的 $\bar{t}$, a^* 为 S-B 博弈的纳什均衡点, 即

$$V_i^{\mathrm{S}} a^* \geqslant V_i^{\mathrm{S}} a_1^* \cdots a_{i-1}^* a_i a_{i+1}^* \cdots a_n^*, \quad a_i \in A_i, \ i = 1, \cdots, n. \qquad (7.3.8)$$

(v) G 经 AT-转换后得到的完全信息博弈称为 AT-B (Action Type-Bayesian) 博弈.

(vi) a^* 称为 G 的一个 AT-B-纳什均衡点, 如果 a^* 为 AT-B 博弈的纳什均衡点, 即

$$V_i^{\mathrm{AT}} t_i^* a^* \geqslant V_i^{\mathrm{AT}} t_i a_1^* \cdots a_{i-1}^* a_i a_{i+1}^* \cdots a_n^*, \qquad (7.3.9)$$
$$t_i \in T_i, \ a_i \in A_i, \quad i = 1, \cdots, n.$$

引入以下缩写形式:

- O-BN-E: 由定义 7.2.2 定义的原系统贝叶斯-纳什均衡.
- H-BN-E: Harsanyi-Bayesian 博弈的纳什均衡.
- S-BN-E: Selten-Bayesian 博弈的纳什均衡.
- AT-BN-E: AT-Bayesian 博弈的纳什均衡.

根据定义, 不难得出这几类均衡的关系.

定理 7.3.2 (i)

$$a^* \text{ 是 O-BN-E} \xrightarrow{\quad\quad} a^* \text{ 是 H-BN-E}.$$

(ii)

$$a^* \text{ 是 O-BN-E} \xrightarrow{\quad\quad} a^* \text{ 对每一个 } \bar{t} \in T \text{ 是 S-BN-E}.$$

(iii)

$$a^* \text{ 是 O-BN-E} \underset{\longleftarrow}{\overset{\longrightarrow}{\big/\big/}} (t^*, a^*) \text{ 是 AT-BN-E}.$$

例 7.3.1　回忆例 7.1.1.

(i) H-BN-E:

直接计算可得

$$V_1^{\mathrm{H}} = [-\infty, -\infty, -\infty, 1.6, -\infty, -0.6, -\infty, -\infty, -\infty],$$
$$V_2^{\mathrm{H}} = [-\infty, -\infty, -\infty, -0.1, -\infty, -2.1, -\infty, -\infty, -\infty].$$

将它们置入支付双矩阵, 见表 7.3.1.

表 7.3.1　　**Harsanyi 期望支付双矩阵**

x_1 ＼ x_2	δ_3^1	δ_3^2	δ_3^3
δ_3^1	$-\infty, \ -\infty$	$-\infty, \ -\infty$	$-\infty, \ -\infty$
δ_3^2	$1.6, \ -0.1$	$-\infty, \ -\infty$	$-0.6, \ -2.1$
δ_3^3	$-\infty, \ -\infty$	$-\infty, \ -\infty$	$-\infty, \ -\infty$

不难验证 (a_1^2, a_2^1) 是 H-BN-E.

(ii) AT-BN-E:

直接计算可得

$$V_1^{\mathrm{AT}} = [1.3, \ -\infty, \ 1, \ 1, \ -\infty, \ -0.5, \ -\infty, \ -\infty, \ -\infty,$$
$$-\infty, \ -\infty, \ -\infty, \ 2.3, \ -\infty, \ 0, \ 2, \ -\infty, \ 0.3],$$

$$V_2^{\mathrm{AT}} = [-\infty, \ -\infty, \ -\infty, \ 0.8, \ 2.2, \ -1.8, \ -\infty, \ -\infty, \ -\infty,$$
$$-\infty, \ -\infty, \ -\infty, \ 0.4, \ -\infty, \ -2.4, \ -\infty, \ -\infty, \ -\infty].$$

将它们置入支付双矩阵, 见表 7.3.2.

表 7.3.2　　**AT: 期望支付双矩阵**

$t_1 x_1$ ＼ $t_2 x_2$	$t_2^1 x_2^1$	$t_2^2 x_2^1$	$t_2^1 x_2^2$	$t_2^2 x_2^2$	$t_2^1 x_2^3$	$t_2^2 x_2^3$
$t_1^1 x_1^1$	$1.3, \ -\infty$	$1.3, \ -\infty$	$-2.5, \ -\infty$	$-2.5, \ -\infty$	$1, \ -\infty$	$1, \ -\infty$
$t_1^2 x_1^1$	$-\infty, \ -\infty$	$-\infty, \ -\infty$	$-\infty, \ -\infty$	$-\infty, \ -\infty$	$-\infty, \ -\infty$	$-\infty, \ -\infty$
$t_1^1 x_1^2$	$1, 0.8$	$1, 0.4$	$-\infty, 2.2$	$-\infty, \ -\infty$	$-0.5, \ -1.8$	$-0.5, \ -2.4$
$t_1^2 x_1^2$	$2.3, 0.8$	$2.3, 0.4$	$-\infty, 2.2$	$-\infty, \ -\infty$	$0, \ -1.8$	$0, \ -2.4$
$t_1^1 x_1^3$	$-\infty, \ -\infty$	$-\infty, \ -\infty$	$-\infty, \ -\infty$	$-\infty, \ -\infty$	$-\infty, \ -\infty$	$-\infty, \ -\infty$
$t_1^2 x_1^3$	$2, \ -\infty$	$2, \ -\infty$	$-\infty, \ -\infty$	$-\infty, \ -\infty$	$0.3, \ -\infty$	$0.3, \ -\infty$

显然, 没有纯 AT-BN-E.

7.4 贝叶斯势博弈

定义 7.4.1 [64]   考察一个有限静态贝叶斯博弈 $G = (N, T, A, c, p)$.

(i) G 称为一个自然信息下的加权贝叶斯势博弈, 如果存在一个函数 $F : T \times A \to \mathbb{R}$, 称为势函数, 使对任何 $t \in T$ 有

$$c_i(a_i', a_{-i}, t) - c_i(a_i, a_{-i}, t) = w_i \left(F(a_i', a_{-i}, t) - F(a_i, a_{-i}, t) \right),$$
$$a_i', a_i \in A_i, \ a_{-i} \in A_{-i}, \ t \in T, \tag{7.4.1}$$

这里, $w_i > 0$ 为加权. 当 $w_i = 1, \forall i$ 时, 它称为自然信息下的贝叶斯势博弈.

(ii) G 称为一个玩家信息下的加权贝叶斯势博弈, 如果存在一个函数 $F : T \times A \to \mathbb{R}$, 称为势函数, 使对任何 $t \in T$ 有

$$c_i(a_i', a_{-i}, t_i', t_{-i}) - c_i(a_i, a_{-i}, t_i, t_{-i})$$
$$= w_i \left(F(a_i', a_{-i}, t_i', t_{-i}) - F(a_i, a_{-i}, t_i, t_{-i}) \right),$$
$$a_i', a_i \in A_i, \ a_{-i} \in A_{-i}, \ t_i \in T_i, t_{-i} \in T_{-i}. \tag{7.4.2}$$

当 $w_i = 1, \forall i$ 时, 它称为玩家信息下的贝叶斯势博弈.

由定义可知:

命题 7.4.1   如果 G 是一个玩家信息下的 (加权) 贝叶斯势博弈, 则 G 也是一个自然信息下的 (加权) 贝叶斯势博弈.

例 7.4.1   考察一个有限静态贝叶斯博弈

$$G = (N, T, A, c, p), \tag{7.4.3}$$

这里 $N = \{1, 2\}$,

$$T = \{T_1, T_2\} : \quad T_1 = \{t_1^1, t_1^2, t_1^3\}, \quad T_2 = \{t_2^1, t_2^2\};$$
$$A = \{A_1, A_2\} : \quad A_1 = \{a_1^1, a_1^2\}, \quad A_2 = \{a_2^1, a_2^2, a_2^3\}.$$

先验概率分布见表 7.4.1.

表 7.4.1   例 7.4.1 的先验概率分布

t_1 \ t_2	t_2^1	t_2^2
t_1^1	0.1	0.15
t_1^2	0.15	0.2
t_1^3	0.3	0.1

那么, 可得推断 $p_{t_1^1}$ 如下:

$$p_{t_1^1} = \begin{bmatrix} \Pr(t_2^1|t_1^1) \\ \Pr(t_2^2|t_1^1) \end{bmatrix} = \begin{bmatrix} 0.4 \\ 0.6 \end{bmatrix}.$$

同理可得

$$p_{t_1^2} = (3/7, 4/7)^{\mathrm{T}}, \qquad\qquad p_{t_1^3} = (0.75, 0.25)^{\mathrm{T}},$$
$$p_{t_2^1} = (2/11, 3/11, 6/11)^{\mathrm{T}}, \quad p_{t_2^2} = (1/3, 4/9, 2/9)^{\mathrm{T}}.$$

设 G 在不同的类型下的支付函数由表 7.4.2 至表 7.4.7 表示.

表 7.4.2　$t_1^1 - t_2^1$ 时的支付函数

P_1 ＼ P_2	a_2^1	a_2^2	a_2^3
a_1^1	5, 0	2, 2	0, 1
a_1^2	2, -1	-1, 1	1, 4

表 7.4.3　$t_1^1 - t_2^2$ 时的支付函数

P_1 ＼ P_2	a_2^1	a_2^2	a_2^3
a_1^1	3, 0	2, 3	1, 1
a_1^2	1, -2	0, 1	2, 2

表 7.4.4　$t_1^2 - t_2^1$ 时的支付函数

P_1 ＼ P_2	a_2^1	a_2^2	a_2^3
a_1^1	2, 4	0, -1	5, 5
a_1^2	1, 1	3, 0	1, -1

表 7.4.5　$t_1^2 - t_2^2$ 时的支付函数

P_1 ＼ P_2	a_2^1	a_2^2	a_2^3
a_1^1	1, 0	-1, 2	1, 3
a_1^2	3, -1	0, 0	2, 1

表 7.4.6 $t_1^3 - t_2^1$ 时的支付函数

P_1 \ P_2	a_2^1	a_2^2	a_2^3
a_1^1	1, 1	2, 2	0, 3
a_1^2	4, 2	5, 3	2, 3

表 7.4.7 $t_1^3 - t_2^2$ 时的支付函数

P_1 \ P_2	a_2^1	a_2^2	a_2^3
a_1^1	-2, 1	1, 2	0, 0
a_1^2	-4, 1	-5, -2	-2, 0

注 由定义可知[140], 一个贝叶斯博弈 $G = (N, T, A, c, p)$ 是势博弈, 当且仅当, 在每个类型下它均为一个势博弈. 因此, 我们可以用势方程[32] 来检验它. 下面给出在贝叶斯博弈下的势方程:

命题 7.4.2 考虑一个有限贝叶斯博弈 (7.4.3), 记

$$
\begin{aligned}
V_i^c = [&V_i^c(t^1 = 1, \cdots, t^{n-1} = 1, t^n = 1), \\
&V_i^c(t^1 = 1, \cdots, t^{n-1} = 1, t^n = 2), \cdots, \\
&V_i^c(t^1 = s_1, \cdots, t^{n-1} = s_{n-1}, t^n = s_n)], \quad i = 1, 2, \cdots, n, \\
V^P = \big[&V^P(t^1 = 1, \cdots, t^{n-1} = 1, t^n = 1), \\
&V^P(t^1 = 1, \cdots, t^{n-1} = 1, t^n = 2), \cdots, \\
&V^P(t^1 = s_1, \cdots, t^{n-1} = s_{n-1}, t^n = s_n)\big].
\end{aligned}
$$

G 是势博弈, 当且仅当, 方程 (7.4.4) 有解. 并且, 若方程 (7.4.4) 有解 $(\xi_1, \cdots, \xi_n)$, 则势函数可由 (7.4.5) 得出.

$$
E\xi = B, \tag{7.4.4}
$$

这里

$$
E = \begin{bmatrix}
-E_1 & E_2 & 0 & \cdots & 0 \\
-E_1 & 0 & E_3 & \cdots & 0 \\
\vdots & \vdots & \vdots & & \vdots \\
-E_1 & 0 & 0 & \cdots & E_n
\end{bmatrix},
$$

且

$$
E_i = \prod_{j=1}^n \Phi_j,
$$

而 $(s = \prod_{i=1}^{n} s_i)$

$$\Phi_j = \begin{cases} I_{r_j s}, & j \neq i, \\ \mathbf{1}_{r_j s}, & j = i, \quad i = 1, \cdots, n. \end{cases}$$

$$B = \begin{bmatrix} (V_2^c - V_1^c)^{\mathrm{T}} \\ (V_3^c - V_1^c)^{\mathrm{T}} \\ \vdots \\ (V_n^c - V_1^c)^{\mathrm{T}} \end{bmatrix},$$

$$V^P = \left(V_1^c - \xi_1^{\mathrm{T}} E_1^{\mathrm{T}}\right). \tag{7.4.5}$$

例 7.4.2 继续例 7.4.1 的讨论. 在每种类型下可得到势函数, 见表 7.4.8 至表 7.4.13.

表 7.4.8 $t_1^1 - t_2^1$ 下的势函数

P_1 \ P_2	a_2^1	a_2^2	a_2^3
a_1^1	1	3	2
a_1^2	-2	0	3

表 7.4.9 $t_1^1 - t_2^2$ 下的势函数

P_1 \ P_2	a_2^1	a_2^2	a_2^3
a_1^1	1	4	2
a_1^2	-1	2	3

表 7.4.10 $t_1^2 - t_2^1$ 下的势函数

P_1 \ P_2	a_2^1	a_2^2	a_2^3
a_1^1	3	-2	4
a_1^2	2	1	0

表 7.4.11 $t_1^2 - t_2^2$ 下的势函数

P_1 \ P_2	a_2^1	a_2^2	a_2^3
a_1^1	-1	1	2
a_1^2	1	2	3

表 7.4.12 $t_1^3 - t_2^1$ 下的势函数

P_1 \ P_2	a_2^1	a_2^2	a_2^3
a_1^1	−1	0	1
a_1^2	2	3	3

表 7.4.13 $t_1^3 - t_2^2$ 下的势函数

P_1 \ P_2	a_2^1	a_2^2	a_2^3
a_1^1	4	5	3
a_1^2	2	−1	1

直接计算可得

$$V_1^c = [5, 2, 0, 2, -1, 1, 3, 2, 1, 1, 0, 2, 2, 0, 5, 1, 3, 1, 1, -1, 1, 3, 0, 2,$$
$$1, 2, 0, 4, 5, 2, -2, 1, 0, -4, -5, -2],$$
$$V_2^c = [0, 2, 1, -1, 1, 4, 0, 3, 1, -2, 1, 2, 4, -1, 5, 1, 0, -1, 0, 2, 3, -1, 0, 1,$$
$$1, 2, 3, 2, 3, 3, 1, 2, 0, 1, -2, 0],$$
$$V^P = [2, 4, 3, -1, 1, 4, 0, 3, 1, -1, 1, 2, 2, -3, 3, 1, 0, -1, -3, -1, 0, -1, 0, 1,$$
$$-1, 0, 1, 2, 3, 3, 3, 4, 2, 1, -2, 0].$$

容易验证, 两者是相容的.

下面考虑转换后的博弈:

(i) Harsanyi-Bayesian 博弈:

计算相应的期望值:

$$V_1^{\mathrm{H}} = V_1^c p = [1.55, 1, 1.1, 1.9, 1.35, 1.35],$$
$$V_2^{\mathrm{H}} = V_2^c p = [1, 1.7, 2.5, 0.25, 0.95, 1.65],$$
$$V_P^{\mathrm{H}} = V^P p = [-0.1, 0.6, 1.4, 0.25, 0.95, 1.65].$$

表示成支付双矩阵形式, 可得表 7.4.14 和表 7.4.15.

表 7.4.14 Harsanyi-Bayesian 博弈

P_1 \ P_2	a_2^1	a_2^2	a_2^3
a_1^1	1.55, 1	1, 1.7	1.1, 2.5
a_1^2	1.9, 0.25	1.35, 0.95	<u>1.35</u>, <u>1.65</u>

表 7.4.15 V_P^{H}

P_2 P_1	a_2^1	a_2^2	a_2^3
a_1^1	-0.1	0.6	1.4
a_1^2	0.25	0.95	1.65

不难验证, G 的 Harsanyi-Bayesian 转换博弈也是势博弈, 其势函数 P^{H} 可由 G 的势函数通过对局势取期望而得.

(ii) Selten-Bayesian 博弈:

$$V_{i,j}^{\mathrm{S}} = V_i^c W_{[s_i, \prod_{k=1}^{i-1} s_k]} \delta_{s_i}^j p_{t_i^j}, \quad 1 \leqslant j \leqslant s_i, \ i = 1, \cdots, n.$$

令 $t_1^\theta = t_1^1$, $t_2^\theta = t_2^1$. 则有

$$V_{11}^{\mathrm{S}} = [3.8, 2, 0.6, 1.4, -0.4, 1.6],$$
$$V_{21}^{\mathrm{S}} = [2.1818, 0.6364, 3.1818, -0.1818, 0.4545, 0.7273].$$

表示成支付双矩阵形式, 可知表 7.4.16.

表 7.4.16 $t = (t_1^1, t_2^1)$ 下 Selten-Bayesian 博弈

P_2 P_1	a_2^1	a_2^2	a_2^3
a_1^1	$3.8,\ 2.1818$	$2,\ 0.6364$	$0.6,\ 3.1818$
a_1^2	$1.4,\ -0.1818$	$-0.4,\ 0.4545$	$1.6,\ 0.7273$

令 $t_1^\theta = t_1^1$, $t_2^\theta = t_2^2$. 则有

$$V_{11}^{\mathrm{S}} = [3.8, 2, 0.6, 1.4, -0.4, 1.6],$$
$$V_{22}^{\mathrm{S}} = [0.2222, 2.3333, 1.6667, -0.8889, -0.1111, 1.1111].$$

表示成支付双矩阵形式, 可知表 7.4.17.

表 7.4.17 $t = (t_1^1, t_2^2)$ 下 Selten-Bayesian 博弈

P_2 P_1	a_2^1	a_2^2	a_2^3
a_1^1	$3.8,\ 0.2222$	$2,\ 2.3333$	$0.6,\ 1.6667$
a_1^2	$1.4,\ -0.8889$	$-0.4,\ -0.1111$	$1.6,\ 1.1111$

令 $t_1^\theta = t_1^2$, $t_2^\theta = t_2^1$. 则有

$$V_{12}^{\mathrm{S}} = [1.8571, 2, 0.4286, 2.7143, 2.8571, 2],$$
$$V_{21}^{\mathrm{S}} = [2.1818, 0.6364, 3.1818, -0.1818, 0.4545, 0.7273].$$

表示成支付双矩阵形式, 可知表 7.4.18.

表 7.4.18 $t = (t_1^2, t_2^1)$ 下的 Selten-Bayesian 博弈

P_1 \ P_2	a_2^1	a_2^2	a_2^3
a_1^1	1.8571, 2.1818	2, 0.6364	0.4286, 3.1818
a_1^2	2.7143, −0.1818	2.8571, 0.4545	2, 0.7273

令 $t_1^\theta = t_1^2, t_2^\theta = t_2^2$. 则有

$$V_{12}^S = [1.8571, 2, 0.4286, 2.7143, 2.8571, 2],$$
$$V_{22}^S = [2, 2.3333, 1.6667, -0.8889, -0.1111, 1.1111].$$

表示成支付双矩阵形式, 可知表 7.4.19.

表 7.4.19 $t = (t_1^2, t_2^2)$ 下 Selten-Bayesian 博弈

P_1 \ P_2	a_2^1	a_2^2	a_2^3
a_1^1	1.8571, 2	2, 2.3333	0.4286, 1.6667
a_1^2	2.7143, −0.8889	2.8571, −0.1111	2, 1.1111

令 $t_1^\theta = t_1^3, t_2^\theta = t_2^1$. 则有

$$V_{13}^S = [1, 0.25, 3.75, -0.25, 1, 0.25],$$
$$V_{21}^S = [2.1818, 0.6364, 3.1818, -0.1818, 0.4545, 0.7273].$$

表示成支付双矩阵形式, 可知表 7.4.20.

表 7.4.20 $t = (t_1^3, t_2^1)$ 下 Selten-Bayesian 博弈

P_1 \ P_2	a_2^1	a_2^2	a_2^3
a_1^1	1, 2.1818	0.25, 0.6364	3.75, 3.1818
a_1^2	−0.25, −0.1818	1, 0.4545	0.25, 0.7273

令 $t_1^\theta = t_1^3, t_2^\theta = t_2^2$. 则有

$$V_{13}^S = [1, 0.25, 3.75, -0.25, 1, 0.25],$$
$$V_{22}^S = [0.2222, 2.3333, 1.6667, -0.8889, -0.1111, 1.1111].$$

表示成支付双矩阵形式, 可知表 7.4.21.

表 7.4.21 $t = (t_1^3, t_2^2)$ 下 Selten-Bayesian 博弈

P_1 \ P_2	a_2^1	a_2^2	a_2^3
a_1^1	1, 0.2222	0.25, 2.3333	3.75, 1.6667
a_1^2	$-0.25, -0.8889$	1, -0.1111	0.25, 1.1111

直接验证可知, 这六种类型下的博弈都不是势博弈.

(iii) Action-Type-Bayesian 博弈:

$$V_i^{\mathrm{AT}} = \left[V_{i,1}^{\mathrm{S}}, V_{i,2}^{\mathrm{S}}, \cdots, V_{i,s_i}^{\mathrm{S}}\right], \quad i = 1, 2, \cdots, n.$$

$$V_1^{\mathrm{AT}} = [3.82, 0.6, 1.4, -0.4, 1.6, 1, 0.25, 3.75, -0.25, 1, 0.25],$$
$$V_2^{\mathrm{AT}} = [2.1818, 0.6364, 3.1818, -0.1818, 0.4545, 0.7273,$$
$$0.2222, 2.3333, 1.6667, -0.8889, -0.1111, 1.1111].$$

表示成支付双矩阵形式, 可得表 7.4.22.

表 7.4.22   Action Type-Bayesian 博弈

P_1 \ P_2	$t_2^1 a_2^1$	$t_2^2 a_2^1$	$t_2^1 a_2^2$
$t_1^1 a_1^1$	3.8, 2.1818	3.8, 0.6364	2, 3.1818
$t_1^2 a_1^1$	1.4, 2.1818	1.4, 0.6364	$-0.4, 3.1818$
$t_1^3 a_1^1$	1.8571, 2.1818	1.8571, 0.6364	2, 3.1818
$t_1^1 a_1^2$	2.7143, 0.2222	2.7143, 2.3333	2.8571, 1.6667
$t_1^2 a_1^2$	1, 0.2222	1, 2.3333	0.25, 1.6667
$t_1^3 a_1^3$	$-0.25, 0.2222$	$-0.25, 2.3333$	1, 1.6667

P_1 \ P_2	$t_2^2 a_2^2$	$t_2^1 a_2^3$	$t_2^2 a_2^3$
$t_1^1 a_1^1$	2, -0.1818	0.6, 0.4545	0.6, 0.7273
$t_1^2 a_1^1$	$-0.4, -0.1818$	1.6, 0.4545	1.6, 0.7273
$t_1^3 a_1^1$	2, -0.1818	0.4286, 0.4545	0.4286, 0.7273
$t_1^1 a_1^2$	2.8571, -0.8889	2, -0.1111	2, 1.1111
$t_1^2 a_1^2$	0.25, -0.8889	3.75, -0.1111	3.75, 1.1111
$t_1^3 a_1^3$	1, -0.8889	0.25, -0.1111	0.25, 1.1111

直接验证可知, 它也不是势博弈.

7.5 动态贝叶斯博弈

一个重复进行的贝叶斯博弈, 其动态演化方程依赖于两个因素: 策略更新规则、转换.

考察一个有限贝叶斯博弈 $G = (N, T, A, c, p)$. 如果选择的转换为 Selten-Bayesian 形式, 那么, 演化方程变为

$$x_i(t+1) = \underset{x_i \in A_i}{\text{argmax}}\, c_i^S(x_i(t), x_{-i}(t); t_i^j), \quad i = 1, 2, \cdots, n. \tag{7.5.1}$$

对于最优策略不唯一的情况, 可用通常的确定型方法或概率方法进行处理 (见第 3 章), 也可以依贝叶斯博弈的特点设计新的策略更新规则.

我们通过一个例子来描述 Selten-Bayesian 博弈的演化方程.

例 7.5.1 考察一个有限贝叶斯博弈 $G = (N, A, T, c, p)$, 这里 $|N| = 2$, $A_1 = \{a_1^1, a_1^2\}$, $A_2 = \{a_2^1, a_2^2\}$, $T_1 = \{t_1^1, t_1^2\}$, $T_2 = \{t_2^1, t_2^2\}$.

先验概率分布见表 7.5.1.

表 7.5.1 例 7.5.1 的先验概率分布

t_1 ＼ t_2	t_2^1	t_2^2
t_1^1	0.1	0.3
t_1^2	0.4	0.2

令 $T_1 = t_1^1$, $T_2 = t_2^2$, 则得推断

$$p_{t_1^1} = (0.25, 0.75)^{\text{T}}, \quad p_{t_2^2} = (0.6, 0.4)^{\text{T}}.$$

设

$$V_1^c = [2, 1, 0, 1, -1, 1, 3, -2, 2, 3, 2, -2, 3, 3, -2, 1],$$
$$V_2^c = [1, 3, 2, -1, 2, 2, 1, -2, -1, 0, -2, 2, 2, 3, -1, 0].$$

则期望支付为

$$c_1^S = V_1^c \delta_2^1 p_{t_1^1} = [-0.25, 1, 2.25, -1.25],$$
$$c_2^S = V_2^c W_{[2,2]} \delta_2^2 p_{t_2^2} = [2, 2.4, 0.2, -1.2].$$

又设策略更新规则为短视最优响应, 则可得策略演化方程

$$x_1(t+1) = \delta_2[2, 1, 2, 1] x_1(t) x_2(t),$$
$$x_2(t+1) = \delta_2[2, 2, 1, 1] x_1(t) x_2(t).$$

合并分量方程, 则有

$$x(t+1) = \delta_4[4, 2, 3, 1] x(t).$$

　　为克服贝叶斯博弈中随机性的影响, 短视最优响应被改进为带惯性的短视最优响应 (MBRA with Inertia). 定义如下:

先定义最优策略集:

$$B_i(a) = \{a_i' \in A_i : c_i^S(a_i', a_{-i}; p_i) > c_i^S(a; p_i)\}.$$

再定义惯性 (参数):

$$\epsilon \in (0, 1).$$

于是, 策略更新规则可定义为

$$
\begin{cases}
q_i^{a_i(t-1)} = 1, & B_i(a(t-1)) = \varnothing, \\
q_i^{a_i} = \epsilon, & a_i = a_i(t-1), B_i(a(t-1)) \neq \varnothing, \\
q_i^{a_i'} = \dfrac{1-\epsilon}{|B(a(t-1))|}, & \forall a_i \in B_i(a(t-1)), B_i(a(t-1)) \neq \varnothing, \\
q_i^{a_i''} = 0, & 其他.
\end{cases}
$$

继续讨论例 7.5.1.

例 7.5.2　回忆例 7.5.1.

利用带惯性 ϵ 的短视最优响应, 则策略演化方程变为

$$
x_1(t+1) = \begin{bmatrix} \epsilon & 1 & 0 & 1-\epsilon \\ 1-\epsilon & 0 & 1 & \epsilon \end{bmatrix} x_1(t)x_2(t),
$$

$$
x_2(t+1) = \begin{bmatrix} \epsilon & 0 & 1 & 1-\epsilon \\ 1-\epsilon & 1 & 0 & \epsilon \end{bmatrix} x_1(t)x_2(t).
$$

合并后可得

$$
x(t+1) = \begin{bmatrix} \epsilon^2 & 0 & 0 & (1-\epsilon)^2 \\ \epsilon(1-\epsilon) & 1 & 0 & \epsilon(1-\epsilon) \\ \epsilon(1-\epsilon) & 0 & 1 & \epsilon(1-\epsilon) \\ (1-\epsilon)^2 & 0 & 0 & \epsilon^2 \end{bmatrix} x(t).
$$

　　最后, 我们再介绍几种演化贝叶斯博弈的策略更新规则, 包括 ① 加权虚拟玩家规则[48]; ② 对数型线性学习规则[94].

(i) 带惯性的虚拟玩家 (fictitious play with inertia, FPI).

玩家 i 在时间 t 的经验分布定义为

$$f_i(t) = \frac{1}{t} \sum_{\tau=1}^{t} x_i(\tau), \tag{7.5.2}$$

这里, 在向量形式表示下, $x_{i,\tau} \in \Delta_{r_i}$.

然后, 策略更新规则定义为

$$x_i(t+1) = \begin{cases} \operatorname{argmax}_{x_i \in A_i} c_i^{\Theta}(x_i, f_{-i}(t); p_i), & P = 1 - \epsilon, \\ x_i(t), & P = \epsilon, \end{cases} \tag{7.5.3}$$

这里, $\Theta = H$, 或 $\Theta = S$, 或 $\Theta = AT$, $f_{-i}(t) = \prod_{j \neq i} f_j(t)$, P 为取该值的概率.

注意: 这个策略更新规则得到的策略演化方程显然不是马尔可夫型的.

(ii) 联合带惯性虚拟玩家 (joint strategy fictitious play with inertia, JSFP).

策略演化规则如下:

$$x_i(t+1) = \begin{cases} \operatorname*{argmax}_{x_i \in A_i} U_i^{x_i}(t), & P = 1 - \epsilon, \\ x_i(t), & P = \epsilon, \end{cases} \tag{7.5.4}$$

这里

$$U_i^{x_i}(t) = \frac{1}{t} \sum_{\tau=1}^{t-1} c_i^{\Theta}(x_i, x_{-i}(\tau); p_i).$$

注意: 这个策略更新规则得到的策略演化方程也不是马尔可夫型的.

(iii) 对数型线性学习 (log-linear learning, LLL).

设玩家 i 在 $t+1$ 时刻取 x_i 的概率为 $q_i^{x_i}$, 则

$$q_i^{x_i}(t+1) = \frac{\exp\left[\dfrac{1}{T} c_i^{\Theta}(x_i, x_{-i}(t); p_i)\right]}{\displaystyle\sum_{b_i \in A_i} \exp\left[\dfrac{1}{T} c_i^{\Theta}(b_i, x_{-i}(t); p_i)\right]}. \tag{7.5.5}$$

例 7.5.3　回忆例 7.5.1. 假定我们用对数型线性学习规则更新策略. 设取 Selten-Bayesian 型转化, 并假定自然指派的类型为 $t^\theta = (t_1^\theta, t_2^\theta)$.

预先计算得

(i) 推断

$$\begin{aligned} p_{t_1^1} &= [0.25, 0.75], & p_{t_1^2} &= [2/3, 1/3], \\ p_{t_2^1} &= [0.2, 0.8], & p_{t_2^2} &= [0.6, 0.4]. \end{aligned} \tag{7.5.6}$$

(ii) 依类型支付函数:

$$V_1 := V^c|_{t_1=t_1^1, t_2=t_2^1} = [2, 1, 0, 1],$$
$$V_2 := V^c|_{t_1=t_1^1, t_2=t_2^2} = [-1, 1, 3, -2],$$
$$V_3 := V^c|_{t_1=t_1^2, t_2=t_2^1} = [2, 3, 2, -2],$$
$$V_4 := V^c|_{t_1=t_1^2, t_2=t_2^2} = [3, 3, -2, 1].$$
(7.5.7)

(iii) 期望支付函数:

$$E_1 := e_{t_1^1} = p_{t_1^1}^1 V_1 + p_{t_1^1}^2 V_2,$$
$$E_2 := e_{t_1^2} = p_{t_1^2}^1 V_3 + p_{t_1^2}^2 V_4,$$
$$E_3 := e_{t_2^1} = p_{t_2^1}^1 V_1 + p_{t_2^1}^2 V_3,$$
$$E_4 := e_{t_2^2} = p_{t_2^2}^1 V_2 + p_{t_2^2}^2 V_4.$$
(7.5.8)

下面考虑演化方程.
(i) 设 $t^\theta = (t_1^\theta, t_2^\theta)$ 是定常的.
不妨设 $t_1^\theta = t_1^1$, $t_2^\theta = t_2^1$.
于是可知

$$c_1^\theta(x_1 = 1, x_2 = 1) = E1(1),$$
$$c_1^\theta(x_1 = 1, x_2 = 2) = E1(2),$$
$$c_1^\theta(x_1 = 2, x_2 = 1) = E1(3),$$
$$c_1^\theta(x_1 = 2, x_2 = 2) = E1(4).$$

利用公式 (7.5.5) 可得

$$q_1^1(t+1) = \begin{cases} \dfrac{\exp(TE1(1))}{\exp(TE1(1)) + \exp(TE1(3))} := \alpha_1, & x_2(t) = 1, \\ \dfrac{\exp(TE1(2))}{\exp(TE1(2)) + \exp(TE1(4))} := \beta_1, & x_2(t) = 2. \end{cases}$$
(7.5.9)

同理可得

$$q_1^2(t+1) = \begin{cases} \dfrac{\exp(TE1(3))}{\exp(TE1(1)) + \exp(TE1(3))}, & x_2(t) = 1, \\ \dfrac{\exp(TE1(4))}{\exp(TE1(2)) + \exp(TE1(4))}, & x_2(t) = 2. \end{cases}$$
(7.5.10)

于是可得

$$x_1(t+1) = M_1 x(t),$$
(7.5.11)

其中 $x(t) = x_1(t)x_2(t)$,

$$M_1 = \begin{bmatrix} \alpha_1 & \beta_1 & \alpha_1 & \beta_1 \\ 1 - \alpha_1 & 1 - \beta_1 & 1 - \alpha_1 & 1 - \beta_1 \end{bmatrix}. \tag{7.5.12}$$

类似地可得

$$q_2^1(t+1) = \begin{cases} \dfrac{\exp(TE3(1))}{\exp(TE3(1)) + \exp(TE3(2))} := \alpha_2, & x_1(t) = 1, \\ \dfrac{\exp(TE3(3))}{\exp(TE3(2)) + \exp(TE3(4))} := \beta_2, & x_1(t) = 2, \end{cases} \tag{7.5.13}$$

以及

$$q_2^2(t+1) = \begin{cases} \dfrac{\exp(TE3(2))}{\exp(TE3(1)) + \exp(TE3(2))}, & x_1(t) = 1, \\ \dfrac{\exp(TE3(4))}{\exp(TE3(2)) + \exp(TE3(4))}, & x_1(t) = 2. \end{cases} \tag{7.5.14}$$

于是可得

$$x_2(t+1) = M_2 x(t), \tag{7.5.15}$$

这里, $x(t) = x_1(t)x_2(t)$,

$$M_2 = \begin{bmatrix} \alpha_2 & \beta_2 & \alpha_2 & \beta_2 \\ 1 - \alpha_2 & 1 - \beta_2 & 1 - \alpha_2 & 1 - \beta_2 \end{bmatrix}. \tag{7.5.16}$$

最后可得

$$x(t+1) = Mx(t) = (M_1 * M_2)x(t), \tag{7.5.17}$$

这里, $*$ 是 Khatri-Rao 积.

设 $T = 2$, 直接计算可得

$$M_1 = \begin{bmatrix} 0.0067 & 0.9890 & 0.0067 & 0.9890 \\ 0.9933 & 0.0110 & 0.9933 & 0.0110 \end{bmatrix}, \tag{7.5.18}$$

$$M_2 = \begin{bmatrix} 0.2315 & 0.2315 & 0.9975 & 0.9975 \\ 0.7685 & 0.7685 & 0.0025 & 0.0025 \end{bmatrix}, \tag{7.5.19}$$

$$M = \begin{bmatrix} 0.0015 & 0.2289 & 0.0067 & 0.9866 \\ 0.0051 & 0.7601 & 0.0000 & 0.0024 \\ 0.2299 & 0.0025 & 0.9909 & 0.0110 \\ 0.7634 & 0.0084 & 0.0025 & 0.0000 \end{bmatrix}. \tag{7.5.20}$$

(ii) 设 $t^\theta = (t_1^\theta(t), t_2^\theta(t))$ 是时变的: 这里, $M_1(t)$, $M_2(t)$ 及 $M(t)$ 均时变的.

如果 $t_1^\theta(t) = t_1^1 t_2^\theta(t) = t_2^1$, 则 $M_1(t)$, $M_2(t)$ 及 $M(t)$ 分别如 (7.5.12), (7.5.16) 及 (7.5.20) 所示.

令 $T = 2$, 则得 (7.5.18)—(7.5.20).

如果 $t_1^\theta(t) = t_1^1 t_2^\theta(t) = t_2^2$, 则在 (7.5.9) 及 (7.5.10) 中用 $E1$, 在 (7.5.13) 及 (7.5.14) 中用 $E4$, 即可得相应的 M_1, M_2 及 M.

令 $T = 2$, 则得

$$M_1 = \begin{bmatrix} 0.0067 & 0.9890 & 0.0067 & 0.9890 \\ 0.9933 & 0.0110 & 0.9933 & 0.0110 \end{bmatrix}, \tag{7.5.21}$$

$$M_2 = \begin{bmatrix} 0.0832 & 0.0832 & 0.9734 & 0.9734 \\ 0.9168 & 0.9168 & 0.0266 & 0.0266 \end{bmatrix}, \tag{7.5.22}$$

$$M = \begin{bmatrix} 0.0006 & 0.0823 & 0.0065 & 0.9627 \\ 0.0061 & 0.9068 & 0.0002 & 0.0263 \\ 0.0826 & 0.0009 & 0.9669 & 0.0107 \\ 0.9107 & 0.0101 & 0.0264 & 0.0003 \end{bmatrix}. \tag{7.5.23}$$

如果 $t_1^\theta(t) = t_1^2 t_2^\theta(t) = t_2^1$, 则在 (7.5.9) 及 (7.5.10) 中用 $E2$, 在 (7.5.13) 及 (7.5.14) 中用 $E3$, 即可得相应的 M_1, M_2 及 M.

令 $T = 2$, 则得

$$M_1 = \begin{bmatrix} 0.9656 & 0.9997 & 0.9656 & 0.9997 \\ 0.0344 & 0.0003 & 0.0344 & 0.0003 \end{bmatrix}, \tag{7.5.24}$$

$$M_2 = \begin{bmatrix} 0.2315 & 0.2315 & 0.9975 & 0.9975 \\ 0.7685 & 0.7685 & 0.0025 & 0.0025 \end{bmatrix}, \tag{7.5.25}$$

$$M = \begin{bmatrix} 0.2235 & 0.2314 & 0.9632 & 0.9972 \\ 0.7421 & 0.7683 & 0.0024 & 0.0025 \\ 0.0080 & 0.0001 & 0.0344 & 0.0003 \\ 0.0265 & 0.0003 & 0.0001 & 0.0000 \end{bmatrix}. \tag{7.5.26}$$

如果 $t_1^\theta(t) = t_1^2 t_2^\theta(t) = t_2^2$, 则在 (7.5.9) 及 (7.5.10) 中用 $E2$, 在 (7.5.13) 及 (7.5.14) 中用 $E4$, 即可得相应的 M_1, M_2 及 M.

令 $T = 2$, 则得

$$M_1 = \begin{bmatrix} 0.9656 & 0.9997 & 0.9656 & 0.9997 \\ 0.0344 & 0.0003 & 0.0344 & 0.0003 \end{bmatrix}, \tag{7.5.27}$$

$$M_2 = \begin{bmatrix} 0.0832 & 0.0832 & 0.9734 & 0.9734 \\ 0.9168 & 0.9168 & 0.0266 & 0.0266 \end{bmatrix}, \tag{7.5.28}$$

$$M = \begin{bmatrix} 0.0803 & 0.0831 & 0.9399 & 0.9731 \\ 0.8852 & 0.9165 & 0.0257 & 0.0266 \\ 0.0029 & 0.0000 & 0.0335 & 0.0003 \\ 0.0316 & 0.0003 & 0.0009 & 0.0000 \end{bmatrix}. \tag{7.5.29}$$

有了策略演化方程后, 博弈的许多性质就可以推导出来了. 例如, 稳态策略可计算如下:

(i) 如果 $t_1^\theta(t) = t_1^1 t_2^\theta(t) = t_2^1$, 则稳态局势为

$$s = [0.0357, 0.0011, 0.9336, 0.0296]^\mathrm{T}.$$

玩家 1 的稳态策略为

$$x_1 = (I_2 \otimes \mathbf{1}_2^\mathrm{T})s = [0.0369, 0.9631]^\mathrm{T}.$$

玩家 2 的稳态策略为

$$x_2 = (\mathbf{1}_2^\mathrm{T} \otimes I_2)s = [0.9693, 0.0307]^\mathrm{T}.$$

(ii) 如果 $t_1^\theta(t) = t_1^1 t_2^\theta(t) = t_2^2$, 则稳态局势为

$$s = [0.1932, 0.0680, 0.5466, 0.1922]^\mathrm{T}.$$

玩家 1 的稳态策略为

$$x_1 = (I_2 \otimes \mathbf{1}_2^\mathrm{T})s = [0.2612, 0.7388]^\mathrm{T}.$$

玩家 2 的稳态策略为

$$x_2 = (\mathbf{1}_2^\mathrm{T} \otimes I_2)s = [0.7398, 0.2602]^\mathrm{T}.$$

(iii) 如果 $t_1^\theta(t) = t_1^2 t_2^\theta(t) = t_2^1$, 则稳态局势为

$$s = [0.2359, 0.7556, 0.0020, 0.0064]^\mathrm{T}.$$

玩家 1 的稳态策略为

$$x_1 = (I_2 \otimes \mathbf{1}_2^\mathrm{T})s = [0.9915, 0.0085]^\mathrm{T}.$$

玩家 2 的稳态策略为

$$x_2 = (\mathbf{1}_2^\mathrm{T} \otimes I_2)s = [0.2379, 0.7621]^\mathrm{T}.$$

(iv) 如果 $t_1^\theta(t) = t_1^2 t_2^\theta(t) = t_2^2$, 则稳态局势为

$$s = [0.0858, 0.9109, 0.0003, 0.0030]^\mathrm{T}.$$

玩家 1 的稳态策略为

$$x_1 = (I_2 \otimes \mathbf{1}_2^\mathrm{T})s = [0.9967, 0.0033]^\mathrm{T}.$$

玩家 2 的稳态策略为

$$x_2 = (\mathbf{1}_2^\mathrm{T} \otimes I_2)s = [0.0861, 0.9139]^\mathrm{T}.$$

第 8 章　有限博弈的向量空间

有限博弈自身携带一个状态空间的向量结构, 这是它天生的特性. 因此, 在前几章的讨论中已不可避免地提到过. 系统讨论有限博弈的向量空间结构及子空间分解的第一篇文章是 [21], 该文献给出了有限博弈基于势博弈的空间结构与正交分解, 它被认为博弈理论中的一个重要文献. 但它用到代数拓扑的工具和图论中的分解定理, 且内积不是标准欧氏拓扑, 因此, 在理论分析与应用上都不甚方便.

[35] 在普通欧氏空间拓扑下, 得到了等价的分解. 这为有限博弈的向量空间结构、子空间分解等的探索及其在实际问题中的应用提供了一个十分方便的平台. 本章只介绍 [35] 提供的框架.

8.1　势博弈的子空间结构

首先回忆有限博弈的向量空间结构. 考察博弈集合 $\mathcal{G}_{[n;k_1,k_2,\cdots,k_n]}$. 设 $G \in \mathcal{G}_{[n;k_1,k_2,\cdots,k_n]}$, 它的支付函数集合为

$$c_i(x) = V_i^c x, \quad i = 1, 2, \cdots, n,$$

这里, $V_i^c \in \mathbb{R}^{\kappa}$ ($\kappa = \prod_{i=1}^{n} k_i$), $x = \ltimes x_i \in \Delta_{\kappa}$, $x_i \in \Delta_{k_i}$ 是玩家 i 的策略 (严格地说, 是策略的向量表示). 记

$$V_G = [V_1^c, V_2^c, \cdots, V_n^c] \in \mathbb{R}^{n\kappa}.$$

因为 G 唯一地由它的支付函数来决定, 于是, G 也唯一地由向量 V_G 来决定. 这就赋予了集合 $\mathcal{G}_{[n;k_1,k_2,\cdots,k_n]}$ 一个欧氏空间结构, 记作

$$\mathcal{G}_{[n;k_1,k_2,\cdots,k_n]} \cong \mathbb{R}^{n\kappa}. \tag{8.1.1}$$

下面考虑 $\mathcal{G}_{[n;k_1,k_2,\cdots,k_n]}$ 中的势博弈, 记其为

$$\mathcal{G}_{[n;k_1,k_2,\cdots,k_n]}^P \subset \mathcal{G}_{[n;k_1,k_2,\cdots,k_n]}$$

(简记作 $\mathcal{G}^P \subset \mathcal{G}$.) 下面证明: $\mathcal{G}^P$ 为 $\mathcal{G}$ 的一个向量子空间.

下面给出势方程 (见 (8.1.2)), 它是 (6.2.7) 的特殊情况, 各参数的构造及意义见第 6 章.

$$
\begin{bmatrix}
-E_1 & E_2 & 0 & \cdots & 0 \\
-E_1 & 0 & E_3 & \cdots & 0 \\
\vdots & \vdots & \vdots & & \vdots \\
-E_1 & 0 & 0 & \cdots & E_n
\end{bmatrix}
\begin{bmatrix}
\xi_1 \\ \xi_2 \\ \vdots \\ \xi_n
\end{bmatrix}
=
\begin{bmatrix}
(V_2^c - V_1^c)^{\mathrm{T}} \\
(V_3^c - V_1^c)^{\mathrm{T}} \\
\vdots \\
(V_n^c - V_1^c)^{\mathrm{T}}
\end{bmatrix},
\tag{8.1.2}
$$

这里, $\xi_i \in \mathbb{R}^{\kappa - i}$.

记

$$
E :=
\begin{bmatrix}
-E_1 & E_2 & 0 & \cdots & 0 \\
-E_1 & 0 & E_3 & \cdots & 0 \\
\vdots & \vdots & \vdots & & \vdots \\
-E_1 & 0 & 0 & \cdots & E_n
\end{bmatrix}.
\tag{8.1.3}
$$

定理 6.2.1 告诉我们, G 是势博弈, 当且仅当,

$$
\begin{bmatrix}
(V_2^c - V_1^c)^{\mathrm{T}} \\
(V_3^c - V_1^c)^{\mathrm{T}} \\
\vdots \\
(V_n^c - V_1^c)^{\mathrm{T}}
\end{bmatrix}
\in \mathrm{span}(E).
\tag{8.1.4}
$$

仔细观察方程 (8.1.4) 可知, 我们可以任选 V_1^c, 而让其余 $V_i^c,\ i \geqslant 2$ 作相应平移而不改变方程解. 因此, (8.1.4) 可重写为

$$
\begin{bmatrix}
(V_1^c)^{\mathrm{T}} \\
(V_2^c - V_1^c)^{\mathrm{T}} \\
(V_3^c - V_1^c)^{\mathrm{T}} \\
\vdots \\
(V_n^c - V_1^c)^{\mathrm{T}}
\end{bmatrix}
\in \mathrm{span}(E^e),
\tag{8.1.5}
$$

这里

$$
E^e =
\begin{bmatrix}
I_\kappa & 0 \\
0 & E
\end{bmatrix}.
$$

它还可以等价地表示为

$$
\begin{bmatrix}
I_\kappa & 0 & \cdots & 0 \\
-I_\kappa & I_\kappa & \cdots & 0 \\
\vdots & \vdots & \ddots & \vdots \\
-I_\kappa & 0 & \cdots & I_\kappa
\end{bmatrix}
\begin{bmatrix}
(V_1^c)^{\mathrm{T}} \\
(V_2^c)^{\mathrm{T}} \\
(V_3^c)^{\mathrm{T}} \\
\vdots \\
(V_n^c)^{\mathrm{T}}
\end{bmatrix}
\in \mathrm{span}(E^e),
\tag{8.1.6}
$$

即

$$
V_G^{\mathrm{T}} \in \mathrm{span}(E_P),
\tag{8.1.7}
$$

这里,

$$
\begin{aligned}
E_P :=&
\begin{bmatrix}
I_\kappa & 0 & \cdots & 0 \\
-I_\kappa & I_\kappa & \cdots & 0 \\
\vdots & \vdots & \ddots & \vdots \\
-I_\kappa & 0 & \cdots & I_\kappa
\end{bmatrix}^{-1}
E^e \\[2mm]
=&
\begin{bmatrix}
I_\kappa & 0 & 0 & 0 & \cdots & 0 \\
I_\kappa & -E_1 & E_2 & 0 & \cdots & 0 \\
I_\kappa & -E_1 & 0 & E_3 & \cdots & 0 \\
\vdots & & & & \ddots & \\
I_\kappa & -E_1 & 0 & 0 & \cdots & E_n
\end{bmatrix}.
\end{aligned}
\tag{8.1.8}
$$

回忆在第 6 章中我们曾证明过: 删去 E 任何一列, 剩下的均为子空间 $\mathrm{span}(E)$ 的一个基底. 比较 E_P 与 E, 我们可以删去 E_n 的最后一列, 将 E_n 余下部分记作 E_n^0 并定义

$$
E_P^0 :=
\begin{bmatrix}
I_\kappa & 0 & 0 & 0 & \cdots & 0 \\
I_\kappa & -E_1 & E_2 & 0 & \cdots & 0 \\
I_\kappa & -E_1 & 0 & E_3 & \cdots & 0 \\
\vdots & \vdots & \vdots & \vdots & \ddots & \vdots \\
I_\kappa & -E_1 & 0 & 0 & \cdots & E_n^0
\end{bmatrix}.
\tag{8.1.9}
$$

于是可得

$$
\mathrm{span}(E_P) = \mathrm{span}(E_P^0).
$$

并且可知, E_P^0 的各列是线性无关的.

总结上面的讨论, 可得如下结果:

定理 8.1.1　在 $\mathcal{G}_{[n;k_1,k_2,\cdots,k_n]} \cong \mathbb{R}^{n\kappa}$ 中, $\mathcal{G}^P_{[n;k_1,k_2,\cdots,k_n]}$ 是一个线性子空间, 并且,

$$\mathcal{G}^P = \text{span}(E_P), \tag{8.1.10}$$

此外, $\text{Col}(E_P^0)$ 是这个子空间的基底.

根据 E_P^0 的构造, 显然有如下推论.

推论 8.1.1　子空间 $\mathcal{G}^P_{[n;k_1,\cdots,k_n]}$ 的维数是

$$\dim\left(\mathcal{G}^P\right) = \kappa + \kappa_0 - 1. \tag{8.1.11}$$

8.2　非策略子空间

定义 8.2.1　设 $G, \tilde{G} \in \mathcal{G}_{[n;k_1,\cdots,k_n]}$. G 和 $\tilde{G}$ 称为策略等价的, 如果对任何 $i \in N$, 任何 $x_i, y_i \in S_i$ 及任何 $x_{-i} \in S_{-i}$ (这里, $S_{-i} = \prod_{j \neq i} S_j$), 均有

$$c_i(x_i, x_{-i}) - c_i(y_i, x_{-i}) = \tilde{c}_i(x_i, x_{-i}) - \tilde{c}_i(y_i, x_{-i}). \tag{8.2.1}$$

注意到这个定义的物理意义如下: 如果 G 与 $\tilde{G}$ 的策略更新规则相同, 那么, 它们将选择同样的策略, 因为它们的支付函数的增 (减) 情况是一样的.

策略等价博弈的一个基本性质如下:

引理 8.2.1　两个博弈 $G, \tilde{G} \in \mathcal{G}_{[n;k_1,\cdots,k_n]}$ 策略等价, 当且仅当, 对任何 $x_{-i} \in S_{-i}$ 存在 $d_i(x_{-i})$ 使得

$$c_i(x_i, x_{-i}) - \tilde{c}_i(x_i, x_{-i}) = d_i(x_{-i}), \quad \forall x_i \in S_i, \ i = 1, \cdots, n. \tag{8.2.2}$$

证明　(必要性) 设 (8.2.2) 不成立. 则至少有一个 i 及一个 $x_{-i} \in S_{-i}$, 使得 $c_i(x_i, x_{-i}) - \tilde{c}_i(x_i, x_{-i})$ 依赖于 x_i, 即存在 $a_i, b_i \in S_i$ 使得

$$c_i(a_i, x_{-i}) - \tilde{c}_i(a_i, x_{-i}) \neq c_i(b_i, x_{-i}) - \tilde{c}_i(b_i, x_{-i}).$$

于是

$$c_i(a_i, x_{-i}) - c_i(b_i, x_{-i}) \neq \tilde{c}_i(a_i, x_{-i}) - \tilde{c}_i(b_i, x_{-i}),$$

这与 (8.2.2) 矛盾.

(充分性) 由 (8.2.2) 可得

$$c_i(x_i, x_{-i}) = \tilde{c}_i(x_i, x_{-i}) + d_i(x_{-i}), \quad \forall x_i \in S_i.$$

将上式代入 (8.2.1) 左边, 即证得 (8.2.1).　□

分别记 c_i, $\tilde{c}_i$ 及 d_i 的结构向量为 V_i^c, $\tilde{V}_i^c$ 及 V_i^d, 并记

$$\kappa_i := \begin{cases} 1, & i = 1, \\ \prod_{j=1}^{i-1} k_j, & 2 \leqslant i \leqslant n, \end{cases}$$

$$\kappa^i := \begin{cases} 1, & i = n, \\ \prod_{j=i+1}^{n} k_j, & 1 \leqslant i \leqslant n-1, \end{cases}$$

则可将 (8.2.2) 表示为如下代数状态空间表达式:

$$V_i^c \ltimes_{j=1}^n x_j - \tilde{V}_i^c \ltimes_{j=1}^n x_j = V_i^d \ltimes_{j\neq i}^n x_j$$
$$= V_i^d \left(I_{\kappa_i} \otimes \mathbf{1}_{k_i}^{\mathrm{T}} \otimes I_{\kappa^i} \right) \ltimes_{j=1}^n x_j.$$

最后可得

$$B_N^i (V_i^d)^{\mathrm{T}} = (V_i^c - \tilde{V}_i^c)^{\mathrm{T}}, \tag{8.2.3}$$

这里

$$B_N^i := I_{\kappa_i} \otimes \mathbf{1}_{k_i} \otimes I_{\kappa^i}$$
$$= E_i, \quad i = 1, \cdots, n. \tag{8.2.4}$$

于是, 有如下结论.

定理 8.2.1 G 与 $\tilde{G}$ 策略等价, 当且仅当,

$$\left(V_G^c - V_{\tilde{G}}^c \right)^{\mathrm{T}} \in \mathrm{span} \left(B_N \right), \tag{8.2.5}$$

这里

$$B_N = \begin{bmatrix} E_1 & 0 & \cdots & 0 \\ 0 & E_2 & \cdots & 0 \\ \vdots & \vdots & \ddots & \vdots \\ 0 & 0 & \cdots & E_n \end{bmatrix}. \tag{8.2.6}$$

定义 8.2.2 由 B_N 的列张成的子空间, 记作

$$\mathcal{G}_{[n;k_1,k_2,\cdots,k_n]}^N := \mathrm{span}(B_N) \subset \mathcal{G}_{[n;k_1,k_2,\cdots,k_n]},$$

称为非策略空间, 简记作 $\mathcal{G}^N$.

利用定理 8.2.1 不难看出, G 与 $\tilde{G}$ 策略等价, 当且仅当, 存在 $\eta \in \mathcal{G}^N$, 使得

$$V_{\tilde{G}}^c = V_G^c + \eta. \tag{8.2.7}$$

由于 E_i 有 κ_{-i} 列, 它们都线性无关, $i = 1, \cdots, n$, 则可推知如下推论.

推论 8.2.1　$\mathcal{G}^N$ 的维数为

$$\dim \left(\mathcal{G}^N \right) = \sum_{i=1}^n \kappa_{-i} = \kappa_0. \tag{8.2.8}$$

定义

$$\tilde{E}_P := \begin{bmatrix} I_\kappa & E_1 & 0 & 0 & \cdots & 0 \\ I_\kappa & 0 & E_2 & 0 & \cdots & 0 \\ I_\kappa & 0 & 0 & E_3 & \cdots & 0 \\ \vdots & \vdots & \vdots & \vdots & \ddots & \vdots \\ I_\kappa & 0 & 0 & 0 & \cdots & E_n \end{bmatrix}. \tag{8.2.9}$$

比较 (8.2.9) 与 (8.1.8), 不难发现

$$\mathcal{G}^P = \mathrm{span}\left(\tilde{E}_P \right) = \mathrm{span}\left(E_P \right). \tag{8.2.10}$$

删去 $\tilde{E}_P$ 的最后一列 (等价地, 将 $\tilde{E}_P$ 中的 E_n 用 E_n^0 代替), 记剩下的矩阵为

$$\tilde{E}_P^0 := \begin{bmatrix} I_k & E_1 & 0 & 0 & \cdots & 0 \\ I_k & 0 & E_2 & 0 & \cdots & 0 \\ I_k & 0 & 0 & E_3 & \cdots & 0 \\ \vdots & \vdots & \vdots & \vdots & \ddots & \vdots \\ I_k & 0 & 0 & 0 & \cdots & E_n^0 \end{bmatrix}. \tag{8.2.11}$$

于是有如下结论:

定理 8.2.2

$$\mathcal{G}^P = \mathrm{span}\left(\tilde{E}_P^0 \right). \tag{8.2.12}$$

并且, $\mathrm{Col}\left(\tilde{E}_P^0 \right)$ 是 $\mathcal{G}^P$ 的一个基底.

比较 (8.2.9) 与 (8.2.6), 立刻得到如下结论.

推论 8.2.2 $\mathcal{G}^N$ 是 $\mathcal{G}^P$ 的线性子空间, 即

$$\mathcal{G}^N \subset \mathcal{G}^P.$$

总结前面的讨论可得以下定理.

定理 8.2.3 设 $G \in \mathcal{G}_{[n;k_1,k_2,\cdots,k_n]}$, 则以下几条等价:

(i) $G \in \mathcal{G}^N_{[n;k_1,k_2,\cdots,k_n]}$;

(ii) 对任何 $1 \leqslant i \leqslant n$ 及任何 $x_{-i} \in S_{-i}$,

$$c_i(x_i, x_{-i}) = c_i(y_i, x_{-i}), \quad \forall\, x_i,\, y_i \in S_i; \qquad (8.2.13)$$

(iii) $G \in \mathcal{G}^P_{[n;k_1,k_2,\cdots,k_n]}$, 并且, 任何定常值函数为其势函数.

证明 (i)⇔(ii) 是显然的, 我们只证明: (i)⇔(iii).

(i)⇒(iii) 因为 $\mathcal{G}^N \subset \mathcal{G}^P$, 所以 $G \in \mathcal{G}^N$ 是一个势博弈, 并且, 由定义 8.2.2 可知

$$(V_G)^{\mathrm{T}} \in \mathrm{span}\,(B_N). \qquad (8.2.14)$$

利用 (8.2.6), (8.2.14) 等价于存在 $\xi_i \in \mathbb{R}^{\kappa-i}$, $i = 1,\cdots,n$ 使得

$$V_i^c = \xi_i^{\mathrm{T}} E_i^{\mathrm{T}}. \qquad (8.2.15)$$

即

$$\begin{aligned}
c_i(x_1,\cdots,x_n) &= V_i^c \ltimes_{j=1}^n x_j \\
&= \xi_i^{\mathrm{T}} \left(I_{\kappa_i} \otimes \mathbf{1}_{k_i}^{\mathrm{T}} \otimes I_{\kappa^i}\right) \ltimes_{j=1}^n x_j \\
&= \xi_i^{\mathrm{T}} \ltimes_{j\neq i} x_j, \quad i = 1,\cdots,n.
\end{aligned}$$

因此, c_i 与 x_i 无关. 换言之, 势函数 $P(x_1,\cdots,x_n)$ 与 x_i 无关. 因为 i 是任选的, $P(x_1,\cdots,x_n) = \mathrm{const}$.

(iii) ⇒(i) 设 G 有定常势函数, 那么, 对任何 i, c_i 与 x_i 无关. 因此, 存在 $\xi_i \in \mathbb{R}^{\kappa-i}$ 使得

$$\begin{aligned}
c_i(x_1,\cdots,x_n) &= \xi_i^{\mathrm{T}} \ltimes_{j\neq i} x_j \\
&= \xi_i^{\mathrm{T}} \left(I_{\kappa_i} \otimes \mathbf{1}_{k_i}^{\mathrm{T}} \otimes I_{\kappa^i}\right) \ltimes_{j=1}^n x_j \\
&= \xi_i^{\mathrm{T}} E_i^{\mathrm{T}} \ltimes_{j=1}^n x_j \\
&= V_i^c \ltimes_{j=1}^n x_j, \quad i = 1,\cdots,n.
\end{aligned}$$

也就是说,

$$(V_i^c)^{\mathrm{T}} = E_i \xi_i, \quad i = 1,\cdots,n.$$

因此

$$B_N \xi = (V_G)^{\mathrm{T}},$$

于是有 $G \in \mathcal{G}^N$. □

例 8.2.1　给定一个有限博弈 $G \in \mathcal{G}_{[2;2,3]}$. $G \in \mathcal{G}_{[2;2,3]}^N$, 当且仅当,

$$(V_G^c)^{\mathrm{T}} \in \mathrm{span}(B_N) = \mathrm{span}\left(\begin{bmatrix} E_1 & 0 \\ 0 & E_2 \end{bmatrix} \right).$$

等价地, 有

$$(V_i^c)^{\mathrm{T}} \in \mathrm{span}(E_i), \quad i = 1, 2.$$

由于

$$E_1 = \begin{bmatrix} 1 \\ 1 \end{bmatrix} \otimes I_3 = \begin{bmatrix} 1 & 0 & 0 \\ 0 & 1 & 0 \\ 0 & 0 & 1 \\ 1 & 0 & 0 \\ 0 & 1 & 0 \\ 0 & 0 & 1 \end{bmatrix}.$$

则

$$\begin{aligned} V_1^c &= a[1\,0\,0\,1\,0\,0] + b[0\,1\,0\,0\,1\,0] + c[0\,0\,1\,0\,0\,1] \\ &= [a\,b\,c\,a\,b\,c]. \end{aligned}$$

类似地, 我们有

$$E_2 = I_2 \otimes \begin{bmatrix} 1 \\ 1 \\ 1 \end{bmatrix} = \begin{bmatrix} 1 & 0 \\ 1 & 0 \\ 1 & 0 \\ 0 & 1 \\ 0 & 1 \\ 0 & 1 \end{bmatrix}.$$

则

$$\begin{aligned} V_2^c &= d[1\,1\,1\,0\,0\,0] + e[0\,0\,0\,1\,1\,1] \\ &= [d\,d\,d\,e\,e\,e]. \end{aligned}$$

将它们放入支付双矩阵, 可得表 8.2.1.

表 8.2.1 例 8.2.1 支付双矩阵

P_1 \ P_2	1	2	3
1	a, d	b, d	c, d
2	a, e	b, e	c, e

由表 8.2.1 容易看出:

(i) $\dim(\mathcal{G}_{[2;2,3]}) = 5$, 这验证了 (8.2.8);

(ii) 只要 $x_2 \in S_2$ (或 $x_1 \in S_1$) 固定, 则 P_1 (对应地, P_2) 的支付是定常的, 与他选择的策略无关.

8.3 纯势博弈子空间

利用式 (8.2.10) 可得

$$\mathcal{G}^P = \mathrm{span}(\tilde{E}_P)$$

$$= \mathrm{span} \begin{bmatrix} I_\kappa - \dfrac{1}{k_1} E_1 E_1^{\mathrm{T}} & E_1 & 0 & 0 & \cdots & 0 \\ I_\kappa - \dfrac{1}{k_2} E_2 E_2^{\mathrm{T}} & 0 & E_2 & 0 & \cdots & 0 \\ I_\kappa - \dfrac{1}{k_3} E_3 E_3^{\mathrm{T}} & 0 & 0 & E_3 & \cdots & 0 \\ \vdots & \vdots & \vdots & \vdots & \ddots & \vdots \\ I_\kappa - \dfrac{1}{k_n} E_n E_n^{\mathrm{T}} & 0 & 0 & 0 & \cdots & E_n \end{bmatrix}. \tag{8.3.1}$$

定义一个辅助空间

$$\mathcal{G}^{P_0} := \mathrm{span}(B_0),$$

这里

$$B_0 = \begin{bmatrix} I_\kappa - \dfrac{1}{k_1} E_1 E_1^{\mathrm{T}} \\ I_\kappa - \dfrac{1}{k_2} E_2 E_2^{\mathrm{T}} \\ \vdots \\ I_\kappa - \dfrac{1}{k_n} E_n E_n^{\mathrm{T}} \end{bmatrix} \in \mathcal{M}_{n\kappa \times \kappa}. \tag{8.3.2}$$

直接计算可知

$$B_0^{\mathrm{T}} B_N = 0.$$

因此, 我们有

命题 8.3.1

$$\mathcal{G}^P = \mathcal{G}^{P_0} \oplus \mathcal{G}^N. \tag{8.3.3}$$

定义 8.3.1　称 $\mathcal{G}^{P_0}$ 为纯势博弈子空间, 其中的博弈为非平凡势博弈, 即其势函数非定常.

由式 (8.1.11) 及式 (8.2.8) 可知, 作为命题 8.3.1 的推论, 我们有

推论 8.3.1

$$\dim(\mathcal{G}^{P_0}) = \kappa - 1. \tag{8.3.4}$$

因此, 为寻找 $\mathcal{G}^{P_0}$ 的基底, 我们必须从 B_0 中删去一列. 注意到

$$
\begin{aligned}
&\left(I_\kappa - \frac{1}{k_i} E_i E_i^{\mathrm{T}} \right) \mathbf{1}_\kappa \\
&= \left[I_{\kappa_i} \otimes I_{k_i} \otimes I_{\kappa^i} - \frac{1}{k_i} (I_{\kappa_i} \otimes \mathbf{1}_{k_i \times k_i} \otimes I_{\kappa^i}) \right] (\mathbf{1}_{\kappa_i} \otimes \mathbf{1}_{k_i} \otimes \mathbf{1}_{\kappa^i}) \\
&= \mathbf{1}_{\kappa_i} \otimes \mathbf{1}_{k_i} \otimes \mathbf{1}_{\kappa^i} - \frac{1}{k_i} \left(\mathbf{1}_{\kappa_i} \otimes [k_i, k_i, \cdots, k_i]^{\mathrm{T}} \otimes \mathbf{1}_{\kappa^i} \right) \\
&= 0, \quad i = 1, \cdots, n.
\end{aligned}
$$

因此有

$$B_0 \mathbf{1}_\kappa = 0.$$

删去 B_0 的任意一列, 不妨设删去最后一列. 设剩下的矩阵记为 B_{P_0}, 则

$$\mathcal{G}^{P_0} = \mathrm{span}\,(B_0) = \mathrm{span}\,(B_{P_0}),$$

这里, B_{P_0} 为 $\mathcal{G}^{P_0}$ 的一个基底.

8.4　纯调和子空间

考察式 (8.2.10), 记

$$\psi_n := \tilde{E}_P^{\mathrm{T}},$$

然后定义一个新的子空间.

定义 8.4.1　定义
$$\mathcal{G}^{H_0} := \left[\mathcal{G}^P\right]^\perp = \ker(\psi_n).$$

称 $\mathcal{G}^{H_0}$ 为纯调和子空间.

于是有

命题 8.4.1
$$\dim(\mathcal{G}^{H_0}) = (n-1)\kappa - \kappa_0 + 1. \tag{8.4.1}$$

证明　注意到 (8.1.11), 即
$$\dim\left(\mathcal{G}^P\right) = \kappa + \kappa_0 - 1,$$

则有
$$
\begin{aligned}
\dim\left(\mathcal{G}^{H_0}\right) &= \dim(\mathcal{G}) - \dim\left(\mathcal{G}^P\right) \\
&= n\kappa - (\kappa + \kappa_0 - 1) \\
&= (n-1)\kappa - \kappa_0 + 1.
\end{aligned}
$$
　$\square$

为了寻找纯调和子空间的基底, 我们从 $n = 2$ 开始:
$$
\psi_2 = \begin{bmatrix} I_\kappa & I_\kappa \\ E_1^{\mathrm{T}} & 0 \\ 0 & E_2^{\mathrm{T}} \end{bmatrix}.
$$

设
$$
x_{i_1,i_2} := \begin{bmatrix} \left(\delta_{k_1}^1 - \delta_{k_1}^{i_1}\right)\left(\delta_{k_2}^1 - \delta_{k_2}^{i_2}\right) \\ \left(\delta_{k_1}^{i_1} - \delta_{k_1}^1\right)\left(\delta_{k_2}^1 - \delta_{k_2}^{i_2}\right) \end{bmatrix}, \quad i_1 = 2,3,\cdots,k_1;\ i_2 = 2,3,\cdots,k_2. \tag{8.4.2}
$$

不难看出
$$
x_{i_1,i_2} \in \ker(\psi_2), \quad i_1 = 2,3,\cdots,k_1; \quad i_2 = 2,3,\cdots,k_2,
$$

并且
$$
B_2 := \{x_{i_1,i_2} \mid i_1 = 2,3,\cdots,k_1; i_2 = 2,3,\cdots,k_2\}
$$

线性无关. 记 $\mathcal{H}_n$ 为 $\mathcal{G}_{[n;k_1,k_2,\cdots,k_n]}$ 的纯调和子空间. 利用 (8.4.1) 可知, $\dim(\mathcal{H}_2) = (k_1-1)(k_2-1)$. 由此可知, B_2 是 $\mathcal{H}_2$ 的基底.

下面我们构造 $\mathcal{G}_{[n;k_1,k_2,\cdots,k_n]}^{H_0}$ 的基底, 记
$$
B_n := B_{\mathcal{G}_{[n;k_1,k_2,\cdots,k_n]}^{H_0}}
$$

为 $\mathcal{G}_{[n;k_1,k_2,\cdots,k_n]}^{H_0}$ 的基底.

我们对 n 递推地构造. 不难验证如下关于 ψ_s 的递推表示:

$$\psi_s = \begin{bmatrix} \psi_{s-1} \otimes I_{k_s} & \beta \\ \mathbf{0}_{\kappa_s \times (s-1)\kappa_{s+1}} & I_{\kappa_s} \otimes \mathbf{1}_{k_s}^{\mathrm{T}} \end{bmatrix}, \tag{8.4.3}$$

这里

$$\beta = [I_{\kappa \times \kappa}, 0_{\kappa \times \kappa_{-1}}, \cdots, 0_{\kappa \times \kappa_{-(s-1)}}]^{\mathrm{T}}.$$

直接计算可验证以下结论.

引理 8.4.1　如果 $x \in \ker(\psi_{s-1})$, 则

$$\begin{bmatrix} x \otimes \delta_{k_s}^{i_s} \\ \mathbf{0}_{\kappa_{s+1}} \end{bmatrix} \in \ker(\psi_s), \quad i_s = 1, \cdots, k_s, \tag{8.4.4}$$

且

$$\begin{bmatrix} (\delta_{k_1}^1 - \delta_{k_1}^{i_1})\delta_{k_2}^1 \delta_{k_3}^1 \cdots \delta_{k_{s-1}}^1 \\ \delta_{k_1}^{i_1}(\delta_{k_2}^1 - \delta_{k_2}^{i_2})\delta_{k_3}^1 \cdots \delta_{k_{s-1}}^1 \\ \delta_{k_1}^{i_1} \delta_{k_2}^{i_2}(\delta_{k_3}^1 - \delta_{k_3}^{i_3}) \cdots \delta_{k_{s-1}}^1 \\ \vdots \\ \delta_{k_1}^{i_1} \delta_{k_2}^{i_2} \delta_{k_3}^{i_3} \cdots (\delta_{k_{s-1}}^1 - \delta_{k_{s-1}}^{i_{s-1}}) \\ \delta_{k_1}^{i_1} \delta_{k_2}^{i_2} \cdots \delta_{k_{s-1}}^{i_{s-1}} - \delta_{k_1}^1 \delta_{k_2}^1 \cdots \delta_{k_{s-1}}^1 \end{bmatrix} \otimes (\delta_{k_s}^1 - \delta_{k_s}^{i_s}) \in \ker(\psi_s), \tag{8.4.5}$$
$$i_j = 1, \cdots, k_j; \quad j = 1, 2, \cdots, s.$$

根据引理 8.4.1, 则由 (8.4.2) 出发, 可以构造出一系列 $\ker(\psi_n)$ 中的向量:

$$J_1 := \left\{ \begin{bmatrix} (\delta_{k_1}^1 - \delta_{k_1}^{i_1})(\delta_{k_2}^1 - \delta_{k_2}^{i_2})\delta_{k_3}^{i_3} \cdots \delta_{k_n}^{i_n} \\ -(\delta_{k_1}^1 - \delta_{k_1}^{i_1})(\delta_{k_2}^1 - \delta_{k_2}^{i_2})\delta_{k_3}^{i_3} \cdots \delta_{k_n}^{i_n} \\ \mathbf{0}_{(n-2)k} \\ i_1 \neq 1, i_2 \neq 1 \end{bmatrix} \right\},$$

$$J_2 := \left\{ \begin{bmatrix} (\delta_{k_1}^1 - \delta_{k_1}^{i_1})\delta_{k_2}^1 (\delta_{k_3}^1 - \delta_{k_3}^{i_3})\delta_{k_4}^{i_4} \cdots \delta_{k_n}^{i_n} \\ \delta_{k_1}^{i_1}(\delta_{k_2}^1 - \delta_{k_2}^{i_2})(\delta_{k_3}^1 - \delta_{k_3}^{i_3})\delta_{k_4}^{i_4} \cdots \delta_{k_n}^{i_n} \\ -(\delta_{k_1}^1 \delta_{k_2}^1 - \delta_{k_1}^{i_1} \delta_{k_2}^{i_2})(\delta_{k_3}^1 - \delta_{k_3}^{i_3})\delta_{k_4}^{i_4} \cdots \delta_{k_n}^{i_n} \\ \mathbf{0}_{(n-3)k} \\ (i_1, i_2) \neq \mathbf{1}_2^{\mathrm{T}}; i_3 \neq 1 \end{bmatrix} \right\},$$

$$\vdots$$

$$
J_s := \left\{
\begin{bmatrix}
(\delta_{k_1}^1 - \delta_{k_1}^{i_1})\delta_{k_2}^1\delta_{k_3}^1\cdots\delta_{k_s}^1(\delta_{k_{s+1}}^1 - \delta_{k_{s+1}}^{i_{s+1}})\delta_{k_{s+2}}^{i_{s+2}}\cdots\delta_{k_n}^{i_n} \\
\delta_{k_1}^{i_1}(\delta_{k_2}^1 - \delta_{k_2}^{i_2})\delta_{k_3}^1\cdots\delta_{k_s}^1(\delta_{k_{s+1}}^1 - \delta_{k_{s+1}}^{i_{s+1}})\delta_{k_{s+2}}^{i_{s+2}}\cdots\delta_{k_n}^{i_n} \\
\delta_{k_1}^{i_1}\delta_{k_2}^{i_2}(\delta_{k_3}^1 - \delta_{k_3}^{i_3})\cdots\delta_{k_s}^1(\delta_{k_{s+1}}^1 - \delta_{k_{s+1}}^{i_{s+1}})\delta_{k_{s+2}}^{i_{s+2}}\cdots\delta_{k_n}^{i_n} \\
\vdots \\
\delta_{k_1}^{i_1}\delta_{k_2}^{i_2}\delta_{k_3}^{i_3}\cdots(\delta_{k_s}^1 - \delta_{k_s}^{i_s})(\delta_{k_{s+1}}^1 - \delta_{k_{s+1}}^{i_{s+1}})\cdots\delta_{k_n}^{i_n} \\
-(\delta_{k_1}^1\cdots\delta_{k_s}^1 - \delta_{k_1}^{i_1}\cdots\delta_{k_s}^{i_s})(\delta_{k_{s+1}}^1 - \delta_{k_{s+1}}^{i_{s+1}})\delta_{k_{s+2}}^{i_{s+2}}\cdots\delta_{k_n}^{i_n} \\
\mathbf{0}_{(n-1-s)k}
\end{bmatrix}
\right\},
$$
$$(i_1,\cdots,i_s) \neq \mathbf{1}_{i_s}^{\mathrm{T}}; i_{s+1} \neq 1$$

$$\vdots$$

$$
J_{n-1} := \left\{
\begin{bmatrix}
(\delta_{k_1}^1 - \delta_{k_1}^{i_1})\delta_{k_2}^1\delta_{k_3}^1\delta_{k_4}^1\cdots\delta_{k_{n-1}}^1(\delta_{k_n}^1 - \delta_{k_n}^{i_n}) \\
\delta_{k_1}^{i_1}(\delta_{k_2}^1 - \delta_{k_2}^{i_2})\delta_{k_3}^1\delta_{k_4}^1\cdots\delta_{k_{n-1}}^1(\delta_{k_n}^1 - \delta_{k_n}^{i_n}) \\
\delta_{k_1}^{i_1}\delta_{k_2}^{i_2}(\delta_{k_3}^1 - \delta_{k_3}^{i_3})\delta_{k_4}^1\cdots\delta_{k_{n-1}}^1(\delta_{k_n}^1 - \delta_{k_n}^{i_n}) \\
\vdots \\
\delta_{k_1}^{i_1}\delta_{k_2}^{i_2}\delta_{k_3}^{i_3}\delta_{k_4}^{i_4}\cdots(\delta_{k_{n-1}}^1 - \delta_{k_{n-1}}^{i_{n-1}})(\delta_{k_n}^1 - \delta_{k_n}^{i_n}) \\
-(\delta_{k_1}^1\delta_{k_2}^1\cdots\delta_{k_{n-1}}^1 - \delta_{k_1}^{i_1}\delta_{k_2}^{i_2}\cdots\delta_{k_{n-1}}^{i_{n-1}})(\delta_{k_n}^1 - \delta_{k_n}^{i_n})
\end{bmatrix}
\right\}.
$$
$$(i_1,\cdots,i_{n-1}) \neq \mathbf{1}_{n-1}^{\mathrm{T}}; i_n \neq 1$$

定义

$$B_H^0 := [J_1, J_2, \cdots, J_{n-1}]. \tag{8.4.6}$$

可以证明, B_H^0 是 $\mathcal{G}^{H_0}$ 的基底.

定理 8.4.1　B_H^0 列满秩, 且

$$\mathcal{G}_{[n;k_1,k_2,\cdots,k_n]}^{H_0} = \mathrm{span}\left(B_H^0\right). \tag{8.4.7}$$

为证明定理 8.4.1, 先证以下引理.

引理 8.4.2　给定正整数 $p,q,r > 1$, 则向量 $(\delta_p^1 - \delta_p^{i_p})(\delta_q^1 - \delta_q^{i_q})\delta_s^{i_s}$, $1 < i_p \leqslant p$, $1 < i_q \leqslant q$, $1 \leqslant i_s \leqslant s$ 线性无关.

证明　设

$$\sum_{1 < i_p \leqslant p, 1 < i_q \leqslant q, 1 \leqslant i_s \leqslant s} a_{i_p,i_q,i_s}(\delta_p^1 - \delta_p^{i_p})(\delta_q^1 - \delta_q^{i_q})\delta_s^{i_s} = 0,$$

这里, 对任何 $1 < i_p \leqslant p$, $1 < i_q \leqslant q$, $1 \leqslant i_s \leqslant s$, a_{i_p,i_q,i_s} 为实数.

注意到, 对任何 $1 \leqslant j \leqslant pq$, 以及 $1 \leqslant j_1 < j_2 \leqslant s$, 如果 $\delta_{pq}^j \delta_s^{j_1}$ 的第一个分量不为 0, 则 $\delta_{pq}^j \delta_s^{j_2}$ 的第一个分量必为 0. 因此, 对所有 $1 \leqslant i_s \leqslant s$,

$$\sum_{1 < i_p \leqslant p, 1 < i_q \leqslant q} a_{i_p,i_q,i_s}(\delta_p^1 - \delta_p^{i_p})(\delta_q^1 - \delta_q^{i_q})$$

$$= \sum_{1 < i_p \leqslant p, 1 < i_q \leqslant q} a_{i_p,i_q,i_s}(\delta_p^1\delta_q^1 - \delta_p^1\delta_q^{i_q} - \delta_p^{i_p}\delta_q^1 + \delta_p^{i_p}\delta_q^{i_q})$$

$$= 0.$$

显见 $\delta_p^1\delta_q^1, \delta_p^1\delta_q^{i_q}, \delta_p^{i_p}\delta_q^1, \delta_p^{i_p}\delta_q^{i_q}$, $1 < i_p \leqslant p$, $1 < i_q \leqslant q$, 正是 I_{pq} 的所有的列, 因此是线性无关的. 那么, 对所有 $1 < i_p \leqslant p$, 所有 $1 < i_q \leqslant q$, 所有 $1 \leqslant i_s \leqslant s$ 均有 $a_{i_p,i_q,i_s} = 0$. □

利用引理 8.4.2, 以下证明定理 8.4.1.

定理 8.4.1 的证明　在 J_1 中, 仅当 $i_1 = 1$ 或 $i_2 = 1$ 时, 我们有零向量. 由引理 8.4.2, J_1 是一组线性无关的向量.

因为

$$|J_1| = \frac{\kappa}{k_1 k_2}(k_1 - 1)(k_2 - 1).$$

观察 J_2, 仅当 $(i_1, i_2) = (1, 1)$ 或 $i_3 = 1$ 时, J_2 的第 3 块为 0. 并且, 当第 3 块为 0 时, 前面的两块也必为 0, 因此, 它们均在 $\mathrm{span}(J_1)$ 中.

由引理 8.4.2, J_2 也是一组线性无关的向量. 并且,

$$|J_2| = \frac{\kappa}{k_1 k_2 k_3}(k_1 k_2 - 1)(k_3 - 1).$$

同时, J_1, J_2 也是线性无关向量.

一般地, 我们有

$$|J_s| = \frac{\kappa}{k_1 k_2 \cdots k_{s+1}}(k_1 k_2 \cdots k_s - 1)(k_{s+1} - 1), \quad s = 1, \cdots, n-1,$$

且 $J_1, J_2, \cdots, J_{n-1}$ 是一组含有 $\sum_{s=1}^{n-1} |J_s|$ 个线性无关向量的向量组.

因为

$$\sum_{s=1}^{n-1} |J_s| = (n-1)\kappa - \sum_{i=1}^{n} \kappa_{-i} + 1,$$

这是 $\mathcal{G}^{H_0}$ 的维数, 于是可得结论:

$$\mathcal{G}_{[n;k_1,k_2,\cdots,k_n]}^{H_0} = \mathrm{span}(B_H^0). \qquad □$$

定义 8.4.2 子空间

$$\mathcal{G}^H := \mathcal{G}^N \oplus \mathcal{G}^{H_0} \tag{8.4.8}$$

称为调和子空间.

如同势博弈或非策略博弈一样, 调和子空间与纯调和子空间也可以通过其支付函数来刻画. 根据相应子空间的基底结构, 可以推出以下结果[91].

命题 8.4.2 (i) $G \in \mathcal{G}^H_{[n;k_1,k_2,\cdots,k_n]}$, 当且仅当, 对任何 $s \in S$ 均有

$$\sum_{i=1}^n \left(c_i(s) - \frac{1}{k_i} \sum_{x_i \in S_i} c_i(x_i, s_{-i}) \right) = 0. \tag{8.4.9}$$

(ii) $G \in \mathcal{G}^{H_0}_{[n;k_1,k_2,\cdots,k_n]}$, 当且仅当, 对任何 $s \in S$ 均有

$$\sum_{i=1}^n c_i(s) = 0; \tag{8.4.10}$$

并且

$$\sum_{x_i \in S_i} c_i(x_i, s_{-i}) = 0. \tag{8.4.11}$$

证明 (i) 利用纯势博弈的基底 (8.3.2) 可知, $G \in \mathcal{G}^H_{[n;k_1,k_2,\cdots,k_n]}$, 当且仅当,

$$
\begin{aligned}
V_G B_0 &= [V_1^c, \cdots, V_n^c] \begin{bmatrix} I_\kappa - \dfrac{1}{k_1} E_1 E_1^{\mathrm{T}} \\ \vdots \\ I_\kappa - \dfrac{1}{k_n} E_n E_n^{\mathrm{T}} \end{bmatrix} \\
&= \sum_{i=1}^n \left[V_i^c - \frac{1}{k_i} V_i^c (E_i E_i^{\mathrm{T}}) \right] \\
&= 0.
\end{aligned}
$$

注意到

$$E_i E_i^{\mathrm{T}} = I_{\kappa_i} \otimes \mathbf{1}_{k_i \times k_i} \otimes I_{\kappa^i},$$

于是可得

$$\sum_{i=1}^n \left(V_i^c - \frac{1}{k_i} V_i^c (I_{\kappa_i} \otimes \mathbf{1}_{k_i \times k_i} \otimes I_{\kappa^i}) \right) x_1 x_2 \cdots x_n = 0. \tag{8.4.12}$$

显见, (8.4.12) 等价于 (8.4.9).

(ii) 利用 (8.2.9) 可知, $G \in \mathcal{G}_{[n;k_1,k_2,\cdots,k_n]}^{H_0}$, 当且仅当,

$$V_G \tilde{E}_P = 0.$$

按列相乘, 可得

$$\sum_{i=1}^n V_i^c = 0, \tag{8.4.13}$$

以及

$$V_i^c E_i = 0, \quad i = 1, 2, \cdots, n. \tag{8.4.14}$$

显见, (8.4.13) 和 (8.4.14) 分别与 (8.4.10) 和 (8.4.11) 等价.   □

8.5   有限博弈的结构分解

本节讨论作为向量空间的有限博弈集合

$$\mathcal{G}_{[n;k_1,k_2,\cdots,k_n]} \cong \mathbb{R}^{n\kappa}$$

与其各类子空间之间的关系.

8.5.1   子空间投影

下面的引理其实是矩阵广义逆中最简单的一种[122], 但它在有限博弈的子空间投影中却十分有效.

引理 8.5.1 设 $S \subset V$ 为 V 的一个子空间, 矩阵 B_s 的列 $\mathrm{Col}(B_s)$ 为 S 的一个基底, 那么, 对任何 $w \in V$,

$$\pi_S(w) = B_s(B_s^{\mathrm{T}} B_s)^{-1} B_s^{\mathrm{T}} w \in S \tag{8.5.1}$$

是 w 在 S 上的投影. 并且, $w = [w - \pi_S(w)] \oplus \pi_S(w)$ 是 w 的一个正交分解.

$\mathcal{G}$ 的各种子空间及其基底在 8.4 节曾经得到过. 今列表如下 (表 8.5.1).

表 8.5.1   子空间及其基底

子空间名	表达式	基底
势博弈	$\mathcal{G}^P$	E_P^0 (8.1.9)
纯势博弈	$\mathcal{G}^{P_0}$	$\tilde{E}_P^0$ (8.2.11)
非策略博弈	$\mathcal{G}^N$	B_N (8.2.6)
纯调和博弈	$\mathcal{G}^{H_0}$	B_H^0 (8.4.6)

利用表 8.5.1, 再由引理 8.5.1 可得以下结论.

定理 8.5.1 设 $G \in \mathcal{G}_{[n;k_1,\cdots,k_n]}$ 的结构向量为

$$V_G = [V_1^c, V_2^c, \cdots, V_n^c].$$

则

(i) G 在 $\mathcal{G}^P$ 的投影为

$$\pi_{\mathcal{G}^P}(G) = E_P^0 \left((E_P^0)^{\mathrm{T}} E_P^0 \right)^{-1} (E_P^0)^{\mathrm{T}} (V_G)^{\mathrm{T}}; \qquad (8.5.2)$$

(ii) G 在 $\mathcal{G}^N$ 的投影为

$$\pi_{\mathcal{G}^N}(G) = B_N \left(B_N^{\mathrm{T}} B_N \right)^{-1} B_N^{\mathrm{T}} (V_G)^{\mathrm{T}}; \qquad (8.5.3)$$

(iii) G 在 $\mathcal{G}^{H_0}$ 的投影为

$$\pi_{\mathcal{G}^{H_0}}(G) = B_H^0 \left((B_H^0)^{\mathrm{T}} B_H^0 \right)^{-1} (B_H^0)^{\mathrm{T}} (V_G)^{\mathrm{T}}; \qquad (8.5.4)$$

(iv) G 在 $\mathcal{G}^H$ 的投影为

$$\pi_{\mathcal{G}^H}(G) = \pi_{\mathcal{G}^N}(G) + \pi_{\mathcal{G}^{H_0}}(G); \qquad (8.5.5)$$

(v) G 在 $\mathcal{G}^{P_0}$ 的投影为

$$\pi_{\mathcal{G}^{P_0}}(G) = \tilde{E}_P^0 \left((\tilde{E}_P^0)^{\mathrm{T}} \tilde{E}_P^0 \right)^{-1} (\tilde{E}_P^0)^{\mathrm{T}} (V_G)^{\mathrm{T}}. \qquad (8.5.6)$$

8.5.2 正交分解

考察前面讨论过的 $\mathcal{G}$ 的几个基本子空间, 我们显然有如下的正交分解:

$$\mathcal{G} = \underbrace{\mathcal{G}^{P_0} \oplus \overbrace{\mathcal{G}^N}^{\mathcal{G}^H} \oplus \mathcal{G}^{H_0}}_{\mathcal{G}^P}. \qquad (8.5.7)$$

构造基底矩阵

$$B := \left[\tilde{E}_P^0, B_N, B_0^H \right], \qquad (8.5.8)$$

并记三个子空间 $\mathcal{G}^{P_0}$, $\mathcal{G}^N$, 以及 $\mathcal{G}^{H_0}$ 的维数分别为

$$d_1 = \dim\left(\mathcal{G}^{P_0}\right) = \kappa - 1,$$
$$d_2 = \dim\left(\mathcal{G}^H\right) = \kappa_0,$$
$$d_3 = \dim\left(\mathcal{G}^{H_0}\right) = (n-1)\kappa - \kappa_0 + 1.$$

那么, 由投影的性质可得

命题 8.5.1　定义

$$\begin{bmatrix} x_1 \\ x_2 \\ x_3 \end{bmatrix} := B^{-1} (V_G)^{\mathrm{T}},$$ (8.5.9)

这里, $x_i \in \mathbb{R}^{d_i}$, $i = 1, 2, 3$. 那么,

$$\pi_{\mathcal{G}^{P_0}}(G) = B \begin{bmatrix} x_1 \\ 0 \\ 0 \end{bmatrix}, \quad \pi_{\mathcal{G}^N}(G) = B \begin{bmatrix} 0 \\ x_2 \\ 0 \end{bmatrix}, \quad \pi_{\mathcal{G}^{H_0}}(G) = B \begin{bmatrix} 0 \\ 0 \\ x_3 \end{bmatrix},$$

$$\pi_{\mathcal{G}^P}(G) = B \begin{bmatrix} x_1 \\ x_2 \\ 0 \end{bmatrix}, \quad \pi_{\mathcal{G}^H}(G) = B \begin{bmatrix} 0 \\ x_2 \\ x_3 \end{bmatrix}.$$

注　如果在 $\mathbb{R}^{n\kappa}$ 空间上的内积定义为

$$\langle X, Y \rangle := X^{\mathrm{T}} Q Y,$$ (8.5.10)

这里, $Q \in M_{n\kappa \times n\kappa}$ 为一正定矩阵, 则公式 (8.5.1) 变为

$$\pi_S(w) = B_s (B_s^{\mathrm{T}} Q B_s)^{-1} B_s^{\mathrm{T}} Q w \in S.$$ (8.5.11)

于是, 相应地,

(i) G 在 $\mathcal{G}^P$ 的投影为

$$\pi_{\mathcal{G}^P}(G) = E_P^0 \left((E_P^0)^{\mathrm{T}} Q E_P^0 \right)^{-1} (E_P^0)^{\mathrm{T}} Q (V_G)^{\mathrm{T}};$$ (8.5.12)

(ii) G 在 $\mathcal{G}^N$ 的投影为

$$\pi_{\mathcal{G}^N}(G) = B_N \left(B_N^{\mathrm{T}} Q B_N \right)^{-1} B_N^{\mathrm{T}} Q (V_G)^{\mathrm{T}};$$ (8.5.13)

(iii) G 在 $\mathcal{G}^{H_0}$ 的投影为

$$\pi_{\mathcal{G}^{H_0}}(G) = B_H^0 \left((B_H^0)^{\mathrm{T}} Q B_H^0 \right)^{-1} (B_H^0)^{\mathrm{T}} Q (V_G)^{\mathrm{T}};$$ (8.5.14)

(iv) G 在 $\mathcal{G}^H$ 的投影为

$$\pi_{\mathcal{G}^H}(G) = \pi_{\mathcal{G}^N}(G) + \pi_{\mathcal{G}^{H_0}}(G);$$ (8.5.15)

(v) G 在 $\mathcal{G}^{P_0}$ 的投影为

$$\pi_{\mathcal{G}^{P_0}}(G) = \tilde{E}_P^0 \left((\tilde{E}_P^0)^{\mathrm{T}} Q \tilde{E}_P^0 \right)^{-1} (\tilde{E}_P^0)^{\mathrm{T}} Q \left(V_G \right)^{\mathrm{T}}. \tag{8.5.16}$$

在文献 [21] 中, 内积是用 (8.5.10) 定义的, 其中

$$Q = \mathrm{diag} \left(\underbrace{k_1, \cdots, k_1}_{\kappa}, \underbrace{k_2, \cdots, k_2}_{\kappa}, \cdots, \underbrace{k_n, \cdots, k_n}_{\kappa} \right).$$

这时, 不难看出, $\mathcal{G}^P$ 和 $\mathcal{G}^N$ 可如前, 即其基底仍分别为 E_P^0 及 B_N. 但为了保持 Q-正交, 则调和博弈子空间, 记作 $\tilde{\mathcal{G}}^H$, 的基底应为

$$\tilde{B}_H := Q^{-1} B_H.$$

因此, 文献 [21] 中定义的调和子空间 $\tilde{\mathcal{G}}^H$, 与本书定义的 $\mathcal{G}^H$ 是不同的.

下面讨论几个例子.

例 8.5.1 (i) 考察一个 $G \in \mathcal{G}_{[2;2,2]}$. 其支付见表 8.5.2.

表 8.5.2 例 8.5.1 (i) 的支付双矩阵

P_1 \ P_2	1	2
1	a_1, b_1	a_2, b_2
2	a_3, b_3	a_4, b_4

于是我们有

$$V_G = [a_1, a_2, a_3, a_4, b_1, b_2, b_3, b_4].$$

$$E_1 = \mathbf{1}_2 \otimes I_2; \qquad E_2 = I_2 \otimes \mathbf{1}_2.$$

$$E_P^0 = \begin{bmatrix} I_4 & E_1 & 0 \\ I_4 & 0 & E_2^0 \end{bmatrix} = \begin{bmatrix} 1 & 0 & 0 & 0 & 1 & 0 & 0 \\ 0 & 1 & 0 & 0 & 0 & 1 & 0 \\ 0 & 0 & 1 & 0 & 1 & 0 & 0 \\ 0 & 0 & 0 & 1 & 0 & 1 & 0 \\ 1 & 0 & 0 & 0 & 0 & 0 & 1 \\ 0 & 1 & 0 & 0 & 0 & 0 & 1 \\ 0 & 0 & 1 & 0 & 0 & 0 & 0 \\ 0 & 0 & 0 & 1 & 0 & 0 & 0 \end{bmatrix}.$$

$$B_N = \begin{bmatrix} E_1 & 0 \\ 0 & E_2 \end{bmatrix} = \begin{bmatrix} 1 & 0 & 0 & 0 \\ 0 & 1 & 0 & 0 \\ 1 & 0 & 0 & 0 \\ 0 & 1 & 0 & 0 \\ 0 & 0 & 1 & 0 \\ 0 & 0 & 1 & 0 \\ 0 & 0 & 0 & 1 \\ 0 & 0 & 0 & 1 \end{bmatrix}.$$

假设其为性别战[53], 设 $a_1 = 2$, $a_2 = 0$, $a_3 = 0$, $a_4 = 1$, $b_1 = 1$, $b_2 = 0$, $b_3 = 0$, $b_4 = 2$. 利用公式 (8.5.2)—(8.5.6) 可得

$$\pi_{\mathcal{G}^{H_0}}(G) = [0, 0, 0, 0, 0, 0, 0, 0],$$
$$\pi_{\mathcal{G}^N}(G) = [1, 0.5, 1, 0.5, 0.5, 0.5, 1, 1],$$
$$\pi_{\mathcal{G}^{P_0}}(G) = [1, -0.5, -1, 0.5, 0.5, -0.5, -1, 1],$$
$$\pi_{\mathcal{G}^P}(G) = [2, 0, 0, 1, 1, 0, 0, 2],$$
$$\pi_{\mathcal{G}^H}(G) = [1, 0.5, 1, 0.5, 0.5, 0.5, 1, 1].$$

显然, 这是一个势博弈.

(ii) 考察石头-剪刀-布, 则 $G \in \mathcal{G}_{[2;3,3]}$, 其支付见表 8.5.3.

表 8.5.3　例 8.5.1 (ii) 的支付双矩阵

P_1 \ P_2	R	S	P
R	0, 0	1, −1	−1, 1
S	−1, 1	0, 0	1, −1
P	1, −1	−1, 1	0, 0

于是有

$$V_G = [0, 1, -1, -1, 0, 1, 1, -1, 0, 0, -1, 1, 1, 0, -1, -1, 1, 0].$$

$$E_1 = \mathbf{1}_3 \otimes I_3 = \begin{bmatrix} I_3 \\ I_3 \\ I_3 \end{bmatrix}; \quad E_2 = I_3 \otimes \mathbf{1}_3 = \begin{bmatrix} \mathbf{1}_3 & 0 & 0 \\ 0 & \mathbf{1}_3 & 0 \\ 0 & 0 & \mathbf{1}_3 \end{bmatrix}.$$

从而知

$$
B_N = \begin{bmatrix} I_3 & 0 & 0 & 0 \\ I_3 & 0 & 0 & 0 \\ I_3 & 0 & 0 & 0 \\ 0 & \mathbf{1}_3 & 0 & 0 \\ 0 & 0 & \mathbf{1}_3 & 0 \\ 0 & 0 & 0 & \mathbf{1}_3 \end{bmatrix}, \quad B_N^0 = \begin{bmatrix} I_3 & 0 & 0 \\ I_3 & 0 & 0 \\ I_3 & 0 & 0 \\ 0 & \mathbf{1}_3 & 0 \\ 0 & 0 & \mathbf{1}_3 \\ 0 & 0 & 0 \end{bmatrix}, \quad E_P^0 = \begin{bmatrix} \begin{pmatrix} I_9 \\ I_9 \end{pmatrix} & B_N^0 \end{bmatrix}.
$$

利用公式 (8.5.2)—(8.5.6) 可得

$$
\pi_{\mathcal{G}^{P_0}}(G) = \pi_{\mathcal{G}^N}(G) = \pi_{\mathcal{G}^P}(G) = 0,
$$
$$
\pi_{\mathcal{G}^H}(G) = \pi_{\mathcal{G}^{H_0}}(G)
$$
$$
= [0,1,-1,-1,0,1,1,-1,0,0,-1,1,1,0,-1,-1,1,0].
$$

显见, 这是个纯调和博弈.

下面这个例子来自 [50].

例 8.5.2 考察一个有限博弈 $G \in \mathcal{G}_{[2;3,2]}$, 记 $S_1 = \{1(U),2(M),3(D)\}$, $S_2 = \{1(L),2(R)\}$ 分别为玩家 1 和 2 的策略, 支付见表 8.5.4.

表 8.5.4 例 8.5.2 的支付双矩阵

P_1 \ P_2	$L=1$	$R=2$
$U=1$	1, 3	−2, 0
$M=2$	−2, 0	1, 3
$D=3$	0, 1	0, 1

于是有

$$
V_G = [1,-2,-2,1,0,0,3,0,0,3,1,1].
$$

利用表 8.5.1 可算出

$$
\tilde{E}_P^0 = \begin{bmatrix}
0.67 & 0.00 & -0.33 & 0.00 & 0.00 \\
0.00 & 0.67 & 0.00 & -0.33 & -0.33 \\
-0.33 & 0.00 & 0.67 & 0.00 & 0.00 \\
0.00 & -0.33 & 0.00 & 0.67 & 0.67 \\
-0.33 & 0.00 & -0.33 & 0.00 & 0.00 \\
0.00 & -0.33 & 0.00 & -0.33 & -0.33 \\
0.50 & -0.50 & 0.00 & 0.00 & 0.00 \\
-0.50 & 0.50 & 0.00 & 0.00 & 0.00 \\
0.00 & 0.00 & 0.50 & -0.50 & -0.50 \\
0.00 & 0.00 & -0.50 & 0.50 & 0.50 \\
0.00 & 0.00 & 0.00 & 0.00 & 0.00 \\
0.00 & 0.00 & 0.00 & 0.00 & 0.00
\end{bmatrix},
$$

$$B_N = \begin{bmatrix} 1 & 0 & 0 & 0 & 0 \\ 0 & 1 & 0 & 0 & 0 \\ 1 & 0 & 0 & 0 & 0 \\ 0 & 1 & 0 & 0 & 0 \\ 1 & 0 & 0 & 0 & 0 \\ 0 & 1 & 0 & 0 & 0 \\ 0 & 0 & 1 & 0 & 0 \\ 0 & 0 & 1 & 0 & 0 \\ 0 & 0 & 0 & 1 & 0 \\ 0 & 0 & 0 & 1 & 0 \\ 0 & 0 & 0 & 0 & 1 \\ 0 & 0 & 0 & 0 & 1 \end{bmatrix}, \quad B_{H_0} = \begin{bmatrix} 1 & 1 \\ -1 & -1 \\ -1 & 0 \\ 1 & 0 \\ 0 & -1 \\ 0 & 1 \\ -1 & -1 \\ 1 & 1 \\ 1 & 0 \\ -1 & 0 \\ 0 & 1 \\ 0 & -1 \end{bmatrix}.$$

根据命题 8.5.1, 可得到如下的分解:

$$(V_G)^{\mathrm{T}} = \tilde{E}_P^0 x_1 + B_N x_2 + B_{H_0} x_3,$$

这里, x_i, $i = 1, 2, 3$ 可由式 (8.5.9) 算得如下:

$$x_1 = [0.58, -2.75, -2.17, 1.00, -0.17]^{\mathrm{T}},$$
$$x_2 = [-0.33, -0.67, 1.50, 1.50, 1.00]^{\mathrm{T}},$$
$$x_3 = [0.08, 0.08]^{\mathrm{T}},$$

因此

$$\begin{aligned} \pi_{\mathcal{G}^{P_0}}(G) = [&1.17, -2.17, -1.58, 1.58, 0.42, 0.58, \\ &1.67, -1.67, -1.58, 1.58, -0.08, -0.08], \\ \pi_{\mathcal{G}^N}(G) = [&-0.33, -0.67, -0.33, -0.67, -0.33, -0.67, \\ &1.50, 1.50, 1.50, 1.50, 1.00, 1.00], \\ \pi_{\mathcal{G}^{H_0}}(G) = [&0.17, -0.17, -0.08, 0.08, -0.08, 0.08, \\ &-0.17, 0.17, 0.08, -0.08, 0.08, 0.08]. \end{aligned}$$

利用定理 8.5.1 中的公式, 可以得到完全相同的结果.

8.6　演化与博弈空间分解

8.6.1　空间分解与演化等价

利用有限博弈的向量空间分解, 一个有限博弈 $G \in \mathcal{G}$, 可以找到它到势博弈空间的投影 $G_P := \pi_{\mathcal{G}^P}(G)$. 如果 G 与 G_P 演化等价, 那么, G 就具有演化势博弈的许多良好性质. 例如, G 有纯纳什均衡点, 应用短视最优策略的策略更新规则可使演化博弈收敛到纳什均衡点等. 用投影的方法寻找演化等价势博弈是一个十分有效的方法. 下面用一个例子说明.

下面这个例子来自 [22].

例 8.6.1 一个博弈 $G \in \mathcal{G}_{[2;3,3]}$, 这里 $S_1 = S_2 = \{1,2,3\}$: 1 表示工作; 2 表示在办公室混; 3 表示干脆不上班. 其支付见表 8.6.1.

表 8.6.1 例 8.6.1 支付矩阵

$\begin{smallmatrix}s\\c\end{smallmatrix}$	11	12	13	21	22	23	31	32	33
c_1	90	-12	48	-12	1	24	48	24	1
c_2	90	-12	48	-12	-1	24	48	24	-1

利用短视最优策略为更新规则, 可得到更新策略如表 8.6.2.

表 8.6.2 例 8.6.1 更新策略

$\begin{smallmatrix}s(t)\\s(t+1)\end{smallmatrix}$	11	12	13	21	22	23	31	32	33
f_1	1	3	1	1	3	1	1	3	1
f_2	1	1	1	3	3	3	1	1	1

于是有

$$x_i(t+1) = f_i(x_1(t), x_2(t)) = M_i x(t), \quad i = 1, 2, \qquad (8.6.1)$$

这里, $x(t) = \ltimes_{i=1}^2 x_i(t)$, $M_i, i = 1, 2$ 是 f_i 的结构矩阵, 它们是

$$\begin{aligned} M_1 &= \delta_3[1,3,1,1,3,1,1,3,1], \\ M_2 &= \delta_3[1,1,1,3,3,3,1,1,1]. \end{aligned} \qquad (8.6.2)$$

利用与例 8.5.1 相同的计算方法, 可以算出 G 的势博弈空间投影 $G_P := \pi_{\mathcal{G}^P}(G)$, 它的结构向量如下:

$$\begin{aligned} V_{G_P} = [&89.7778, -11.8889, 48.1111, -11.8889, 0.4444, 24.4444, \\ &48.1111, 24.4444, 0.4444, 90.2222, -12.1111, 47.8889, \\ &-12.1111, -0.4444, 23.5556, 47.8889, 23.5556, -0.4444]. \end{aligned}$$

容易验证: G_P 的动态演化方程与式 (8.6.1) 和式 (8.6.2) 相同. 因此, G 的演化特性与势博弈 G_P 完全相同.

8.6.2　网络演化博弈的子空间分解

回忆第 3 章, 一个网络演化博弈可以用 $((N,E),G,\Pi)$ 来表示, 这里, (N,E) 是网络图, G 是网络的基本博弈, Π 是策略更新规则. 当我们不考虑演化时可以用 $G^n = ((N,E),G)$ 表示一个网络演化博弈. 这时, $e=(i,j) \in E$, 则结点 (或曰玩家) i 与 j 进行网络基本博弈 G.

命题 8.6.1　考察一个网络演化博弈 $G^n = ((N,E),G)$. 对于 $e \in E$, 记 G_e^P, G_e^N, G_e^H, $G_e^{P_0}$, $G_e^{H_0}$ 分别为边 e 上的博弈的势博弈分量、非策略博弈分量、调和博弈分量、纯势博弈分量及纯调和博弈分量. 则正交分解式 (8.5.7) 仍成立, 即

$$
\mathcal{G} = \underbrace{\mathcal{P} \oplus \overbrace{\mathcal{G}^N}^{\mathcal{G}^H} }_{\mathcal{G}^P} \oplus\; \mathcal{G}^{H_0},
$$

这里

$$
V_{G^P} = \sum_{e \in E} V_{G_e^P},
$$

$$
V_{G^N} = \sum_{e \in E} V_{G_e^N},
$$

$$
V_{G^H} = \sum_{e \in E} V_{G_e^H},
$$

$$
V_{G^{P_0}} = \sum_{e \in E} V_{G_e^{P_0}},
$$

$$
V_{G^{H_0}} = \sum_{e \in E} V_{G_e^{H_0}}.
$$

证明　因为每一个子空间都是线性的, 所以满足可加性. 唯一需要强调的是, 子空间的属性在大空间里 (即增加某些哑变量时) 是不变的. □

下面考虑一个例子.

例 8.6.2　考察一个网络演化博弈 $G^n = ((N,E),G,\Pi)$, 这里, (i) 网络图见图 8.6.1; (ii) $G \in \mathcal{G}_{[2;3,3]}$ 是 Benoit-Krishna 博弈[109], 其支付见表 8.6.3.

表 8.6.3　**Benoit-Krishna 博弈支付双矩阵**

P_1 ＼ P_2	$D=1$	$W=2$	$C=3$
$D=1$	10, 10	$-1,-12$	$-1,15$
$W=2$	$-12,-1$	8, 8	$-1,-1$
$C=3$	15, -1	8, 1	0, 0

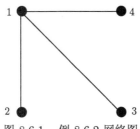

图 8.6.1　例 8.6.2 网络图

我们用两种方法计算 G^n 的子空间分解:

(i) 分边计算: 按每条边计算投影分量, 再分别相加.

注意到 Benoit-Krishna 博弈与石头-剪刀-布同属 $\mathcal{G}_{[2;3,3]}$, 因此, 可利用例 8.5.1 中的 B_P^0, B_N 等进行计算.

G^n 的支付向量为

$$V_G = [10, -1, -1, -12, 8, -1, 15, 8, 0, 10, -12, 15, -1, 8, -1, -1, 1, 0].$$

与石头-剪刀-布中的计算类似, 可得

$$\begin{aligned}
\pi_{\mathcal{G}^{H_0}}(G) = [&0.389, 3.722, -4.111, -4.111, -0.778, 4.889, \\
&3.722, -2.944, -0.778, -0.389, -3.722, 4.111, \\
&4.111, 0.778, -4.889, -3.722, 2.944, 0.778];
\end{aligned}$$

$$\begin{aligned}
\pi_{\mathcal{G}^N}(G) = [&4.333, 5, -0.667, 4.333, 5, -0.667, 4.333, 5, \\
&-0.667, 4.333, 4.333, 4.333, 2, 2, 2, 0, 0, 0];
\end{aligned}$$

$$\begin{aligned}
\pi_{\mathcal{G}^{P_0}}(G) = [&5.278, -9.722, 3.778, -12.222, 3.778, -5.222, \\
&6.944, 5.944, 1.444, 6.056, -12.611, 6.556, \\
&-7.111, 5.222, 1.889, 2.722, -1.944, -0.778];
\end{aligned}$$

$$\begin{aligned}
\pi_{\mathcal{G}^P}(G) = [&9.611, -4.722, 3.111, -7.889, 8.778, -5.889, \\
&11.278, 10.944, 0.778, 10.389, -8.278, 10.889, \\
&-5.111, 7.222, 3.889, 2.722, -1.944, -0.778];
\end{aligned}$$

$$\begin{aligned}
\pi_{\mathcal{G}^H}(G) = [&4.722, 8.722, -4.778, 0.222, 4.222, 4.222, \\
&8.056, 2.056, -1.444, 3.944, 0.611, 8.444, \\
&6.111, 2.778, -2.889, -3.722, 2.944, 0.778].
\end{aligned}$$

将 $\pi_{\mathcal{G}^{H_0}}(G)$ 平均分为两块

$$\pi_{\mathcal{G}^{H_0}}(G) = \left[V_{\mathcal{G}^{H_0}}^1, V_{\mathcal{G}^{H_0}}^2\right],$$

这里, $V_{\mathcal{G}^{H_0}}^1$ 及 $V_{\mathcal{G}^{H_0}}^2$ 分别为玩家 1 和 2 的相关支付 V_1^c 和 V_2^c 在纯调和子空间上的投影.

下面考虑 G 在边 $(1,2)$ 上的博弈, 则 V_1^c 及 V_2^c 在 $\mathcal{G}^{H_0}$ 上的投影为

$$H_1^1(x_1,x_2) = V_{\mathcal{H}}^1 x_1 x_2 = V_{\mathcal{H}}^1 \left(I_9 \otimes \mathbf{1}_9^{\mathrm{T}}\right) \ltimes_{i=1}^4 x_i;$$
$$H_2^1(x_1,x_2) = V_{\mathcal{H}}^2 x_1 x_2 = V_{\mathcal{H}}^2 \left(I_9 \otimes \mathbf{1}_9^{\mathrm{T}}\right) \ltimes_{i=1}^4 x_i.$$

类似地, G 在边 $(1,3)$ 上的博弈有投影

$$H_1^2(x_1,x_3) = V_{\mathcal{H}}^1 x_1 x_3 = V_{\mathcal{H}}^1 \left(I_3 \otimes \mathbf{1}_3^{\mathrm{T}} \otimes I_3 \otimes \mathbf{1}_3^{\mathrm{T}}\right) \ltimes_{i=1}^4 x_i;$$
$$H_3^2(x_1,x_3) = V_{\mathcal{H}}^2 x_1 x_3 = V_{\mathcal{H}}^2 \left(I_3 \otimes \mathbf{1}_3^{\mathrm{T}} \otimes I_3 \otimes \mathbf{1}_3^{\mathrm{T}}\right) \ltimes_{i=1}^4 x_i.$$

在边 $(1,4)$ 上有

$$H_1^3(x_1,x_4) = V_{\mathcal{H}}^1 x_1 x_4 = V_{\mathcal{H}}^1 \left(I_3 \otimes \mathbf{1}_9^{\mathrm{T}} \otimes I_3\right) \ltimes_{i=1}^4 x_i;$$
$$H_4^3(x_1,x_4) = V_{\mathcal{H}}^2 x_1 x_4 = V_{\mathcal{H}}^2 \left(I_3 \otimes \mathbf{1}_9^{\mathrm{T}} \otimes I_3\right) \ltimes_{i=1}^4 x_i.$$

最后, G^n 在子空间 $\mathcal{G}^{H_0}$ 上的投影为

$$V_{\mathcal{G}^{H_0}} = [H_1, H_2, H_3, H_4],$$

这里

$$H_1 = H_1^1 + H_1^2 + H_1^3; \ H_2 = H_2^1; \ H_3 = H_3^2; \ H_4 = H_4^3.$$

最后可得

$$V_{\pi_{\mathcal{G}^{H_0}}(G^n)} = [1.167, 4.5, -3.333, 4.5, 7.833, \cdots, 2.944, 0.778,$$
$$-3.722, 2.944, 0.778] \in \mathbb{R}^{324}. \tag{8.6.3}$$

类似地, 可计算 G^n 在子空间 $\mathcal{G}^N$, $\mathcal{G}^{P_0}$, $\mathcal{G}^P$, $\mathcal{G}^H$ 上的投影如下:

$$V_{\pi_{\mathcal{G}^N}(G^n)} = [13, 13.667, 8, 13.667, 14.333, \cdots, 0, 0, 0, 0, 0] \in \mathbb{R}^{324}. \tag{8.6.4}$$

$$V_{\pi_{\mathcal{G}^{P_0}}(G^n)} = [15.833, 0.833, 14.333, 0.833, -14.167, \cdots, -1.944,$$
$$-0.778, 2.722, -1.944, -0.778] \in \mathbb{R}^{324}. \tag{8.6.5}$$

$$V_{\pi_{\mathcal{G}^P}(G^n)} = [28.833, 14.5, 22.333, 14.5, 0.167, \cdots, -1.944,$$
$$-0.778, 2.722, -1.944, -0.778] \in \mathbb{R}^{324}. \tag{8.6.6}$$

$$V_{\pi_{\mathcal{G}H}(G^n)} = [14.167, 18.167, 4.667, 18.167, 22.167, \cdots, 2.944,$$

$$0.778, -3.722, 2.944, 0.778] \in \mathbb{R}^{324}. \tag{8.6.7}$$

(ii) 全局算法: 直接作 G^n 的投影.

首先, 不难算得全 G^n 的支付向量

$$V_{G^n} = [30, 19, 19, 19, 8, \cdots, 1, 0, -1, 1, 0] \in \mathbb{R}^{324}.$$

利用

$$E_1 = \mathbf{1}_3 \otimes I_{27},$$
$$E_2 = I_3 \otimes \mathbf{1}_3 \otimes I_9,$$
$$E_3 = I_9 \otimes \mathbf{1}_3 \otimes I_3,$$
$$E_4 = I_{27} \otimes \mathbf{1}_3,$$

则不难计算 B_N, $\tilde{E}_P^0$ 等. 最后, 用公式 (8.5.2)—(8.5.6) 可计算各种投影. 容易验证, 这些投影与 (8.6.3)—(8.6.7) 相同.

8.7 近似势博弈

以上各节讨论了有限博弈基于势博弈的空间分解. 本节讨论近似势博弈, 它可以看作是空间分解的一个应用. 近似势博弈最早是由 [22] 提出来的. 它的基本想法是: 如果一个有限博弈同一个势博弈很接近, 那么, 这个博弈在演化下就可能与势博弈一样, 会有很好的动力学性质. 这是一个富有启发性的思考. 那么, 什么样的博弈是近似势博弈呢? 一种最直观的想法是, 给定一个势博弈, 让其参数作小的扰动, 以得到近似势博弈. 这个方法实际上没有太多用处. 本节将给出的方法, 是对一个任意有限博弈 G, 基于状态空间的正交分解, 去寻找它的势博弈分量 G_P. 因为 G_P 是与 G 最接近的势博弈, 故可通过检验 G 与 G_P 的演化行为的一致性来确认是否 G 可视为一个近似势博弈.

另一个值得注意的事实是, 本章此前只讨论基于势博弈的正交分解. 其实, 基于加权势博弈, 或余集加权势博弈, 当权重给定时, 类似的子空间正交分解是存在的. 即, 基于加权势博弈有如下分解[125]:

$$\mathcal{G} = \underbrace{\mathcal{P}_w^0 \oplus \overbrace{\mathcal{G}^N \oplus \mathcal{G}_w^{H_0}}^{\mathcal{G}_w^H}}_{\mathcal{G}_w^P}. \tag{8.7.1}$$

　　基于余集加权势博弈有如下分解[126]:

$$\mathcal{G} = \underbrace{\underbrace{\mathcal{P}_{cw}^0 \oplus \mathcal{G}^N}_{\mathcal{G}_{cw}^P} \oplus \overbrace{\mathcal{G}_{cw}^{H_0}}^{\mathcal{G}_{cw}^H}}, \tag{8.7.2}$$

限于篇幅, 这里就不详细介绍了. 有兴趣的读者可参见文献 [125, 126].

　　图 8.7.1 显示了这种近似势博弈的探索过程.

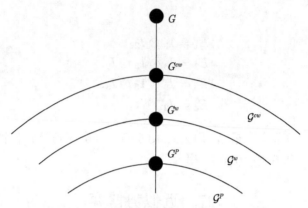

图 8.7.1　近似 (加权/余集加权) 势博弈

　　下面我们通过基于加权势博弈的近似势博弈为例, 介绍如何通过博弈的投影探索具有近似势博弈特征的有限博弈的演化性质. 大致做法是这样的.

　　算法 8.7.1　• 第 1 步: 利用加权势博弈的检验算法 6.5.1 找出权重 w^* 和相应的最小二乘解 ξ^*.

　　• 第 2 步: 令 $\tilde{V}_1^c = V_1^c$, 代入加权势方程 (6.2.7), 解出

$$\begin{bmatrix} [\tilde{V}_2^c]^{\mathrm{T}} \\ [\tilde{V}_3^c]^{\mathrm{T}} \\ \vdots \\ [\tilde{V}_n^c]^{\mathrm{T}} \end{bmatrix} = E^w \xi^* + \begin{bmatrix} [\tilde{V}_1^c]^{\mathrm{T}} \\ [\tilde{V}_1^c]^{\mathrm{T}} \\ \vdots \\ [\tilde{V}_1^c]^{\mathrm{T}} \end{bmatrix}. \tag{8.7.3}$$

则以 $\tilde{V}_i^c$, $i = 1, 2, \cdots, n$ 为支付向量的加权势博弈 $\tilde{G}$ 是距离 G 最近的加权势博弈.

　　• 第 3 步: 比较 G 与 $\tilde{G}$ 的演化方程, 看它们是否演化等价. 如果等价, 则 G 为合格的近似加权势博弈, 即它具有加权势博弈的所有性质.

下面考察一个例子.

例 8.7.1 给定一个有限博弈 $G \in \mathcal{G}_{[3;2,2,3]}$. 设其玩家支付向量为

$$V_1^c = [2, 3, -1, 1, 0, 3, 1, 2, -2, 2, 2, 3],$$
$$V_2^c = [-0.51, 0.49, 1, 0, 1, 0, -1, -1.5, 1.5, 0.5, 0.5, 1],$$
$$V_3^c = [-2, 0, 2, 8, 10, 6.1, 2, 4, 6.1, 2, 6.1, -2].$$

(i) 势博弈近似:

利用算法 6.5.1, 令 $w_1 = w_2 = w_3$, 直接求解势方程得

$$\xi_1 = (2.1163, 0.9163, -3.6225, 0.3704, -2.9796, 3.5092)^{\mathrm{T}},$$
$$\xi_2 = (-0.5117, -1.7867, -0.5567, -0.5067, -3.5317, 0.6933)^{\mathrm{T}},$$
$$\xi_3 = (-1.5300, 7.0000, 3.5033, 0)^{\mathrm{T}}.$$

最佳近似势博弈的支付向量为

$$
\begin{aligned}
\tilde{V}_1^c &= V_1^c, \\
\tilde{V}_2^c &= [-0.6279, 0.2971, 2.0658, 0.1179, 1.1929, -1.0658, \\
&\qquad -1.6229, -2.4479, 2.3158, 1.1229, 1.4479, 0.1842], \\
\tilde{V}_3^c &= [-1.6463, 0.5537, 1.0925, 7.6296, 9.9796, 6.4908, \\
&\qquad 2.3871, 4.5871, 5.1258, 1.6296, 4.9796, -0.5092].
\end{aligned}
\tag{8.7.4}
$$

不难算出, 逼近误差

$$\mathrm{err} = d(V_G, V_{\tilde{G}}) = 3.3893. \tag{8.7.5}$$

(ii) 利用算法 6.5.1, 迭代 500 次后得, 最佳近似加权势博弈, 其权重为

$$w_1 = 1, \quad w_2 = 0.5135, \quad w_3 = 2.0853. \tag{8.7.6}$$

支付向量为

$$
\begin{aligned}
\tilde{V}_1^c &= V_1^c, \\
\tilde{V}_2^c &= [-0.4975, 0.5027, 1.0050, -0.0189, 0.9837, 0.0051, \\
&\qquad -0.9999, -1.5082, 1.4779, 0.5064, 0.5118, 1.0119], \\
\tilde{V}_3^c &= [-2.0080, -0.0074, 2.0256, 7.9984, 10.0020, 6.0893, \\
&\qquad 2.0049, 4.0063, 6.0786, 2.0047, 6.0991, -1.9936].
\end{aligned}
\tag{8.7.7}
$$

不难算出, 逼近误差

$$\mathrm{err} = d(V_G, V_{\tilde{G}}) = 0.0579. \tag{8.7.8}$$

其势函数的结构向量为

$$\tilde{V}_P = [-0.9730, -0.0135, 0.9709, -0.0402, 0.9220, -0.9566,$$
$$-1.9730, -1.0135, -0.0291, 0.9598, 2.9220, -0.9566]. \tag{8.7.9}$$

(iii) 如果用短视最优策略作为策略更新规则, 则不难检验 G 与它的最佳加权势博弈 $\tilde{G}$ 的策略更新方程均为

$$x_1(t+1) = M_1 x(t) = \delta_2[1,1,1,2,2,1,1,1,1,2,2,1]x(t),$$
$$x_2(t+1) = M_2 x(t) = \delta_2[2,2,1,2,2,1,2,2,1,2,2,1]x(t),$$
$$x_3(t+1) = M_3 x(t) = \delta_3[3,3,3,2,2,2,3,3,3,2,2,2]x(t),$$

这里 $x_i(t)$ 是玩家 i 在 t 时刻的策略, 并且 $x(t) = \ltimes_{i=1}^3 x_i(t)$. 于是有局势的演化方程为

$$x(t+1) = Mx(t), \tag{8.7.10}$$

这里

$$M = M_1 * M_2 * M_3$$
$$= \delta_{12}[6,6,3,11,11,2,6,6,3,11,11,2].$$

第 9 章　对称与反对称博弈

对称博弈概念最早是由纳什提出的[102]. 许多经典博弈, 如囚徒困境、鹰鸽博弈等都是对称的. 从数学的角度看, 对称就是一个集合在群作用下的不变性. 粗略地说, 如果一个博弈的支付函数在对称群的作用下不变, 那么这个博弈就是对称的. 对称性反映了博弈的一些特性, 具体来说: ① 对称性代表 "公平", 它更符合现实世界中的一些实际情况. ② 对称可以极大地简化博弈相关问题的表示和计算[104]. 对称性可以给有限博弈带来一些很好的性质. 例如, 一个有限对称布尔博弈就是一个纯势博弈[67]. 因此, 在博弈论的各个分支及其应用中, 对称博弈成为许多研究的基准模型. 例如, 在网络演化博弈中, 如果网络图是无向的, 那么基本网络博弈就是对称的.

本章考虑基于对称性的有限博弈空间分解. 文献 [86] 将有限博弈空间正交分解成对称博弈子空间及其正交补. 下面, 我们提出反对称博弈和非对称博弈的新概念, 进一步将有限博弈空间分解为三个相互正交的子空间: 对称子空间、反对称子空间和非对称子空间.

本章主要内容可参考文献 [58].

9.1　反对称博弈和非对称博弈

定义 9.1.1　令 $G = (N, S, C) \in \mathcal{G}_{[n;k]}$ 为一个有限博弈.

(i) 如果对任意 $\sigma \in \mathbf{S}_n$, 满足

$$c_i(x_1, \cdots, x_n) = c_{\sigma(i)}(x_{\sigma^{-1}(1)}, \cdots, x_{\sigma^{-1}(n)}), \quad i = 1, 2, \cdots, n, \qquad (9.1.1)$$

则称 G 为一个对称博弈. 记由所有对称博弈构成的集合为 $\mathcal{S}_{[n;k]}$.

(ii) 如果对任意 $\sigma \in \mathbf{S}_n$, 满足

$$c_i(x_1, \cdots, x_n) = \text{sign}(\sigma) c_{\sigma(i)}(x_{\sigma^{-1}(1)}, \cdots, x_{\sigma^{-1}(n)}), \quad i = 1, 2, \cdots, n, \qquad (9.1.2)$$

其中

$$\text{sign}(\sigma) = \begin{cases} 1, & \sigma \text{是偶置换}, \\ -1, & \sigma \text{是奇置换}, \end{cases}$$

则称 G 为一个反对称博弈. 记由所有反对称博弈构成的集合为 $\mathcal{K}_{[n;k]}$.

由定义 9.1.1 可知, 在对称博弈中, 所有玩家的身份都被认为是相同的, 没有特殊性, 也就是说, 玩家的支付只与其选择的策略有关, 与其身份无关. 举例来说, 考虑一个 4 人有限博弈 G, 每个玩家均有 3 个策略, 记作 $\{1, 2, 3\}$. 假设玩家 1 和玩家 2 取策略 3, 玩家 3 和玩家 4 取策略 1, 此时局势为 (3311). 那么, 所有取策略 1 的玩家具有相同的支付, 即玩家 1 和玩家 2 的支付相同, 类似的, 玩家 3 和玩家 4 有相同的支付. 所以, 在 (9.1.1) 中, 无论置换 σ 是奇置换还是偶置换, 均不会使等号右边发生符号的变化. 那么, 自然而然就会想到, 如果玩家的支付与玩家身份有关系呢? 如何定义一种关系, 使所得的博弈具有良好性质呢? 这些问题促使了反对称博弈的出现. 由 (9.1.2) 可知, 我们在等号右边添加了符号函数, 当置换为奇置换时, 等号右边为负号; 当置换为偶置换时, 等号右边为正号.

除了对称博弈和反对称博弈外, 还有其他一些博弈. 为刻画这类博弈, 定义非对称博弈如下.

定义 9.1.2　令 $G = (N, S, C) \in \mathcal{G}_{[n;k]}$ 为一个有限博弈. 如果它的结构向量满足

$$V_G \in \left[\mathcal{S}_{[n;k]} \cup \mathcal{K}_{[n;k]}\right]^{\perp}, \tag{9.1.3}$$

则称 G 是一个非对称博弈. 记由所有非对称博弈构成的集合为 $\mathcal{E}_{[n;k]}$.

现在, 我们定义了三种类型的博弈, 不难证明它们都是博弈空间的子空间, 分别为: 对称博弈子空间、反对称博弈子空间和非对称博弈子空间. 在后面的内容中, 进一步证明了这三个博弈子空间是正交的, 由此也显示了反对称博弈的理论意义.

9.1.1　线性表示

在研究反对称博弈的性质、结构等问题之前, 一个亟待解决且最为关键的问题是: 对于一个有限博弈, 如何验证其是否为一个反对称博弈. 本节将借助矩阵的半张量积理论, 给出代数验证条件. 首先, 我们给出一个验证反对称博弈的必要条件.

命题 9.1.1　令 $G \in \mathcal{G}_{[n;k]}$ 为一个有限博弈. 如果 G 是一个反对称博弈, 则满足如下条件:

$$V_i^c = -V_1^c W_{[k^{i-2}, k]} W_{[k, k^{i-1}]}, \quad i = 2, \cdots, n. \tag{9.1.4}$$

证明　令 (9.1.2) 中 $\sigma = (1, i)$, 我们有

$$\begin{aligned}
c_1(x_1, \cdots, x_i, \cdots, x_n) &= -c_{\sigma(1)}\big(x_{\sigma^{-1}(1)}, \cdots, x_{\sigma^{-1}(i)}, \cdots, x_{\sigma^{-1}(n)}\big) \\
&= c_i(x_i, \cdots, x_1, \cdots, x_{\sigma^{-1}(n)}).
\end{aligned} \tag{9.1.5}$$

一方面, 由于支付函数 c_i 是伪逻辑函数, 由命题 1.2.1 可得

$$c_1(x_1, \cdots, x_i, \cdots, x_n) = V_1^c x_1 \cdots x_i \cdots x_n; \tag{9.1.6}$$

$$c_i(x_i, \cdots, x_1, \cdots, x_n) = V_i^c x_i \cdots x_1 \cdots x_n. \tag{9.1.7}$$

另一方面, 通过引入换位矩阵, (9.1.7) 可等价写为如下形式:

$$c_i(x_i, \cdots, x_1, \cdots, x_n)$$
$$= V_i^c x_i x_2 \cdots x_{i-1} x_1 x_{i+1} \cdots x_n$$
$$= V_i^c W_{[k^{i-1}, k]} x_2 \cdots x_{i-1} x_1 x_i x_{i+1} \cdots x_n$$
$$= V_i^c W_{[k^{i-1}, k]} W_{[k, k^{i-2}]} x_1 x_2 \cdots x_{i-1} x_i x_{i+1} \cdots x_n. \tag{9.1.8}$$

将 (9.1.7) 和 (9.1.8) 代入 (9.1.5), 我们就可以得到 (9.1.4). $\qquad\square$

上述命题揭示了反对称博弈中, 玩家 i 的支付与玩家 1 的支付之间存在着传递关系. 所以接下来, 只需要研究支付函数 c_1 所具有的特定形式就可以了. 关于 c_1, 我们有下面的结果.

命题 9.1.2 令 $G \in \mathcal{G}_{[n;k]}$ 为一个有限博弈. 如果 G 是一个反对称博弈, 则支付函数 c_1 满足如下条件:

$$V_1^c \delta_k^s \left[I_{k^{n-1}} + W_{[k^{i-2}, k]} W_{[k, k^{i-3}]} \otimes I_{k^{n-i}} \right] = 0, \tag{9.1.9}$$

其中 $s = 1, \cdots, k;\ i = 3, \cdots, n$.

证明 令 (9.1.4) 中 $\sigma = (2, i)$. 显然, σ 满足 $\sigma(1) = 1$, 计算可得

$$V_1^c x_1 x_2 \cdots x_n = -V_1^c x_1 x_i x_3 \cdots x_{i-1} x_2 x_{i+1} \cdots x_n$$
$$= -V_1^c x_1 W_{[k^{i-2}, k]} W_{[k, k^{i-3}]} x_2 \cdots x_n, \quad i = 3, 4, \cdots, n.$$

由 $x_2, \cdots, x_n$ 的任意性, 可得

$$V_1^c x_1 = -V_1^c x_1 W_{[k^{i-2}, k]} W_{[k, k^{i-3}]}.$$

令 $x_1 = \delta_k^s$, 我们便得到 (9.1.9). $\qquad\square$

注意到, $\mathbf{S}_n$ 可由形如 $(1, i)$ 的对换生成, 即

$$\mathbf{S}_n = \langle (1, i) \mid 1 < i \leqslant n \rangle.$$

此外, 对任意两个置换 $\mu, \sigma \in \mathbf{S}_n$, 其乘积为

$$(\sigma \circ \mu)(i) = \sigma(\mu(i)), \quad i \in \{1, 2, \cdots, n\}.$$

基于这个性质, 我们可以得到下面的结论.

定理 9.1.1   令 $G \in \mathcal{G}_{[n;k]}$ 为一个有限博弈.

(i) 如果 $n = 2$, 则 $G \in \mathcal{G}_{[2;k]}$ 是一个反对称博弈, 当且仅当 (9.1.4) 成立.

(ii) 如果 $n > 2$, 则 G 是一个反对称博弈, 当且仅当 (9.1.4) 和 (9.1.9) 同时成立.

证明   必要性已经在命题 9.1.1 和命题 9.1.2 中进行了阐述, 下面我们将从两个方面给出充分性证明. 当 $n = 2$ 时, 容易验证 (9.1.4) 是一个充分条件. 下面我们考虑 $n > 2$ 的情况.

一方面, 证明任意一个支付函数 c_i 对任意满足 $\sigma(i) = i$ 的置换均有 (9.1.2) 成立. 首先考虑支付函数 c_1. 不失一般性, 将满足 $\sigma(1) = 1$ 的置换写成如下对换的乘积:

$$\sigma := (2, i_1) \circ (2, i_2) \circ \cdots \circ (2, i_t) := \sigma_1 \circ \sigma_2 \circ \cdots \circ \sigma_t,$$

并记 $\sigma_j = (2, i_j)$, $j = 1, 2, \cdots, t$.

将 σ 代入 (9.1.9) 计算可得

$$V_1^c x_1 x_2 \cdots x_n$$

$$= -V_1^c x_1 x_{\sigma_t^{-1}(2)} \cdots x_{\sigma_t^{-1}(n)}$$

$$= (-1)^2 V_1^c x_1 x_{\sigma_t^{-1}(\sigma_{t-1}^{-1}(2))} \cdots x_{\sigma_t^{-1}(\sigma_{t-1}^{-1}(n))}$$

$$\cdots$$

$$= (-1)^t V_1^c x_1 x_{\sigma_t^{-1}(\cdots(\sigma_1^{-1}(2)))} \cdots x_{\sigma_t^{-1}(\cdots(\sigma_1^{-1}(n)))}$$

$$= \operatorname{sign}(\sigma) V_1^c x_1 x_{\sigma^{-1}(2)} \cdots x_{\sigma^{-1}(n)}. \tag{9.1.10}$$

把 (9.1.4) 代入 (9.1.10) 可得

$$V_i^c x_i x_2 \cdots x_{i-1} x_1 x_{i+1} \cdots x_n$$

$$= \operatorname{sign}(\sigma) V_i^c x_{\sigma^{-1}(i)} x_{\sigma^{-1}(2)} \cdots x_{\sigma^{-1}(i-1)} x_1 x_{\sigma^{-1}(i+1)} \cdots x_{\sigma^{-1}(n)}. \tag{9.1.11}$$

(9.1.11) 表明, 对任意满足 $\sigma(i) = i$ 的置换, 支付函数 c_i 满足

$$c_i(x_1, \cdots, x_{i-1}, x_i, x_{i+1}, \cdots, x_n)$$

$$= \operatorname{sign}(\sigma) c_i(x_{\sigma^{-1}(1)}, \cdots, x_{\sigma^{-1}(i-1)}, x_{\sigma^{-1}(i)}, x_{\sigma^{-1}(i+1)}, \cdots, x_{\sigma^{-1}(n)}). \tag{9.1.12}$$

显然, 根据定义 9.1.1 可知, (9.1.12) 是反对称博弈中每个支付函数应满足的充要条件.

另一方面, 我们验证两个不同的支付函数也满足 (9.1.2). 对任意一个置换 σ, 不失一般性, 将其写成如下对换的乘积:

$$\sigma := (1, i_1)(1, i_2) \cdots (1, i_t) := \sigma_1 \cdots \sigma_t,$$

并记 $\sigma_j = (1, i_j)$, $j = 1, 2, \cdots, t$.

利用 (9.1.4) 和 (9.1.9), 并依次考虑 σ_j, 计算可得

$$V_i^c x_1 \cdots x_{i-1} x_i x_{i+1} \cdots x_n$$

$$= -V_{\sigma_t(i)}^c x_{\sigma_t^{-1}(1)} x_{\sigma_t^{-1}(2)} \cdots x_{\sigma_t^{-1}(n)}$$

$$= (-1)^2 V_{\sigma_{t-1}(\sigma_t(i))}^c x_{\sigma_t^{-1}(\sigma_{t-1}(1))} \cdots x_{\sigma_t^{-1}(\sigma_{t-1}(n))}$$

$$\cdots$$

$$= (-1)^t V_{\sigma_1(\cdots(\sigma_t(i)))}^c x_{\sigma_t^{-1}(\cdots(\sigma_1^{-1}(1)))} \cdots x_{\sigma_t^{-1}(\cdots(\sigma_1^{-1}(n)))}$$

$$= \text{sign}(\sigma) V_{\sigma(i)}^c x_{\sigma^{-1}(1)} x_{\sigma^{-1}(2)} \cdots x_{\sigma^{-1}(n)}. \tag{9.1.13}$$

根据定义 9.1.1 不难看出, (9.1.13) 意味着对任意满足 $\sigma(i) = j \neq i$ 的置换, 支付函数 c_i, c_j 满足反对称博弈中任意两个支付函数应满足的充要条件.

综合上两方面所述, 定理得证. □

例 9.1.1 考虑有限博弈 $G \in \mathcal{G}_{[3;3]}$. 由命题 9.1.2 可得

$$V_1^c \delta_3^s \left[I_{3^2} + W_{[3,3]} \right] = 0, \quad s = 1, 2, 3.$$

进一步计算可知

$$V_1^c = [0, a_1, a_2, -a_1, 0, a_3, -a_2, -a_3, 0, 0, b_1, b_2, -b_1, 0,$$
$$b_3, -b_2, -b_3, 0, 0, c_1, c_2, -c_1, 0, c_3, -c_2, -c_3, 0],$$

其中 a_i, b_i, c_i, $i = 1, 2, 3$ 是实数.

将 V_1^c 代入 (9.1.4) 可得

$$V_2^c = [0, -a_1, -a_2, 0, 0, -b_1, -b_2, -c_1, -c_2, a_1, 0, -a_3,$$
$$b_1, 0, -b_3, c_1, 0, -c_3, a_2, a_3, 0, b_2, b_3, 0, c_2, c_3, 0],$$
$$V_3^c = [0, 0, 0, a_1, b_1, c_1, a_2, b_2, c_2, -a_1, -b_1, -c_1, 0, 0, 0,$$
$$a_3, b_3, c_3, -a_2, -b_2, -c_2, -a_3, -b_3, -c_3, 0, 0, 0].$$

根据定义 9.1.1, 不难验证 $G \in \mathcal{K}_{[3;3]}$.

接下来, 我们给出 $\mathbf{S}_n$ 在反对称博弈空间中的线性表示, 揭示反对称博弈的反对称本质.

定义 9.1.3[111]　设 A 是一个群, V 是一个有限维向量空间, $\mathrm{GL}(V)$ 为向量空间 V 的广义线性群. 如果映射 $\varphi: A \to \mathrm{GL}(V)$ 是一个群同态, 称 φ 是 A 在 V 上的线性表示.

首先, 我们给出一个局势的两种表示形式. 设局势为 $s = (i_1, i_2, \cdots, i_n)$, 定义如下两种表示方法:

(i) 半张量积形式:

$$s = \ltimes_{j=1}^{n} \delta_k^{i_j}.$$

(ii) 策略堆垛形式:

$$\vec{s} = \left[(\delta_k^{i_1})^{\mathrm{T}}, (\delta_k^{i_2})^{\mathrm{T}}, \cdots, (\delta_k^{i_n})^{\mathrm{T}} \right]^{\mathrm{T}}.$$

定义如下矩阵:

$$\Phi := \left[(\Phi_1)^{\mathrm{T}}, (\Phi_2)^{\mathrm{T}}, \cdots, (\Phi_n)^{\mathrm{T}} \right]^{\mathrm{T}},$$

其中

$$\Phi_i = \mathbf{1}_{k^{i-1}}^{\mathrm{T}} \otimes I_k \otimes \mathbf{1}_{k^{n-i}}^{\mathrm{T}}, \quad i = 1, \cdots, n.$$

容易验证, 矩阵 Φ 可以实现一个局势的两种形式之间的转换, 即

$$\vec{s} = \Phi s. \tag{9.1.14}$$

注　在 (1.2.1) 中支付函数为一个伪逻辑函数, 局势用半张量积形式进行表示. 而在定义 9.1.1 中, 为了方便交换策略, 局势使用了向量堆垛形式. 为了更灵活地使用这两种形式, 且使相关结论达到统一, 我们提出了矩阵 Φ, 用来实现两种局势表示方法之间的互相转换. 该矩阵在后面的理论证明中起着很重要的作用.

利用上述记号, 由定义 9.1.1, 我们得到下面的结果.

命题 9.1.3　令 $G \in \mathcal{G}_{[n;k]}$ 为一个有限博弈. G 是一个反对称博弈, 当且仅当,

$$V_i^c = \mathrm{sign}(\sigma) V_{\sigma(i)}^c T_\sigma, \quad \forall\, \sigma \in \mathbf{S}_n, \quad i = 1, \cdots, n, \tag{9.1.15}$$

其中 $T_\sigma = \Phi_{\sigma^{-1}(1)} * \Phi_{\sigma^{-1}(2)} * \cdots * \Phi_{\sigma^{-1}(n)}$, "$*$" 是 Khatri-Rao 乘积.

令

$$V_G^\sigma = [V_{\sigma(1)}^c, V_{\sigma(2)}^c, \cdots, V_{\sigma(n)}^c] \in \mathbb{R}^{nk^n}.$$

借助置换的矩阵表示, 基于命题 9.1.3, 我们可以得到下面的结果.

定理 9.1.2 令 $G \in \mathcal{G}_{[n;k]}$ 为一个有限博弈. G 是一个反对称博弈, 当且仅当

$$V_G = V_G(P_\sigma \otimes \text{sign}(\sigma)T_\sigma), \quad \forall\, \sigma \in \mathbf{S}_n. \tag{9.1.16}$$

证明 (必要性) 由 (9.1.15) 可得

$$
\begin{aligned}
V_G &= [V_1^c, V_2^c, \cdots, V_n^c]\\
&= [\text{sign}(\sigma)V_{\sigma(1)}^c T_\sigma, \text{sign}(\sigma)V_{\sigma(2)}^c T_\sigma, \cdots, \text{sign}(\sigma)V_{\sigma(n)}^c T_\sigma]\\
&= [V_{\sigma(1)}^c, V_{\sigma(2)}^c, \cdots, V_{\sigma(n)}^c][I_n \otimes \text{sign}(\sigma)T_\sigma]\\
&= V_G^\sigma[I_n \otimes \text{sign}(\sigma)T_\sigma]\\
&= V_G P_\sigma[I_n \otimes \text{sign}(\sigma)T_\sigma]\\
&= V_G[P_\sigma \otimes \text{sign}(\sigma)T_\sigma].
\end{aligned}
$$

(充分性) 将向量 (9.1.16) 平均分成 n 块, 则第 i 块仅与 V_i^c 有关. 通过简单的计算可得到 (9.1.15). □

命题 9.1.4 令 $G \in \mathcal{G}_{[n;k]}$ 为一个有限博弈, $\text{GL}(\mathcal{G}_{[n;k]})$ 为博弈空间的一般线性群. 定义如下映射:

$$\psi(\sigma) := P_\sigma \otimes \text{sign}(\sigma)T_\sigma \in \text{GL}(\mathcal{G}_{[n;k]}), \tag{9.1.17}$$

则 ψ 是 $\mathbf{S}_n$ 在 $\mathcal{G}_{[n;k]}$ 上的一个线性表示.

证明 由定义 9.1.3 可知, 我们只需要证明 ψ 是一个群同态, 即满足如下条件:

$$\psi(\mu \circ \sigma) = \psi(\mu)\psi(\sigma).$$

首先, 验证置换的结构矩阵具有如下性质:

$$P_{\mu \circ \sigma} = P_\mu P_\sigma. \tag{9.1.18}$$

记

$$\mathbf{P}_n := \{P_\sigma \mid \sigma \in S_n\}.$$

显然, 集合 $\mathbf{P}_n$ 与 $\mathbf{S}_n$ 之间存在一一对应的关系. 根据结构矩阵的定义即 (6.7.2), 计算可得

$$
\begin{aligned}
P_{\mu \circ \sigma} &= [\delta_n^{(\mu \circ \sigma)(1)}, \delta_n^{(\mu \circ \sigma)(2)}, \cdots, \delta_n^{(\mu \circ \sigma)(n)}]\\
&= [\delta_n^{\mu(\sigma(1))}, \delta_n^{\mu(\sigma(2))}, \cdots, \delta_n^{\mu(\sigma(n))}]\\
&= P_\mu[\delta_n^{\sigma(1)}, \delta_n^{\sigma(2)}, \cdots, \delta_n^{\sigma(n)}]\\
&= P_\mu P_\sigma.
\end{aligned}
$$

其次, 我们证明 T 具有如下性质:

$$T_{\mu\circ\sigma} = T_\mu T_\sigma. \tag{9.1.19}$$

定义

$$\sigma(x) = \ltimes_{i=1}^n x_{\sigma^{-1}(i)}.$$

利用 (9.1.14), 我们有

$$\begin{aligned}
\sigma(x) &= \ltimes_{i=1}^n (\Phi_{\sigma^{-1}(i)} x) \\
&= (\Phi_{\sigma^{-1}(1)} x)(\Phi_{\sigma^{-1}(2)} x) \cdots (\Phi_{\sigma^{-1}(n)} x) \\
&= (\Phi_{\sigma^{-1}(1)} * \Phi_{\sigma^{-2}(2)} * \cdots * \Phi_{\sigma^{-1}(n)}) x \\
&= T_\sigma x.
\end{aligned}$$

因此

$$T_{\mu\circ\sigma}(x) = (\mu\circ\sigma)(x) = \mu(\sigma(x)) = \mu(T_\sigma x) = T_\mu T_\sigma x.$$

注意到

$$\operatorname{sign}(\mu\circ\sigma) = \operatorname{sign}(\mu)\operatorname{sign}(\sigma). \tag{9.1.20}$$

利用 (9.1.18)—(9.1.20), 计算可得

$$\begin{aligned}
\psi(\mu\circ\sigma) &:= P_{\mu\circ\sigma} \otimes \operatorname{sign}(\mu\circ\sigma) T_{\mu\circ\sigma} \\
&= (P_\mu P_\sigma) \otimes [\operatorname{sign}(\mu)\operatorname{sign}(\sigma) T_\mu T_\sigma] \\
&= [P_\mu \otimes \operatorname{sign}(\mu) T_\mu][P_\sigma \otimes \operatorname{sign}(\sigma) T_\sigma] \\
&= \psi(\mu)\psi(\sigma). \qquad\qquad\square
\end{aligned}$$

根据定理 9.1.2 和命题 9.1.4, 我们可以得到下面的结果.

命题 9.1.5　令 $G \in \mathcal{G}_{[n;k]}$ 为一个有限博弈. G 是一个反对称博弈, 当且仅当, 对任意 $\sigma \in \mathbf{S}_n$, 它关于线性表示 $\psi(\sigma)$ 是不变的.

9.1.2　反对称博弈的存在性

本节主要讨论反对称博弈的存在性. 由定理 9.1.2 不难看出: 反对称博弈集合 $\mathcal{K}_{[n;k]} \subset \mathcal{G}_{[n;k]}$ 是一个线性子空间. 那么, 一个自然的问题就是: 什么时候这个子空间为非平凡子空间? 即 $\dim(\mathcal{K}_{[n;k]}) > 0$. 下面这个结论部分回答了这个问题.

命题 9.1.6　令 $G \in \mathcal{K}_{[n;k]}$ 为一个反对称博弈. 如果 $n > k+1$, 则对任意局势 $x \in S$, 有

$$c_i(x) = 0, \quad i = 1, 2, \cdots, n.$$

换言之, 如果 $n > k+1$, 则

$$\dim(\mathcal{K}_{[n;k]}) = 0.$$

证明 设 $n > k+1$. 显然, 对任意一个局势 $x = (x_1, \cdots, x_n)$, 至少存在两个策略 x_i 和 x_j, 其中 $i > 1$, $j > 1$, 满足

$$x_i = x_j, \quad i \neq j. \tag{9.1.21}$$

将 (9.1.21) 代入 (9.1.2) 并考虑 $\sigma = (i, j)$. 计算可得

$$c_1(x_1, \cdots, x_i, \cdots, x_j, \cdots, x_n) = -c_1(x_1, \cdots, x_j, \cdots, x_i, \cdots, x_n) = 0.$$

因此

$$V_1 = 0.$$

由命题 9.1.1 可知

$$V_i = 0, \quad i = 2, 3, \cdots, n. \qquad \square$$

根据上述命题可知, 只有当 $n \leqslant k+1$ 时, 才有可能有非零反对称博弈. 但上述命题并未证明, 当 $n \leqslant k+1$ 时 $\dim(\mathcal{K}_{[n;k]}) > 0$. 这个断言是对的, 9.2 节将给出 $\mathcal{K}_{[n;k]}$ 的具体维数.

接下来, 我们研究当等号成立, 即 $n = k+1$ 时, 反对称博弈具有的特殊性质.

命题 9.1.7 令 $G \in \mathcal{K}_{[n;k]}$ 为一个反对称博弈. 当 $n = k+1$ 时, G 也是一个零和博弈. 也就是说, 支付函数 c_i 满足

$$\sum_{i=1}^{n} c_i(x) = 0, \quad \forall\, x \in S.$$

证明 由 $n = k+1$ 可知, 对任意一个局势 $x = (x_1, x_2, \cdots, x_n) \in S$, 至少存在两个策略 x_i, x_j 满足

$$x_i = x_j. \tag{9.1.22}$$

把 (9.1.22) 代入 (9.1.2), 并考虑 $\sigma = (i, j)$. 计算可知

$$c_p(x) = \begin{cases} 0, & p \neq i, j, \\ -c_i(x), & p = j, \\ -c_j(x), & p = i. \end{cases} \tag{9.1.23}$$

也就是说, $c_i(x) = -c_j(x)$. 因此, 我们有

$$\sum_{p=1}^{n} c_p(x) = \sum_{p \neq i, j} c_p(x) + c_i(x) + c_j(x) = c_i(x) + c_j(x) = 0. \qquad \square$$

9.2 基于对称性的有限博弈空间分解

9.2.1 一个低维博弈空间的例

首先, 我们给出如下例子, 由此引出基于对称性的一般博弈空间的基本结构与正交分解.

例 9.2.1 考虑一个有限博弈 $G \in \mathcal{G}_{[3;2]}$. 通过直接计算, 我们可得到如下结果.

(i) 如果 $G \in \mathcal{S}_{[3;2]}$, 则支付函数如表 9.2.1 所示, 其中 $[a,b,c,d,e,f]^{\mathrm{T}} \in \mathbb{R}^6$.

(ii) 如果 $G \in \mathcal{K}_{[3;2]}$, 则支付函数如表 9.2.2 所示, 其中 $[g,h]^{\mathrm{T}} \in \mathbb{R}^2$.

(iii) 如果 $G \in \mathcal{E}_{[3;2]}$, 则支付函数如表 9.2.3 所示, 其中 $[\xi_1,\cdots,\xi_{16}]^{\mathrm{T}} \in \mathbb{R}^{16}$, $\gamma_1=-\xi_1-\xi_9$, $\gamma_2=-\xi_5-\xi_{11}$, $\gamma_3=-\xi_2-\xi_{13}$, $\gamma_4=-\xi_6-\xi_{15}$, $\gamma_5=-\xi_3-\xi_{10}$, $\gamma_6=-\xi_7-\xi_{12}$, $\gamma_7=-\xi_4-\xi_{14}$, $\gamma_8=-\xi_8-\xi_{16}$.

表 9.2.1 对称博弈 $G \in \mathcal{S}_{[3;2]}$ 的支付矩阵

c \ a	(111)	(112)	(121)	(122)	(211)	(212)	(221)	(222)
c_1	a	b	b	d	c	e	e	f
c_2	a	b	c	e	b	d	e	f
c_3	a	c	b	e	b	e	d	f

表 9.2.2 反对称博弈 $G \in \mathcal{K}_{[3;2]}$ 的支付矩阵

c \ s	(111)	(112)	(121)	(122)	(211)	(212)	(221)	(222)
c_1	0	g	$-g$	0	0	h	$-h$	0
c_2	0	$-g$	0	$-h$	g	0	h	0
c_3	0	0	g	h	$-g$	$-h$	0	0

表 9.2.3 非对称博弈 $G \in \mathcal{E}_{[3;2]}$ 的支付矩阵

c \ s	(111)	(112)	(121)	(122)	(211)	(212)	(221)	(222)
c_1	γ_1	γ_2	γ_3	γ_4	γ_5	γ_6	γ_7	γ_8
c_2	ξ_1	ξ_2	ξ_3	ξ_4	ξ_5	ξ_6	ξ_7	ξ_8
c_3	ξ_9	ξ_{10}	ξ_{11}	ξ_{12}	ξ_{13}	ξ_{14}	ξ_{15}	ξ_{16}

显然可知, 维 $(V_{\mathcal{S}_{[3,2]}})=6$, 维 $(V_{\mathcal{K}_{[3,2]}})=2$, 维 $(V_{\mathcal{E}_{[3,2]}})=16$.

进一步, 以上三种博弈的结构向量可分别写为如下形式:

$$V_{\mathcal{S}_{[3,2]}} = [V_1^c, V_2^c, V_3^c] = [a, b, c, d, e, f]A,$$

$$V_{\mathcal{K}_{[3,2]}} = [V_1^c, V_2^c, V_3^c] = [g, h]B,$$

$$V_{\mathcal{E}_{[3,2]}} = [V_1^c, V_2^c, V_3^c] = [\xi_1, \cdots, \xi_{16}]C,$$

其中

$$A = \begin{bmatrix}
1 & 0 & 0 & 0 & 0 & 0 & 0 & 0 & 1 & 0 & 0 & 0 & 0 & 0 & 0 & 0 & 1 & 0 & 0 & 0 & 0 & 0 & 0 & 0 \\
0 & 1 & 1 & 0 & 0 & 0 & 0 & 0 & 0 & 1 & 0 & 0 & 1 & 0 & 0 & 0 & 0 & 0 & 1 & 0 & 1 & 0 & 0 & 0 \\
0 & 0 & 0 & 0 & 1 & 0 & 0 & 0 & 0 & 0 & 1 & 0 & 0 & 0 & 0 & 0 & 1 & 0 & 0 & 0 & 0 & 0 & 0 & 0 \\
0 & 0 & 0 & 1 & 0 & 0 & 0 & 0 & 0 & 0 & 0 & 0 & 0 & 1 & 0 & 0 & 0 & 0 & 0 & 0 & 0 & 0 & 1 & 0 \\
0 & 0 & 0 & 0 & 0 & 1 & 1 & 0 & 0 & 0 & 0 & 1 & 0 & 0 & 1 & 0 & 0 & 0 & 0 & 1 & 0 & 1 & 0 & 0 \\
0 & 0 & 0 & 0 & 0 & 0 & 0 & 1 & 0 & 0 & 0 & 0 & 0 & 0 & 0 & 1 & 0 & 0 & 0 & 0 & 0 & 0 & 0 & 1
\end{bmatrix},$$

$$B = \begin{bmatrix}
0 & 1 & -1 & 0 & 0 & 0 & 0 & 0 & 0 & -1 & 0 & 0 & 1 & 0 & 0 & 0 & 0 & 1 & 0 & -1 & 0 & 0 & 0 \\
0 & 0 & 0 & 0 & 0 & 1 & -1 & 0 & 0 & 0 & 0 & -1 & 0 & 0 & 1 & 0 & 0 & 0 & 0 & 1 & 0 & -1 & 0 & 0
\end{bmatrix},$$

$$C = [C', I_{16\times 16}], \quad C' = \begin{bmatrix}
-1 & 0 & 0 & 0 & 0 & 0 & 0 & 0 \\
0 & 0 & -1 & 0 & 0 & 0 & 0 & 0 \\
0 & 0 & 0 & 0 & -1 & 0 & 0 & 0 \\
0 & 0 & 0 & 0 & 0 & 0 & -1 & 0 \\
0 & -1 & 0 & 0 & 0 & 0 & 0 & 0 \\
0 & 0 & 0 & -1 & 0 & 0 & 0 & 0 \\
0 & 0 & 0 & 0 & 0 & -1 & 0 & 0 \\
0 & 0 & 0 & 0 & 0 & 0 & 0 & -1 \\
-1 & 0 & 0 & 0 & 0 & 0 & 0 & 0 \\
0 & 0 & 0 & 0 & -1 & 0 & 0 & 0 \\
0 & -1 & 0 & 0 & 0 & 0 & 0 & 0 \\
0 & 0 & 0 & 0 & 0 & -1 & 0 & 0 \\
0 & 0 & -1 & 0 & 0 & 0 & 0 & 0 \\
0 & 0 & 0 & 0 & 0 & 0 & -1 & 0 \\
0 & 0 & 0 & -1 & 0 & 0 & 0 & 0 \\
0 & 0 & 0 & 0 & 0 & 0 & 0 & -1
\end{bmatrix}.$$

不难验证,

$$AB^{\mathrm{T}} = \mathbf{0}_{6\times 2}, \quad BC^{\mathrm{T}} = \mathbf{0}_{2\times 16}, \quad CA^{\mathrm{T}} = \mathbf{0}_{16\times 8}. \tag{9.2.1}$$

利用 (9.2.1), 我们可以得到下面的正交分解:

$$V_{\mathcal{S}_{[3,2]}} V_{\mathcal{K}_{[3,2]}}^{\mathrm{T}} = [a,b,c,d,e,f] AB^{\mathrm{T}} [g,h]^{\mathrm{T}} = 0,$$
$$V_{\mathcal{K}_{[3,2]}} V_{\mathcal{E}_{[3,2]}}^{\mathrm{T}} = [g,h] BC^{\mathrm{T}} [\xi_1, \cdots, \xi_{16}]^{\mathrm{T}} = 0,$$
$$V_{\mathcal{E}_{[3,2]}} V_{\mathcal{S}_{[3,2]}}^{\mathrm{T}} = [\xi_1, \cdots, \xi_{16}] CA^{\mathrm{T}} [a,b,c,d,e,f]^{\mathrm{T}} = 0.$$

综上所述,

$$\mathcal{G}_{[3,2]} = \mathcal{S}_{[3,2]} \oplus \mathcal{K}_{[3,2]} \oplus \mathcal{E}_{[3,2]}.$$

9.2.2 两人博弈空间

考虑有限策略两人博弈 $G \in \mathcal{G}_{[2;k]}$. 这里每个人的支付均为一个方阵, 不妨设玩家 1 的支付矩阵为 $A = (a_{i,j})_{k \times k}$, 玩家 2 的支付矩阵为 $B = (b_{i,j})_{k \times k}$, 其中 $a_{i,j}$ $(b_{i,j})$ 表示玩家 1 取策略 i, 玩家 2 取策略 j 时, 玩家 1 (2) 的支付. 以囚徒困境为例, 回顾例 13.1, 根据表 1.3.1 可知, 玩家 1 和玩家 2 的支付矩阵分别为

$$A = \begin{bmatrix} -1 & -9 \\ 0 & -6 \end{bmatrix} \in \mathcal{M}_{2 \times 2}, \quad B = \begin{bmatrix} -1 & 0 \\ -9 & -6 \end{bmatrix} \in \mathcal{M}_{2 \times 2}.$$

引理 9.2.1 令 $G \in \mathcal{G}_{[2;k]}$ 为一个矩阵博弈.
(i) G 是一个对称博弈, 当且仅当,

$$A = B^{\mathrm{T}}.$$

(ii) G 是一个反对称博弈, 当且仅当,

$$A = -B^{\mathrm{T}}.$$

对一个两人博弈 $G \in \mathcal{G}_{[2;k]}$, 它的结构向量可写为

$$V_G = [V_r^{\mathrm{T}}(A), V_r^{\mathrm{T}}(B)],$$

这里 $V_r(M)$ 是矩阵 M 的行排式.

根据换位矩阵的性质, 不难直接验证下面的引理.

引理 9.2.2 令 $G \in \mathcal{G}_{[2;k]}$ 为一个两人博弈. 则
(i) G 是一个对称博弈, 当且仅当,

$$V_G = \left[V_1^c, V_1^c W_{[k,k]} \right]. \tag{9.2.2}$$

(ii) G 是一个反对称博弈, 当且仅当,

$$V_G = \left[V_1^c, -V_1^c W_{[k,k]} \right]. \tag{9.2.3}$$

由引理 9.2.2, 计算可得下面的结果.

定理 9.2.1 令 $G \in \mathcal{G}_{[2;k]}$ 为一个两人博弈. G 可以被分解成两个子博弈的直和, 即

$$G = G_S \oplus G_K, \tag{9.2.4}$$

其中 $G_S \in \mathcal{S}_{[2;k]}$, $G_K \in \mathcal{K}_{[2;k]}$.

证明 记二人博弈 G 的结构向量为 $V_G = [V_1^c, V_2^c]$. 令

$$S = \frac{V_1^c + V_2^c W_{[k,k]}}{2}; \quad K = \frac{V_1^c - V_2^c W_{[k,k]}}{2}.$$

利用 S 和 K, 分别构造一个对称博弈 G_S 和反对称博弈 G_K, 其结构向量分别为

$$V_{G_S} = [S, SW_{[k,k]}]; \quad V_{G_K} = [K, -KW_{[k,k]}].$$

容易验证下面结果成立:

$$V_G = V_{G_S} + V_{G_K}; \quad \langle V_{G_S}, V_{G_K} \rangle = 0. \qquad \square$$

例 9.2.2 考虑一个两人博弈 $G \in \mathcal{G}_{[2;2]}$.

(i) G 是对称博弈当且仅当支付函数如表 9.2.4 所示.

(ii) G 是反对称博弈当且仅当支付函数如表 9.2.5 所示.

(iii) 假设博弈 $G \in \mathcal{G}_{[2;2]}$ 的支付函数如表 9.2.6 所示. 它可以被正交分解为两个子博弈 G_S 和 G_K, 其支付函数分别如表 9.2.4 和表 9.2.5 所示, 其中 $a = \frac{\alpha+\beta}{2}, b = \frac{\gamma+\eta}{2}, c = \frac{\xi+\delta}{2}, d = \frac{\lambda+\mu}{2}, a' = \frac{\alpha-\beta}{2}, b' = \frac{\gamma-\eta}{2}, c' = \frac{\xi-\delta}{2}, d' = \frac{\lambda-\mu}{2}$.

表 9.2.4 对称博弈 $G \in \mathcal{G}_{[2;2]}$ 的支付双矩阵

P_1 \ P_2	1	2
1	a, a	b, c
2	c, b	d, d

表 9.2.5 反对称博弈 $G \in \mathcal{G}_{[2;2]}$ 的支付双矩阵

P_1 \ P_2	1	2
1	$a', -a'$	$b', -c'$
2	$c', -b'$	$d', -d'$

表 9.2.6　博弈 $G \in \mathcal{G}_{[2;2]}$ 的支付双矩阵

P_1　　　　　　P_2	1	2
1	α, β	γ, δ
2	ξ, η	λ, μ

9.2.3　子空间基底

目前为止, 我们已经得到了反对称博弈的诸多性质, 这些性质与它特殊的空间结构有着密不可分的关系. 为了更好地揭示其空间结构的特性, 本节将根据反对称博弈的支付函数的特点构造其空间基底, 也为后续对称博弈空间与反对称博弈空间的正交性、博弈空间分解等问题提供重要的理论依据. 根据反对称博弈的存在性条件, 我们只需要考虑 $n \leqslant k+1$ 时的情形, 否则 $\mathcal{K}_{[n;k]} = \{0\}$. 进一步, 由命题 9.1.1 可知, V_i^c 与 V_1^c 存在转换关系, 因此为寻找 $\mathcal{K}_{[n;k]}$ 的空间基底, 只需给出 V_1 的一个基底, 具体方法如下:

(i) 针对 S_{-1} 中的元素, 定义如下严格偏序集合

$$\mathcal{O} = \{s_{-1} = z = (z_1, \cdots, z_{n-1}) \mid z_1 < z_2 < \cdots < z_{n-1}, z_j \in S_{j+1}\},$$

其中 $s_{-1} \in S_{-1}$. 易知, 集合 $\mathcal{O}$ 中元素的个数为 ℓ, 其中

$$\ell = \binom{k}{n-1} = \frac{k!}{(n-1)!(k-n+1)!}. \tag{9.2.5}$$

在集合 $\mathcal{O}$ 中定义如下序关系:

$$(z_1^1, z_2^1, \cdots, z_{n-1}^1) \prec (z_1^2, z_2^2, \cdots, z_{n-1}^2), \tag{9.2.6}$$

当且仅当, 存在 $0 < j \leqslant n-2$, 使得

$$\begin{cases} z_i^1 = z_i^2, & 1 \leqslant i \leqslant j, \\ z_{j+1}^1 < z_{j+1}^2. \end{cases}$$

可以看出, 序关系 $<$ 是一个严格序关系, 在该序关系下, 集合 $\mathcal{O}$ 成为一个全序集, 记作

$$\mathcal{O} := (z^1, z^2, \cdots, z^\ell).$$

(ii) 对集合 $\mathcal{O}$ 中的每一个元素, 不妨设为 $z^i = (z_1^i, z_2^i, \cdots, z_{n-1}^i)$, 定义如下集合:

$$\mathcal{O}_i := \{z_\sigma^i = (z_{\sigma(1)}^i, \cdots, z_{\sigma(n-1)}^i) \mid \sigma \in \mathbf{S}_{n-1}\}. \tag{9.2.7}$$

结合反对称博弈的定义, 考虑到其支付函数的特点, 我们可以得到下面的事实:

事实 1: 如果 $z \notin \bigcup_{i=1}^{\ell} \mathcal{O}_i$, 那么对任意 $x_1 \in S_1$, 有 $c_1(x_1, z) = 0$. 这是因为局势 z 中至少有两个策略是相同的.

事实 2: 对任意 $x_1 \in S_1$, 我们有

$$c_1(x_1, z_\sigma^i) = \text{sign}(\sigma) c_1(x_1, z^i). \tag{9.2.8}$$

事实 3: 任意两个不相同的集合是不相交的, 即 $\mathcal{O}_i \bigcap \mathcal{O}_j = \varnothing$, $i \neq j$.

(iii) 基于以上的分析讨论可知, 为了构造 V_1 的基底, 我们只需要对每一个集合 $\mathcal{O}_i$, 构造其对偶基. 注意到策略 x_1 是自由的, 可以取遍策略集合 S_1, 故定义如下形式的向量:

$$\left(\eta_j^i\right)^{\text{T}} := \delta_k^j \sum_{\sigma \in \mathbf{S}_{n-1}} \text{sign}(\sigma) \delta_k^{z_{\sigma(1)}^i} \delta_k^{z_{\sigma(2)}^i} \cdots \delta_k^{z_{\sigma(n-1)}^i}, \tag{9.2.9}$$

其中 $j = 1, \cdots, k$; $i = 1, \cdots, \ell$.

综上所述, 我们得到如下结论.

引理 9.2.3 令 $G \in \mathcal{K}_{[n;k]}$ 为一个反对称博弈. 定义如下矩阵:

$$B = \left[(\eta_1^1)^{\text{T}}, \cdots, (\eta_k^1)^{\text{T}}, \cdots, (\eta_1^\ell)^{\text{T}}, \cdots, (\eta_k^\ell)^{\text{T}}\right]^{\text{T}}, \tag{9.2.10}$$

则存在一个行向量 $v \in \mathbb{R}^{k\ell}$, 使得

$$V_1^c = vB.$$

引理 9.2.4

$$\langle \eta_{j_1}^{i_1}, \eta_{j_2}^{i_2} \rangle = \begin{cases} 0, & (i_1, j_1) \neq (i_2, j_2), \\ (n-1)!, & (i_1, j_1) = (i_2, j_2), \end{cases}$$

其中 $1 \leqslant i_1, i_2 \leqslant \ell$, $1 \leqslant j_1, j_2 \leqslant k$.

根据引理 9.2.3 和引理 9.2.4 可知, $\text{Row}(B)$ 是 V_1^c 的一组标准正交基. 进一步, 由命题 9.1.1 可得如下结果.

定理 9.2.2 (i) $\text{Row}(D)$ 是反对称博弈子空间 $\mathcal{K}_{[n;k]}$ 的一组空间基底, 其中

$$D = \left[B, -BW_{[k^0,k]}W_{[k,k]}, -BW_{[k^1,k]}W_{[k,k^2]}, \cdots, -BW_{[k^{n-2},k]}W_{[k,k^{n-1}]}\right]. \tag{9.2.11}$$

(ii)

$$\dim\left(\mathcal{K}_{[n;k]}\right) = k\ell := \beta. \tag{9.2.12}$$

命题 9.2.1 记矩阵 D 的第 i 行为

$$d_i = \mathrm{Row}_i(D), \quad i = 1, \cdots, \beta,$$

则任意两个行向量满足如下性质:

$$\langle d_i, d_j \rangle = \begin{cases} 0, & i \neq j, \\ n!, & i = j. \end{cases} \tag{9.2.13}$$

类似于反对称博弈空间基底的构造过程, 下面给出对称博弈空间基底的具体构造方法.

(i) 针对 S_{-1} 中的元素, 定义如下集合

$$\mathcal{Q} = \left\{ s_{-1} = h = (h_1, \cdots, h_{n-1}) \mid h_1 \leqslant h_2 \leqslant \cdots \leqslant h_{n-1}, h_j \in S_{j+1} \right\}.$$

不难验证, 集合 $\mathcal{Q}$ 中元素的个数为 α, 其中

$$\alpha = \binom{n + \kappa - 2}{n - 1} = \frac{(n + \kappa - 2)!}{(n-1)!(\kappa - 1)!}. \tag{9.2.14}$$

将 (9.2.6) 所定义的序关系作用在集合 $\mathcal{Q}$ 上, 容易验证, $\mathcal{Q}$ 成为一个全序集, 记作

$$\mathcal{Q} := (h^1, h^2, \cdots, h^p).$$

(ii) 对 $\mathcal{Q}$ 中的每一个元素, 不妨设为 $h^i = (h_1^i, h_2^i, \cdots, h_{n-1}^i)$, 定义如下集合:

$$\begin{aligned} \mathcal{Q}_i &:= \left\{ h_\sigma^i = \left(h_{\sigma(1)}^i, h_{\sigma(2)}^i, \cdots, h_{\sigma(n-1)}^i \right) \mid \sigma \in \mathbf{S}_{n-1} \right\} \\ &:= \{ h^{i,1} < h^{i,2} < \cdots < h^{i,q_i} \}, \end{aligned} \tag{9.2.15}$$

其中实数 q_i 是集合 $\mathcal{Q}$ 中互不相同的元素个数. 记局势 h^i 中策略 j 的个数为 $\#_i(j)$, $j = 1, \cdots, k$, 则 q_i 可通过下面的公式进行计算:

$$q_i = \frac{k!}{\prod\limits_{j=1}^{k} (\#_i(j))!}, \quad i = 1, \cdots, p. \tag{9.2.16}$$

不难验证, q_i 满足如下性质:

$$\sum_{i=1}^{p} q_i = k^{n-1}. \tag{9.2.17}$$

定义如下向量

$$\left(\zeta_j^i\right)^{\mathrm{T}} := \delta_k^j \sum_{t=1}^{q_i} \delta_k^{h_1^{i,t}} \delta_k^{h_2^{i,t}} \cdots \delta_k^{h_{n-1}^{i,t}}. \tag{9.2.18}$$

综上所述, 我们可得到下面的结果.

引理 9.2.5 令 $G \in \mathcal{S}_{[n;k]}$ 为一个对称博弈. 定义如下向量

$$H = \left[(\zeta_1^1)^{\mathrm{T}}, \cdots, (\zeta_k^1)^{\mathrm{T}}, \cdots, (\zeta_1^p)^{\mathrm{T}}, \cdots, (\zeta_k^p)^{\mathrm{T}} \right]^{\mathrm{T}}, \tag{9.2.19}$$

则存在一个行向量 $v \in \mathbb{R}^{k\alpha}$, 使得

$$V_1^c = vH.$$

引理 9.2.6

$$\langle \zeta_{j_1}^{i_1}, \zeta_{j_2}^{i_2} \rangle = \begin{cases} 0, & (i_1, j_1) \neq (i_2, j_2), \\ q_i, & (i_1, j_1) = (i_2, j_2), \end{cases}$$

其中 $1 \leqslant i_1, i_2 \leqslant p$, $1 \leqslant j_1, j_2 \leqslant k$.

根据定理 6.7.1、引理 9.2.5 和引理 9.2.6, 我们得到如下结果.

定理 9.2.3 (i) $\mathrm{Row}(E)$ 是对称博弈子空间 $\mathcal{S}_{[n;k]}$ 的一组空间基底, 其中

$$E = \left[H, HW_{[k,k]}, \cdots, HW_{[k^{n-1},k]} \right]. \tag{9.2.20}$$

(ii) 令矩阵 E 的第 i 行为

$$e_i = \mathrm{Row}_i(E), \quad i = 1, \cdots, \alpha,$$

则任意两个行向量满足如下性质:

$$\langle e_i, e_j \rangle = \begin{cases} 0, & i \neq j, \\ nq_i, & i = j. \end{cases} \tag{9.2.21}$$

9.2.4 子空间正交性

首先证明矩阵 D 和矩阵 E 是正交的.

命题 9.2.2 令矩阵 D 的第 i 行为 d_i, 矩阵 E 的第 j 行为 e_j, 则满足如下性质:

$$\langle d_i, e_j \rangle = 0, \quad i = 1, 2, \cdots, \beta, \quad j = 1, 2, \cdots, \alpha. \tag{9.2.22}$$

证明　由 (9.2.7) 和 (9.2.9) 可知 η_t^j 是基于 $\mathcal{O}_i$ 中的元素构造的. 类似地, 由 (9.2.15) 和 (9.2.18) 可知 ζ_j^i 是基于 $\mathcal{Q}_i$ 中的元素构造的. 为证明该命题, 我们只需要证明下面这个结果: 对任意 η_t^j 和 ζ_s^i, 我们有

$$\eta_t^j (\zeta_s^i)^{\mathrm{T}} = 0, \tag{9.2.23}$$

其中 $t, s = 1, 2, \cdots, k;\ j = 1, 2, \cdots, \ell;\ i = 1, 2, \cdots, p.$

根据 $\mathcal{O}_j$ 和 $\mathcal{Q}_i$ 的构造方法, 可以发现对任意 $\mathcal{O}_j$, 存在唯一的 $\mathcal{Q}_{i(j)}$, 使得

$$z^j = h^{i(j)}, \quad \mathcal{O}_j = \mathcal{Q}_{i(j)}, \tag{9.2.24}$$

这里 $i(j)$ 表示 j 所对应的 i. 由 (9.2.9) 和 (9.2.18), 我们有

$$\left(\eta_t^j\right)^{\mathrm{T}} := \delta_k^t \sum_{\sigma \in \mathbf{S}_{n-1}} \mathrm{sign}(\sigma) \delta_k^{z_{\sigma(1)}^j} \delta_k^{z_{\sigma(2)}^j} \cdots \delta_k^{z_{\sigma(n-1)}^j},$$

$$\left(\zeta_s^{i(j)}\right)^{\mathrm{T}} := \delta_k^s \sum_{\sigma \in \mathbf{S}_{n-1}} \delta_k^{h_{\sigma(1)}^{i(j)}} \delta_k^{h_{\sigma(2)}^{i(j)}} \cdots \delta_k^{h_{\sigma(n-1)}^{i(j)}},$$

其中 $t, s = 1, 2, \cdots, k$. 因为 $\mathbf{S}_{n-1}$ 中奇置换和偶置换的个数相同, 所以可得

$$\eta_t^j (\zeta_s^{i(j)})^{\mathrm{T}} = 0, \quad t, s = 1, 2, \cdots, k; \quad j = 1, 2, \cdots, \ell. \tag{9.2.25}$$

下面讨论 $i \neq i(j)$ 的情形. 此时, 对任意 i 均满足 $\mathcal{O}_j \cap \mathcal{Q}_i = \varnothing$, $j = 1, 2, \cdots, \ell$. 从而

$$\eta_t^j (\zeta_s^i)^{\mathrm{T}} = 0, \quad 1 \leqslant t, s \leqslant k. \tag{9.2.26}$$

这是因为, η_t^j 中非零元素的位置与 ζ_s^i 中非零元素位置不同. 结合 (9.2.25) 和 (9.2.26), (9.2.23) 得证.　　　　　　　　　　□

将矩阵 D 和矩阵 E 放在一起, 构造一个新的矩阵如下:

$$Q = \begin{bmatrix} D \\ E \end{bmatrix}, \tag{9.2.27}$$

证明矩阵 Q 是行满秩的.

综合考虑命题 9.2.1、定理 9.2.3 和命题 9.2.2, 我们得到下面的结果.

命题 9.2.3　矩阵 Q 是行满秩, 即

$$\dim(Q) = \beta + \alpha.$$

结合命题 9.1.6 和命题 9.2.3, 我们得出本章的重要结果.

定理 9.2.4 (i) 如果 $n > k+1$, 则有限博弈空间有如下正交分解式:

$$\mathcal{G}_{[n;k]} = \mathcal{S}_{[n;k]} \oplus \mathcal{E}_{[n;k]}. \tag{9.2.28}$$

(ii) 如果 $n \leqslant k+1$, 则有限博弈空间有如下正交分解式:

$$\mathcal{G}_{[n;k]} = \mathcal{S}_{[n;k]} \oplus \mathcal{K}_{[n;k]} \oplus \mathcal{E}_{[n;k]}. \tag{9.2.29}$$

特别地, $\mathcal{E}_{[2;k]} = \{0\}$.

9.2.5 有限博弈分解公式

9.2.4 节中, 我们得到了有限博弈空间的分解式. 任意一个有限博弈 $G \in \mathcal{G}_{[n;k]}$ 可被分解成三个子博弈的直和, 分别是对称子博弈 $G_S \in \mathcal{S}_{[n;k]}$、反对称子博弈 $G_K \in \mathcal{K}_{[n;k]}$ 和非对称子博弈 $G_E \in \mathcal{E}_{[n;k]}$. 相应地, 博弈 G 的结构向量 V_G 可以分成三个部分:

$$V_G = V_G^S + V_G^K + V_G^E, \tag{9.2.30}$$

其中 V_G^S, V_G^K 和 V_G^E 分别是 G_S, G_K 和 G_E 的结构向量.

下面, 我们给出计算 V_G^S, V_G^K 和 V_G^E 的具体公式. 设 $X = (X_1, X_2)$, 其中 $X_1 \in \mathbb{R}^\beta$, $X_2 \in \mathbb{R}^\alpha$(当 $n > k+1$ 时, $\beta = 0$). 那么, 关于分解式 (9.2.30) 有如下结果.

命题 9.2.4 令 $G \in \mathcal{G}_{[n;k]}$ 为一个有限博弈. 设其结构向量为 V_G, 则

$$V_G = V_G^S \oplus V_G^K \oplus V_G^E,$$

其中

$$\begin{aligned} X &= V_G Q^{\mathrm{T}} (QQ^{\mathrm{T}})^{-1}, \\ V_G^K &= X_1 D, \\ V_G^S &= X_2 E, \\ V_G^E &= V_G - V_G^S - V_G^E. \end{aligned} \tag{9.2.31}$$

证明 由定理 9.2.2 和定理 9.2.3 可知,

$$V_G^K = X_1 D, \quad V_G^S = X_2 E. \tag{9.2.32}$$

将 (9.2.32) 代入 (9.2.30) 可得

$$\begin{aligned} V_G &= V_G^K + V_G^S + V_G^E \\ &= X_1 D + X_2 E + V_G^E \end{aligned}$$

$$= XQ + V_G^E. \tag{9.2.33}$$

根据命题 9.2.4 和定义 9.1.2 可知, 矩阵 QQ^{T} 是非奇异的, 且

$$V_G^E Q^{\mathrm{T}} = 0. \tag{9.2.34}$$

将 (9.2.3) 代入 (9.2.33), 计算可知

$$X = V_G Q^{\mathrm{T}} (QQ^{\mathrm{T}})^{-1}. \qquad\qquad \square$$

第 10 章　基于学习的博弈演化

非合作博弈理论中很大一部分工作集中于研究博弈中的均衡问题, 特别是纳什均衡及其选择问题. 一个自然而然的问题是: 博弈参与个体如何根据所获得的关于博弈以及其他个体策略和收益的信息, 通过不断地调整自己的策略, 最终达到均衡[46]. 这就是博弈学习理论的主要研究内容[47]. 最近, 随着人工智能研究热潮的到来, 博弈学习理论受到了来自多个研究领域学者的广泛关注和重视. 两步学习方法是本章重点, 部分内容基于文献 [87].

10.1　博弈学习的一般框架

一个博弈学习规则通常包括两部分: 预测与响应[73]. 预测指在一个重复进行的博弈中, 博弈个体根据获得信息, 包括博弈的历史信息、对手的信息以及个体本身相关的信息等, 预测对手未来会采取的策略或者采取策略的概率分布. 响应指个体根据对对手策略的预测, 利用历史信息在下个时刻采取的策略或者采取策略的概率分布.

考虑一个重复博弈 $G = \{N, A, C\}$. 记 $O_i(t)$ 为个体 i 在时刻 t 获得的信息. 个体 i 的预测规则可以由如下的预测函数 f_i 描述

$$f_i : O_i(t) \to A_{-i}, \tag{10.1.1}$$

这里 f_i 是一个将个体 i 在时刻 t 获得的信息 $O_i(t)$ 映射到其对手策略集合 A_{-i} 上的确定性函数或者概率分布. 个体 i 的响应规则可以由如下的响应函数 g_i 描述

$$g_i : O_i(t) \times f_i(O_i(t)) \to A_i. \tag{10.1.2}$$

g_i 解释为个体 i 根据时刻 t 获得的信息 $O_i(t)$ 和对对手策略的预测, 来选择自己下一时刻的策略 (图 10.1.1).

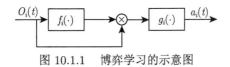

图 10.1.1　博弈学习的示意图

当设计与分析博弈学习规则的动态性质时, 需要从多个方面考虑. 常见的需要考虑的因素包括个体决策时的信息结构、个体的策略更新次序、博弈本身的性质、学习规则的收敛形式以及均衡的类型, 如图 10.1.2. 接下来我们逐一介绍这些因素的具体内涵.

图 10.1.2   影响博弈学习规则的因素

第一个因素为信息结构. 根据博弈中个体在决策过程中的不同信息结构, 常用到的学习规则可以分为耦合学习规则 (coupled learning rule)、非耦合学习规则 (uncoupled learning rule) 和完全非耦合学习规则 (completely uncoupled learning rule), 定义如下: 一个博弈学习规则称为[117]

(1) 耦合的, 如果个体 i 在决策过程中需要知道其他个体收益函数的结构和历史策略信息, 也就是

$$O_i(t) = \big\{ \{a(\tau)\}_{\tau=0,1,\cdots,t-1}; \ \{c_j(a)\}_{j\in N} \big\}.$$

(2) 非耦合的, 如果个体 i 在决策过程中获得信息只包括自己收益函数的结构和历史策略信息, 也就是

$$O_i(t) = \big\{ \{a(\tau)\}_{\tau=0,1,\cdots,t-1}; \ c_i(a) \big\}.$$

(3) 完全非耦合的, 如果个体 i 在决策过程中获得信息只包括自己历史时刻的收益和历史策略信息, 也就是

$$O_i(t) = \big\{ \{a_i(\tau), c_i(a(\tau))\}_{\tau=0,1,\cdots,t-1} \big\}.$$

注   根据上面的定义可以看出, 学习规则的耦合与非耦合指的是每个个体在决策过程中是否用到了其他个体的收益函数信息. 常见的学习规则, 如复制动态

(replicator dynamics) [18]、最优响应 (best-reply) 和虚拟学习 (fictitious learning) [112] 都是非耦合学习规则. 无后悔学习 (no-regret learning) [12] 和试误学习 (trial-and-error learning) [139] 则是完全非耦合学习规则.

第二个因素为策略的更新次序. 根据每个个体的策略更新次序, 可以将博弈学习分为同步更新规则, 异步更新规则以及级联更新规则等类型.

- 同步更新规则: 所有个体依据给定的学习规则, 同时更新其策略.
- 异步更新规则: 一个时刻只有一个个体更新策略. 该类型还可以细分为

(1) 确定型异步更新: 个体按照给定的顺序轮流更新.

(2) 随机型异步更新: 在每个时刻, 按照一定的概率 $p_i \in [0,1]$ 选中一个个体更新其策略, $\sum_{i=1}^{n} p_i = 1$.

- 级联更新规则: 虽然所有的个体同时更新其策略, 但当个体 j 更新其策略时, 他知道并可以使用个体 i $(i < j)$ 的新策略.

第三个因素为博弈本身的性质. 这里博弈本身的性质包括博弈本身是否存在纯纳什均衡, 是势博弈还是零和博弈, 是对称博弈还是非对称博弈等等. 即使同一个学习规则, 针对不同类型的博弈, 最终也可能有不同的动态行为. 第 8 章基于矩阵半张量积的有限博弈空间结构与性质的结果, 将有助于博弈学习规则的分析与设计.

第四个因素为学习规则的收敛形式. 实际上, 由于收敛的方式包括渐近收敛、依概率收敛、几乎必然收敛以及依频率收敛等多种形式, 因此当谈论到博弈中的学习规则能否收敛到平衡点时, 就需要着重考虑是以何种方式收敛到哪种类型的平衡点. 不同的收敛方式对于设计学习规则以及分析学习规则的动态特性都会导致不同的结果.

第五个因素为均衡的类型. 均衡包括纯纳什均衡、混合纳什均衡、相关均衡以及粗相关均衡等[138]. 不同的学习规则可能会收敛到不同类型的均衡. 例如, H. Peyton Young 提出了一种试误学习规则, 证明了在这种学习规则下, 对于存在纯纳什均衡的博弈, 其随机稳定状态对应着博弈的纯纳什均衡[139]. 文献 [96] 则研究了能够收敛到相关均衡的学习规则.

10.2 常见的博弈学习规则

目前, 在理论中常见的学习规则一般是由博弈理论专家们设计出来的. 本节介绍三种最具代表性的博弈学习规则: 短视最优响应 (MBRA) 学习、逻辑响应学习 (logit response learning, LRL) 以及虚拟学习 (fictitious play, FP).

10.2.1 短视最优响应学习

短视最优响应学习已经在定义 3.1.1 中给出. 这里仅做简单介绍. 考虑重复进行有限博弈 $G = \{N, A, C\}$. 在 $t+1$ 时刻, 站在个体 i 的立场上, 考察其他人在 t 时刻的策略 $a_{-i}(t)$, 选择对付他们的最佳策略 $a_i(t+1)$, 称玩家 i 的策略更新规则为短视最优响应, 如果

$$a_i(t+1) = \underset{s_i \in A_i}{\operatorname{argmax}} \, c_i(s_i, a_{-i}(t)). \tag{10.2.1}$$

下面的定理指出了短视最优响应策略可以学习到势博弈的纯纳什均衡点.

定理 10.2.1 设 G 是有限势博弈, 如果所有个体均采用异步短视最优响应学习策略, 则系统最终收敛于一个纯纳什均衡点.

证明 根据势博弈的性质, 它至少存在一个纯纳什均衡 (势函数的最大值点). 由于异步短视最优响应学习的每一步更新都会让势函数增加, 且所有局势是有限的, 则在有限步后一定会达到势函数的最大值点. □

虽然异步短视最优响应学习策略可以学习到势博弈的纯纳什均衡点, 但同步短视最优响应学习策略不一定能学习到纯纳什均衡, 很容易构造反例说明这一点. 另外一个值得思考的问题是, 短视最优响应在其他类型博弈中是否可以学习到均衡点.

10.2.2 逻辑响应学习

逻辑响应学习是由 Blume 于 1993 年引入的博弈学习规则[16]. 它是一种以概率形式选取策略的学习规则, 具体规则如下. 在 $t+1$ 时刻, 站在个体 i 的立场上, 考察其他人在 t 时刻的策略 $a_{-i}(t)$, 个体 i 选择策略 s_i 的概率为

$$\Pr{}^{\tau}(a_i(t+1) = s_i | a(t)) = \frac{e^{\frac{1}{\tau} c_i(s_i,\, a_{-i}(t))}}{\sum\limits_{a_i \in A_i} e^{\frac{1}{\tau} c_i(a_i,\, a_{-i}(t))}}. \tag{10.2.2}$$

其中 $0 < \tau < \infty$ 为该博弈学习规则的参数. τ 可以看作博弈个体决策过程的噪声大小. $\tau \to 0$ 意味着该学习规则收敛于短视最优响应规则; $\tau \to \infty$ 意味着每个博弈个体以相同的概率从其策略集中选择策略; 当 $0 < \tau < \infty$ 时, 个体以正概率选择非最优策略, 但以较小的概率选择收益较小的策略.

实际上, 逻辑响应学习规则定义了以局势策略集合 A 为状态空间的非周期不可约的马尔可夫链 $\{X_t^{\tau}\}_{t \in \mathbb{N}}$, 其状态转移概率为

$$P_{ss'}^{\tau} = \Pr{}^{\tau}(a(t+1) = s' | a(t) = s). \tag{10.2.3}$$

该马尔可夫链的唯一不变分布记为 μ^τ. 称一个状态 s 为随机稳定的 (stochastically stable) 如果

$$\lim_{\tau \to 0} \mu^\tau(s) > 0. \tag{10.2.4}$$

下面讨论逻辑响应学习规则. 先介绍马尔可夫链的细致平衡条件 (detailed balance condition).

引理 10.2.1 [72] 考虑有限状态空间 $S = \{1, 2, \cdots, n\}$ 上状态转移矩阵为 P 的马尔可夫链. 若概率分布 $\pi = [\pi_1, \pi_2, \cdots, \pi_n]^{\mathrm{T}} \in \Upsilon_n$ 满足如下的条件

$$\pi_i P_{ij} = \pi_j P_{ji}, \tag{10.2.5}$$

则 π 为该马尔可夫链的不变分布, (10.2.5) 称为细致平衡条件.

证明 由细致平衡条件的定义可知,

$$\sum_{i=1}^n \pi_i P_{ij} = \sum_{i=1}^n \pi_j P_{ji} = \pi_j \sum_{i=1}^n P_{ji} = \pi_j,$$

即

$$[\pi_1, \pi_2, \cdots, \pi_n] P = [\pi_1, \pi_2, \cdots, \pi_n].$$

故 π 是不变分布. □

定理 10.2.2 [10] 设 G 是势函数为 ρ 的有限势博弈. 如果所有个体均采用异步逻辑响应学习策略, 则该逻辑响应学习规则的不变分布为

$$\mu^\tau(s) = \frac{e^{\frac{1}{\tau}\rho(s)}}{\sum\limits_{s' \in S} e^{\frac{1}{\tau}\rho(s')}}. \tag{10.2.6}$$

证明 只需证明概率分布 μ^τ 满足细致平衡条件即可. 根据状态转移概率 (10.2.3), $P_{ss'}^\tau > 0$ 当且仅当 s 与 s' 中仅有一个个体的策略不同. 不失一般性, 设 s 与 s' 两个局势中仅有个体 i 的策略不同, 即 $s_i \neq s_i'$, $s_{-i} = s_{-i}'$. 于是有

$$\mu^\tau(s) P_{ss'}^\tau = \frac{e^{\frac{1}{\tau}\rho(s)}}{\sum\limits_{s'' \in S} e^{\frac{1}{\tau}\rho(s'')}} \cdot \frac{e^{\frac{1}{\tau}c_i(s_i',\, s_{-i})}}{\sum\limits_{a_i \in S_i} e^{\frac{1}{\tau}c_i(a_i,\, s_{-i}(t))}} = \mu^\tau(s') P_{s's}^\tau. \qquad \square$$

定理 10.2.3 设 G 是势函数为 ρ 的有限势博弈. 如果所有个体均采用异步逻辑响应学习策略, 则该动态的随机稳定状态集合为使得 ρ 最优的局势集合.

证明　考虑任意的局势 $s \in S$

$$\lim_{\tau \to 0} \mu^\tau(s) = \lim_{\tau \to 0} \frac{e^{\frac{1}{\tau}\rho(s)}}{\sum\limits_{s' \in S} e^{\frac{1}{\tau}\rho(s')}}$$

$$= \lim_{\tau \to 0} \frac{1}{\sum\limits_{s' \in S} e^{\frac{1}{\tau}[\rho(s') - \rho(s)]}}.$$

分析上式可知, 只有当 $s^* \in \arg\max\limits_{s \in S} \rho(s)$ 时, 才有 $\lim_{\tau \to 0} \mu^\tau(s) > 0$.　　　　　□

从以上定理可以看出, 逻辑响应学习规则能够实现均衡的选择.

10.2.3　虚拟学习

虚拟学习是由 Brown 于 1951 年引入的[20], 其本质是试图通过观测数据构建出对手的动态策略模型, 进而实现最优决策. 在介绍虚拟学习的策略更新规则前, 先给出如下几个概念. 考虑一个重复进行的博弈 $G \in \mathcal{G}_{[n;k_1,k_2,\cdots,k_n]}$, 记 $a(t)$ 为 t 时刻的局势.

- 个体 i 在 t 时刻选择策略 a_i 的经验频率 $q_i^{a_i}(t)$ 为

$$q_i^{a_i}(t) = \frac{1}{t} \sum_{\tau=0}^{t-1} I\{a_i(\tau) = a_i\}.$$

$q_i^{a_i}(t)$ 的物理意义为个体 i 截止到时刻 t 选择策略 a_i 的频率, 可以将其写成如下的递推形式

$$q_i^{a_i}(t+1) = q_i^{a_i}(t) + \frac{1}{t+1}\left[I\{a_i(t) = a_i\} - q_i^{a_i}(t)\right].$$

- 个体 i 在时刻 t 的经验频率向量

$$q_i(t) := [q_i^{a_1}(t), q_i^{a_2}(t), \cdots, q_i^{a_{k_i}}(t)]^{\mathrm{T}} \in \Upsilon_{k_i \times 1}.$$

类似地, 记

$$q_{-i}^{a_{-i}}(t) = \prod_{j \neq i} q_j^{a_j}(t).$$

令 $q_{-i}(t)$ 为由所有的 $q_{-i}^{a_{-i}}(t)$, $a_{-i} \in A_{-i}$ 按照字典序组成的向量.

- 个体 i 的给定策略 $a_i \in A_i$ 的 (期望) 收益为

$$c_i(a_i, q_{-i}(t)) := \sum_{a_{-i} \in A_{-i}} c_i(a_i, a_{-i}) q_{-i}^{a_{-i}}(t). \tag{10.2.7}$$

采用虚拟学习的参与者 i 根据博弈的经验频率, 基于 "其余参与者随机且独立地选择策略" 这个前提, 选择自己的策略 $a_i(t)$. 根据该前提, 虚拟学习的策略更新规则定义如下.

定义 10.2.1 构建一个关于经验频率向量 $q_{-i}(t)$ 的最优响应集

$$\mathrm{BR}_i(q_{-i}(t)) := \arg\max_{a_i \in A_i} c_i(a_i, q_{-i}(t)). \tag{10.2.8}$$

个体 i 按下列规则更新策略:

- 如果 $a_i(t) \in \mathrm{BR}_i(q_{-i}(t))$, 则令 $a_i(t+1) := a_i(t)$.
- 如果 $a_i(t) \notin \mathrm{BR}_i(q_{-i}(t))$, 则等概率地从其最优响应集选择策略.

定理 10.2.4[99] 设 G 是有限势博弈, 如果所有个体均采用虚拟学习策略, 则该动态的经验频率最终收敛于 G 的混合纳什均衡.

10.3 状态演化博弈

状态演化博弈作为博弈控制的拓展模型, 首先由 Jason R. Marden 提出[93]. 实际上, 状态演化博弈的思想可以追溯到 H. Peton Young 的著作中[138]. 自问世以来, 状态演化博弈在很多领域都显示了它强大的生命力. 例如, 可以实现帕累托最优[95], 实现未知环境下的分布式覆盖[108], 解决智能电网中的分布式定价问题[88]. 与传统的博弈控制模型相比, 状态演化博弈多了一个可以设计的自由度 (称之为状态), 可以用来帮助系统调整集体行为. 这里的状态有很多解释, 从一个虚拟的博弈参与个体[93]、均衡选择动态[106], 到带有未知动态的外部环境[138]. 由于多了一个可以调节系统级行为的自由度, 因此状态演化博弈在博弈控制中是一个很有用的模型.

10.3.1 状态演化博弈的数学模型

定义 10.3.1[93] 有限状态演化博弈 $G = \{N, \{A_i\}_{i \in N}, \{c_i\}_{i \in N}, X, P\}$ 是一个五元组, 其中

(i) $N = \{1, 2, \cdots, n\}$ 为参与博弈的个体集合;

(ii) $A_i = \{1, 2, \cdots, k_i\}$ 为个体 $i \in N$ 的策略集合, $A = \prod_{i=1}^{n} A_i$ 称为博弈的局势集合;

(iii) $X = \{1, 2, \cdots, m\}$ 为博弈的有限状态集合;

(iv) $c_i : A \times X \to \mathbb{R}$ 为个体 $i \in N$ 的收益函数;

(v) $P : A \times X \to \Upsilon(X)$ 为马尔可夫类型的状态转移函数, $\Upsilon(X)$ 为有限状态集合 X 上的概率分布集合.

记 $P(a; x, y)$ 为在局势 $a \in A$ 作用下从状态 $x \in X$ 转移到状态 $y \in X$ 的概率. 记 $P(a; \cdot, \cdot)$ 为局势 $a \in A$ 对应的概率转移矩阵. 显然 $P(a; \cdot, \cdot)$ 定义了一个状态集合为 X 的马尔可夫链. 当状态演化博弈被重复多次, 会产生一列的状态

$$x(0), x(1), \cdots, x(t), \cdots$$

和一列的局势

$$a(0), a(1), \cdots, a(t), \cdots,$$

其中 $x(t)$ 和 $a(t)$ 分别为时刻 t 的状态和局势. $[a(t), x(t)] \in A \times X$ 被称为时刻 t 的局势状态对. 局势序列是由理性个体根据其策略更新规则得到的. 假设当前状态为 $x(t)$, 时刻 t 所有玩家所采取的策略为 $a(t)$, 则下一刻的状态 $x(t+1)$ 根据状态转移函数 $P(a(t); x(t), \cdot)$ 产生, 也就是说下一刻的状态是依概率分布 $P(a(t); x(t), \cdot)$ 得到的. 状态演化博弈的动态见图 10.3.1, 这里符号 $\vDash$ 表示下一刻的状态 $x(k+1)$ 是依概率分布 $P(a(k); x(k), \cdot)$ 随机产生的.

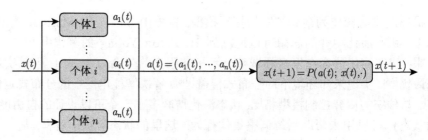

图 10.3.1　状态演化博弈的动态

记 $X(a|x) \subseteq X$ 为从初始状态 x 出发在不变的局势 a 的作用下能到达的状态的集合. 也就是说, 一个状态 $y \in X(a|x)$, 当且仅当, 存在一个有限的时间 $t_y > 0$ 使得

$$\Pr[x(t_y) = y] > 0,$$

其中 $x(0) = x$, 并且对任意的 $k \in \{0, 1, \cdots, t_y - 1\}$, 有 $x(k+1) \vDash P(a; x(k), \cdot)$. 转移过程可以解释为

$$x \xrightarrow{a} x(1) \xrightarrow{a} \overset{a}{\cdots} \xrightarrow{a} x(t_y - 1) \xrightarrow{a} x(t_y) = y.$$

注　状态演化博弈模型实际上是马尔可夫博弈 (Markov games) 的简化形式[113]. 状态演化博弈中, 每个个体关注自己当下的收益, 而在马尔可夫博弈中每个个体则优化各阶段收益的贴现和.

类似于有限博弈中的纳什均衡概念, 状态演化博弈中的均衡称为常返状态平衡, 其定义如下.

定义 10.3.2 考虑一个有限状态演化博弈 G. 局势状态对 $[a^*, x^*]$ 称为常返状态平衡 (recurrent state equilibrium, RSE), 如果满足下面两个条件

(i) 状态 x^* 满足对任意的 $x \in X(a^*|x^*)$, 都有 $x^* \in X(a^*|x)$;

(ii) 对每个个体 $i \in N$ 和每个状态 $x \in X(a^*|x^*)$, 有

$$c_i(a_i^*, a_{-i}^*, x) \geqslant c_i(a_i, a_{-i}^*, x), \quad \forall a_i \in A_i.$$

注 第一个条件说明如果局势状态对 $[a^*, x^*]$ 是常返状态平衡, 则 $X(a^*|x^*)$ 为由 $P(a^*; \cdot, \cdot)$ 定义的马尔可夫链的一个常返类, 并且该常返类包含状态 x^*. 第二个条件意味着 a^* 为状态不变博弈 G_x 的纯纳什均衡, $\forall x \in X(a^*|x^*)$.

例 10.3.1 考虑如下的状态演化博弈, 其中 $N = \{1, 2\}$, $A_1 = A_2 = \{1, 2\}$, $X = \{1, 2, 3\}$. 当 $x = 1, 2, 3$ 时, 状态不变博弈 G_x 分别对应协调博弈、囚徒博弈和匹配博弈. 每个状态不变博弈的收益矩阵见表 10.3.1—表 10.3.3. 状态转移过程如图 10.3.2. 可以验证, 马尔可夫链 $P(a = 22; \cdot, \cdot)$ 的常返状态为 $x = 1, x = 2$, 并且 $a = 22$ 是 G_1 和 G_2 的纯纳什均衡. 因此, 策略状态对 $[a = 22, x = 1]$ 和 $[a = 22, x = 2]$ 都是常返状态平衡. 尽管 $a = 11$ 是 G_1 的纯纳什均衡, 但是由于 $x = 1$ 是马尔可夫链 $P(a = 11; \cdot, \cdot)$ 的暂态, 故 $[a = 11, x = 1]$ 不是一个常返状态平衡.

表 10.3.1 状态 $x = 1$ 对应博弈的收益矩阵

个体 1 \ 个体 2	1	2
1	(4, 4)	(1, 3)
2	(3, 1)	(2, 2)

表 10.3.2 状态 $x = 2$ 对应博弈的收益矩阵

个体 1 \ 个体 2	1	2
1	(2, 2)	(0, 3)
2	(3, 0)	(1, 1)

表 10.3.3 状态 $x = 3$ 对应博弈的收益矩阵

个体 1 \ 个体 2	1	2
1	(−1, 1)	(1, −1)
2	(1, −1)	(−1, 1)

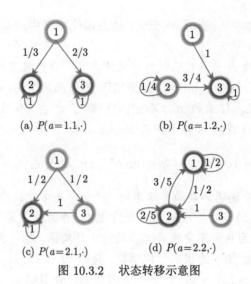

(a) $P(a=1.1,\cdot)$ (b) $P(a=1.2,\cdot)$

(c) $P(a=2.1,\cdot)$ (d) $P(a=2.2,\cdot)$

图 10.3.2   状态转移示意图

10.3.2   状态势博弈及其学习规则

一个自然的问题是常返状态平衡是否在任何状态演化博弈中都存在呢? 答案是否定的. 但状态势博弈能保证常返状态平衡的存在性, 其定义如下.

定义 10.3.3   一个状态演化博弈 $G = \{N, \{A_i\}_{i\in N}, \{c_i\}_{i\in N}, X, P\}$ 称为状态势博弈, 如果存在一个函数 $\phi : A \times X \to \mathbb{R}$, 使得每个局势状态对 $[a, x] \in A \times X$, 均满足如下的两个条件:

(i) 对任何个体 $i \in N$ 和策略 $b_i \in A_i$, 均有

$$c_i(b_i, a_{-i}, x) - c_i(a, x) = \phi(b_i, a_{-i}, x) - \phi(a, x). \tag{10.3.1}$$

(ii) 对 $P(a; x, \cdot)$ 支撑集中的任何状态 y, 有

$$\phi(a, y) \geqslant \phi(a, x). \tag{10.3.2}$$

ϕ 称为状态势博弈的势函数, 这里 $a_{-i} \in A_{-i} := \prod_{j \neq i} A_j$.

定义中的第一个条件说的是, 对任何一个状态, $G_x = \{N, A_i, c_i(\cdot, x)\}$ 是一个势博弈. 第二个条件则保证了状态势博弈中常返状态平衡的存在性.

定理 10.3.1   任何状态势博弈都至少存在一个常返状态平衡.

证明   记 $[a^*, x^*]$ 为使得势函数最大的局势状态对, 即

$$[a^*, x^*] \in \underset{[a,x]\in A\times X}{\mathrm{argmax}} \ \phi(a, x).$$

根据常返状态平衡的定义 10.3.2, 可以知道 $X(a^*|x^*)$ 为马尔可夫链 $P(a^*; \cdot, \cdot)$ 的常返类. 对任意的 $x \in X(a^*|x^*)$, 根据状态势博弈的定义, 有

$$\phi(a^*, x) \geqslant \phi(a^*, x^*).$$

由于 $[a^*, x^*]$ 为使得势函数最大的局势状态对, 则 $[a^*, x]$ 也为使得势函数最大的局势状态对, 故 $\phi(a^*, x) = \phi(a^*, x^*), \quad \forall x \in X(a^*|x^*)$. 对每个个体 $i \in N$ 和每个状态 $x \in X(a^*|x^*)$, 有

$$c_i(a_i^*, a_{-i}^*, x) \geqslant c_i(a_i, a_{-i}^*, x), \quad \forall a_i \in A_i.$$

因此, 局势状态对 $[a^*, x], \quad \forall x \in X(a^*|x^*)$ 为状态势博弈的常返状态平衡. $\square$

状态势博弈中, 比较常见的学习规则为带有惰性的短视较优学习规则. 对任意的局势状态对 $[a, x]$, 定义个体 i 的较优反应策略集

$$B_i(a, x) := \{a_i' \in A_i | c_i(x, a_i', a_{-i}) > c_i(x, a_i, a_{-i})\}.$$

于是, 带有惰性的短视较优学习规则可以描述如下:

如果 $B_i(a, x) = \varnothing$, 那么个体 i 在时刻 $t > 0$ 的策略是

$$p_i^{a_i(t-1)} = 1. \tag{10.3.3}$$

否则个体 i 在时刻 $t > 0$ 的策略具有如下形式

$$\begin{cases} p_i^{a_i} = \epsilon, & a_i = a_i(t-1), \\ p_i^{a_i'} = \dfrac{1-\epsilon}{|B_i(a(t-1), x(t))|}, & a_i' \in B_i(a(t-1), x(t)), \\ p_i^{a_i} = 0, & \text{其他}, \end{cases} \tag{10.3.4}$$

其中 $p_i^{a_i}$ 为个体 i 采取策略 a_i 的概率, $\epsilon \in (0, 1)$ 是博弈个体保持其策略不变的概率, 即反映了惰性的大小.

定理 10.3.2 [93] 设 $G = \{N, \{A_i\}_{i \in N}, \{c_i\}_{i \in N}, X, P\}$ 是状态演化博弈, 并且有势函数 $\phi : A \times X \to \mathbb{R}$. 如果所有的个体都采用带惰性的短视较优反应准则进行策略更新, 那么博弈的局势状态组合几乎必然收敛到策略不变的常返状态均衡.

10.4 基于状态势博弈设计的多个体系统优化

考虑一个依赖于状态的网络演化博弈 $G = \{N, \{A_i\}_{i \in N}, \{c_i\}_{i \in N}, X, P\}$. 设它的收益函数是可以调整的, 一个自然的问题是: 是否存在只依赖于邻域信息的收益函数以使 G 成为一个状态势博弈, 从而利用基于邻域信息的惰性短视较优反应准则, 以确保系统的收敛性.

10.4.1　局部信息依赖的收益函数设计

设 $U \subset N$, 考虑如何从所有的顶点 N 构成的局势 $\ltimes_{i=1}^n a_i$ 中提取出 U 的博弈参与人构成的局势 $\ltimes_{j \in U} a_j$ 呢? 下面我们将构造一个子集提取矩阵, 即 U 提取矩阵来达到目的. 令

$$\Gamma_U := \otimes_{i=1}^n \gamma_i,$$

其中

$$\gamma_i = \begin{cases} I_{k_i}, & i \in U, \\ \mathbf{1}_{k_i}^{\mathrm{T}}, & \text{其他.} \end{cases}$$

如下的引理通过计算即可验证.

引理 10.4.1　设 $U \subset N$, 那么

$$\ltimes_{j \in U} a_j = \Gamma_U \ltimes_{i=1}^n a_i.$$

设系统的目标函数是状态和局势的函数, 即 $\phi : X \times A \to \mathbb{R}$. 系统的目标函数可以表示为

$$\phi(x, a) = V^\phi x a, \tag{10.4.1}$$

其中 $a = \ltimes_{i=1}^n a_i$, $V^\phi \in \mathbb{R}^{m\kappa}$ 是 ϕ 的结构向量, $\kappa = \prod_{i=1}^n k_i$.

将 V^ϕ 分为 m 个大小相同的块, 如下

$$V^\phi = [V_1^\phi, \ V_2^\phi, \ \cdots, \ V_m^\phi], \quad V_j^\phi \in \mathbb{R}^\kappa, \quad j = 1, \ 2, \ \cdots, \ m.$$

假设 $x = x_i$ 固定, 那么 $\phi(x_i, \cdot) : A \to \mathbb{R}$ 是一个伪逻辑函数, 其结构向量是

$$V^{\phi(x_i, \cdot)} = V_i^\phi.$$

定理 10.4.1　考察一个基于状态的网络化多个体系统, 其系统目标函数是

$$\phi(x, a) = V^\phi x a,$$

那么存在一系列的基于局部信息的状态依赖的收益函数 $c_i(x, a)$, 使得 G 成为一个以 ϕ 为势函数的状态势博弈, 当且仅当, 对任意的 $r \in X$

$$V_r^\phi \in \bigcap_{i=1}^n \mathrm{span} \begin{bmatrix} \Gamma_{U_r(i)} \\ \Gamma_{-i} \end{bmatrix}. \tag{10.4.2}$$

证明 (必要性) 设存在一系列的邻域依赖的收益函数, 即存在

$$c_i(a_{U_r(i)}, x = r) = V_{i,r}^c \ltimes_{j \in U_r(i)} a_j = V_{i,r}^c \Gamma_{U_r(i)} a, \quad \forall i, \ r, \tag{10.4.3}$$

其中, $U_r(i)$ 是当状态 $x = r$ 时个体 i 的邻居集合.

根据引理 6.2.1, 可知状态演化博弈 G 当 $x = r$ 时是势博弈, 当且仅当,

$$\phi(x = r, a_i, a_{-i}) = c_i(x = r, a_i, a_{-i}) + d_i(x = r, a_{-i}), \quad i = 1, \cdots, n. \tag{10.4.4}$$

将公式 (10.4.3) 代入 (10.4.4) 有

$$V_r^\phi = V_{i,r}^c \Gamma_{U_r(i)} + V_{i,r}^d \Gamma_{-i}, \quad i = 1, \cdots, n. \tag{10.4.5}$$

写成方程的形式即可推出 (10.4.2).

(充分性) 设 (10.4.2) 成立, 则表示 (10.4.5) 存在解 $V_{i,r}^c \in \mathbb{R}^\kappa$, 以及 $V_{i,r}^d$. 同样它等价于其逻辑函数形式 (10.4.4), 而 (10.4.4) 又与状态演化博弈 G 当 $x = r$ 时是势博弈等价, 所以存在邻域依赖的收益函数 $c_i(a_{U_r(i)}, x = r)$, 并且其结构向量由 $V_{i,r}^c \Gamma_{U_r(i)}$ 定义. □

10.4.2 状态演化过程设计

接下来, 需要设计状态演化过程 (state transition process, SEP). 下面是本章用到的两种构造方法.

(1) 原状态优先的状态演化过程: 首先构造在策略不变情形下的严格更优状态集

$$B_1(x(t)|a(t)) := \{x_j \mid \phi(x_j, a(t)) > \phi(x(t), a(t))\}. \tag{10.4.6}$$

那么

$$\begin{cases} x(t+1) = x(t), & B_1(x(t)|a(t)) = \varnothing, \\ P(x(t+1) = x_j) = \dfrac{1}{|B_1(x(t)|a(t))|}, & x_j \in B_1(x(t)|a(t)). \end{cases} \tag{10.4.7}$$

(2) 等概率选择的状态演化过程: 构造在策略不变情形下的不差状态集

$$B_2(x(t)|a(t)) := \{x_j \mid \phi(x_j, a(t)) \geqslant \phi(x(t), a(t))\}. \tag{10.4.8}$$

那么

$$P(x(t+1) = x_j) = \frac{1}{|B_2(x(t)|a(t))|}, \quad x_j \in B_2(x(t)|a(t)). \tag{10.4.9}$$

通过上述构造, 容易证明如下结论.

定理 10.4.2　由公式 (10.4.6), (10.4.7) 定义的原状态优先状态演化过程和由公式 (10.4.8), (10.4.9) 定义的等概率选择的状态演化过程, 可以确保 (10.3.2) 成立.

注　(i) 使用由公式 (10.4.6), (10.4.7) 定义的原状态优先状态演化过程和由公式 (10.4.8), (10.4.9) 定义的等概率选择的状态演化过程, 以及令系统的目标函数满足条件 (10.4.2), 那么就可以将一个依赖于状态的多个体系统转化为一个状态势博弈. 再使用带有惰性的短视最优响应策略, 系统几乎一定收敛到策略不变的常返状态均衡.

(ii) 由于时变拓扑多个体系统可以把每个拓扑网络当成一种状态, 所以上述方法可望用于处理变拓扑多个体系统.

例 10.4.1　考虑一个多个体系统的同步问题, 其网络结构见图 10.4.1. 有 4 个个体, $N = \{1,2,3,4\}$, 每个个体有 2 个策略 $A_i = \{1,2\}$, $i = 1,2,3,4$. 设所有的个体只可以和其邻域内的个体交换信息. 另外有一个切换开关, 记为 x, 可以使得网络结构发生变化, 即连接个体 1 和 2, 或者连接个体 1 和 3, 或者断开所有连接. 系统的目标函数是

$$\phi(a,x) = 2\sum_{i \in N} \mathbf{1}_{\{a_i=1\}} + \sum_{(i,j) \in E(x)} \frac{\mathbf{1}_{\{a_i=a_j\}}}{2}.$$

定义三个状态 $X = \{x_1, x_2, x_3\}$, 其中 x_1 意味着 x 是断开的; x_2 意味着开关 x 连接到 3, 使得网络增加了一条边 $(1,3)$; x_3 是 x 连接到个体 2, 使得 1 和 2 连通. 具体的三个状态见图 10.4.2.

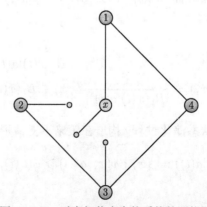

图 10.4.1　时变拓扑多个体系统的网络图

那么, 有

$$\phi(x_i, a) = V^{\phi(x_i,\cdot)} ax,$$

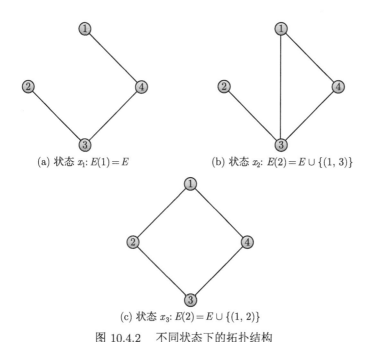

(a) 状态 x_1: $E(1) = E$ (b) 状态 x_2: $E(2) = E \cup \{(1,3)\}$

(c) 状态 x_3: $E(2) = E \cup \{(1,2)\}$

图 10.4.2   不同状态下的拓扑结构

其中

$$V^{\phi(x_1,\cdot)} = \delta_{16}[11,7,7,5,8,4,6,4,8,6,4,4,5,3,3,3],$$
$$V^{\phi(x_2,\cdot)} = \delta_{16}[12,8,7,5,9,5,6,4,8,6,5,5,5,3,4,4],$$
$$V^{\phi(x_3,\cdot)} = \delta_{16}[12,8,8,6,8,4,6,4,8,6,4,4,6,4,4,4].$$

下一步, 我们设计状态演化过程, 并且假设我们使用的是等概率选择的状态演化过程, 那么根据 (10.4.9), 可以得到状态转移函数的结构矩阵分别是

$$V^{P(x_1)} = \begin{bmatrix} \frac{1}{3} & \frac{1}{3} & \frac{1}{3} & \frac{1}{3} & \frac{1}{3} & \frac{1}{3} & \frac{1}{3} & \frac{1}{3} & \frac{1}{3} & \frac{1}{3} & \frac{1}{3} & \frac{1}{3} & \frac{1}{3} & \frac{1}{3} & \frac{1}{3} & \frac{1}{3} \\ \frac{1}{3} & \frac{1}{3} & \frac{1}{3} & \frac{1}{3} & \frac{1}{3} & \frac{1}{3} & \frac{1}{3} & \frac{1}{3} & \frac{1}{3} & \frac{1}{3} & \frac{1}{3} & \frac{1}{3} & \frac{1}{3} & \frac{1}{3} & \frac{1}{3} & \frac{1}{3} \\ \frac{1}{3} & \frac{1}{3} & \frac{1}{3} & \frac{1}{3} & \frac{1}{3} & \frac{1}{3} & \frac{1}{3} & \frac{1}{3} & \frac{1}{3} & \frac{1}{3} & \frac{1}{3} & \frac{1}{3} & \frac{1}{3} & \frac{1}{3} & \frac{1}{3} & \frac{1}{3} \end{bmatrix},$$

$$V^{P(x_2)} = \begin{bmatrix} 0 & 0 & \frac{1}{3} & \frac{1}{3} & 0 & 0 & \frac{1}{3} & \frac{1}{3} & \frac{1}{3} & \frac{1}{3} & 0 & 0 & \frac{1}{3} & \frac{1}{3} & 0 & 0 \\ \frac{1}{2} & \frac{1}{2} & \frac{1}{3} & \frac{1}{3} & 1 & 1 & \frac{1}{3} & \frac{1}{3} & \frac{1}{3} & \frac{1}{3} & 1 & 1 & \frac{1}{3} & \frac{1}{3} & \frac{1}{2} & \frac{1}{2} \\ \frac{1}{2} & \frac{1}{2} & \frac{1}{3} & \frac{1}{3} & 0 & 0 & \frac{1}{3} & \frac{1}{3} & \frac{1}{3} & \frac{1}{3} & 0 & 0 & \frac{1}{3} & \frac{1}{3} & \frac{1}{2} & \frac{1}{2} \end{bmatrix},$$

$$V^{P(x_3)} = \begin{bmatrix} 0 & 0 & 0 & 0 & \frac{1}{3} & \frac{1}{3} & \frac{1}{3} & \frac{1}{3} & \frac{1}{3} & \frac{1}{3} & \frac{1}{3} & \frac{1}{3} & 0 & 0 & 0 & 0 \\ \frac{1}{2} & \frac{1}{2} & 0 & 0 & \frac{1}{3} & \frac{1}{3} & \frac{1}{3} & \frac{1}{3} & \frac{1}{3} & \frac{1}{3} & \frac{1}{3} & \frac{1}{3} & 0 & 0 & \frac{1}{2} & \frac{1}{2} \\ \frac{1}{2} & \frac{1}{2} & 1 & 1 & \frac{1}{3} & \frac{1}{3} & \frac{1}{3} & \frac{1}{3} & \frac{1}{3} & \frac{1}{3} & \frac{1}{3} & \frac{1}{3} & 0 & 0 & \frac{1}{2} & \frac{1}{2} \end{bmatrix}.$$

接下来构造

$$\begin{bmatrix} \Gamma_{U_r(i)} \\ \Gamma_{-i} \end{bmatrix}, \quad r = x_1, x_2, x_3,$$

其中

$$\Gamma_{U_1(1)} = \Gamma_{U_2(2)} = I_2 \otimes \mathbf{1}_4^T \otimes I_2,$$

$$\Gamma_{U_1(2)} = \mathbf{1}_2^T \otimes I_4 \otimes \mathbf{1}_4^T, \quad \Gamma_{U_1(3)} = \Gamma_{U_3(3)} = \mathbf{1}_2^T \otimes I_8,$$

$$\Gamma_{U_1(4)} = \Gamma_{U_2(1)} = \Gamma_{U_2(4)} = \Gamma_{U_3(4)} = I_2 \otimes \mathbf{1}_2^T \otimes I_4,$$

$$\Gamma_{U_2(3)} = I_{16}, \quad \Gamma_{U_3(1)} = I_4 \otimes \mathbf{1}_2^T \otimes I_2, \quad \Gamma_{U_3(2)} = I_8 \otimes \mathbf{1}_2^T.$$

容易验证

$$V^{\phi(x_i=r, \cdot)} \in \bigcap_{i=1}^4 \operatorname{span} \begin{bmatrix} \Gamma_{U_r(i)} \\ \Gamma_{-i} \end{bmatrix}, \quad i = 1, 2, 3.$$

根据定理 10.4.1, 存在一个基于状态的势博弈 G 其收益函数都是邻域依赖的, 而且多个体的目标函数 $\phi(x, a)$ 是 G 的一个势函数.

下面将给出一组邻域依赖的收益函数.

$$c_i(x, a) = 2 \cdot \mathbf{1}_{a_i=1} + \sum_{j \in U_r(i)} \mathbf{1}_{a_i=a_j}, \quad i = 1, 2, 3, 4.$$

使用状态转移函数 $P(x, a)$, 记其结构矩阵为 M_P, 则有状态演化方程

$$x(t+1) = M_P x(t) a(t),$$

其中

$$M_P = [V^{P(x_1)}, V^{P(x_2)}, V^{P(x_3)}].$$

使用带惰性的短视较优反应准则, 并且令 $\epsilon = 0.1$, 那么有策略演化方程

$$a(t+1) = M_F x(t+1) a(t),$$

其中

$$
M_F = \begin{bmatrix}
1 & 0.9 & 0.9 & 0.81 & \cdots & 0 & 0 \\
0 & 0.1 & 0 & 0.09 & \cdots & 0 & 0 \\
0 & 0 & 0.1 & 0.09 & \cdots & 0 & 0 \\
\vdots & \vdots & \vdots & \vdots & & \vdots & \vdots \\
0 & 0 & 0 & 0 & \cdots & 0.09 & 0 \\
0 & 0 & 0 & 0 & \cdots & 0 & 0 \\
0 & 0 & 0 & 0 & \cdots & 0.01 & 0 \\
0 & 0 & 0 & 0 & \cdots & 0 & 1
\end{bmatrix} \in \mathcal{M}_{16 \times 48}.
$$

最后, 可以证明 $[a^*, x^*]$ 是唯一的常返状态均衡, 其中 $a^* = (1,1,1,1)$, 并且 $x^* \in \{x_2, x_3\}$. 然后定理 10.3.2 说明带有惰性的更优反应策略可以确保局势状态组合最终收敛到这个集合, 如果使用带有惰性的更优反应策略. 注意到 a^* 是唯一的, 而 $x^* \in \{x_2, x_3\}$ 是一个不变集. 图 10.4.3 反映了采用带有惰性的短视较优反应准则对多个体系统的同步问题的仿真. 可以看到四个个体的策略都收敛到 $a^* = (1, 1, 1, 1)$, 从而达到多个体系统目标函数 $\phi(a, x)$ 的最大值.

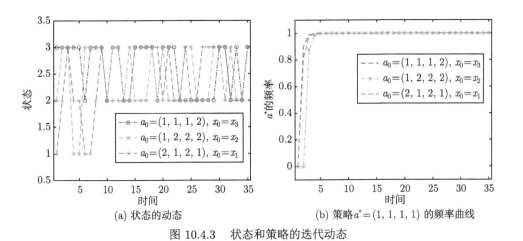

(a) 状态的动态　　　　(b) 策略 $a^* = (1, 1, 1, 1)$ 的频率曲线

图 10.4.3　状态和策略的迭代动态

10.5　一般状态演化博弈的学习规则

本节考虑针对一般的状态演化博弈, 设计学习规则使其收敛到常返状态均衡.

10.5.1　基于两步记忆的较优响应学习规则

考虑一个重复进行的状态演化博弈, 每个个体在每个时刻都要优化其当下的收益. 个体 i 知道他自己的收益函数, 但是不知道其他个体的收益函数. 他能观测到当下的状态 x 和其他个体所采取的策略 a_{-i}, 但不知道马尔可夫状态转移函数 P 的结构. 在 t 时刻, 每个个体能够记住前两个时刻的博弈局势. 故个体 i 在时刻 $t \geqslant 2$ 可以获得的信息 $O_i(t)$ 为

$$O_i(t) := \{a(t-2), a(t-1), x(t); \ c_i(a, x)\}.$$

其响应函数 f_i 具有如下的形式

$$f_i\big(O_i(t)\big) \in \Delta(A_i).$$

根据对博弈学习规则的分类可以知道, 待设计的响应函数为非耦合学习规则.

对任意的局势状态对 $[a, x] \in A \times X$, 定义个体 i 的严格较优响应集 $B_i(a, x)$ 和不差响应集 $BT_i(a, x)$ 如下

$$B_i(a, x) := \big\{b_i \in A_i : \ c_i(b_i, a_{-i}, x) > c_i(a, x)\big\};$$

$$BT_i(a, x) := \big\{b_i \in A_i : \ c_i(b_i, a_{-i}, x) \geqslant c_i(a, x)\big\}.$$

方便起见, 令 $B_i(t) := B_i(a(t-1), x(t))$, $\forall t > 1$. 时刻 $t \geqslant 2$ 的前两个历史时刻的博弈信息记为

$$[a(t-2), x(t-1)] \times [a(t-1), x(t)] \in (A \times X) \times (A \times X).$$

令 $p_i^{a_i}(t)$ 为个体 i 在时刻 t 选择策略 $a_i \in A_i$ 的概率. 设计如下的学习规则:

第 1 步　在时刻 t 个体 i 检查是否 $a(t-2) = a(t-1)$.

第 2 步　如果 $a(t-2) = a(t-1)$, 则个体 i 计算其较优响应集合 $B_i(t)$ 并检查其是否为空.

－ 如果 $B_i(t) = \varnothing$, 则个体 i 在下一个时刻重复上一个时刻的策略, 即

$$a_i(t) = a_i(t-1);$$

－ 如果 $B_i(t) \neq \varnothing$, 则个体 i 在下一个时刻根据如下的概率分布选择策略

$$\begin{cases} p_i^{a_i(t-1)}(t) = \epsilon_i, \\ p_i^{a_i}(t) = \dfrac{1 - \epsilon_i}{|B_i(t)|}, \ \forall a_i \in B_i(t), \end{cases} \tag{10.5.1}$$

这里 $\epsilon_i \in (0,1)$ 为个体 i 的惯性.

第 3 步　如果 $a(t-2) \neq a(t-1)$, 则所有的个体同时根据如下的概率分布选择策略

$$\begin{cases} p_i^{a_i(t-1)}(t) = \epsilon_i, \\ p_i^{a_i}(t) = \dfrac{1-\epsilon_i}{|A_i|-1}, & \forall a_i \in A_i \setminus \{a_i(t-1)\}. \end{cases} \tag{10.5.2}$$

具有两个记忆的较优响应学习算法的详细流程参见图 10.5.1.

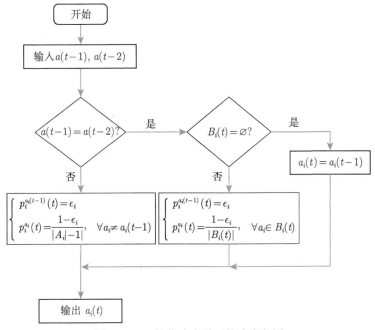

图 10.5.1　较优响应学习算法流程图

注　在初始前两个时刻, 每个个体以相同的概率随机选择策略. 可以看出, 提出的较优响应学习规则是一个具有有限记忆、随机的、带有惯性的学习规则. 该算法具有试验、搜索以及锁定的功能. 由于该算法是非耦合的, 且每个个体可以观测到前两个时刻博弈的历史信息. 个体会通过判断 $a(t-2) = a(t-1)$ 是否成立来实现试验的功能, 这里的试验指的是初步判断是否到达平衡点. 搜索功能包括局部搜索和全局搜索. 如果 $a(t-2) \neq a(t-1)$, 则所有个体同时随机更新策略, 这是全局搜索. 如果 $a(t-2) = a(t-1)$ 并且 $B_i(t) \neq \varnothing$, 则个体 i 从其较优响应集合 $B_i(t)$ 中选择策略, 这是局部搜索. 如果 $a(t-2) = a(t-1)$ 并且 $[a(t-2), x(t-2)]$

是常返状态均衡, 则所有个体会重复之前的策略, 这称为对常返状态平衡的锁定 (lock in).

结合上述学习规则, 使用状态转移函数 $P(x,a)$, 记其结构矩阵是 M_P, 则有如下的状态策略演化方程

$$\begin{cases} x(t+1) = M_P x(t)a(t), \\ a(t+1) = M_F x(t+1)a(t)a(t-1), \end{cases} \tag{10.5.3}$$

其中 M_F 为学习规则对应的结构矩阵.

10.5.2　收敛性分析

根据状态策略协同演化方程 (10.5.3), 则演化过程由 $a(t-1)$, $x(t)$, $a(t)$ 三个变量决定. 记 $\omega(t) := a(t) \ltimes x(t) \ltimes a(t-1)$, $t \geqslant 1$, 则有

$$\omega(t+1) = M\omega(t), \tag{10.5.4}$$

其中 $M = [m_{j,i}]$ 为系统概率转移矩阵, $m_{j,i}$ 为系统从 i 转移到 j 的概率. 式 (10.5.4) 定义了一个离散时间的马尔可夫链 $\{\omega(t),\ t \geqslant 0\}$, 其状态集合为 $\Omega := A \times X \times A$. 方便起见, 设个体的惯性都是一样的, 即 $\epsilon = \epsilon_i$, $\forall i \in [1,n]$. 简单起见, 记 $x^t := x(t)$ 和 $a^t := a(t)$ 为时刻 t 的状态和局势. 马尔可夫链 $\{\omega(t)\}$ 的初始分布为

$$\Pr\{\omega(1) = [a(1), x(1), a(0)] \mid x(0) = x_0\}$$

$$= \left(\prod_{1 \leqslant i \leqslant n} \frac{1}{|A_i|} \right)^2 p(x^0)\mathrm{P}(a(0); x(0), x(1))$$

$$= \frac{1}{\kappa^2} p(x^0)\mathrm{P}(a(0); x(0), x(1)),$$

这里 $p : X \to [0,1]$ 为初始时刻状态的概率分布, $\kappa = \prod_{i=1}^n k_i$.

记 $m_{\omega(t+1),\omega(t)} := \Pr\{\omega(t+1) \mid \omega(t)\}$ 为系统从 $\omega(t)$ 转移到 $\omega(t+1)$ 的概率. 考虑马尔可夫链 $\{\omega(t)\}$ 的任意两个状态 $\omega_1, \omega_2 \in \Omega$, 其中 $\omega_1 = [a^1, x^1, a^2]$, $\omega_2 = [b^1, x^2, b^2]$. 根据较优响应学习规则, 从 ω_1 到 ω_2 的转移概率为

(i) 如果 $a^2 \neq b^1$, 则

$$\Pr\{\omega(t+1) = \omega_2 \mid \omega(t) = \omega_1\} = 0.$$

(ii) 如果 $a^2 = b^1$, 且 x^2 不属于 $P(a^2; x^1, \cdot)$ 的支撑集, 则

$$\Pr\{\omega(t+1) = \omega_2 \mid \omega(t) = \omega_1\} = 0.$$

(iii) 如果 $a^2 = b^1 \neq a^1$, 且 x^2 属于 $P(a^2; x^1, \cdot)$ 的支撑集, 则

$$\Pr\{\omega(t+1) = \omega_2 \mid \omega(t) = \omega_1\}$$

$$= \epsilon^{n-|H(b^1,b^2)|} \cdot \prod_{i \in H(b^1,b^2)} \frac{1-\epsilon}{|A_i|-1},$$

其中 $H(a,b) := \{i \in N : a_i \neq b_i\}$, $a, b \in A$.

(iv) 如果 $a^2 = b^1 = a^1$, 且 x^2 属于 $P(a^2; x^1, \cdot)$ 的支撑集, 则

$$\Pr\{\omega(t+1) = \omega_2 \mid \omega(t) = \omega_1\}$$

$$= \epsilon^{n-|H(b^1,b^2)|-|N(b^1,x^2)|} \cdot \prod_{i \in H(b^1,b^2)} \frac{1-\epsilon}{|B_i(b^1,x^2)|},$$

这里 $N(a,x) := \{i \in N : B_i(a,x) = \varnothing\}$.

下面逐步给出学习规则的收敛性结果. 首先给出一些记号. 考虑状态演化博弈 $G = \{N, \{A_i\}_{i \in N}, \{c_i\}_{i \in N}, X, P\}$. 令 $\bar{P} := \frac{1}{|A|} \sum_{a \in A} P(a; \cdot, \cdot)$, 易知 $\bar{P} \in \mathbb{R}^{m \times m}$ 是行随机的. 实际上 $\bar{P}$ 定义了一个 X 上的马尔可夫链. 设 G 存在常返状态平衡, 记 $A^* = \{a \in A : \exists x \in X, 使得 [a, x] 为常返状态平衡\}$. 对 $a \in A^*$, 记 $X(a) := \{x \in X : \exists x^* \in X(a \mid x), 使得 [a, x^*] 为常返状态平衡\}$. 集合 $X(a)$ 包含了在较优响应学习规则下, 只采用策略 $a \in A^*$ 能够以正概率到达常返状态平衡的状态集合. 记 $X^* := \bigcup_{a \in A^*} X(a) \subseteq X$. 令 $BT(a,x) := \bigcup_{i=1}^n BT_i(a,x)$ 为使得某个个体收益不会下降的局势集合. 根据构造可以知道 $\{a\} \subseteq BT(a,x) \subseteq A$ 对任意 $a \in A$ 和 $x \in X$ 成立.

定理 10.5.1 (常返状态平衡的吸引性) 考虑一个存在常返状态平衡的状态演化博弈. 对任意的初始状态 $x(0) = x^0$, 如果存在正整数 $K \geqslant 2$, 使得由较优学习规则产生的局势状态对序列 $(a^0, x^1), (a^1, x^2), \cdots, (a^K, x^{K+1})$ 满足

(i) $P(a^2; x^2, x^3) P(a^3; x^3, x^4) \cdots P(a^K; x^K, x^{K+1}) > 0$;

(ii) 如果 $a^{k-1} = a^k$ 对某些整数 $k \in [1, K)$ 成立, 则 $a^{k+1} \in BT(a^k, x^{k+1})$;

(iii) $[a^K, x^{K+1}]$ 为常返状态平衡,

则较优响应学习规则几乎必然收敛到常返状态平衡, 也就是说 $\Pr\{\tau < \infty\} = 1$, 这里 $\tau := \min\{t \geqslant 2 : [a^t, x^{t+1}] 为常返状态平衡\}$, 并且 $a^{\tau+t} = a^\tau$, $x^{\tau+t} \in X(a^\tau \mid x^{\tau+1}), \forall t \geqslant 1$.

证明 方便起见, 记 $\omega(t) := [a^{t-1}, x^t, a^t]$, $\forall t \geqslant 0$. 定理中的假设意味着对任意的初始状态 $\omega(1) = [a^0, x^1, a^1]$, 有

$$\Pr\{\omega(K-1) \mid \omega(1), x(0) = x^0\} > 0.$$

根据马尔可夫链 $\{\omega(t)\}$ 的转移概率, 利用 $[a^K, x^{K+1}]$ 为常返状态平衡的条件, 可以知道

$$\Pr\{\omega(K+\tau) = [a^K, x^{K+\tau}, a^K] \mid \omega(K) = [a^{K-1}, x^K, a^K]\} > 0,$$

这里 $x^{K+\tau} \in X(a^K \mid x^{K+\tau-1})$, $\tau = 1, 2, \cdots$, 其中 $[a^K, x^{K+\tau}]$ 为常返状态平衡. 因此,

$$\Pr\{\omega(K+\tau) = [a^K, x^{K+\tau}, a^K] \mid \omega(1), \ x(0) = x^0\} > 0.$$

从而, 在较优响应学习规则作用下, 从任何初始状态 $[x^0, a^0, x^1, a^1]$ 出发都能以正概率到达并且收敛到常返状态平衡. □

定理 10.5.2　考虑一个存在常返状态平衡 (不妨记为 $[a^*, x^*]$) 的状态演化博弈, 假设如下的条件满足

(i) $\bar{P}$ 为不可约马尔可夫链;

(ii) $P(a; x, x) > 0$ 对任意的 $[a, x] \in A \times X$ 成立. 则对任意初始状态 $x(0) \in X$, 较优响应学习规则几乎必然收敛到常返状态平衡.

证明　只需证明对任意给定的初始状态 $[x^0, a^0, x^1, a^1]$, 定理 10.5.1 中的条件满足即可. 分别对如下四种情况证明.

(1) 如果 $a^0 \neq a^1$, 并且 (a^1, x^2) 为常返状态平衡, 根据设计的学习规则, a^2 可以任意选择, 当令 $a^2 = a^1$ 时, 则得到期望的局势状态对序列, 即满足引理 10.5.1 中的序列.

(2) 如果 $a^0 \neq a^1$, (a^1, x^2) 不是常返状态平衡, 且 $x^2 \in X(a^* \mid x^*)$, 令 $a^2 = a^*$, 则同样得到期望的局势状态对序列.

如果 $a^0 \neq a^1$, (a^1, x^2) 不是常返状态平衡, 且 $x^2 \notin X(a^* \mid x^*)$. 根据定理中的假设条件 (i), 可以知道, 对 $x^2 \in X$, 存在正整数 $K_1 \geqslant 3$ 使得

$$\bar{P}(x^2, x^3)\bar{P}(x^3, x^4)\cdots\bar{P}(x^{K_1-1}, x^{K_1}) > 0,$$

这里 $x^i \notin X(a^* \mid x^*)$, $2 \leqslant i < K_1$, $x^{K_1} \in X(a^* \mid x^*)$. 由于 $\bar{P}$ 为不可约马尔可夫链, 则存在局势状态对序列 $\{(a^i, x^{i+1}), \ 2 \leqslant i < K_1\}$, 使得

$$P(a^2; x^2, x^3)P(a^3; x^3, x^4)\cdots P(a^{K_1-1}; x^{K_1-1}, x^*) > 0, \tag{10.5.5}$$

这里 $x^i \notin X(a^* \mid x^*)$, $2 \leqslant i < K_1$.

下面通过构造证明 (10.5.5) 对应的局势状态对序列能够满足引理 10.5.1 中的条件 (ii).

假设存在某些正整数 $k \in [1, K_1)$ 使得 $a^{k-1} = a^k$, 但是 $a^{k+1} \notin BT(a^k, x^{k+1})$. 记 $\hat{k} := \max\{t \in [1, k-1) : a^t \neq a^{t-1}\}$. 假设条件 $a^0 \neq a^1$ 意味着 $\hat{k} \geqslant 1$. 在 a^i 和

a^{i+1} 之间插入一个策略 $\tilde{a}^i$ 满足 $\tilde{a}^i \neq a^i$ 且 $\tilde{a}^i \neq a^{i+1}$, $\hat{k} \leqslant i < k$. 这个插入根据学习规则是能够实现的, 因为 $a^{\hat{k}} \neq a^{\hat{k}-1}$. 定理中的条件 (ii) 能保证

$$P(a^{\hat{k}}; x^{\hat{k}}, x^{\hat{k}+1})P(\tilde{a}^{\hat{k}}; x^{\hat{k}+1}, x^{\hat{k}+1})P(a^{\hat{k}+1}; x^{\hat{k}+1}, x^{\hat{k}+2})\cdots$$
$$\cdot P(a^{k-1}; x^{k-1}, x^k)P(\tilde{a}^{k-1}; x^k, x^k)P(a^k; x^k, x^{k+1}) > 0.$$

上面构造的新的序列满足定理 10.5.1 中的条件 (ii). 从而得到了期望的序列. 下面通过构造证明 (10.5.5) 对应的局势状态对序列能够满足定理 10.5.1 中的条件 (iii). 若 $a^{K_1} = a^*$, 则满足定理 10.5.1 中的条件 (iii). 若 $a^{K_1} \neq a^*$, 当 $a^{K_1} \neq a^{K_1-1}$, 则根据学习规则可令 $a^{K_1+1} = a^*$, 则满足定理 10.5.1 中的条件 (iii). 若 $a^{K_1} \neq a^*$, 当 $a^{K_1} = a^{K_1-1}$, 则可依据为满足定理 10.5.1 中条件 (ii) 的构造方法, 找到 $K_2 > K_1$ 使得 $a^{K_2} = a^*, x^{K_2} \in X(a^* \mid x^*)$. 从而使得定理 10.5.1 中的条件 (iii) 满足.

- 如果 $a^0 = a^1$, 且 (a^1, x^2) 是常返状态平衡, 则令 $a^2 = a^1$, 且 $x^3 \in X(a^1 \mid x^2)$. 则得到期望的策略状态对序列, 即满足定理 10.5.1 中的序列.

- 如果 $a^0 = a^1$, 且 (a^1, x^2) 不是常返状态平衡, 则根据较优响应学习规则, 可以选择 $a^2 \neq a^1$. 类似于上面的分析, 从状态 $[x^1, a^1, x^2, a^2]$ 出发, 我们可以得到期望的局势状态序列. □

注　根据定理 10.5.2 中的条件 (1) 和 (2) 可知 $\bar{P}$ 为非周期不可约的马尔可夫链. 但 $\bar{P}$ 的非周期不可约是否能保证学习规则的收敛性还是个未知的问题.

定理 10.5.3　考虑一个状态演化博弈. 如果 $X = X^*$, 则对任意初始状态 $x(0) \in X$, 较优响应学习规则几乎必然收敛到常返状态平衡.

证明
- 对任意给定的初始状态 $[x^0, a^0, x^1, a^1]$, 如果 $a^0 \neq a^1$, 且 $[a^1, x^2]$ 是常返状态平衡, 则令 $a^2 = a^1$ 可以得到期望的局势状态序列. 记常返状态平衡为 $[a^*, x^*]$. 如果 $x^* \in X(a^* \mid x^2)$, 则令 $a^\tau = a^*$, $\tau \geqslant 2$, 则得到期望的局势状态序列.

- 如果 $a^0 \neq a^1$, (a^1, x_2) 不是常返状态平衡, 且 $x^2 \notin X(a^* \mid x^*)$. 由于 $X = X^*$, 则对任意 $x \in X$, 存在一个局势 $b^* \in A^*$ 使得 $[b^*, y^*]$ 是常返状态平衡, 其中 $y^* \in X(b^* \mid x_2)$. 若令 $a^\tau = b^*$, $\tau \geqslant 2$, 则可以得到期望的局势状态序列.

- 如果 $a^0 = a^1$, (a^1, x^2) 是常返状态平衡, 则可以令 $a^2 = a^1, x^3 \in X(a^1 \mid x^2)$, 从而得到期望的局势状态序列.

- 如果 $a^0 = a^1$, 但 (a^1, x^2) 不是常返状态平衡, 则根据较优响应学习法则, 可以选择 $a^2 \neq a^1$. 类似于 (2) 的分析, 从状态 (a^1, x^2, a^2) 出发, 我们可以得到期望的局势状态序列. □

定理 10.5.4　考虑一个状态演化博弈. 如果 $X \neq X^*$, 并且下列条件满足:

(i) 对于马尔可夫链 $\bar{P}$ 的任意一个常返类 $\bar{R}$, 存在一个局势 $a^* \in A$ 和一个状态 $x^* \in \bar{R}$, 使得 (a^*, x^*) 为常返状态平衡;

(ii) $P(a; x, x) > 0$ 对任意的 $a \in A$ 和 $x \in X$ 成立,

则对任意初始状态 $x(0) \in X$, 较优响应学习规则几乎必然收敛到常返状态平衡.

证明　从定理 10.5.2 的证明过程可以知道, 只需证明定理 10.5.1 中的条件当 $a^0 \neq a^1$, 且 $x^2 \in X$ 为马尔可夫链 $\bar{P}$ 的暂态时仍然能满足. 对任意给定的初始状态 $[x^0, a^0, x^1, a^1]$, 如果存在一个局势 $a^* \in A$ 使得 (a^*, x^2) 是一个常返状态平衡, 则令 $a^2 = a^*$, 从而得到了期望的序列. 否则, 由于 x^2 为 $\bar{P}$ 的一个暂态, 根据有限马尔可夫链的性质我们知道存在一个正整数 $K_1 \geqslant 3$ 和马尔可夫链 $\bar{P}$ 的一个常返态 $\tilde{x} \in X$, 使得

$$\bar{P}(x^2, x^3)\bar{P}(x^3, x^4) \cdots \bar{P}(x^{K_1-1}, x^{K_1}) > 0,$$

这里 $x^i \neq \tilde{x}$, $2 \leqslant i < K_1$, $x^{K_1} = \tilde{x}$. 存在 $\tilde{a} \in A$ 使得 $(\tilde{a}, \tilde{x})$ 为常返状态平衡. 从马尔可夫链 $\bar{P}$ 的性质可以推出存在局势状态对序列 $\{(a^i, x^{i+1}), 2 \leqslant i < K_1\}$ 使得

$$P(a^2; x^2, x^3)P(a^3; x^3, x^4) \cdots P(a^{K_1-1}; x^{K_1-1}, \tilde{x}) > 0,$$

这里 $x^i \neq \tilde{x}$, $2 \leqslant i < K_1$. 令 $a^{K_1} = \tilde{a}$, 类似于定理 10.5.2 的证明过程, 可以得到期望的局势状态对序列. □

注　从定理 10.5.1—定理 10.5.4, 可以看出需要收敛的假设越来越弱. 需要说明的是, 在较优响应学习规则下, 收敛到的不是一个平衡点, 而是一个局势不变的平衡点集合. 记 $[a^*, x^*]$ 为收敛的某个常返状态平衡. 实际上常返状态平衡对应的状态可以在马尔可夫链 $P(a^*; \cdot, \cdot)$ 的常返类 $X(a^* \mid x^*)$ 中来回跳动. 这可能会使得某个个体的收益发生改变, 但最重要的是, 对于常返类 $X(a^* \mid x^*)$ 中的状态, 相应的局势是最优且不变的.

下面的例子说明了定理 10.5.4 中的条件 (2) 能够避免某些期望的局势不被选到的情形.

例 10.5.1　考虑下面的状态演化博弈, 其中 $N = \{1, 2\}$, $A_1 = A_2 = \{1, 2\}$, $X = \{1, 2, 3, 4\}$, $A = \{11, 12, 21, 22\}$. 收益矩阵见表 10.5.1—表 10.5.4. 马尔可夫状态转移矩阵如下:

$$P(11; \cdot, \cdot) = \begin{bmatrix} 1 & 0 & 0 & 0 \\ 0 & 1 & 0 & 0 \\ 0 & \frac{1}{2} & \frac{1}{2} & 0 \\ 0 & 0 & \frac{1}{2} & \frac{1}{2} \end{bmatrix}, \quad P(12; \cdot, \cdot) = \begin{bmatrix} 1 & 0 & 0 & 0 \\ \frac{1}{2} & \frac{1}{2} & 0 & 0 \\ 0 & 0 & 0 & 1 \\ 0 & 0 & 0 & 1 \end{bmatrix},$$

$$P(21; \cdot, \cdot) = \begin{bmatrix} \frac{1}{2} & \frac{1}{2} & 0 & 0 \\ 0 & 0 & 0 & 1 \\ 0 & 0 & 0 & 1 \\ 0 & 0 & 0 & 1 \end{bmatrix}, \quad P(22; \cdot, \cdot) = \begin{bmatrix} 1 & 0 & 0 & 0 \\ 0 & \frac{1}{2} & 0 & \frac{1}{2} \\ 0 & 0 & 0 & 1 \\ 0 & 0 & 0 & 1 \end{bmatrix}.$$

表 10.5.1 状态 $x = 1$ 对应的收益

个体 1 \ 个体 2	1	2
1	(5, 4)	(2, 3)
2	(4, 2)	(3, 1)

表 10.5.2 状态 $x = 2$ 对应的收益

个体 1 \ 个体 2	1	2
1	(1, 2)	(3, 1)
2	(2, 0)	(2, 1)

表 10.5.3 状态 $x = 3$ 对应的收益

个体 1 \ 个体 2	1	2
1	(−1, 1)	(1, −1)
2	(1, −1)	(−1, 1)

表 10.5.4 状态 $x = 4$ 对应的收益

个体 1 \ 个体 2	1	2
1	(2, 2)	(2, 3)
2	(0, 3)	(3, 1)

容易验证 $[a = 11, x = 1]$ 是唯一的常返状态平衡. 假设 $x(0) = 4$, 系统离开状态 4 的唯一办法是连续两次采用局势 11, 到达状态 $x = 2$. 当 $a(0) = 11$ 时, 系统有 1/2 的概率从状态 $x(0) = 4$ 跳到状态 $x(1) = 3$. 在较优响应规则作用下, 尽管 $a(1)$ 可以从集合 A 中任意取值, 但是局势 12 和 21, 以及 22 会使得系统返回到状态 $x = 4$. 因此, $a(1)$ 也只能选择 11, 从而系统有 1/2 的概率从状态 $x(1) = 3$ 跳到状态 $x(2) = 2$.

由于 $B_1(11, 2) = \{2\}$, $B_2(11, 2) = \varnothing$, 根据较优响应学习规则, 系统在时刻 $t = 2$ 只能从集合 $\{11, 21\}$ 中选择局势. 如果选择 11, 则会使得系统的状态停留在 $x(3) = 2$; 相反如果选择 21, 会使得系统待在 $x(3) = 4$. 这就返回到了初始状态. 这说明, 尽管马尔可夫链 $\bar{P}$ 是不可约的且条件 (1) 满足, 但在较优响应作用下, 系统从初始状态 $x(0) = 4$ 出发还是无法到达任何一个常返状态平衡.

解决了学习规则的设计问题, 一个自然的问题是: 是否存在针对状态演化博弈的通用时间高效性 (time efficient) 学习规则, 使得对任意存在常返状态平衡的状态演化博弈都能收敛到其平衡点? 这里的时间高效性的定义如下.

定义 10.5.1 [117]　一个学习算法称为时间高效性的, 如果收敛到平衡点所用的时间是其博弈个体数目的多项式形式.

文献 [61] 证明了对于具有纯纳什均衡的一般有限博弈来说, 不存在时间高效性的非耦合算法能够收敛到其平衡点. 当状态集合中只有一个状态时, 即 $|X| = 1$ 时, 状态演化博弈就退化成了一般的有限非合作博弈. 下面的命题是显而易见的.

命题 10.5.1　*对于一般的存在常返状态平衡的状态演化博弈, 不存在非耦合的时间高效性的算法, 使得从任何初始状态出发能够收敛到其常返状态平衡点.*

通过下面的例子, 可以看出在什么条件下, 不存在非耦合的算法能够收敛到其常返状态平衡点.

例 10.5.2　考虑下面的状态演化博弈, 其中 $N = \{1,2\}$, $A_1 = A_2 = \{1,2\}$, $X = \{1,2,3,4\}$, $A = \{11,12,21,22\}$. 收益矩阵见表 10.5.5—表 10.5.8.

表 10.5.5　状态 $x = 1$ 对应的收益

个体2 ＼ 个体1	1	2
1	(5, 4)	(2, 3)
2	(4, 2)	(3, 1)

表 10.5.6　状态 $x = 2$ 对应的收益

个体2 ＼ 个体1	1	2
1	(2, 2)	(3, 1)
2	(0, 3)	(2, 1)

表 10.5.7　状态 $x = 3$ 对应的收益

个体2 ＼ 个体1	1	2
1	(-1, 1)	(1, -1)
2	(1, -1)	(-1, 1)

表 10.5.8　状态 $x = 4$ 对应的收益

个体2 ＼ 个体1	1	2
1	(2, 2)	(2, 3)
2	(0, 3)	(3, 1)

马尔可夫转移矩阵有如下的形式

$$P(a;\cdot,\cdot) = \begin{bmatrix} p_{11}(a) & p_{12}(a) & 0 & 0 \\ p_{21}(a) & p_{22}(a) & 0 & 0 \\ 0 & 0 & p_{33}(a) & p_{34}(a) \\ 0 & 0 & p_{43}(a) & p_{44}(a) \end{bmatrix}, \quad \forall a \in A,$$

这里 $0 < p_{ij}(a) < 1$ 表示从状态 i 出发转移到状态 j 的概率, $\forall a \in A$.

容易计算 $[a = 11, x = 1]$ 和 $[a = 11, x = 2]$ 都是常返状态平衡. 但对任何学习规则来说, 一旦系统进入局势状态对 $[a, x = 3]$ 或者 $[a, x = 4]$, 系统就无法逃离这个局势状态. 故对这个例子来说, 不存在非耦合的算法, 使得系统从任何初始状态出发能够收敛到其常返状态平衡点.

命题 10.5.2 [87] 考虑一个状态演化博弈, 设其常返状态平衡存在. 如果对所有的马尔可夫链 $P(a;\cdot,\cdot)$, $\forall a \in A$, 存在一个公共的闭集, 记为 $X^c \subseteq X$, 使得对任意的 $[a, x] \in A \times X^c$ 均不是常返状态平衡, 则不存在非耦合的算法, 从任何初始状态出发能够收敛到其常返状态平衡点.

实际上, 不存在适用于一般状态演化博弈的非耦合学习规则的主要原因是, 对于给定的状态演化博弈, 状态的动态函数 $P(a, x)$ 是预先给定的, 且无法被设计.

10.5.3 应用举例

A. 有限博弈纯纳什均衡求解

首先给出我们设计的学习规则跟已有的工作的关系.

推论 10.5.1 (i) 当状态演化博弈退化为有限非合作博弈时, 常返状态平衡退化为纳什均衡. 故本章提出的算法可以用于寻找有限博弈中的纯纳什均衡.

(ii) 本章提出的学习规则是一个具有两个记忆时刻的算法, 不同于文献中已有的算法. 例如, 梯度算法适合于具有连续策略集合的博弈, 本章的算法适合于离散形式. 虚拟对策规则 [112] 需要所有个体能够记住所有的历史信息. 至于最优响应规则, 则会陷入调整循环中, 见图 10.5.3.

(iii) [93] 针对状态势博弈提出了一种有限记忆学习规则, 并且证明了只需一个记忆就能保证几乎必然收敛到状态势博弈的常返状态平衡. 我们的结果则显示了对于一般的状态演化博弈, 需要两个记忆才能保证几乎必然收敛到状态演化博弈的常返状态平衡.

我们给出一个例子来说明本章提出的学习规则可以用来寻找有限博弈中的纯纳什均衡.

例 10.5.3 考虑文献 [60] 中构造的 3 人博弈 (S. Hart 博弈), 其收益矩阵见图 10.5.2. 个体的策略集合为 $A_1 = A_2 = A_3 = \{\alpha, \beta, \gamma\}$.

	α	β	γ	α	β	γ	α	β	γ
α	0,0,0	0,4,4	2,1,2	4,0,4	4,4,0	3,1,3	2,2,1	3,3,1	0,0,0
β	4,4,0	4,0,4	3,1,3	0,4,4	0,0,0	2,1,2	3,3,1	2,2,1	0,0,0
γ	1,2,2	1,3,3	0,0,0	1,3,3	1,2,2	0,0,0	0,0,0	0,0,0	6,6,6
		α			β			γ	

图 10.5.2　S. Hart 博弈

可以发现, 如果在 S. Hart 博弈中使用具有一个记忆的学习规则, 如较优响应学习规则, 调整过程中会出现一个环. 图 10.5.3 显示了调整环是如何出现的. 一旦系统陷入调整环, 则在只有一个记忆的学习规则作用下, 系统没有正概率逃离这个环.

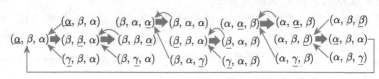

图 10.5.3　具有一个记忆规则下的调整环

但在本章提出的具有两个记忆的较优响应学习规则的作用下, 可以几乎必然收敛到 S. Hart 博弈的纯纳什均衡 (γ,γ,γ). 记 $1 := \alpha$, $2 := \beta$, $3 := \gamma$. 仿真结果见图 10.5.4—图 10.5.6.

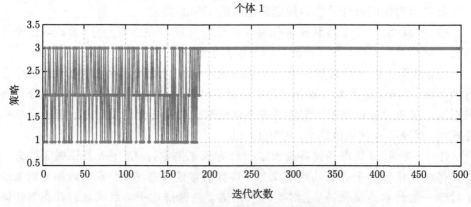

图 10.5.4　较优响应规则下个体 1 策略的动态

B. 时变通信结构下多智能体系统协同控制

状态演化博弈模型中, 状态可以有很多解释, 从博弈虚拟玩家[93], 或者外部环境[138], 到带有未知动态的真实玩家. 换句话说, 状态的引入为系统设计者提供了额外的自由度来帮助协调群体行为. 我们给出下面的例子, 来说明如何利用状态演化博弈模型, 通过设计依赖于局部信息的收益函数, 在本章提出的学习规则下, 实现时变通信结构多智能体系统的协同控制.

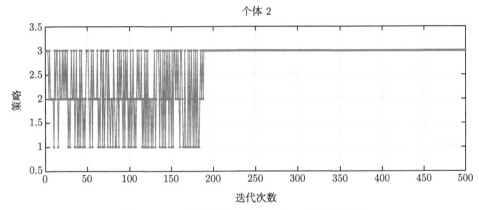

图 10.5.5　较优响应规则下个体 2 策略的动态

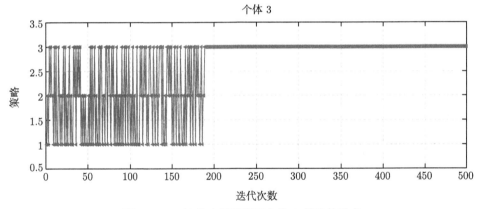

图 10.5.6　较优响应规则下个体 3 策略的动态

例 10.5.4　考虑由三个智能体组成的多智能体系统. 记 $N = \{1, 2, 3\}$ 为智能体集合. 每个智能体都有一个包含两个策略的策略集合 $A_i = \{1, 2\}$, $i = 1, 2, 3$. 多智能体的通信结构如图 10.5.7 所示. 状态集合为 $X = \{x_1, x_2, x_3\}$, 其中 x_1 表示通信图中 x 与智能体 1 连接, x_2 表示通信图中 x 与智能体 2 连接, x_3 表示通信图中 x 是断开的. 状态 x 的动态可以由马尔可夫状态转移过程描述, 即由下面的转移矩阵描述. 每个智能体只能观测到其邻居的信息. 系统的目标是, 不管状态怎么变化, 都在点 $(2, 2, 2)$ 实现一致性.

$$P(a=111;\cdot,\cdot)=\begin{bmatrix}1/3, & 1/3, & 1/3\\ 1, & 0, & 0\\ 1/2, & 0, & 1/2\end{bmatrix}, \quad P(a=112;\cdot,\cdot)=\begin{bmatrix}1/4, & 1/4, & 1/2\\ 0, & 1, & 0\\ 1/2, & 1/2, & 0\end{bmatrix},$$

$$P(a=121;\cdot,\cdot)=\begin{bmatrix}1/2, & 0, & 1/2\\ 2/3, & 1/3, & 0\\ 1, & 0, & 0\end{bmatrix}, \quad P(a=122;\cdot,\cdot)=\begin{bmatrix}1, & 0, & 0\\ 0, & 1/6, & 5/6\\ 0, & 1/2, & 1/2\end{bmatrix},$$

$$P(a=211;\cdot,\cdot)=\begin{bmatrix}1/2, & 1/4, & 1/4\\ 0, & 5/6, & 1/6\\ 1/4, & 0, & 3/4\end{bmatrix}, \quad P(a=212;\cdot,\cdot)=\begin{bmatrix}0, & 1, & 0\\ 1/2, & 1/2, & 0\\ 0, & 1, & 0\end{bmatrix},$$

$$P(a=221;\cdot,\cdot)=\begin{bmatrix}1/3, & 0, & 2/3\\ 0, & 0, & 1\\ 1, & 0, & 0\end{bmatrix}, \quad P(a=222;\cdot,\cdot)=\begin{bmatrix}1/3, & 1/3, & 1/3\\ 1/3, & 1/6, & 1/2\\ 1/4, & 1/4, & 1/2\end{bmatrix}.$$

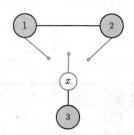

图 10.5.7　时变多智能体的通信结构图

为了实现系统的目标, 这里所采用的方法就是把该问题刻画为状态演化博弈, 并且使得状态演化博弈的常返状态平衡为 $[(2,2,2),x]$, $\forall x \in X$. 从而在提出的较优响应学习规则下, 系统最终收敛到常返状态平衡 $[(2,2,2),x]$, $\forall x \in X$. 具体步骤包括状态演化过程分析, 依赖于局部信息的收益函数设计, 以及仿真结果分析.

(i) 状态转移过程分析

由分析可以知道, 对于任何一个固定的局势 $a \in A := A_1 \times A_2 \times A_3$, 状态 x 的动态是一个马尔可夫过程. 根据给定的状态转移矩阵 $P(a;\cdot,\cdot)$, 可以验证马尔可夫链 $P(a=222;\cdot,\cdot)$ 是非周期不可约的. 因此, 我们可以设计收益函数使得 $(2,2,2)$ 为纯纳什均衡, $\forall x \in X$.

(ii) 依赖于局部信息的收益函数设计

由于每个智能体只能观测到其邻居的信息, 因此设计的收益函数要满足

① 依赖于局部信息的, 即 $c_i(a,x) = c_i(a_{N_i}, a_i, x)$, $\forall i \in N$, 这里 N_i 表示智能体 i 的邻居集合; ② 以 $(2,2,2)$ 为每个状态对应的纯纳什均衡; ③ 满足定

理 10.5.4 中的假设. 我们设计的状态演化博弈的收益函数见表 10.5.9—表 10.5.11. 可以验证, 所设计的收益函数满足要求 ①、② 和 ③.

表 10.5.9 状态 $x = x_1$ 对应博弈的收益矩阵

$c_i(a, x_1)\backslash a$	111	112	121	122	211	212	221	222
c_1	1	0	0	−1	1	1	2	3
c_2	1	1	2	2	1	1	3	3
c_3	−1	0	−1	0	1	3	1	3

表 10.5.10 状态 $x = x_2$ 对应博弈的收益矩阵

$c_i(a, x_2)\backslash a$	111	112	121	122	211	212	221	222
c_1	1	1	3	3	0	2	5	5
c_2	1	0	3	4	5	2	4	7
c_3	1	0	−1	2	1	0	−1	2

表 10.5.11 状态 $x = x_3$ 对应博弈的收益矩阵

$c_i(a, x_3)\backslash a$	111	112	121	122	211	212	221	222
c_1	1	1	0	0	−1	−1	4	4
c_2	2	2	3	3	1	1	5	5
c_3	2	3	2	3	2	3	2	3

(iii) 仿真结果分析

设前两个时刻的局势为 $a(0) = (2, 3, 1)$, $a(1) = (1, 3, 2)$. 初始状态为 $x(0) = 3$. 记 $1 := x_1$, $2 := x_2$, $3 =: x_3$. 图 10.5.8 显示了状态的演化动态. 图 10.5.9—图 10.5.11 是智能体在较优响应学习规则下策略的动态, 可以看出, 经过大约 20 步后, 系统收敛到平衡点 $(2, 2, 2)$.

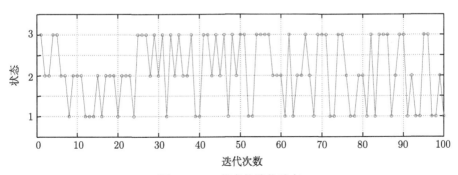

图 10.5.8 状态的演化动态

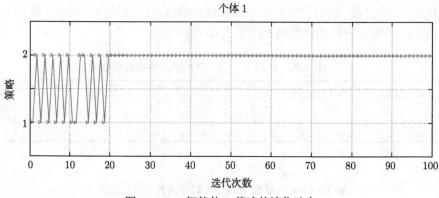

图 10.5.9　智能体 1 策略的演化动态

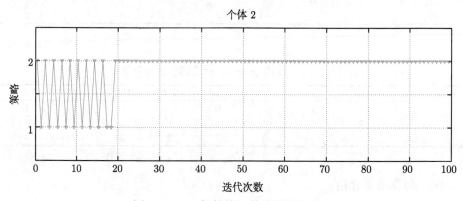

图 10.5.10　智能体 2 策略的演化动态

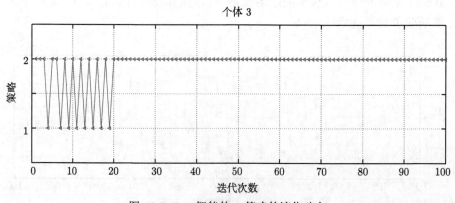

图 10.5.11　智能体 3 策略的演化动态

第 11 章　基于博弈的优化与控制

控制和博弈是密切相关的两个学科, 从一个或一组合作的玩家的角度看, 博弈就是控制, 与经典控制不同的是, 在博弈中控制的对象是智能化的, 有反控制能力. 本章研究, 如何从控制论的角度, 用控制论的方法研究博弈. 本章主要内容基于文献 [130,147].

11.1　博弈系统的优化控制问题描述

11.1.1　人机博弈

20 世纪 80 年代, 美国科学院院士 Axelrod 曾组织过三次 "囚徒困境重复博弈计算机程序奥林匹克竞赛"[11], 其间涌现了许多优秀的计算机策略. 如何破解这些计算机策略就形成了人机博弈问题[100].

Axelrod 的模型如下: 策略 1 为合作, 策略 2 为背叛, 支付双矩阵见表 11.1.1.

表 11.1.1　Axelrod 囚徒困境 (支付双矩阵)

$P_1 \backslash P_2$	1	2
1	3, 3	0, 5
2	5, 0	1, 1

一般来说, 机器可以应用长度为 μ 的历史信息来更新它的策略[100], 即

$$
\begin{aligned}
m(t+1) = f_m\big(&m(t-\mu+1), m(t-\mu+2), \cdots, m(t), \\
&h(t-\mu+1), h(t-\mu+2), \cdots, h(t)\big),
\end{aligned} \tag{11.1.1}
$$

这里, $m(t)$ 与 $h(t)$ 分别为机器与人在 t 时刻的策略, $m(t), h(t) \in \mathcal{D}$, $f_m : \mathcal{D}^{2\mu} \to \mathcal{D}$ 为一布尔函数.

我们只考虑 $\mu = 1$ 的情况, 即

$$
m(t+1) = f_m(m(t), h(t)). \tag{11.1.2}
$$

在系统 (11.1.2) 中, $m(t)$ 是状态, $h(t)$ 是控制.

在囚徒困境重复博弈的程序竞赛中发现的最佳策略是 "一报还一报" (tit for tat). 它是这样的, 即最初取合作, 以后, 对方合作就取合作, 对方背叛就背叛. 如果机器取这种策略, 那么, 方程 (11.1.2) 在向量形式下就可表示成

$$m(t+1) = M_m h(t) m(t), \qquad (11.1.3)$$

这里, 结构矩阵

$$M_m = \delta_2[1, 1, 2, 2].$$

另外, 机器也可能采用混合策略. 例如, 机器以 20% 的概率维持旧策略, 以 80% 的概率采用 "一报还一报" 策略. 这时

$$M_n = 0.8\delta_2[1, 1, 2, 2] + 0.2\delta_2[1, 2, 1, 2]$$

$$= \begin{bmatrix} 1 & 0.8 & 0.2 & 0 \\ 0 & 0.2 & 0.8 & 1 \end{bmatrix} \in \Upsilon_{2 \times 4}.$$

11.1.2　常见的性能指标函数

那么, 控制的目标是什么呢? 就是优化性能指标. 常见的性能指标有两种:

(i) 平均支付最优

$$J = \lim_{T \to \infty} \frac{1}{T} \sum_{t=1}^{T} c_h(m(t), h(t)). \qquad (11.1.4)$$

(ii) 加权总支付最优

$$J = \sum_{t=1}^{\infty} \lambda^t c_h(m(t), h(t)). \qquad (11.1.5)$$

这里, c_h 为人的支付函数, m 和 h 分别为机器与人的策略, $0 < \lambda < 1$ 称为折扣因子.

当允许采用混合策略时, 性能指标定义式 (11.1.4) 和式 (11.1.5) 的右边均应改为其期望值.

因此, 人机博弈问题就是: 假定机器的策略更新规则已知, 寻找人的最佳策略, 使给定的性能指标达到最优.

11.2　纯策略模型的拓扑结构

设一个人机博弈中有 n 部机器与 m 个人. 每个玩家 (机器或人) 有 k 个策略. 取 $\mu = 1$, 则有如下模型:

$$\begin{cases} x_1(t+1) = f_1(x_1(t), x_2(t), \cdots, x_n(t), u_1(t), u_2(t), \cdots, u_m(t)), \\ x_2(t+1) = f_2(x_1(t), x_2(t), \cdots, x_n(t), u_1(t), u_2(t), \cdots, u_m(t)), \\ \qquad \vdots \\ x_n(t+1) = f_n(x_1(t), x_2(t), \cdots, x_n(t), u_1(t), u_2(t), \cdots, u_m(t)), \end{cases} \tag{11.2.1}$$

这里 $x_i, u_i \in \mathcal{D}_k$, 机器策略 x_i 被视为状态变量, 人的策略 u_i 称为控制, $f_i : \mathcal{D}_k^{n+m} \to \mathcal{D}_k$ 代表的是第 i 部机器的策略更新规则.

实际上, 模型 (11.2.1) 就是一个标准的 k 值逻辑控制网络. 利用 k 值逻辑变量的向量表示, 就可以得到它的代数状态空间表达形式

$$x(t+1) = Lu(t)x(t), \tag{11.2.2}$$

这里 $x(t) = \ltimes_{i=1}^n x_i(t) \in \Delta_{k^n}$, $u(t) = \ltimes_{i=1}^m u_i(t) \in \Delta_{k^m}$, $L \in \mathcal{L}_{k^n \times k^{n+m}}$.

记状态-控制乘积空间为

$$\mathcal{S} = \{(U, X) \mid U = (u_1, u_2, \cdots, u_m) \in \mathcal{D}_k^m, X = (x_1, x_2, \cdots, x_n) \in \mathcal{D}_k^n\}.$$

利用向量形式, 记 $s(t) = u(t) \ltimes x(t)$, 则 $s(t) \in \Delta_{k^{m+n}}$. 后面将看到, 最优控制将在乘积空间的一个环上得到. 因此, 我们先讨论乘积空间 $\mathcal{S}$ 上的环. 在向量形式下乘积空间 $\mathcal{S}$ 中的图以 $\delta_{k^{m+n}}^i$ $(i = 1, 2, \cdots, k^{m+n})$ 为顶点. 我们称一条边 $\delta_{k^{m+n}}^i \to \delta_{k^{m+n}}^j$ 存在, 如果 $s(t+1) = \delta_{k^{m+n}}^j$ 是从 $s(t) = \delta_{k^{m+n}}^i$ 可达的, 这里 $u(t+1)$ 可任选. 一个环是一个路径 $\{\delta_{k^{m+n}}^{i_1} \to \delta_{k^{m+n}}^{i_2} \to \cdots \to \delta_{k^{m+n}}^{i_d} \to \cdots\}$, 并且存在一个 $d > 0$, 使得 $\delta_{k^{m+n}}^{i_j} = \delta_{k^{m+n}}^{i_{j+d}}$, 满足上式的最小正数 d 称为环的长度.

对于长度为 d 的环, 由于 $s(t) = \delta_{k^{m+n}}^\ell$ 可以唯一地分解为 $u(t)x(t) = \delta_{k^m}^i \delta_{k^n}^j$, 则该环可改写成

$$C = \left\{ (\delta_{k^m}^{i(t)}, \delta_{k^n}^{j(t)}) \to (\delta_{k^m}^{i(t+1)}, \delta_{k^n}^{j(t+1)}) \to \cdots \to (\delta_{k^m}^{i(t+d-1)}, \delta_{k^n}^{j(t+d-1)}) \right\}.$$

将其简记成

$$C = \delta_{k^m} \times \delta_{k^n}\{(i(t), j(t)) \to \cdots \to (i(t+d-1), j(t+d-1))\}. \tag{11.2.3}$$

于是有如下结论:

命题 11.2.1 一条边 $\delta_{k^{m+n}}^i \to \delta_{k^{m+n}}^j$ 存在, 当且仅当

$$\text{Col}_i(L) = \delta_{k^n}^\ell, \quad \text{其中} \quad \ell = j \pmod{k^n}. \tag{11.2.4}$$

证明 根据定义, 边 $\delta_{k^{m+n}}^i \to \delta_{k^{m+n}}^j$ 存在, 当且仅当存在 $u(t+1)$ 使得

$$u(t+1)L\delta_{k^{m+n}}^i = \delta_{k^{m+n}}^j. \tag{11.2.5}$$

不难看出 $L\delta_{k^{m+n}}^i = \mathrm{Col}_i(L)$, 因此, 由式 (11.2.5) 可得

$$u(t+1)\,\mathrm{Col}_i(L) = \delta_{k^{m+n}}^j. \tag{11.2.6}$$

注意到 $\delta_{k^{m+n}}^j$ 可唯一分解成 $\delta_{k^m}^\xi \delta_{k^n}^\ell$, 这里 $j = (\xi-1)k^n + \ell$, 立得结论. □

例 11.2.1　设有一布尔网络

$$x(t+1) = Lu(t)x(t), \tag{11.2.7}$$

这里 $u(t), x(t) \in \Delta_2$, 且

$$L = \delta_2[1,2,2,1].$$

注意到 $\delta_4^1 \sim (1,1), \delta_4^2 \sim (1,0), \delta_4^3 \sim (0,1), \delta_4^4 \sim (0,0)$, 于是我们可得到状态-控制转移图, 如图 11.2.1 所示.

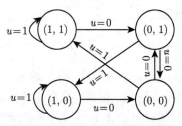

图 11.2.1　状态–控制转移图

由图 11.2.1 不难看出 $(1,1)$ 和 $(1,0)$ 为不动点, $\{(0,1) \to (0,0)\}$, $\{(0,1) \to (1,0) \to (0,0)\}$, $\{(1,1) \to (0,1) \to (0,0)\}$, $\{(0,0) \to (1,1) \to (0,1) \to (1,0)\}$, $\{(1,1) \to (1,1) \to (0,1) \to (0,0)\}$, $\{(1,0) \to (1,0) \to (0,0) \to (0,1)\}$ 为全部长度小于或等于 4 的环.

在简单情况下, 不动点和环可以由状态-控制转移图直接找出. 但当 m 和 n 不太小时, 状态-控制转移图是很难画出来的. 因此, 需要一个公式来计算.

根据代数状态空间表达形式 (11.2.2), 我们有

$$
\begin{aligned}
x(t+d) &= Lu(t+d-1)x(t+d-1) \\
&= Lu(t+d-1)Lu(t+d-2)\cdots Lu(t+1)Lu(t)x(t) \\
&= L(I_{k^m} \otimes L)u(t+d-1)u(t+d-2) \\
&\quad \times Lu(t+d-3)Lu(t+d-4)\cdots Lu(t)x(t) \\
&:= L_d(\ltimes_{\ell=1}^d u(t+d-\ell))x(t),
\end{aligned}
\tag{11.2.8}
$$

这里

$$L_d = \prod_{i=1}^{d}(I_{k^{(i-1)m}} \otimes L) \in \mathcal{L}_{k^n \times k^{dm+n}}.$$

在计算环之前, 先介绍一些记号.

- 设 $d \in \mathbb{Z}_+$, $\mathcal{P}(d)$ 为 d 的恰当因子 (即小于 d 的因子).
- 设 $i, k, m \in \mathbb{Z}_+$, 那么

$$\theta_k^m(i,d) := \{(j,\ell)|\ell \in \mathcal{P}(d) \text{ 并且 } j < k^{\ell m} \text{ 使得 } \delta_{k^{dm}}^i = (\delta_{k^{\ell m}}^j)^{\frac{d}{\ell}}\}. \tag{11.2.9}$$

要找出 $\theta_k^m(i,d)$, 我们可将 $\delta_{k^{dm}}^i$ 分解为 $\ltimes_{\alpha=1}^d \delta_{k^m}^{i_\alpha}$ 以检验 $\{i_1, i_2, \cdots, i_d\}$ 是否是一个环. 下面用一个例子来说明.

例 11.2.2 在本例中, 设 $d = 6$, 则 $\mathcal{P}(d) = \{1,2,3\}$. 设 $m, k, d \in \mathbb{Z}_+$ 给定. 利用显见的公式 $\delta_{k^\alpha}^a \delta_{k^\beta}^b = \delta_{k^{\alpha+\beta}}^{(a-1)k^\beta+b}$ 可知, 对每一个 $\ell \in \mathcal{P}(d)$ 至多有一个 j 使得 $(j,\ell) \in \theta_k^m(i,d)$.

例如, 设 $m = n = k = 2$, $d = 6$.

- 令 $i = 1$, 则 $\delta_{k^{dm}}^i = \delta_{2^{12}}^1 = (\delta_{2^2}^1)^6 = (\delta_{2^4}^1)^3 = (\delta_{2^6}^1)^2$. 故 $\theta_2^2(1,6) = \{(1,1),(1,2),(1,3)\}$.
- 令 $i = 2$, 则 $\delta_{2^{12}}^2 = (\delta_{2^2}^1)^5 \delta_{2^2}^2$, 无解. 故 $\theta_2^2(2,6) = \varnothing$.
- 令 $i = 2^6 + 2$, 则 $\delta_{2^{12}}^{2^6+2} = (\delta_{2^2}^1 \delta_{2^2}^1 \delta_{2^2}^2)^2 = (\delta_{2^6}^2)^2$. 故 $\theta_2^2(2^6+2,6) = \{(2,3)\}$.

下面设逻辑类型 k 与输入数 m 固定. 将 $\theta_k^m(i,d)$ 简记为 $\theta(i,d)$, 我们有:

定理 11.2.1 k 值逻辑网络 (11.2.2) 的长度为 d 的环的个数可由以下公式递推得到

$$N_d = \frac{1}{d}\sum_{i=1}^{k^{dm}} T(\mathrm{Blk}_i(L_d)), \tag{11.2.10}$$

这里

$$T(\mathrm{Blk}_i(L_d)) = \mathrm{tr}(\mathrm{Blk}_i(L_d)) - \sum_{(j,\ell)\in\theta(i,d)} T(\mathrm{Blk}_j(L_\ell)).$$

证明 乘积空间 $\mathcal{S}$ 里的每个环是状态空间的环与控制空间的环的乘积. 我们先看状态空间的环: 设 $x(t)$ 为状态空间长度为 d 的环, 由式 (11.2.8) 可知

$$x(t) = L_d(\ltimes_{\ell=1}^d u(t+d-\ell))x(t).$$

如果 $u(t+d-1), \cdots, u(t)$ 固定, 设 $\ltimes_{\ell=1}^d u(t+d-\ell) = \delta_{k^{dm}}^i$, 那么

$$x(t) = \mathrm{Blk}_i(L_d)x(t).$$

如果 $x(t) = \delta_{k^n}^j$, 这意味着 $\mathrm{Blk}_i(L_d)$ 的 (j,j)-位元素为 1. 因此, 在状态空间中, 在控制 $u(t+d-1), \cdots, u(t)$ 作用下, 长度为 d 的环为 $\{x(t) \to Lu(t)x(t) \to L_2u(t+1)u(t)x(t) \to \cdots \to L_du(t+d-1) \to \cdots \to u(t)x(t))\}$. 这样, 将环与给定的 u 相乘, 我们得到状态-控制空间长度为 d 的环. 因此, 长度为 d 的环, 包括多重环, 个数应为 $\dfrac{1}{d}\displaystyle\sum_{i=1}^{k^{dm}} \mathrm{tr}(\mathrm{Blk}_i(L_d))$.

显然, 如果 ℓ 是 d 的恰当因子, 并且 $x(t)$ 分别为在控制 $\tilde{u}(t+\ell-1) \cdots \tilde{u}(t) = \delta_{k^{\ell m}}^j$ 下长度为 ℓ 的环, 和在控制 $u(t+d-1) \cdots u(t) = \delta_{k^{dm}}^j$ 下长度为 ℓ 的环, 那么, 我们在状态-控制空间得到同一个环, 当且仅当 $\delta_{k^{dm}}^i = (\delta_{k^{\ell m}}^j)^{\frac{d}{\ell}}$. 去掉这些多重环即得式 (11.2.10). □

定义 11.2.1　一个环 $C = \delta_{k^m} \times \delta_{k^n}\{(i(t),j(t)) \to (i(t+1),j(t+1)) \to \cdots \to (i(t+d-1),j(t+d-1))\}$ 称为简单环, 如果它满足

$$i(\xi) \neq i(\ell), \quad t \leqslant \xi < \ell \leqslant t+d-1. \tag{11.2.11}$$

例 11.2.3　回忆例 11.2.1. 由

$$L_1 = L = \delta_2[1,2,2,1],$$

我们有 $\mathrm{tr}(\mathrm{Blk}_1(L_1)) = 2$, $\mathrm{tr}(\mathrm{Blk}_2(L_1)) = 0$. 因此 δ_2^1 以及 δ_2^2 为控制 $u = \delta_2^1$ 下的不动点. 于是在状态-控制空间的不动点为

$$\delta_2 \times \delta_2\{(1,1)\}, \quad \delta_2 \times \delta_2\{(1,2)\}$$

均为简单环. 其次, 由

$$L_2 = L(I_2 \otimes L) = \delta_2[1,2,2,1,2,1,1,2],$$

我们有 $\mathrm{tr}(\mathrm{Blk}_1(L_2)) = \mathrm{tr}(\mathrm{Blk}_4(L_2)) = 2$, $\mathrm{tr}(\mathrm{Blk}_2(L_2)) = \mathrm{tr}(\mathrm{Blk}_3(L_2)) = 0$, $\delta_4^1 = \delta_2^1\delta_2^1$, $\delta_4^4 = \delta_2^2\delta_2^2$, 于是

$$T(\mathrm{Blk}_1(L_2)) = \mathrm{tr}(\mathrm{Blk}_1(L_2)) - T(\mathrm{Blk}_1(L_1)) = 0,$$

$$T(\mathrm{Blk}_4(L_2)) = \mathrm{tr}(\mathrm{Blk}_4(L_2)) - T(\mathrm{Blk}_2(L_1)) = 2,$$

$$T(\mathrm{Blk}_2(L_2)) = T(\mathrm{Blk}_3(L_2)) = 0.$$

因此, $N_2 = 1$. δ_2^1 及 δ_2^2 均属在控制 $u(t+1)u(t) = \delta_2^2\delta_2^2$ 下长度为 2 的环. 于是我们可以得到状态-控制空间长度为 2 的环如下:

$$\delta_2 \times \delta_2\{(2,1) \to (2,2)\},$$

它也是简单的. 考虑

$$L_3 = L(I_2 \otimes L)(I_4 \otimes L) = L_2(I_4 \otimes L)$$

$$= \delta_2[1, 2, 2, 1, 2, 1, 1, 2, 2, 1, 1, 2, 1, 2, 2, 1].$$

由于 $\mathrm{tr}(\mathrm{Blk}_1(L_3)) = \mathrm{tr}(\mathrm{Blk}_4(L_3)) = \mathrm{tr}(\mathrm{Blk}_6(L_3)) = \mathrm{tr}(\mathrm{Blk}_7(L_3)) = 2$, 故 $T(\mathrm{Blk}_4(L_3)) = T(\mathrm{Blk}_6(L_3)) = T(\mathrm{Blk}_7(L_3)) = 2$, $T(\mathrm{Blk}_i(L_3)) = 0, i = 1, 2, 3, 5, 8$, 于是有 $N_3 = 2$. δ_2^1 和 δ_2^2 均属在控制 $u(t+2)u(t+1)u(t) = \delta_8^4 = \delta_2^1\delta_2^2\delta_2^2$, $\delta_8^6 = \delta_2^2\delta_2^1\delta_2^2$, $\delta_8^7 = \delta_2^2\delta_2^2\delta_2^1$ 下长度为 3 的环. 于是我们可以得到状态-控制空间长度为 3 的环如下:

$$\delta_2 \times \delta_2\{(1,1) \to (2,1) \to (2,2)\},$$

$$\delta_2 \times \delta_2\{(2,1) \to (1,2) \to (2,2)\}.$$

最后, 由于

$$L_4 = L_3(I_8 \otimes L) = \delta_2[1, 2, 2, 1, 2, 1, 1, 2, 2, 1, 1, 2, 1, 2, 2, 1,$$

$$2, 1, 1, 2, 1, 2, 2, 1, 1, 2, 2, 1, 2, 1, 1, 2],$$

可知 $\mathrm{tr}(\mathrm{Blk}_i(L_4)) = 2, i = 1, 4, 6, 7, 10, 11, 13, 16$, 故有, 当 $i = 4, 6, 7, 10, 11, 13$ 时 $T(\mathrm{Blk}_i(L_4)) = 2$, 否则 $T(\mathrm{Blk}_i(L_4)) = 0$, 因此 $N_4 = 3$. δ_2^1 和 δ_2^2 均属在控制 $u(t+3)u(t+2)u(t+1)u(t) = \delta_{16}^4 = \delta_2^1\delta_2^2\delta_2^2\delta_2^2$, $\delta_{16}^6 = \delta_2^2\delta_2^2\delta_2^1\delta_2^2$, $\delta_{16}^7 = \delta_2^2\delta_2^2\delta_2^2\delta_2^1$, $\delta_{16}^{10} = \delta_2^2\delta_2^2\delta_2^1\delta_2^2$, $\delta_{16}^{11} = \delta_2^2\delta_2^1\delta_2^2\delta_2^1$, 以及 $\delta_{16}^{13} = \delta_2^2\delta_2^2\delta_2^1\delta_2^1$ 下长度为 4 的环. 于是我们可以得到状态-控制空间长度为 4 的环如下:

$$\delta_2 \times \delta_2\{(1,1) \to (2,1) \to (1,2) \to (2,2)\},$$

$$\delta_2 \times \delta_2\{(1,2) \to (1,2) \to (2,2) \to (2,1)\},$$

$$\delta_2 \times \delta_2\{(1,1) \to (1,1) \to (2,1) \to (2,2)\}.$$

这个结果与例 11.2.1 我们从转移图中得到的结果是一致的.

11.3 平均支付的最优策略

本节考虑在优化 (极大化) 平均支付性能指标

$$J = \lim_{T \to \infty} \frac{1}{T} \sum_{t=1}^{T} c(x_1(t), x_2(t), \cdots, x_n(t), u_1(t), u_2(t), \cdots, u_m(t)) \quad (11.3.1)$$

下的人的最优控制 (即最优策略) 问题.

下面这个定理是基本的.

定理 11.3.1　对于 k 值控制演化博弈 (11.2.2) 及优化指标 (11.3.1), 总存在最优控制 $u^*(t)$, 使在某个有限时间之后最优状态-控制轨线 $s^*(t) = u^*(t)x^*(t)$ 成为周期的.

证明　记 $\{s(i) \mid i = 1, 2, \cdots, T\}$ 为状态-控制空间的一个最优轨线. 设 $s(t) = s(t+\ell)$, $\ell > 0$ 为最小正数, 从轨线移去 $\{s(t), \cdots, s(t+\ell-1)\}$, 则轨线还是一条轨线 (满足状态方程). 继续这个过程, 即移出所有的周期轨线, 则有

$$\frac{1}{T}\sum_{t=1}^{T}c(t) = \frac{n_1c(C_1) + \cdots + n_\lambda c(C_\lambda) + c(R)}{T}$$

$$= \frac{n_1|C_1|\bar{c}_1 + \cdots + n_\lambda|C_\lambda|\bar{c}_\lambda + c(R)}{T},$$

这里 n_i 指环 C_i 的个数, $c(C_i)$ 指 C_i 上的总支付, $\bar{c}_i$ 指 c_i 上的平均支付, R 是剩余. 注意: $|R| \leqslant k^{m+n}$, 否则 R 中必含周期轨线. 于是, 当 $T \to \infty$ 时, $\frac{c(R)}{T} \to 0$. 于是有

$$\frac{1}{T}\sum_{t=1}^{T}c(t) \leqslant \max_{1\leqslant i\leqslant \ell}\bar{c}_i.$$

记

$$i^* \in \underset{i}{\operatorname{argmax}}(\bar{c}_i),$$

则收敛于 C_{i^*} 的周期轨道为最优状态-控制轨迹.　　□

注　(i) 由定理 11.3.1可知, 性能指标 (11.3.1) 中的极限总存在.

(ii) 由周期性可以证明, 最优控制可写成反馈形式

$$u^*(t+1) = G^*u^*(t)x^*(t). \tag{11.3.2}$$

对每个环, $C = \delta_{k^m} \times \delta_{k^n}\{(i(t), j(t)) \to (i(t+1), j(t+1)) \to \cdots \to (i(t+d-1), j(t+d-1))\}$, 记

$$\bar{c}(C) = \frac{1}{d}\sum_{s(t)\in C}c(u(t), x(t)) = \frac{1}{d}\sum_{\ell=1}^{d}c(\delta_{k^m}^{i(t+\ell-1)}, \delta_{k^n}^{j(t+\ell-1)}). \tag{11.3.3}$$

命题 11.3.1　任何一个环 C 包含一个简单环 C_s, 使得

$$\bar{c}(C_s) \geqslant \bar{c}(C). \tag{11.3.4}$$

证明 给定任一环 $C = \delta_{k^m} \times \delta_{k^n}\{(i(t),j(t)) \to (i(t+1),j(t+1)) \to \cdots \to (i(t+d-1),j(t+d-1))\}$，如果它是简单环，无须证明．否则，设 $\delta_{k^n}^{j(\xi)} = \delta_{k^n}^{j(\ell)}$，$\xi < \ell$，并且 $C_1 = \delta_{k^m} \times \delta_{k^n}\{(i(\xi),j(\xi)) \to \cdots \to (i(\ell-1),j(\ell-1))\}$ 是一简单环．如果 $\bar{c}(C_1) \geqslant \bar{c}(C)$，获证．

否则，移走 C_1，余下的是一新环 C_1'，因为 $L\delta_{k^m}^{i(\xi-1)}\delta_{k^n}^{j(\xi-1)} = \delta_{k^n}^{i(\xi)} = \delta_{k^n}^{i(\ell)}$．现在 $\bar{c}(C_1') > \bar{c}(C)$．如果 C_1' 是一简单环，获证．否则，我们可再找一简单环 C_2，或者它满足不等式 (11.3.4)，或者移走它．继续这个过程，最后必能找到满足条件 (11.3.4) 的简单环． □

记 $R(x)$ 为从 x 出发的可达集，显见一个环 $C \subset R(x)$，当且仅当 $C \cap R(x) \neq \varnothing$．

定义 11.3.1 给定一个初态 x_0，一个环 C^* 称为最优环，如果

$$C^* \in \underset{C \subset R(x_0)}{\mathrm{argmax}}\ \bar{c}(C). \tag{11.3.5}$$

根据 d 步迭代式 (11.2.8)，从 x_0 出发，在第 d 步可到达

$$R_d(x_0) = \{u(d)L_d \ltimes_{\ell=1}^{d} u(d-\ell)x_0 | \forall u(\ell) \in \Delta_{k^m}, 0 \leqslant \ell \leqslant d\}.$$

如果 $x_0 = \delta_{k^n}^{j(0)}$，

$$R_d(x_0) = \{u(d)\,\mathrm{Col}_\ell(L_d) | \forall u(d) \in \Delta_{k^m}, \ell = (\xi-1)k^n + j(0),\ \xi = 1,2,\cdots,k^{dm}\}.$$

如果 $\delta_{k^m}^i\delta_{k^n}^j$ 是从 x_0 出发 d 步可到达的，$d > k^n$，那么从初态到达 $\delta_{k^m}^i\delta_{k^n}^j$ 至少有两次通过同一状态．类似命题 11.3.1 的证明，我们可以删去子环路，最后使 $\delta_{k^m}^i\delta_{k^n}^j$ 可以从 x_0 在 d' 步到达，这里 $1 \leqslant d' \leqslant k^n$．于是有

$$R(x_0) = \cup_{d=1}^{k^n} R_d(x_0). \tag{11.3.6}$$

由式 (11.3.6) 不难算出可达集．

从以上讨论可知，寻找最优环 C^* 只要找 $R(x_0)$ 中的简单环即可．记从 x_0 到达 C^* 的最短路径为

$$\delta_{k^m}^{i(0)}\delta_{k^n}^{j(0)} \to \delta_{k^m}^{i(1)}\delta_{k^n}^{j(1)} \to \cdots \to \delta_{k^m}^{i(T_0-1)}\delta_{k^n}^{j(T_0-1)} \to C^*, \tag{11.3.7}$$

这里

$$C^* = \delta_{k^m} \times \delta_{k^n}\{(i(T_0),j(T_0)) \to \cdots \to (i(T_0+d-1),j(T_0+d-1))\}.$$

称式 (11.3.7) 为最优轨线．

下面证明最优控制矩阵 G^* 的存在性．

定理 11.3.2　考察一个 k 值控制演化博弈 (11.2.2) 及优化指标 (11.3.1). 设最优轨道为式 (11.3.7), 最优控制为 $u^*(t)$, 则存在一个逻辑矩阵 $G^* \in \mathcal{L}_{k^m \times k^{m+n}}$, 满足

$$\begin{cases} x^*(t+1) = Lu^*(t)x^*(t) \\ u^*(t+1) = G^*u^*(t)x^*(t). \end{cases} \tag{11.3.8}$$

证明　根据命题 11.3.1, 存在一个作为最优环的简单环. 由于简单环的长度不超过 k^n, 设初态为 $\delta_{k^n}^{j(0)}$, 我们可以找到所有长度不超过 k^n 的含初态的环, 然后找到最优轨道 (11.3.7). 容易看出 $T_0 + d \leqslant k^{m+n}$, 因此, 可以找到最优控制矩阵 G^* 的 $T_0 + d$ 列, 满足

$$\mathrm{Col}_i(G^*) = \begin{cases} \delta_{k^m}^{i(\ell+1)}, & i = (i(\ell)-1)k^n + j(\ell),\ \ell \leqslant T_0 + d - 2, \\ \delta_{k^m}^{i(T_0)}, & i = (i(T_0+d-1)-1)k^n + j(T_0+d-1), \end{cases} \tag{11.3.9}$$

而 G^* 的其他列 $(\mathrm{Col}(G^*) \subset \Delta_{k^m})$ 可任意选择. 这个 G^* 就是所需要的. □

例 11.3.1　回忆例 11.2.1和例 11.2.3. 令

$$c(u(t), x(t)) = u^{\mathrm{T}}(t) \begin{bmatrix} 1 & 2 \\ 3 & 4 \end{bmatrix} x(t).$$

设初值 $x_0 = \delta_2^2$, 根据例 11.2.3 中的结果, 我们不难知道 $C^* = \delta_2 \times \delta_2\{(2,1) \to (2,2)\}$ 是最优环. 选 $u(0) = \delta_2^2$, 最优环为

$$\delta_2 \times \delta_2\{(2,2) \to (2,1)\}.$$

从 δ_2^2 到最优环的最短路径为

$$\delta_2^2\delta_2^2 \to \delta_2^2\delta_2^1.$$

因此, $G^* = \delta_2[i, j, 2, 2]$, 这里 $i, j \in \{1, 2\}$ 可任选.

例 11.3.2　考虑人机无限重复博弈. 双方均有三个可选策略 $\{L, M, R\}$. 支付双矩阵见表 11.3.1 .

表 11.3.1　例 11.3.2 的支付双矩阵

人 \ 机	L	M	R
L	3, 3	0, 4	9, 2
M	4, 0	4, 4	5, 3
R	2, 9	3, 5	6, 6

虽然一次博弈的唯一纳什均衡点是 (M, M), 但它显然不如 (R, R). 现在讨论无穷重复的情况. 设机器的策略是如下给出: $x(0) = R$, 以后,

$$x(t+1) = \begin{cases} R, & x(t) = R, u(t) = R \\ M, & \text{其他}. \end{cases}$$

这个策略称为触发战略 (trigger strategy). 下面看人的最佳策略.

令 $L \sim \delta_3^1$, $M \sim \delta_3^2$, $R \sim \delta_3^1$, 则上述博弈可写成

$$x(t+1) = Lu(t)x(t), \tag{11.3.10}$$

这里

$$L = \delta_3[2, 2, 2, 2, 2, 2, 2, 2, 3],$$

而 $x(t), u(t)$ 分别为 t 时刻机器与人的策略.

考虑平均支付性能指标

$$J = \varlimsup_{T \to \infty} \frac{1}{T} \sum_{t=1}^{T} c(x(t), u(t)),$$

这里

$$c(x(t), u(t)) = u^{\mathrm{T}}(t) \begin{bmatrix} 3 & 0 & 9 \\ 4 & 4 & 5 \\ 2 & 3 & 6 \end{bmatrix} x(t).$$

下面计算环路

$$L_1 = L = \delta_3[2, 2, 2, 2, 2, 2, 2, 2, 3],$$

因此, $\mathrm{tr}(\mathrm{Blk}_1(L_1)) = 1$, $\mathrm{tr}(\mathrm{Blk}_2(L_1)) = 1$, $\mathrm{tr}(\mathrm{Blk}_3(L_1)) = 2$, $N_1 = 4$. δ_3^2 是在控制 $u = \delta_3^i, i = 1, 2, 3$ 下的不动点, δ_3^3 是在控制 $u = \delta_3^3$ 下的不动点. 故方程 (11.3.10) 的不动点为

$$\delta_3 \times \delta_3\{(1, 2)\}, \quad \delta_3 \times \delta_3\{(2, 2)\}, \quad \delta_3 \times \delta_3\{(3, 2)\}, \quad \delta_3 \times \delta_3\{(3, 3)\}.$$

于是有

$$L_2 = L(I_3 \otimes L) = \delta_3[2, 2, 2, 2, 2, 2, 2, 2, 2, 2, 2, 2, 2, 2, 2, 2, 2, 2, 2, 2, 2, 2, 2, 2, 2, 2, 3],$$

计算可得 $\mathrm{tr}(\mathrm{Blk}_i(L_2)) = 1, i = 1, 2, \cdots, 8$, $\mathrm{tr}(\mathrm{Blk}_9(L_2)) = 2$. 对于

$$T(\mathrm{Blk}_1(L_2)) = \mathrm{tr}(\mathrm{Blk}_1(L_2)) - \mathrm{tr}(\mathrm{Blk}_1(L_1)) = 0.$$

类似地, 我们有 $T(\mathrm{Blk}_1(L_2)) = T(\mathrm{Blk}_5(L_2)) = T(\mathrm{Blk}_9(L_2)) = 0$, $T(\mathrm{Blk}_i(L_2)) = 1, i = 2, 3, 4, 6, 7, 8$. 因此, $N_2 = 3$. δ_3^2 与控制 $u(t+1)u(t) = \delta_9^i$ $(i = 2, 3, 4, 6, 7, 8)$ 为长度为 2 的环. 于是, 长度为 2 的环为

$$\delta_3 \times \delta_3\{(1,2) \to (2,2)\}, \quad \delta_3 \times \delta_3\{(1,2) \to (3,2)\}, \quad \delta_3 \times \delta_3\{(2,2) \to (3,2)\}.$$

进而有

$$L_3 = L(I_3 \otimes L)(I_9 \otimes L) = \delta_{81}[\underbrace{2, \cdots, 2}_{80}, 3].$$

利用环个数公式 (11.2.10), 我们有 $T(\mathrm{Blk}_i(L_3)) = 1, i = 2, 3, \cdots, 13, 15, \cdots, 26$, $T(\mathrm{Blk}_i(L_3)) = 0, i = 1, 14, 27$, 以及 $N_3 = 8$. δ_3^2 与控制 $u(t+2)u(t+1)u(t) = \delta_{27}^i, (i = 2, 3, \cdots, 13, 15, \cdots, 26)$ 为长度为 3 的环. 于是, 长度为 3 的环为

$$\delta_3 \times \delta_3\{(1,2) \to (1,2) \to (2,2)\}, \quad \delta_3 \times \delta_3\{(1,2) \to (3,2) \to (2,2)\},$$

$$\delta_3 \times \delta_3\{(1,2) \to (1,2) \to (3,2)\}, \quad \delta_3 \times \delta_3\{(1,2) \to (3,2) \to (3,2)\},$$

$$\delta_3 \times \delta_3\{(1,2) \to (2,2) \to (2,2)\}, \quad \delta_3 \times \delta_3\{(2,2) \to (2,2) \to (3,2)\},$$

$$\delta_3 \times \delta_3\{(1,2) \to (2,2) \to (3,2)\}, \quad \delta_3 \times \delta_3\{(2,2) \to (3,2) \to (3,2)\}.$$

虽然长度大于或等于 4 的环有很多, 但为寻找最优环, 在长度不超过 3 的环中找即可.

作为触发战略, 初值为 $x_0 = \delta_3^3$, 其可达集为

$$R(x_0) = \{\delta_3^1\delta_3^2, \delta_3^2\delta_3^2, \delta_3^3\delta_3^2, \delta_3^1\delta_3^3, \delta_3^2\delta_3^3, \delta_3^1\delta_3^3\}.$$

利用前面的结果, $R(x_0)$ 中的简单环为 $\delta_3 \times \delta_3\{(1,2)\}, \delta_3 \times \delta_3\{(2,2)\}, \delta_3 \times \delta_3\{(3,2)\}$ 和 $\delta_3 \times \delta_3\{(3,3)\}$, 其中 $\delta_3 \times \delta_3\{(3,3)\}$ 为最优环. 选择 $u^*(0) = \delta_3^3$, 则

$$G^* = \delta_3[*, *, *, *, *, *, *, *, 3],$$

这里前八个元素可任意选取. 不妨设

$$G^* = \delta_3[2, 2, 2, 2, 2, 2, 2, 2, 3],$$

这就是触发战略.

由此可见, 触发战略是对付触发战略的最佳策略. 这表明触发战略是无穷重复下的纳什均衡点.

11.4 混合演化策略模型

本节假定在人机博弈中机器采用混合演化策略, 即机器具有 $\Pi_1, \Pi_2, \cdots, \Pi_\ell$ 种策略更新规则, 它以概率 p_i 选取 Π_i 更新其策略, $i = 1, 2, \cdots, \ell$, 这里, $\sum_{i=1}^{\ell} p_i = 1$. 假如 Π_i 导出的策略形势演化方程为

$$x(t+1) = L_i u(t) x(t), \quad i = 1, 2, \cdots, \ell. \tag{11.4.1}$$

那么, 我们有

$$x(t+1) = L^* u(t) x(t), \tag{11.4.2}$$

这里

$$L^* = \sum_{i=1}^{\ell} p_i L_i.$$

注 关于策略演化方程, 给出几点说明:

(i) 在方程 (11.4.1) 中, $x(t) = \ltimes_{i=1}^{n} x_i(t)$, $u(t) = \ltimes_{i=1}^{m} u_i(t)$. 实际上, 对每个 i, 式 (11.4.1) 与式 (11.2.2) 是一致的.

(ii) 在方程 (11.4.2) 中, $x(t)$ 应当表示机器策略的期望值.

(iii) 实际上 $L^* u(t)$ 是机器策略依赖于控制的马尔可夫转移矩阵. 具体地说, 记

$$A(u) = [A_{i,j}(u)] := L^* u,$$

那么

$$A_{i,j}(u) = P(x(t+1) = i \mid x(t) = j, u(t) = u). \tag{11.4.3}$$

例 11.4.1 人与机器玩 "石头 (R)-剪刀 (S)-布 (C)", 其支付双矩阵见表 11.4.1.

表 11.4.1 石头-剪刀-布的支付双矩阵

人 \ 机	R	S	C
R	0, 0	1, −1	−1, 1
S	−1, 1	0, 0	1, −1
C	1, −1	−1, 1	0, 0

假定机器有三种可能的策略更新规则:

- Π_1: 如果它在 t 时刻赢了, 它在 $t+1$ 时刻不改变策略; 否则, 它取对方在 t 时刻的策略为其 $t+1$ 时刻策略.

- Π_2: 机器以 $R \to S \to C \to R \to \cdots$ 周期性改变策略.

- Π_3: 如果机器与人在 t 时刻策略相同, 则机器在 $t+1$ 时刻不改变策略; 否则, 它在 $t+1$ 时刻取与机器和人在 t 时刻的策略都不同的第 3 种策略.

用向量表示, 令 $R \sim \delta_3^1$, $S \sim \delta_3^2$ 和 $C \sim \delta_3^3$, 且 $x(t)$ 和 $u(t)$ 分别为机器和人在 t 时刻的策略.

对机器的策略更新规则 Π_i, $i=1,2,3$, 策略演化方程分别为

$$x(t+1) = f_i(x(t), u(t)), \quad i=1,2,3. \tag{11.4.4}$$

其相应的代数状态空间方程为

$$x(t+1) = L_i u(t)x(t), \quad i=1,2,3, \tag{11.4.5}$$

这里的结构矩阵容易算出为

$$\begin{aligned}
L_1 &= \delta_3[1,1,3,1,2,2,3,2,3], \\
L_2 &= \delta_3[2,3,1,2,3,1,2,3,1], \\
L_3 &= \delta_3[1,3,2,3,2,1,2,1,3].
\end{aligned} \tag{11.4.6}$$

现在假定机器取 Π_1, Π_2 和 Π_3 的概率分别为 0.3, 0.3 和 0.4, 则可得到策略形势演化方程

$$x(t+1) = L^* u(t)x(t), \tag{11.4.7}$$

这里

$$L^* = 0.3L_1 + 0.3L_2 + 0.4L_3 = \begin{bmatrix} 0.7 & 0.3 & 0.3 & 0.3 & 0 & 0.7 & 0 & 0.4 & 0.3 \\ 0.3 & 0 & 0.4 & 0.3 & 0.7 & 0.3 & 0.7 & 0.3 & 0 \\ 0 & 0.7 & 0.3 & 0.4 & 0.3 & 0 & 0.3 & 0.3 & 0.7 \end{bmatrix}.$$

11.5　有限次混合策略最优控制

先考虑有限次重复博弈. 假定机器策略形势演化方程仍为式 (11.2.2). 为记号方便, 在以下的讨论中设 $n=1$, $m=1$, 但 $x(t) = \Delta_k$, $u(t) \in \Delta_r$. 这时 $L \in \Upsilon_{k \times kr}$. 其实, 不难看出, 这与 n 个机器, m 个人本质上是一样的. 假定 N 次重复的性能指标如下 [45]:

$$J(x(0), u(0)) := E\left[\sum_{t=1}^{N} \lambda^t c(u(t), x(t)) \,\middle|\, x(0), u(0)\right]. \tag{11.5.1}$$

注意到, 我们只能用先前的信息, 即 $u(t) \in \sigma\left(x(0), u(0), \cdots, x(t-1), u(t-1)\right)$.

利用动态规划, 不难得到下面的结果[14].

命题 11.5.1 设 $J^*(x_0, u_0)$ 为指标 (11.5.1) 下的最优值, 则

$$J^*(x(0), u(0)) = J_1(x(0), u(0)), \tag{11.5.2}$$

这里 J_1 是如下动态规划算法的最后一步. 算法从后向前, 先考虑第 N 步, 有

$$J_N(x(N-1), u(N-1)) = \max_{u(N) \in \Delta_r} E\left[c_N(u(N), x(N)) \mid x(N-1), u(N-1)\right]. \tag{11.5.3}$$

然后向前递推 $(t = N-1, N-2, \cdots, 1)$:

$$J_t(x(t-1), u(t-1))$$
$$= \max_{u(t) \in \Delta_r} E\left[c_t(u(t), x(t)) + J_{t+1}(x(t), u(t)) \mid x(t-1), u(t-1)\right],$$
$$t = 1, 2, \cdots, N-1. \tag{11.5.4}$$

这里 $c_t(u(t), x(t)) = \lambda^t c(u(t), x(t))$.

由于我们用向量表示 $x(t)$(或 $u(t)$). 用 $|x(t)|$ 等表示其对应的标量形式. 即若 $x(t) = \delta_k^i$, 则 $|x(t)| = i$.

利用式 (11.4.3), 不难看出

$$E\left[J_{t+1}(x(t), u(t)) \mid x(t-1), u(t-1)\right] = \sum_{i=1}^{k} \left[A_{i, |x(t-1)|}(u(t-1))\right] J_{t+1}(\delta_k^i, u(t)). \tag{11.5.5}$$

设支付函数满足

$$c(\delta_r^i, \delta_k^j) = \varphi_{i,j}, \quad i = 1, 2, \cdots, r; \; j = 1, 2, \cdots, k,$$

定义支付矩阵

$$\Phi = (\varphi_{i,j}) \in \mathcal{M}_{r \times k}, \tag{11.5.6}$$

则

$$c_t = \lambda^t c(u(t), x(t)) = \lambda^t u^T(t) \Phi x(t). \tag{11.5.7}$$

于是, 动态规划解可写成

$$
\begin{cases}
J_N(x(N-1),u(N-1)) = \max\limits_{u(N)\in\Delta_r} \lambda^N \cdot \sum\limits_{i=1}^{k} \left[A_{i,|x(N-1)|}(u(N-1)) \right] u^{\mathrm T}(N)\Phi\delta_k^i, \\
\quad J_t(x(t-1),u(t-1)) \\
= \max\limits_{u(t)\in\Delta_r} \sum\limits_{i=1}^{k} \left[A_{i,|x(t-1)|}(u(t-1)) \right] \cdot \left[\lambda^t u^{\mathrm T}(t)\Phi\delta_k^i + J_{t+1}(\delta_k^i,u(t)) \right], \\
\qquad\qquad\qquad\qquad\qquad t = N-1, N-2, \cdots, 1.
\end{cases}
\tag{11.5.8}
$$

将 $J_t(x(t-1),u(t-1))$ 依不同变量值排成矩阵形式, 则得

$$
\mathcal{J}_t := \begin{bmatrix}
J_t(\delta_k^1,\delta_r^1) & J_t(\delta_k^1,\delta_r^2) & \cdots & J_t(\delta_k^1,\delta_r^r) \\
J_t(\delta_k^2,\delta_r^1) & J_t(\delta_k^2,\delta_r^2) & \cdots & J_t(\delta_k^2,\delta_r^r) \\
\vdots & \vdots & & \vdots \\
J_t(\delta_k^k,\delta_r^1) & J_t(\delta_k^k,\delta_r^2) & \cdots & J_t(\delta_k^k,\delta_r^r)
\end{bmatrix}.
$$

记

$$
\mathcal{J}_t(u(t-1)) = \begin{bmatrix}
J_t(\delta_k^1,u(t-1)) \\
J_t(\delta_k^2,u(t-1)) \\
\vdots \\
J_t(\delta_k^k,u(t-1))
\end{bmatrix}.
$$

于是动态规划解 (11.5.8) 可简化如下:

$$
J_N(x(N-1),u(N-1))
$$

$$
= \max\limits_{u(N)\in\Delta_r} \lambda^N \sum\limits_{i=1}^{k} \left[A_{i,|x(N-1)|}(u(N-1)) \right] u^{\mathrm T}(N)\Phi\delta_k^i
$$

$$
= \max\limits_{u(N)\in\Delta_r} \lambda^N u^{\mathrm T}(N)\Phi \sum\limits_{i=1}^{k} \left[A_{i,|x(N-1)|}(u(N-1)) \right] \delta_k^i
$$

$$
= \max\limits_{u(N)\in\Delta_r} \lambda^N u^{\mathrm T}(N)\Phi \, \mathrm{Col}_{|x(N-1)|}[L^* u(N-1)],
\tag{11.5.9}
$$

$$
J_t(x(t-1),u(t-1))
$$

$$
= \max\limits_{u(t)\in\Delta_r} \sum\limits_{i=1}^{k} \left[A_{i,|x(t-1)|}(u(t-1)) \right] \cdot \left[\lambda^t u^{\mathrm T}(t)\Phi\delta_k^i + J_{t+1}(\delta_k^i,u(t)) \right]
$$

$$
= \max_{u(t) \in \Delta_r} \{ \lambda^t u^{\mathrm{T}}(t) \Phi \sum_{i=1}^{k} \left[A_{i,|x(t-1)|}(u(t-1)) \right] \delta_k^i
$$

$$
+ \sum_{i=1}^{k} \left[A_{i,|x(t-1)|}(u(t-1)) \right] J_{t+1}(\delta_k^i, u(t)) \}
$$

$$
= \max_{u(t) \in \Delta_r} \{ \lambda^t u^{\mathrm{T}}(t) \Phi \operatorname{Col}_{|x(t-1)|}[L^* u(t-1)] + J_{t+1}^{\mathrm{T}}(u(t)) \operatorname{Col}_{|x(t-1)|}[L^* u(t-1)] \}
$$

$$
= \max_{u(t) \in \Delta_r} \left[\lambda^t u^{\mathrm{T}}(t) \Phi + J_{t+1}^{\mathrm{T}}(u(t)) \right] \cdot \operatorname{Col}_{|x(t-1)|}[L^* u(t-1)]
$$

$$
= \max_{u(t) \in \Delta_r} u^{\mathrm{T}}(t) \left[\lambda^t \Phi + J_{t+1}^{\mathrm{T}} \right] \operatorname{Col}_{|x(t-1)|}[L^* u(t-1)]. \tag{11.5.10}
$$

将式 (11.5.9) 和式 (11.5.10) 写成矩阵形式则得

$$
\mathcal{J}_N(u(N-1)) = \begin{bmatrix} J_N(\delta_k^1, u(N-1)) \\ J_N(\delta_k^2, u(N-1)) \\ \vdots \\ J_N(\delta_k^k, u(N-1)) \end{bmatrix}
$$

$$
= \lambda^N \begin{bmatrix} \displaystyle\max_{u(N) \in \Delta_r} u^{\mathrm{T}}(N) \Phi \operatorname{Col}_1(L^* u(N-1)) \\ \displaystyle\max_{u(N) \in \Delta_r} u^{\mathrm{T}}(N) \Phi \operatorname{Col}_2(L^* u(N-1)) \\ \vdots \\ \displaystyle\max_{u(N) \in \Delta_r} u^{\mathrm{T}}(N) \Phi \operatorname{Col}_k(L^* u(N-1)) \end{bmatrix}, \tag{11.5.11}
$$

$$
\mathcal{J}_t(u(t-1)) = \begin{bmatrix} J_t(\delta_k^1, u(t-1)) \\ J_t(\delta_k^2, u(t-1)) \\ \vdots \\ J_t(\delta_k^k, u(t-1)) \end{bmatrix}
$$

$$
= \begin{bmatrix} \displaystyle\max_{u(t) \in \Delta_r} u^{\mathrm{T}}(t) \left[\lambda^t \Phi + \mathcal{J}_{t+1}^{\mathrm{T}} \right] \operatorname{Col}_1[L^* u(t-1)] \\ \displaystyle\max_{u(t) \in \Delta_r} u^{\mathrm{T}}(t) \left[\lambda^t \Phi + \mathcal{J}_{t+1}^{\mathrm{T}} \right] \operatorname{Col}_2[L^* u(t-1)] \\ \vdots \\ \displaystyle\max_{u(t) \in \Delta_r} u^{\mathrm{T}}(t) \left[\lambda^t \Phi + \mathcal{J}_{t+1}^{\mathrm{T}} \right] \operatorname{Col}_k[L^* u(t-1)] \end{bmatrix}. \tag{11.5.12}
$$

利用式 (11.5.11) 及式 (11.5.12) 不难递推地找出最优解. 实际上, 注意到

$u(t) \in \Delta_r$, 令

$$\xi^{ij}(N) := \Phi \operatorname{Col}_i(L^* \delta_r^j) \in \mathbb{R}^r,$$
$$\xi^{ij}(t) := \left[\lambda^t \Phi + \mathcal{J}_{t+1}^{\mathrm{T}}\right] \operatorname{Col}_i[L^* \delta_r^j] \in \mathbb{R}^r, \quad 1 \leqslant t \leqslant N-1.$$

(11.5.13)

则可得到以下定理.

定理 11.5.1　对于 $J_t(x(t-1), u(t-1))\big|_{x(t-1)=\delta_k^i, u(t-1)=\delta_r^j}$ $(t=1,2,\cdots,N)$, 的最优解是 $u_{ij}^*(t) = \delta_r^{s^*}$, 这里

$$s^* = \operatorname*{argmax}_s [\xi^{ij}(t)]_s.$$

例 11.5.1　回忆例 11.4.1. 设 $\lambda = 0.9$. 容易知道, 人的支付矩阵为

$$\Phi = \begin{bmatrix} 0 & 1 & -1 \\ -1 & 0 & 1 \\ 1 & -1 & 0 \end{bmatrix}.$$

(11.5.14)

现在设 $N = 3$. 当 $t = N = 3$ 时, 利用式 (11.5.11) 可知:

当 $u(2) = \delta_3^1$ 时,

$$\Phi(L * u(2)) = \begin{bmatrix} 0.3 & -0.7 & 0.1 \\ -0.7 & 0.4 & 0 \\ 0.4 & 0.3 & -0.1 \end{bmatrix} = \begin{bmatrix} \xi^{11}(3) & \xi^{21}(3) & \xi^{31}(3) \end{bmatrix}.$$

于是我们有

$$u^*(3)\big|_{x(2)=\delta_3^1, u(2)=\delta_3^1} = \delta_3^3, \quad J_3(\delta_3^1, \delta_3^1) = 0.4 * (0.9)^3;$$
$$u^*(3)\big|_{x(2)=\delta_3^2, u(2)=\delta_3^1} = \delta_3^2, \quad J_3(\delta_3^2, \delta_3^1) = 0.4 * (0.9)^3;$$
$$u^*(3)\big|_{x(2)=\delta_3^3, u(2)=\delta_3^1} = \delta_3^1, \quad J_3(\delta_3^3, \delta_3^1) = 0.1 * (0.9)^3.$$

当 $u(2) = \delta_3^2$ 时, 类似计算可得

$$u^*(3)\big|_{x(2)=\delta_3^1, u(2)=\delta_3^2} = \delta_3^2, \quad J_3(\delta_3^1, \delta_3^2) = 0.1 * (0.9)^3;$$
$$u^*(3)\big|_{x(2)=\delta_3^2, u(2)=\delta_3^2} = \delta_3^1, \quad J_3(\delta_3^2, \delta_3^2) = 0.4 * (0.9)^3;$$
$$u^*(3)\big|_{x(2)=\delta_3^3, u(2)=\delta_3^2} = \delta_3^3, \quad J_3(\delta_3^3, \delta_3^2) = 0.4 * (0.9)^3.$$

当 $u(2) = \delta_3^3$ 时, 可得

$$u^*(3)\big|_{x(2)=\delta_3^1, u(2)=\delta_3^3} = \delta_3^1, \quad J_3(\delta_3^1, \delta_3^3) = 0.4 * (0.9)^3;$$
$$u^*(3)\big|_{x(2)=\delta_3^2, u(2)=\delta_3^3} = \delta_3^3, \quad J_3(\delta_3^2, \delta_3^3) = 0.1 * (0.9)^3;$$
$$u^*(3)\big|_{x(2)=\delta_3^3, u(2)=\delta_3^3} = \delta_3^2, \quad J_3(\delta_3^3, \delta_3^3) = 0.4 * (0.9)^3.$$

利用前面的结果, 可以算出

$$J_3 = (0.9)^3 \begin{bmatrix} 0.4 & 0.1 & 0.4 \\ 0.4 & 0.4 & 0.1 \\ 0.1 & 0.4 & 0.4 \end{bmatrix}. \tag{11.5.15}$$

下面考虑 $t = 2$, 利用式 (11.5.12) 可知:
当 $u(1) = \delta_3^1$ 时,

$$\left[\lambda^2 \Phi + J_3^{\mathrm{T}}\right] \left[L * \delta_3^1\right] = \begin{bmatrix} 0.5346 & -0.4285 & 0.307 \\ -0.4285 & 0.55 & 0.226 \\ 0.55 & 0.5346 & 0.1231 \end{bmatrix}$$
$$= \begin{bmatrix} \xi^{11}(2) & \xi^{21}(2) & \xi^{31}(2) \end{bmatrix}.$$

于是有

$$u^*(2)\big|_{x(1)=\delta_3^1, u(1)=\delta_3^1} = \delta_3^3, \quad J_2(\delta_3^1, \delta_3^1) = 0.55;$$
$$u^*(2)\big|_{x(1)=\delta_3^2, u(1)=\delta_3^1} = \delta_3^3, \quad J_2(\delta_3^2, \delta_3^1) = 0.55;$$
$$u^*(2)\big|_{x(1)=\delta_3^3, u(1)=\delta_3^1} = \delta_3^1, \quad J_2(\delta_3^3, \delta_3^1) = 0.307.$$

当 $u(1) = \delta_3^2$ 时, 同理可得

$$u^*(2)\big|_{x(1)=\delta_3^1, u(1)=\delta_3^2} = \delta_3^2, \quad J_2(\delta_3^1, \delta_3^2) = 0.307;$$
$$u^*(2)\big|_{x(1)=\delta_3^2, u(1)=\delta_3^2} = \delta_3^1, \quad J_2(\delta_3^2, \delta_3^2) = 0.55;$$
$$u^*(2)\big|_{x(1)=\delta_3^3, u(1)=\delta_3^2} = \delta_3^3, \quad J_2(\delta_3^3, \delta_3^2) = 0.55.$$

当 $u(1) = \delta_3^3$ 时, 可得

$$u^*(2)\big|_{x(1)=\delta_3^1, u(1)=\delta_3^3} = \delta_3^1, \quad J_2(\delta_3^1, \delta_3^3) = 0.55;$$
$$u^*(2)\big|_{x(1)=\delta_3^2, u(1)=\delta_3^3} = \delta_3^3, \quad J_2(\delta_3^2, \delta_3^3) = 0.307;$$
$$u^*(2)\big|_{x(1)=\delta_3^3, u(1)=\delta_3^3} = \delta_3^2, \quad J_2(\delta_3^3, \delta_3^3) = 0.55.$$

最后考虑 $t = 1$. 与 $t = 2$ 时类似, 可得

当 $u(1) = \delta_3^1$ 时,

$$u^*(1)\big|_{x(0)=\delta_3^1,u(0)=\delta_3^1} = \delta_3^3, \quad J_1(\delta_3^1,\delta_3^1) = 0.8371;$$
$$u^*(1)\big|_{x(0)=\delta_3^2,u(0)=\delta_3^1} = \delta_3^2, \quad J_1(\delta_3^2,\delta_3^1) = 0.8371;$$
$$u^*(1)\big|_{x(0)=\delta_3^3,u(0)=\delta_3^1} = \delta_3^1, \quad J_1(\delta_3^3,\delta_3^1) = 0.5671.$$

当 $u(1) = \delta_3^2$ 时,

$$u^*(1)\big|_{x(0)=\delta_3^1,u(0)=\delta_3^2} = \delta_3^2, \quad J_1(\delta_3^1,\delta_3^2) = 0.5671;$$
$$u^*(1)\big|_{x(0)=\delta_3^2,u(0)=\delta_3^2} = \delta_3^1, \quad J_1(\delta_3^2,\delta_3^2) = 0.8371;$$
$$u^*(1)\big|_{x(0)=\delta_3^3,u(0)=\delta_3^2} = \delta_3^3, \quad J_1(\delta_3^3,\delta_3^2) = 0.8371.$$

当 $u(1) = \delta_3^3$ 时,

$$u^*(1)\big|_{x(0)=\delta_3^1,u(0)=\delta_3^3} = \delta_3^1, \quad J_1(\delta_3^1,\delta_3^3) = 0.8371;$$
$$u^*(1)\big|_{x(0)=\delta_3^2,u(0)=\delta_3^3} = \delta_3^3, \quad J_1(\delta_3^2,\delta_3^3) = 0.5671;$$
$$u^*(1)\big|_{x(0)=\delta_3^3,u(0)=\delta_3^3} = \delta_3^2, \quad J_1(\delta_3^3,\delta_3^3) = 0.8371.$$

现在, 如果初始值为 $u_0 = \delta_3^2$, $x_0 = \delta_3^3$, 由命题 11.5.1 可知, 最优期望值为

$$J^*(u_0,x_0) = J_1(\delta_3^3,\delta_3^2) = 0.8371.$$

而且, 根据前一步的 $x(t-1)$ 和 $u(t-1) = u^*(t-1)$, 最优控制 $u^*(t)$ 均也可知.

11.6 无限次混合策略最优控制

本节讨论混合策略下的无限次重复博弈. 性能指标为

$$J(x_0,u_0) := E\left[\sum_{t=1}^{\infty}\lambda^t c(u(t),x(t))\,\bigg|\,x(0),u(0)\right]. \tag{11.6.1}$$

引入部分和记号

$$J_i^j := E\left[\sum_{t=i}^{j}\lambda^t c(u(t),x(t))\,\bigg|\,x(i-1),u(i-1)\right]. \tag{11.6.2}$$

我们利用滚动时域 (receding horizon) 的方法从有限次最优解得出无穷次最优解. 先简单介绍一下滚动时域控制:

(i) 固定一个滤波长度 ℓ.

(ii) 用动态规划的方法找出 J_1^ℓ 的最优解 $u_1^*(1), u_1^*(2), \cdots, u_1^*(\ell) \in \Delta_r$. 保留 $u_1^*(1)$ 作为第 1 步最优控制.

(iii) 找出 $J_2^{\ell+1}$ 的最优解 $u_2^*(2), u_2^*(3), \cdots, u_2^*(\ell+1) \in \Delta_r$, 保留 $u_2^*(2)$ 作为第 2 步最优控制.

(iv) 一般来说, 解优化问题:

$$\max_{u(k), u(k+1), \cdots, u(k+\ell-1)} J_k^{k+\ell-1}, \quad k = 1, 2, \cdots,$$

保留 $u_k^*(k)$ 作为 k 步最优控制.

令

$$\min_{x \in \Delta_k} \min_{u_i \neq u_j \in \Delta_r} \left| c(x, u_i) - c(x, u_j) \right| := d.$$

如果 $d > 0$, 表示对机器的任何策略, 人的不同策略收益都不会一样.

下面定理表明滚动时域方法对解决本问题的合理性.

定理 11.6.1 设 $d > 0$, 则当滤波长度 ℓ 足够大时, 由滚动时域方法得到的最优解 $u^*(0), u^*(1), \cdots$ 与无穷时域优化的最优解一致.

证明 令

$$M := \max_{u \in \mathcal{D}_r, x \in \mathcal{D}_k} |c(u, x)| < \infty.$$

给定任一 $\eta > 0$, 我们可以找到足够大的 ℓ, 使得

$$\left| \sum_{t=\ell+1}^\infty \lambda^t c(u(t), x(t)) \right| \leqslant \sum_{t=\ell}^\infty \lambda^t M = \frac{\lambda^{\ell+1}}{1-\lambda} M < \eta/2. \tag{11.6.3}$$

设 $\{u(1)^*, u(2)^*, \cdots, u(\ell)^*\}$ 为 J_1^ℓ 的最优控制. 令 $\{u^\infty(1)^*, u^\infty(2)^*, \cdots\}$ 为 J_1^∞ 的最优控制. 给定一组观测数据 $\{x(0), x(1), \cdots\}$, 我们证明, 如果 ℓ 满足不等式 (11.6.3), 那么

$$J_1^\ell\left(u(1)^*, u(2)^*, \cdots, u(\ell)^*\right) - J_1^\ell\left(u^\infty(1)^*, u^\infty(2)^*, \cdots, u^\infty(\ell)^*\right) \leqslant \eta. \tag{11.6.4}$$

实际上, 如果不等式 (11.6.4) 不成立, 那么

$$J_1^\infty\left(u(1)^*, u(2)^*, \cdots, u^\infty(\ell+1)^*, \cdots\right) - J_1^\infty\left(u^\infty(1)^*, u^\infty(2)^*, \cdots, u^\infty(\ell)^*, \cdots\right)$$

$$> \eta - 2 \cdot \frac{\eta}{2} = 0,$$

矛盾.

下面假定 $u(1)^* \neq u^\infty(1)^*$. 令 $\eta := \dfrac{d}{2} > 0$, 如果 ℓ 满足不等式 (11.6.3), 我们有不等式 (11.6.4) 成立. 根据动态规划的最优性原则, 同样有

$$J_2^\ell\left(u(2)^*, u(3)^*, \cdots, u(\ell)^*\right) - J_2^\ell\left(u^\infty(2)^*, u^\infty(3)^*, \cdots, u^\infty(\ell)^*\right) \leqslant \eta. \quad (11.6.5)$$

比较不等式 (11.6.4) 与不等式 (11.6.5), 我们有

$$c(x(1), u(1)^*) - c(x(1), u^\infty(1)^*) < d,$$

这与 d 的定义矛盾. 因此, 我们有

$$u(1)^* = u^\infty(1)^*. \quad (11.6.6)$$

同样, 可以证明

$$u(t)^* = u^\infty(t)^*, \quad t = 2, 3, \cdots. \quad (11.6.7)$$

$\square$

从前面的证明可以看出, 所需要的滤波长度应为

$$\ell > \log_\lambda \frac{(1-\lambda)d}{4M} - 1. \quad (11.6.8)$$

上面这个结论实际上还是不可用的, 因为要无数次解有限优化问题. 我们要寻找一个方便的解.

从前面的讨论不难看出

$$J_k^{k+\ell-1}\big|_{x(k-1)=\delta_k^i, u(k-1)=\delta_r^j} = \lambda^{k-1} * J_1^\ell\big|_{x(0)=\delta_k^i, u(0)=\delta_r^j}.$$

这说明最优控制 $u^*(t)$ 只依赖于它上一步的信息 $x(t-1), u(t-1)$, 而且, 这种依赖与 t 无关. 因此有以下命题成立.

命题 11.6.1　设 $d > 0$, 则对于无穷次混合策略重复博弈, 其最优控制策略为

$$u^*(t) = \Psi u(t-1)x(t-1), \quad (11.6.9)$$

这里 $\Psi \in \mathcal{L}_{r \times kr}$ 为一逻辑矩阵.

注意到逻辑矩阵 Ψ 可以由 $u^*(1)$ 和 $u(0), x(0)$ 得到, 而 $u^*(1)$ 可以由解一次有限次最优控制问题

$$\max_{u(1), \cdots, u(\ell)} J_1^\ell$$

得到, 此处 ℓ 满足不等式 (11.6.8). 只要得到 Ψ, 我们就有了无穷反馈最优控制序列.

例 11.6.1　回忆例 11.5.1 及例 11.4.1. 我们考虑无穷次博弈的最优策略, 易知

$$d = 1, \quad M = 1.$$

利用式 (11.6.8), 我们有

$$\ell > \log_{0.9} \frac{1-0.9}{4} - 1 = 34.012.$$

取 $\ell = 35$, 解长度为 35 的优化问题, 可以得到

- 如果 $u(0) = \delta_3^1$, 则

$$u^*(1)\big|_{x(0)=\delta_3^1, u(0)=\delta_3^1} = \delta_3^3, \qquad J_1^{35}(\delta_3^1, \delta_3^1) = 2.8012;$$

$$u^*(1)\big|_{x(0)=\delta_3^2, u(0)=\delta_3^1} = \delta_3^2, \qquad J_1^{35}(\delta_3^2, \delta_3^1) = 2.8012;$$

$$u^*(1)\big|_{x(0)=\delta_3^3, u(0)=\delta_3^1} = \delta_3^1, \qquad J_1^{35}(\delta_3^3, \delta_3^1) = 2.5312.$$

- 如果 $u(0) = \delta_3^2$, 则

$$u^*(1)\big|_{x(0)=\delta_3^1, u(0)=\delta_3^2} = \delta_3^2, \qquad J_1^{35}(\delta_3^1, \delta_3^2) = 2.5312;$$

$$u^*(1)\big|_{x(0)=\delta_3^2, u(0)=\delta_3^2} = \delta_3^1, \qquad J_1^{35}(\delta_3^2, \delta_3^2) = 2.8012;$$

$$u^*(1)\big|_{x(0)=\delta_3^3, u(0)=\delta_3^2} = \delta_3^3, \qquad J_1^{35}(\delta_3^3, \delta_3^2) = 2.8012.$$

- 如果 $u(0) = \delta_3^3$, 则

$$u^*(1)\big|_{x(0)=\delta_3^1, u(0)=\delta_3^3} = \delta_3^1, \qquad J_1^{35}(\delta_3^1, \delta_3^3) = 2.8012;$$

$$u^*(1)\big|_{x(0)=\delta_3^2, u(0)=\delta_3^3} = \delta_3^3, \qquad J_1^{35}(\delta_3^2, \delta_3^3) = 2.5312;$$

$$u^*(1)\big|_{x(0)=\delta_3^3, u(0)=\delta_3^3} = \delta_3^2, \qquad J_1^{35}(\delta_3^3, \delta_3^3) = 2.8012.$$

于是, 可以得到人的最优策略为

$$u^*(t) = \begin{bmatrix} u^*(1)\big|_{x(0)=\delta_3^1, u(0)=\delta_3^1} \\ u^*(1)\big|_{x(0)=\delta_3^2, u(0)=\delta_3^1} \\ u^*(1)\big|_{x(0)=\delta_3^3, u(0)=\delta_3^1} \\ u^*(1)\big|_{x(0)=\delta_3^1, u(0)=\delta_3^2} \\ u^*(1)\big|_{x(0)=\delta_3^2, u(0)=\delta_3^2} \\ u^*(1)\big|_{x(0)=\delta_3^3, u(0)=\delta_3^2} \\ u^*(1)\big|_{x(0)=\delta_3^1, u(0)=\delta_3^3} \\ u^*(1)\big|_{x(0)=\delta_3^3, u(0)=\delta_3^3} \\ u^*(1)\big|_{x(0)=\delta_3^3, u(0)=\delta_3^3} \end{bmatrix}^{\mathrm{T}} u(t-1)x(t-1) \qquad (11.6.10)$$

$$= \delta_3[3, 2, 1, 2, 1, 3, 1, 3, 2]u(t-1)x(t-1).$$

第 12 章 零行列式策略

零行列式策略 (zero-determinant strategy) 是由 Press 和 Dyson 于 2012 年针对矩阵演化博弈首次提出的一类新型策略[107]. 它不仅可以单方面设计对手的收益, 还可以采取适当的策略保证自己的收益为对方收益的倍数. 由于该策略的惊人性质, [57] 称其为博弈领域的一场革命. 此后许多相关工作涌现出来, 例如: ① 多人重复博弈的零行列式策略; ② 多记忆信息下的零行列式策略[120]; ③ 连续博弈的零行列式策略[97]; ④ 零行列式策略在实际问题中的应用: 包括区块链[118]、资源分配问题[143], 以及传染病接种策略等[84]. 但是, 尚不存在设计零行列式策略的统一公式. 本章将利用矩阵半张量积给出零行列式策略的统一公式, 主要基于文献 [42].

12.1 矩阵博弈中的零行列式策略

为了更清晰了解零行列式策略的来龙去脉, 本节给出演化矩阵博弈中的零行列式策略, 主要基于 [107]. 考虑一个重复进行的矩阵博弈. 不失一般性, 记个体 1 和个体 2 的策略空间分别为 $A_1 = \{1, 2\}, A_2 = \{1, 2\}$, 则局势集合为

$$A := A_1 \times A_2 = \{(1,1), (1,2), (2,1), (2,2)\}$$

$$= \{1, 2, 3, 4\},$$

其中 $1 := (1,1)$, $2 := (1,2)$, $3 := (2,1)$, $4 := (2,2)$ 为对应局势的一维表示.

个体 i 的策略可以表示为一个如下的列随机矩阵

$$P_i = \begin{bmatrix} p_{i,1}^1 & p_{i,1}^2 & p_{i,1}^3 & p_{i,1}^4 \\ p_{i,2}^1 & p_{i,2}^2 & p_{i,2}^3 & p_{i,2}^4 \end{bmatrix}, \quad i = 1, 2.$$

其中 $p_{i,j}^a$ 是个体 i 在上一步局势为 a 的条件下选择策略 $a_j \in A_i$ 的概率. 于是该重复博弈的局势转移矩阵为

$$P = \begin{bmatrix} p_{1,1}^1 p_{2,1}^1 & p_{1,1}^2 p_{2,1}^2 & p_{1,1}^3 p_{2,1}^3 & p_{1,1}^4 p_{2,1}^4 \\ p_{1,1}^1 p_{2,2}^1 & p_{1,1}^2 p_{2,2}^2 & p_{1,1}^3 p_{2,2}^3 & p_{1,1}^4 p_{2,2}^4 \\ p_{1,2}^1 p_{2,1}^1 & p_{1,2}^2 p_{2,1}^2 & p_{1,2}^3 p_{2,1}^3 & p_{1,2}^4 p_{2,1}^4 \\ p_{1,2}^1 p_{2,2}^1 & p_{1,2}^2 p_{2,2}^2 & p_{1,2}^3 p_{2,2}^3 & p_{1,2}^4 p_{2,2}^4 \end{bmatrix}.$$

如果矩阵 P 有唯一的平稳分布, 记为 $\mu \in \Upsilon_4$. 平稳分布 μ 满足

$$P\mu = \mu \iff (P - I_4)\mu = 0.$$

$M := P - I_4$, 其伴随矩阵为 M^*. 矩阵 M 是奇异的, 有 $\det(M) = 0$.

假设

$$\text{rank}(M) = 3. \tag{12.1.1}$$

则可知

$$\text{rank}(M^*) = 1.$$

根据线性代数知识可知

$$MM^* = \det(M)I_4 = 0.$$

由于 $\text{rank}(M) = 3$, 则矩阵 M^* 的每一列都和 μ 成比例. 伴随矩阵 M^* 可以表示为如下形式

$$M^* = \begin{bmatrix} M_{11} & M_{21} & M_{31} & M_{41} \\ M_{12} & M_{22} & M_{32} & M_{42} \\ M_{13} & M_{23} & M_{33} & M_{43} \\ M_{14} & M_{24} & M_{34} & M_{44} \end{bmatrix},$$

这里 M_{ij} $(i, j = 1, 2, 3, 4)$ 是矩阵 M 元素 M_{ij} 的代数余子式. 不失一般性, 选择 M^* 的最后一列

$$\mu = \theta \cdot [M_{41}, M_{42}, M_{43}, M_{44}]^{\mathrm{T}}, \tag{12.1.2}$$

其中 $\theta = \dfrac{1}{\displaystyle\sum_{i=1}^{4} M_{4i}}$.

对任意给定的向量 $\nu = [\nu_1, \nu_2, \nu_3, \nu_4] \in \mathbb{R}^4$, 容易计算

$$\nu \cdot \mu = \theta \cdot [\nu_1 M_{41} + \nu_2 M_{42} + \nu_3 M_{43} + \nu_4 M_{44}]$$

$$= \theta \cdot D(P_1, P_2, \nu),$$

其中 $D(P_1, P_2, \nu)$ 是将矩阵 M 的第四行替换为 ν 后形成的新矩阵的行列式. 于是

$$\nu \cdot \mu$$

$$= \theta \cdot D(P_1, P_2, \nu)$$

$$= \theta \det \begin{bmatrix} p_{1,1}^1 p_{2,1}^1 - 1 & p_{1,1}^2 p_{2,1}^2 & p_{1,1}^3 p_{2,1}^3 & p_{1,1}^4 p_{2,1}^4 \\ p_{1,1}^1 p_{2,2}^1 & p_{1,1}^2 p_{2,2}^2 - 1 & p_{1,1}^3 p_{2,2}^3 & p_{1,1}^4 p_{2,2}^4 \\ p_{1,2}^1 p_{2,1}^1 & p_{1,2}^2 p_{2,1}^2 & p_{1,2}^3 p_{2,1}^3 - 1 & p_{1,2}^4 p_{2,1}^4 \\ \nu_1 & \nu_2 & \nu_3 & \nu_4 \end{bmatrix}$$

$$= \theta \det \begin{bmatrix} p_{1,1}^1 p_{2,1}^1 - 1 & p_{1,1}^2 p_{2,1}^2 & p_{1,1}^3 p_{2,1}^3 & p_{1,1}^4 p_{2,1}^4 \\ p_{1,1}^1 - 1 & p_{1,1}^2 - 1 & p_{1,1}^3 & p_{1,1}^4 \\ p_{2,1}^1 - 1 & p_{2,1}^2 & p_{2,1}^3 - 1 & p_{2,1}^4 \\ \nu_1 & \nu_2 & \nu_3 & \nu_4 \end{bmatrix},$$

上式中最后一个等号源于将第一行分别加到第二行和第三行.

观察上式可知, $\nu \cdot \mu$ 可以仅由个体 1 或者仅由个体 2 控制. 以个体 1 为例, 令

$$p_{1,1} = [p_{1,1}^1,\ p_{1,1}^2,\ p_{1,1}^3,\ p_{1,1}^4],$$
$$\widetilde{p}_{1,1} = [p_{1,1}^1 - 1,\ p_{1,1}^2 - 1,\ p_{1,1}^3,\ p_{1,1}^4].$$

记

$$\nu = \alpha_0 \mathbf{1}_4^{\mathrm{T}} + \alpha_1 V_1^c + \alpha_2 V_2^c, \quad \alpha_0, \alpha_1, \alpha_2 \in \mathbb{R}.$$

如果 $\widetilde{p}_{1,1}$ 和 ν 成比例, 则 $\nu \cdot \mu = 0$. 假设 $\widetilde{p}_{1,1} = \beta\nu,\ \beta \in \mathbb{R}$, 则

$$\nu \cdot \mu = \alpha_0 + \alpha_1 Ec_1 + \alpha_2 Ec_2 = 0, \tag{12.1.3}$$

其中 $Ec_i = V_i^c \cdot \mu$ 为个体 i 的期望收益. 式 (12.1.3) 说明, 无论其他个体选择何种策略, 个体 1 均可控制博弈的加权期望收益 $\alpha_1 Ec_1 + \alpha_2 Ec_2$. 容易验证, 如果 $\widetilde{p}_{1,1} = \beta\nu,\ \beta \in \mathbb{R}$, 则

$$p_{1,1} = \beta\nu + [1, 1, 0, 0].$$

如果这样的策略 $\widetilde{p}_{1,1}$ 存在, 则称 $p_{1,1}$ 为个体 1 的零行列式策略.

注意, 这里 (12.1.1) 只是一个假设, 它是零行列式策略是否有效的关键. 12.2 节会对此作进一步讨论.

12.2　从个体策略到局势转移矩阵

本节考虑如何从个体策略 $P_i,\ i \in \mathbb{N}$ 获得局势转移矩阵 P, 从而为后续分析奠定基础.

考虑有限博弈 $G \in \mathcal{G}_{[n;k_1,k_2,\cdots,k_n]}$. 回忆第 8 章有限博弈的向量表示, 个体 i 的收益函数 c_i 可以表示为

$$c_i(a_1,\cdots,a_n) = V_i^c \ltimes_{j=1}^n a_j, \quad i = 1,\cdots,n, \tag{12.2.1}$$

其中 $a_j \in A_j, V_i \in \mathbb{R}^\kappa$ 为 c_i 的结构向量, $\kappa = \prod_{i=1}^n k_i$. 可以看出, 一个有限博弈 $G \in \mathcal{G}_{[n;k_1,\cdots,k_n]}$ 由其支付向量 V_G 唯一地决定, 其中

$$V_G = [V_1^c, V_2^c, \cdots, V_n^c] \in \mathbb{R}^{n\kappa}. \tag{12.2.2}$$

考虑一个重复进行的有限博弈 $G \in \mathcal{G}_{[n;k_1,k_2,\cdots,k_n]}$. 每个个体根据历史信息更新其策略. 本章默认所有个体使用的策略更新规则是基于一步记忆的 (memory-one strategy), 也就是马尔可夫类型的策略. 该假设的依据是[107] 指出更多记忆的策略没有明显的优势. 于是, 个体 i 的策略可以表示为如下的列随机矩阵

$$P_i = \begin{bmatrix} p_{i,1}^1 & p_{i,1}^2 & \cdots & p_{i,1}^\kappa \\ p_{i,2}^1 & p_{i,2}^2 & \cdots & p_{i,2}^\kappa \\ \vdots & \vdots & \ddots & \vdots \\ p_{i,k_i}^1 & p_{i,k_i}^2 & \cdots & p_{i,k_i}^\kappa \end{bmatrix}, \quad i = 1,2,\cdots,n,$$

其中 $p_{i,j}^l$ 是个体 i 在上一时刻局势为 l 的情况下, 选择策略 $j \in A_i$ 的概率. 换句话说,

$$p_{i,j}^l = \Pr\left(a_i(t+1) = j \mid a(t) = l\right),$$

从而个体 i 的动作演化方程为

$$a_i(t+1) = P_i a(t), \quad i = 1,2,\cdots,n, \tag{12.2.3}$$

其中 $a(t) = \ltimes_{i=1}^n a_i(t)$ 为时刻 t 的局势. 根据 3.1 节演化博弈的建模可知, 局势演化方程为

$$a(t+1) = P a(t), \tag{12.2.4}$$

其中 $P \in \Upsilon_{\kappa \times \kappa}$ 为马尔可夫转移矩阵 (列随机矩阵), 或者称为局势转移矩阵.

$$P = P_1 * P_2 * \cdots * P_n. \tag{12.2.5}$$

公式 (12.2.5) 告诉我们如何从个体策略得到局势转移矩阵.

根据 12.1 节, 若要构造零行列式策略, 需要矩阵 P 有唯一的平稳分布. 下面给出当 P 满足什么条件时, 存在唯一的平稳分布.

定义 12.2.1[69]　称一个非负矩阵 A 为本原的 (primitive), 如果存在正整数 $s > 0$ 使得 $A^s > 0$.

命题 12.2.1[69]　若 P 为本原的随机矩阵, 则

(i) 矩阵 A 的谱半径 $\rho(P) = 1$, 并且存在唯一的特征值 $\lambda \in \sigma(P)$ 满足 $|\lambda| = 1$.

(ii) 存在 κ 维列向量 $\mu > 0$, $y > 0$, 使得

$$\lim_{t \to \infty} P^t = \mu y^{\mathrm{T}} > 0, \tag{12.2.6}$$

其中 $P\mu = \mu, P^{\mathrm{T}}y = y$.

在此后的讨论中, 我们总假定下面的条件成立:

假设 A-1　P 是本原的列随机矩阵.

注　(i) 若 $0 < p_{i,j}^r < 1$, $\forall r \in A, i \in N, j \in A_i$, 则易证 P 是本原的. 故假设 A-1 总是成立的, 除了一个零测集之外.

(ii) 如果 P 是本原的, 那么, 由命题 12.2.1 的结论 (i) 可知

$$\mathrm{rank}(P - I_\kappa) = \kappa - 1.$$

因此, P 本原的假定可导出假设 (12.1.1).

命题 12.2.2　考虑局势演化方程 (12.2.4). 如果 P 是本原的, 记 $M = P - I_\kappa$, 则

(i) 矩阵 M 的伴随矩阵 M^* 有如下性质

$$\mathrm{rank}(M^*) = 1.$$

(ii) 伴随矩阵 M^* 的每一列均和向量 μ 成比例

$$\mathrm{Col}_j(M^*) \propto \mu, \quad j = 1, 2, \cdots, k.$$

(iii) 由演化方程 (12.2.4) 生成的局势序列 $a(t)$ 满足

$$\lim_{t \to \infty} a(t) = \frac{\mu}{\sum_{i=1}^{\kappa} \mu_i}, \tag{12.2.7}$$

其中 μ 源于 (12.2.6).

证明　(i) 因为 $MM^* = \det(M)I_\kappa = 0$, $\mathrm{rank}(M) = n - 1$, 则 $\mathrm{rank}(M^*) \leqslant 1$. 又 $\mathrm{rank}(M) = \kappa - 1$, 则必有一个 $(\kappa - 1) \times (\kappa - 1)$ 子块非奇异, 即它所对应的 $M_{ij} \neq 0$, 故 $\mathrm{rank}(M)^* \geqslant 1$. 断言获证.

(ii) 因 $\mathrm{Col}_j(M^*)$ 与 μ 均为 $MX = 0$ 的解, $\mathrm{rank}(M) = \kappa - 1$, 则 $\mu \neq 0$ 是 $MX = 0$ 的基本解, 结论显见.

(iii) 由 (12.2.6) 可知, $\lim_{t \to \infty} a(t)$ 也是 $MX = 0$ 的非零解, 结论显见.　□

回忆式 (12.1.2), 如果 $[M_{41}, M_{42}, M_{43}, M_{44}] = 0$, 则无法构造出 μ, 从而无法构造零行列式策略. 一般地说, 如果 $\mathrm{Col}_j(M^*) = 0$, 则通过替换 $\mathrm{Row}_j(M)$ 构造零行列式策略的方法就失效了. 那么, 到底哪些行可供替换呢? 下面这个命题回答了这个问题.

命题 12.2.3 如果假设 A-1 成立, 则

$$\mathrm{Col}_j(M^*) \neq 0, \quad \forall j. \tag{12.2.8}$$

证明 注意到, M 各行的和为零, 即

$$\sum_{i=1}^{\kappa} \mathrm{Row}_i(M) = 0.$$

则其任何一行均可由其余各行线性表出. 但由假定 A-1, $\mathrm{rank}(M) = \kappa - 1$. 于是可知, M 的任意 $\kappa - 1$ 行均线性无关. 因此, $\mathrm{Col}_j(M^*)$ 中至少有一个非零元素. 结论显见. $\square$

由命题 12.2.3 可知, 在假设 A-1 下, M 的任意一行均允许用于设计零行列式策略.

12.3 有限博弈中的零行列式策略

考虑重复进行的有限博弈 $G \in \mathcal{G}_{[n; k_1, k_2, \cdots, k_n]}$. 假设每个个体均使用马尔可夫策略 P_i, 则该重复博弈的局势转移矩阵为 P.

类似于 12.1 节的过程, 令 $Q := P - I_\kappa$, 则

$$Q = [p^1 - \delta_\kappa^1, p^2 - \delta_\kappa^2, \cdots, p^\kappa - \delta_\kappa^\kappa]$$

$$= \begin{bmatrix} p_1 - (\delta_\kappa^1)^{\mathrm{T}} \\ p_2 - (\delta_\kappa^2)^{\mathrm{T}} \\ \vdots \\ p_\kappa - (\delta_\kappa^\kappa)^{\mathrm{T}} \end{bmatrix},$$

其中 p_r 为矩阵 P 的第 r 行, p^r 为矩阵 P 的第 r 列, 具体形式如下.

$$p_r = p_{(r_1, r_2, \cdots, r_n)}$$

$$= \left[\prod_{i=1}^{n} p_{i, r_i}^1, \prod_{i=1}^{n} p_{i, r_i}^2, \cdots, \prod_{i=1}^{n} p_{i, r_i}^\kappa \right],$$

$$p^r = \begin{bmatrix} p^r_{1,1} \\ p^r_{1,2} \\ \vdots \\ p^r_{1,k_1} \end{bmatrix} \ltimes \begin{bmatrix} p^r_{2,1} \\ p^r_{2,2} \\ \vdots \\ p^r_{2,k_2} \end{bmatrix} \ltimes \cdots \ltimes \begin{bmatrix} p^r_{n,1} \\ p^r_{n,2} \\ \vdots \\ p^r_{n,k_n} \end{bmatrix}.$$

考虑有限博弈 $G \in \mathcal{G}_{[n;k_1,k_2,\cdots,k_n]}$. 针对个体 i 的策略 $j \in A_i$, 定义一个如下的示性向量 $\Gamma_{i,j} \in \mathbb{R}^\kappa$

$$\Gamma_{i,j} = \ltimes^n_{\tau=1}\gamma_\tau, \tag{12.3.1}$$

其中

$$\gamma_\tau = \begin{cases} \mathbf{1}_{k_\tau}, & \tau \neq i, \\ \delta^j_{k_i}, & \tau = i. \end{cases}$$

$\Gamma_{i,j} \in \mathbb{R}^k$ 称为策略提取向量, 它有如下性质.

定理 12.3.1　考虑有限博弈 $G \in \mathcal{G}_{[n;k_1,k_2,\cdots,k_n]}$. 策略提取向量 $\Gamma_{i,j} \in \mathbb{R}^k$ 有如下性质

$$\Gamma^{\mathrm{T}}_{i,j}\mathbf{P} = \sum_{a \in \Phi_{i,j}} \mathrm{Row}_a(\mathbf{P})$$

$$= [p^1_{i,j}, p^2_{i,j}, \cdots, p^\kappa_{i,j}], \quad \forall i \in N, \ \forall j \in A_i, \tag{12.3.2}$$

其中 $\Phi_{i,j} = \{a = (a_1,\cdots,a_n) \in A \mid a_i = j\}$.

证明　根据 $\Gamma_{i,j}$ 的定义, 有

$$\Gamma^{\mathrm{T}}_{i,j}P = \Gamma^{\mathrm{T}}_{i,j}[p^1, p^2, \cdots, p^\kappa]$$

$$= [\Gamma^{\mathrm{T}}_{i,j}p^1, \Gamma^{\mathrm{T}}_{i,j}p^2, \cdots, \Gamma^{\mathrm{T}}_{i,j}p^\kappa].$$

考虑矩阵 P 的第 r 列 p^r, $r = 1, 2, \cdots, \kappa$, 有

$$\Gamma^{\mathrm{T}}_{i,j}p^r = (\ltimes^n_{\tau=1}\gamma^{\mathrm{T}}_\tau)(\ltimes^n_{s=1}p^r_s)$$

$$= (\otimes^n_{\tau=1}\gamma^{\mathrm{T}}_\tau)(\otimes^n_{s=1}p^r_s)$$

$$= \otimes^n_{s=1}(\gamma^{\mathrm{T}}_s p^r_s)$$

$$= p^r_{i,j},$$

其中 $p^r_s = [p^r_{s,1}, p^r_{s,2}, \cdots, p^r_{s,k_s}]^{\mathrm{T}}$ 为个体 s 在上一步局势为 r 的条件的策略向量.

$\square$

考虑公式 (12.2.6) 中归一化的向量 $\mu \in \Upsilon_\kappa$, 对于任意的 $v = [v_1, v_2, \cdots, v_\kappa] \in \mathbb{R}^\kappa$, 容易计算

$$v \cdot \mu \propto \det \begin{bmatrix} p_1 - (\delta_\kappa^1)^{\mathrm{T}} \\ p_2 - (\delta_\kappa^2)^{\mathrm{T}} \\ \vdots \\ p_{k-1} - (\delta_\kappa^{\kappa-1})^{\mathrm{T}} \\ v \end{bmatrix}$$

$$= \det \begin{bmatrix} p_1 - (\delta_\kappa^1)^{\mathrm{T}} \\ \vdots \\ p_{i,j} - \Gamma_{i,j}^{\mathrm{T}} \\ \vdots \\ v \end{bmatrix},$$

其中 $p_{i,j} = [p_{i,j}^1, p_{i,j}^2, \cdots, p_{i,j}^\kappa] \in \mathbb{R}^\kappa$, $\forall i \in N, j \in A_i$. 上式中的等号源于: 将矩阵属于 $\Phi_{i,j}$ 的所有行加到 $\Phi_{i,j}$ 的某一行.

若

$$v = \alpha_0 \mathbf{1}_\kappa^{\mathrm{T}} + \alpha_1 V_1^c + \cdots + \alpha_n V_n^c,$$

则

$$v \cdot \mu = \alpha_0 + \alpha_1 Ec_1 + \alpha_2 Ec_2 + \cdots + \alpha_n Ec_n.$$

如果 $p_{i,j} - \Gamma_{i,j}^{\mathrm{T}} = \beta v$, 则有

$$\alpha_0 + \alpha_1 Ec_1 + \alpha_2 Ec_2 + \cdots + \alpha_n Ec_n = 0. \tag{12.3.3}$$

公式 (12.3.3) 说明, 无论对手取何种策略, 个体 i 均能单独控制如下的加权期望

$$\alpha_1 Ec_1 + \alpha_2 Ec_2 + \cdots + \alpha_n Ec_n.$$

因此, 个体 i 的零行列式策略满足如下的形式

$$p_{i,j} = \beta v + \Gamma_{i,j}^{\mathrm{T}}. \tag{12.3.4}$$

定理 12.3.2 考虑重复博弈 $G \in \mathcal{G}_{[n;k_1,\cdots,k_n]}$, 则个体 i 的零行列式策略有如下形式

$$p_{i,j} = \alpha_0 \mathbf{1}_\kappa^{\mathrm{T}} + V_G \ltimes [\alpha_1, \alpha_2, \cdots, \alpha_n]^{\mathrm{T}} + \Gamma_{i,j}^{\mathrm{T}}, \tag{12.3.5}$$

其中 $\alpha_i \in \mathbb{R}$, $i = 0, 1, 2, \cdots, n$ 是可调节参数, $V_G = [V_1^c, V_2^c, \cdots, V_n^c]$ 是博弈 G 的支付向量.

证明　根据公式 (12.3.4),

$$
\begin{aligned}
p_{i,j} &= \beta v + \Gamma_{i,j}^{\mathrm{T}} \\
&= \beta(\alpha_0 \mathbf{1}_k^{\mathrm{T}} + \alpha_1 V_1^c + \cdots + \alpha_n V_n^c) + \Gamma_{i,j}^{\mathrm{T}} \\
&= \beta\alpha_0 \mathbf{1}_\kappa^{\mathrm{T}} + \sum_{i=1}^n \beta\alpha_i V_i^c + \Gamma_{i,j}^{\mathrm{T}} \\
&:= \widetilde{\alpha}_0 \mathbf{1}_\kappa^{\mathrm{T}} + \sum_{i=1}^n \widetilde{\alpha}_i V_i^c + \Gamma_{i,j}^{\mathrm{T}} \\
&= \widetilde{\alpha}_0 \mathbf{1}_\kappa^{\mathrm{T}} + V_G \ltimes [\widetilde{\alpha}_1, \widetilde{\alpha}_2, \cdots, \widetilde{\alpha}_n]^{\mathrm{T}} + \Gamma_{i,j}^{\mathrm{T}}. \quad (12.3.6)
\end{aligned}
$$

$\square$

定义 12.3.1　考虑重复博弈 $G \in \mathcal{G}_{[n;k_1,\cdots,k_n]}$. 假设个体 i 针对动作 $j \in A_i$ 采取零行列式策略 $p_{i,j}$.

(1) 称零行列式策略 $p_{i,j}$ 是可行的, 若

$$0 \leqslant p_{i,j}^r \leqslant 1, \quad \forall r = 1, 2, \cdots, \kappa.$$

(2) 称零行列式策略 $p_{i,j}$ 是有效的, 若局势转移矩阵 P 满足以下两个条件

$$\lim_{t \to \infty} P^t = \mu \mathbf{1}_\kappa^{\mathrm{T}}, \quad (12.3.7)$$

其中 $\mu \in \Upsilon^\kappa$, 以及

$$\mathrm{rank}(P - I_\kappa) = \kappa - 1, \quad (12.3.8)$$

则根据命题 12.2.2, 可立即得到如下结论:

定理 12.3.3　如果局势转移矩阵 P 是本原的, 则零行列式策略是有效的.

例 12.3.1　考虑重复博弈 $G \in \mathcal{G}_{[3;2,3,2]}$. 假设个体 2 根据策略 1 设计零行列式策略 $p_{2,1}$. 根据公式 (12.3.1), 构造策略提取向量 $\Gamma_{2,1}$ 如下

$$\Gamma_{2,1} = [1, 1, 0, 0, 0, 0, 1, 1, 0, 0, 0, 0]^{\mathrm{T}}.$$

(1) 牵制策略: 假设个体的支付向量分别为

$$V_1^c = [-3, -0.5, 6, 9, 8, 7, -4, -4, -4.5, 5, 6.5, 5, 7],$$

$$V_2^c = [4, -1, -5, 7.5, 2, 3.5, 8, -4, 5, 8, 9, -2],$$

$$V_3^c = [9, 5, -6, -5.5, 5.5, 8, 8.5, 5.5, 0, 0.35, 4.5, 7].$$

令

$$p_{2,1} = 0.1V_1^c - 0.4\mathbf{1}_{12}^{\mathrm{T}} + \Gamma_{2,1}^{\mathrm{T}}$$

$$= [0.3, 0.55, 0.2, 0.5, 0.4, 0.3, 0.2, 0.15, 0.1, 0.25, 0.1, 0.3].$$

容易验证上述零行列式策略是可行的, 且个体 2 通过该策略将个体 1 的期望收益设定为 4.

(2) 敲诈策略: 假设个体的支付向量分别为

$$V_1^c = [16, 11, -4, -8, -2, -10.3, 11.4, 18.5, 1.2, -3, -2.5, 1.5],$$

$$V_2^c = [3, 2, -1, 0, 5, -6, 4, 3, 3, 1, -1, 7],$$

$$V_3^c = [-2.9, 0, 6.8, 7.1, 2, -9.4, -8.2, 0.4, 4.6, 6.1, -2, 2.3].$$

若个体 2 想通过设计零行列式策略实现对个体 1 收益的敲诈, 即实现如下的目的

$$Ec_2 - a = b(Ec_1 - a).$$

不妨设 $a = 1, b = 1.1$. 为实现此目的, 个体 2 需要设计如下的策略

$$p_{2,1} - \Gamma_{2,1}^{\mathrm{T}} = \xi[(V_2^c - a\mathbf{1}_{12}^{\mathrm{T}}) - b(V_1 - a\mathbf{1}_{12}^{\mathrm{T}})].$$

容易验证, 当 $\xi = 0.05$ 时,

$$p_{2,1} = [0.275, 0.5, 0.175, 0.445, 0.365, 0.2715, 0.178,$$

$$0.1375, 0.089, 0.22, 0.0925, 0.2725].$$

该零行列式策略是可行的.

12.4 在网络演化博弈中的应用

本节考虑如何针对网络演化博弈设计零行列式策略, 提出了基于虚拟对手玩家 (fictitious opponent player) 的设计方法.

12.4.1 虚拟对手玩家

回忆第 3 章中网络演化博弈的定义. 一个网络演化博弈可以用一个三元组 $G^{ne} = ((N,E),G,\Pi)$ 表示, 其中 (N,E) 是网络演化博弈的网络图, 其结点集合为玩家集合 N, 而 $E \subset N \times N$ 为边的集合; G 是一个二人对称博弈, 称为基本网络博弈, 边 $(i,j) \in E$ 中的玩家进行基本网络博弈; Π 是策略更新规则, 用以描述每个玩家如何利用邻居信息更新其策略.

考虑玩家 i, 假设其邻居个数为 $\deg(i) = d$. 玩家 i 在更新其策略时, 将其他所有玩家 $-i =: N\backslash\{i\}$ 视为一个整体玩家, 称为玩家 i 的虚拟对手玩家. 假设基本网络博弈中个体的策略集合为 $A = \{a_1, a_2, \cdots, a_r\}$. 于是玩家 i 对手的策略集合为 $A_{-i} := A^d$, 策略个数为 r^d.

实际上, 我们没必要区分不同的邻居. 因此, 对于玩家 i 对手 $-i$ 的策略 $a_{-i} \in A$ 也可等价地表示为

$$a_{-i} \sim (d_1, d_2, \cdots, d_r),$$

其中 d_j 是玩家 i 的邻居中选择策略 a_j 的邻居个数. 在这个等价表示下, 对手 $-i$ 的策略集合可以表示为

$$A_{-i} \sim S_{-i} = \left\{ (d_1, d_2, \cdots, d_r) \,\middle|\, d_j \geqslant 0, \ \sum_{j=1}^{r} d_j = d \right\}.$$

容易验证, 如果忽视不同玩家的循序, $-i$ 的策略个数从 r^d 降为

$$\frac{(r+d-1)!}{(r-1)!d!}.$$

从玩家 i 的角度, 网络演化博弈等价于他自己和玩家 $-i$ 的两人博弈. 当个体 i 采取策略 a_i, 其对手玩家 $-i$ 采取策略 a_{-i} 时, 他们的收益函数, 记作 c_i 和 c_{-i}, 分别为

$$
\begin{aligned}
c_i(a_i, a_{-i}) &= \sum_{j=1}^{r} d_j c_i(a_i, a_j). \\
c_{-i}(a_i, a_{-i}) &= \sum_{j=1}^{r} d_j c_j(a_i, a_j).
\end{aligned}
\tag{12.4.1}
$$

可以看出, 虚拟对手玩家表示很适于设计零行列式策略. 因为该表示对网络结构和大小无影响, 只要整个网络存在唯一的平稳分布即可.

12.4.2 网络演化博弈的零行列式策略

下面通过一个例子来说明如何针对网络演化博弈设计零行列式策略. 考虑一个网络演化囚徒困境, 其网络结构如图 12.4.1 所示. 表 12.4.1 为囚徒困境的支付双矩阵, 其中 $T > R > S > P$.

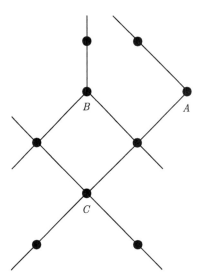

图 12.4.1 网络演化囚徒困境

表 **12.4.1** 囚徒困境的支付双矩阵

P_1 ╲ P_2	C	D
C	R, R	S, T
D	T, S	P, P

(i) 考虑玩家 A, 由于 $\deg(A) = 2$, 其对手 $-A$ 的策略集合为

$$\{CC, CD, DD\}.$$

根据公式 (12.4.1), 可以计算 c_A 和 c_{-A} 的结构向量分别如下

$$V_A^c = [2R, R + S, 2S, 2T, T + P, 2P],$$

$$V_{-A}^c = [2R, R + T, 2T, 2S, S + P, 2P].$$

根据公式 (12.3.1), 构造策略提取向量 $\Gamma_{A,1}$ 如下

$$\Gamma_{A,1} = [1, 1, 1, 0, 0, 0]^{\mathrm{T}}.$$

若玩家 A 使用牵制策略, 使得 $Ec_{-A} = r$, 则其零行列式策略可以设计为

$$p_{1,1} = \mu(V_{-A} - r\mathbf{1}_6^{\mathrm{T}}) - \Gamma_{A,1}^{\mathrm{T}}.$$

若玩家 A 使用敲诈策略, 使得 $Ec_A - r = a(Ec_{-A} - r)$, 则其零行列式策略可以设计为

$$p_{1,1} = \mu[(V_A - r\mathbf{1}_6^{\mathrm{T}}) - a(V_{-A} - r\mathbf{1}_6^{\mathrm{T}})] - \Gamma_{A,1}^{\mathrm{T}}.$$

(ii) 考虑玩家 B, 由于 $\deg(B) = 3$, 其对手 $-B$ 的策略集合为

$$\{CCC, CCD, CDD, DDD\}.$$

根据公式 (12.4.1), 可以计算 c_B 和 c_{-B} 的结构向量分别如下

$$V_B^c = [3R, 2R + S, R + 2S, 3S, 3T, 2T + P, T + 2P, 3P],$$

$$V_{-B}^c = [3R, 2R + T, R + 2T, 3T, 3S, 2S + P, S + 2P, 3P].$$

根据公式 (12.3.1), 构造策略提取向量 $\Gamma_{B,1}$ 如下

$$\Gamma_{B,1} = [1, 1, 1, 1, 0, 0, 0, 0]^{\mathrm{T}}.$$

若玩家 B 使用牵制策略, 使得 $Ec_{-B} = r$, 则其零行列式策略可以设计为

$$p_{1,1} = \mu(V_{-B} - r\mathbf{1}_8^{\mathrm{T}}) - \Gamma_{B,1}^{\mathrm{T}}.$$

若玩家 B 使用敲诈策略, 使得 $Ec_B - r = a(Ec_{-B} - r)$, 则其零行列式策略可以设计为

$$p_{1,1} = \mu[(V_B - r\mathbf{1}_8^{\mathrm{T}}) - a(V_{-B} - r\mathbf{1}_8^{\mathrm{T}})] - \Gamma_{B,1}^{\mathrm{T}}.$$

(iii) 考虑玩家 C, 由于 $\deg(C) = 3$, 其对手 $-C$ 的策略集合为

$$\{(CCCC), (CCCD), (CCDD), (CDDD), (DDDD)\}.$$

根据公式 (12.4.1), 可以计算 c_C 和 c_{-C} 的结构向量分别如下

$$V_C^c = (4R, 3R + S, 2R + 2S, R + 3S, 4S, 4T,$$
$$3T + P, 2T + 2P, T + 3P, 4P),$$

$$V_{-C}^c = (4R, 3R + T, 2R + 2T, R + 3T, 4T, 4S,$$
$$3S + P, 2S + 2P, S + 3P, 4P).$$

根据公式 (12.3.1), 构造策略提取向量 $\Gamma_{C,1}$ 如下

$$\Gamma_{C,1} = [1,1,1,1,1,0,0,0,0,0]^{\mathrm{T}}.$$

若玩家 C 使用牵制策略, 使得 $Ec_{-C} = r$, 则其零行列式策略可以设计为

$$p_{1,1} = \mu(V_{-C} - r\mathbf{1}_{10}^{\mathrm{T}}) - \Gamma_{C,1}^{\mathrm{T}}.$$

若玩家 C 使用敲诈策略, 使得 $Ec_C - r = a(Ec_{-C} - r)$, 则其零行列式策略可以设计为

$$p_{1,1} = \mu[(V_C - r\mathbf{1}_{10}^{\mathrm{T}}) - a(V_{-C} - r\mathbf{1}_{10}^{\mathrm{T}})] - \Gamma_{C,1}^{\mathrm{T}}.$$

第 13 章 连续策略势博弈的量化方法

本书研究的主要对象是有限博弈, 即每个玩家只有有限个策略. 虽然这种博弈大量存在, 但其实, 特别是在经济行为中, 具有无穷策略的博弈也大量存在. 例如, 策略集为实数集上的一个闭区间, 而支付函数为其上连续函数的博弈, 这种博弈称为连续博弈. 虽然有限博弈与连续博弈在讨论问题和解决方案上有许多共通之处, 但是, 矩阵半张量积方法还是难以直接应用到连续博弈中去.

本章是全书中仅有的讨论连续博弈的一章, 介绍如何将连续博弈量化为有限博弈, 从而使矩阵半张量积方法应用到连续博弈. 本章的内容主要根据 [59].

13.1 连续博弈

定义 13.1.1 考察一个非合作博弈 $G = (N, S, C)$, 这里, $N = \{1, 2, \cdots, n\}$ 为玩家集合, $S = \prod_{i=1}^{n} S_i$ 为局势集合, $C = (c_1, c_2, \cdots, c_n)$ 为支付函数集合.

(i) 如果 $S_i = \{1, 2, \cdots, k_i\}$, G 是有限博弈.

(ii) 如果 $S_i = \{1, 2, \cdots\}$, G 是可数博弈.

(iii) 如果 $S_i = [a_i, b_i]$, $i = 1, 2, \cdots, n$ 为 $\mathbb{R}$ 上的闭区间, 并且, $c_i : S \to \mathbb{R}$ 为连续函数, 则 G 为连续博弈.

可数博弈的一些例子可见文献 [9]. 它在理论上并不重要, 许多可数博弈可直接用连续博弈的方法来处理. 下面这个例子就是这样的博弈.

例 13.1.1 (古诺双寡头垄断模型) 古诺双寡头垄断模型是由法国经济学家古诺在 1838 年提出来的, 是纳什均衡应用的最早版本.

两个公司生产同一种产品. 其产量为其策略, 即

$$S_1 = \{q_1 \mid q_1 \in [0, \infty)\},$$
$$S_2 = \{q_2 \mid q_2 \in [0, \infty)\}.$$

记 $Q = q_1 + q_2$, 则市场出清价 (market-clearing price) 定义如下:

$$P(Q) = \begin{cases} a - Q, & Q < a, \\ 0, & Q \geqslant a. \end{cases}$$

设单位生产成本为 u, 则两个公司生产成本分别为

$$U_i = uq_i, \quad i = 1, 2.$$

于是两公司的支付函数分别为

$$c_i(q_1, q_2) = q_i(P(q_1 + q_2) - u)$$

$$= q_i(a - (q_1 + q_2) - u), \quad i = 1, 2. \tag{13.1.1}$$

这个博弈的纳什均衡点 (s_1^*, s_2^*), 满足

$$c_i(s_1^*, s_2^*) \geqslant c_i(s_i, s_{-i}^*).$$

求解

$$\frac{\partial c_i}{\partial s_j} = 0, \quad i, j = 1, 2,$$

可得纳什均衡点:

$$q_1^* = q_2^* = \frac{a - u}{3}.$$

本章以势博弈为例, 通过量化方法, 将连续博弈转用有限博弈逼近, 这种方法也就是有限元方法. 第 6 章详细介绍了有限势博弈的性质和判定方法, 给出了验证该类博弈为精确势博弈的条件.

定理 13.1.1 [99] 给定一个连续策略博弈 $G = (N, S, C)$. 那么

(i) G 是一个连续势博弈, 当且仅当

$$\frac{\partial^2 c_j}{\partial x_i \partial x_j} = \frac{\partial^2 c_i}{\partial x_i \partial x_j}, \quad \forall\, i, j \in N. \tag{13.1.2}$$

(ii) 令 x_0 为任意一个给定的局势, $\gamma : [0, 1] \to S$ 是一个分段连续可微的路径, 满足 $\gamma(1) = x$ 和 $\gamma(0) = x_0$. 如果 (13.1.2) 成立, 则势函数 P 的计算公式为

$$P(x) := \int_0^t \sum_{j=1}^n \frac{\partial^2 c_j}{\partial x_j}(\gamma(t))\gamma_j'(t)dt. \tag{13.1.3}$$

该定理对支付函数的要求较高, 既要满足二阶连续可微性, 又要满足 (13.1.3). 如果弱化支付函数的条件至 $c_i \in C^0(S)$, $i = 1, \cdots, n$, 即仅满足连续性, 那么就不能使用 (13.1.2) 来判断一个连续策略博弈是否为势博弈, (13.1.3) 也不能用来计算相关势函数. 另外, 即使支付函数满足定理中的条件, 通过 (13.1.3) 计算势函数也会造成较大的计算复杂度.

本章考虑支付函数满足连续性的连续策略势博弈, 将每个策略集合 S_i 量化为一个有限集合 I_i, 并将连续策略势博弈限制在有限局势集合 $A = \prod_{i=1}^n I_i$ 上, 然后利用有限势博弈理论去解决连续策略势博弈问题, 构造其连续势函数的数值逼近解.

13.2　有限势子博弈

给定一个连续博弈 $G = (N, S, C)$, 它包含 3 个部分: $N = \{1, 2, \cdots, n\}$ 是玩家集合; $S = \prod_{i=1}^{n} S_i$ 是局势集合, 其中 S_i 是玩家 i 的策略集合, 它是距离空间的一个非空的连通集, 为简便计, 可设它为 $\mathbb{R}$ 上的一个闭区间. 一般假设它是实数域上的一个闭区间; $C = \{c_1, c_2, \cdots, c_n\}$ 是支付函数集合, 不难发现, 有限博弈可以看作连续策略博弈的离散形式.

定义 13.2.1　令 $G = (N, S, C)$ 为一个连续策略博弈. 如果存在一个有限博弈 $\widetilde{G} = (N, \widetilde{S}, \widetilde{C})$ 满足

(i) $\widetilde{S}_i = \{1, \cdots, k_i\} \subset S_i$;

(ii) $\widetilde{c}_i(s) = c_i(s), \forall s \in \widetilde{S}(= \prod_{i=1}^{n} \widetilde{S}_i)$,

则称 $\widetilde{G}$ 为 G 的一个有限子博弈.

根据定义 6.1.1 和定义 13.2.1, 我们有下面的结论.

命题 13.2.1　给定一个连续策略博弈 $G = (N, S, C)$. 如果 G 是一个连续策略势博弈, 其势函数为 $P : S \to \mathbb{R}$, 则它的任意一个有限子博弈 $\widetilde{G}$ 都是有限势博弈, 且势函数 $\widetilde{P} : \widetilde{S} \to \mathbb{R}$ 满足

$$\widetilde{P}(s) = P(s), \quad \forall s \in \widetilde{S}.$$

目标函数的连续性是利用插值方法对其进行数值逼近的基本条件, 即对于一个给定函数 f, 如果想使用插值方法构造一个函数来逼近 f, 则 f 必须是一个连续函数. 而我们的研究对象是支付函数满足连续性的连续策略势博弈, 此时势函数是连续函数吗? 下面的结果, 保证了本章研究对象和研究方法的合理性和有效性.

引理 13.2.1　给定一个连续策略势博弈 $G = (N, S, C)$. 如果每个支付函数 c_i 都是连续函数, 那么它的势函数 $P : S \to \mathbb{R}$ 也是连续的.

13.3　n 元线性插值算法

考虑一个连续策略博弈 $G = (N, S, C)$, 设策略集合为 $S_i = [a_i, b_i]$, $i = 1, 2, \cdots, n$. 在 S_i 中选取部分点并记作 $A_i := \{x^i\} := \{x_1^i, x_2^i, \cdots, x_{n_i}^i\}$, 且满足 $a_i = x_1^i < x_2^i < \cdots < x_{n_i}^i = b_i$. 根据定义 13.2.1 知, $\widetilde{G} = (N, A, \widetilde{C})$ 是 G 的一个子博弈, 其中 $N = \{1, 2, \cdots, n\}$, $A = \prod_{i=1}^{n} A_i \subset S$, $\widetilde{c}_i = c_i|_A : A \to \mathbb{R}$. 对有限博弈 $\widetilde{G}$, 利用定理 6.2.1 可验证它是否为势博弈. 如果是, 由 (6.2.9) 可计算其势函数 $\widetilde{P}$.

接下来, 对一个给定的连续策略势博弈, 我们将基于子博弈的势函数, 利用线性扩张的方法构造 n 元线性插值函数来逼近连续势函数, 具体算法如下.

算法 13.3.1 (i) 令 $x = \{x_1, x_2, \cdots, x_n\} \in S$ 为一个局势. 对每一个 x_i, 必定存在两个点 $x^i_{m_i}, x^i_{m_i+1} \in A_i$, 使得

$$x^i_{m_i} \leqslant x_i \leqslant x^i_{m_i+1}, \quad m_i = 1, \cdots, n_i - 1, \quad i = 1, 2, \cdots, n.$$

那么, 对每个 x_i, 存在唯一的非负实数 $\mu_i \in [0, 1]$, 满足

$$x_i = \mu_i x^i_{m_i} + (1 - \mu_i) x^i_{m_i+1}$$

$$:= \omega^1_i x^i_{m_i} + \omega^2_i x^i_{m_i+1}. \tag{13.3.1}$$

记 $\omega^1_i = \mu_i$, $\omega^2_i = 1 - \mu_i$, 并分别称之为 $x^i_{m_i}$ 和 $x^i_{m_i+1}$ 的权重.

(ii) 分别将所有 x_i 对应的 $x^i_{m_i}$, $x^i_{m_i+1}$ 和 ω^1_i, ω^2_i 放在一起, 记作

$$W := \{(\omega^1_1, \omega^2_1), (\omega^1_2, \omega^2_2), \cdots, (\omega^1_n, \omega^2_n)\};$$

$$D := \{(x^1_{m_1}, x^1_{m_1+1}), (x^2_{m_2}, x^2_{m_2+1}), \cdots, (x^n_{m_n}, x^n_{m_n+1})\}$$

$$:= \{x^{(1,1)}, x^{(1,2)}, x^{(2,1)}, x^{(2,2)}, \cdots, x^{(n,1)}, x^{(n,2)}\}.$$

定义 n 元线性插值函数 f 如下:

$$f(x_1, x_2, \cdots, x_n) := \sum_{t_i \in \{1, 2\}} \omega^{t_1}_1 \cdots \omega^{t_n}_n \widetilde{P}(x^{(1,t_1)}, \cdots, x^{(n,t_n)}). \tag{13.3.2}$$

容易验证, 它满足下面两个性质:

a. 对每个玩家 $i \in N$, 对任意局势 $x = (x_1, x_2, \cdots, x_n) \in A$, 有

$$f(x_1, x_2, \cdots, x_n) = \widetilde{P}(x_1, x_2, \cdots, x_n);$$

b.

$$\sum_{t_i \in \{1, 2\}} \omega^{t_1}_1 \omega^{t_2}_2 \cdots \omega^{t_n}_n = 1.$$

下面, 我们进一步简化 f 的表示式.

(iii) 将数组 $(\omega^{t_1}_1, \omega^{t_2}_2, \cdots, \omega^{t_n}_n)$ 按照上标表示为 $(t_1, t_2, \cdots, t_n)$. 令

$$T := \{(t_1, t_2, \cdots, t_n) \mid t_i \in \{1, 2\}, \ i = 1, 2, \cdots, n\}. \tag{13.3.3}$$

按照字典序排列 T 中的元素如下:

$$T := \{(1, \cdots, 1, 1), (1, \cdots, 1, 2), \cdots, (2, \cdots, 2, 2)\}$$

$$:= \{l_1, l_2, \cdots, l_{2^n}\}, \tag{13.3.4}$$

其中 $l_j := (l_j^1, l_j^2, \cdots, l_j^n)$.

(iv) 记

$$
\begin{aligned}
\omega_{l_j} &:= \omega_1^{l_j^1} \omega_2^{l_j^2} \cdots \omega_n^{l_j^n}, \\
x_{l_j} &:= (x^{(1, l_j^1)}, x^{(2, l_j^2)}, \cdots, x^{(n, l_j^n)}).
\end{aligned}
\tag{13.3.5}
$$

利用 (13.3.4) 和 (13.3.5), 可将 (13.3.2) 写成如下形式:

$$
f(x_1, x_2, \cdots, x_n) := \sum_{j=1}^{2^n} \omega_{l_j} \widetilde{P}(x_{l_j}),
\tag{13.3.6}
$$

其中 $\sum_{j=1}^{2^n} \omega_{l_j} = 1$.

例 13.3.1 (古诺垄断博弈)　考虑两个公司之间的对称竞争, 其中竞争产品的数量为 $x_i \in S_i = [0, 1]$, $i = 1, 2$, 两个公司的支付函数分别为

$$
c_i(x_1, x_2) := (2 - x_1 - x_2) x_i - x_i.
$$

在 [99] 中已经证明, 古诺垄断博弈是一个连续策略势博弈.

假设在 S_1, S_2 中选取的样本点集合分别为 $\{x^1\} = \{0, 0.1, 0.2, 0.3, 0.4, 1\}$, $\{x^2\} = \{0, 0.2, 0.3, 0.4, 0.5, 1\}$. 利用 (6.2.9), 我们可以得到基于这些样本点的有限子博弈的势函数. 这里, 仅给出后面计算中所需要的部分函数值:

$$
\widetilde{P}(0.2, 0.4) = 0.32, \quad \widetilde{P}(0.2, 0.5) = 0.31, \quad \widetilde{P}(0.3, 0.4) = 0.33, \quad \widetilde{P}(0.3, 0.5) = 0.31.
$$

对局势 $(x_1, x_2) = (0.24, 0.47)$, 计算可得

$$
\begin{aligned}
& x^{(1,1)} = 0.2, \quad x^{(1,2)} = 0.3, \quad \omega_1^1 = 0.6, \quad \omega_1^2 = 0.4; \\
& x^{(2,1)} = 0.4, \quad x^{(2,2)} = 0.5, \quad \omega_2^1 = 0.3, \quad \omega_2^2 = 0.7; \\
& T = \{l_1 = (l_1^1, l_1^2) = (1,1), \quad l_2 = (l_2^1, l_2^2) = (1,2), \\
& \qquad l_3 = (l_3^1, l_3^2) = (2,1), \quad l_4 = (l_4^1, l_4^2) = (2,2)\}.
\end{aligned}
$$

根据 (13.3.6), 我们有

$$
\begin{aligned}
f(0.24, 0.47) &= (0.6 \times 0.3)\widetilde{P}(0.2, 0.4) + (0.6 \times 0.7)\widetilde{P}(0.2, 0.5) \\
&\quad + (0.4 \times 0.3)\widetilde{P}(0.3, 0.4) + (0.4 \times 0.7)\widetilde{P}(0.3, 0.5) = 0.3142.
\end{aligned}
$$

下面, 我们来证明根据算法 13.3.1 构造的 n 元线性插值函数的收敛性.

令

$$
\Delta h = \max_{i=1,2,\cdots,n} \max_{j=2,3,\cdots,n} \{x_j^i - x_{j-1}^i\}.
$$

命题 13.3.1 给定一个连续策略势博弈 $G = (N, S, C)$, 其势函数为 $P : S \to R$. 对于任意一个局势 $x = (x_1, x_2, \cdots, x_n) \in S$, 我们有

$$f(x) \to P(x) + c, \quad \Delta h \to 0^+, \tag{13.3.7}$$

其中 $c \in \mathbb{R}$ 是一个固定的参数.

证明 由函数 f 和势函数 P 的连续性可得结论, 具体推导留给读者. □

例 13.3.2 回顾例 13.3.1. 假设样本点 $\{x^1\}$ 和 $\{x^2\}$ 分别如下:

$$\{x^1\} = \{0, 0.1, 0.15, 0.2, 0.22, 0.27, 0.3, 0.4, 0.45, 0.52, 0.63, 0.71, 1\},$$
$$\{x^2\} = \{0, 0.2, 0.24, 0.3, 0.33, 0.4, 0.42, 0.5, 0.57, 0.68, 0.76, 0.86, 1\}.$$

容易计算

$$0.24 = 0.6 \times 0.22 + 0.4 \times 0.27, \quad 0.47 = 0.375 \times 0.42 + 0.625 \times 0.5,$$
$$\widetilde{P}(0.22, 0.42) = 0.3228, \quad \widetilde{P}(0.22, 0.5) = 0.3116,$$
$$\widetilde{P}(0.27, 0.42) = 0.3273, \quad \widetilde{P}(0.27, 0.5) = 0.3121.$$

从而 $f(0.24, 0.47) = 0.3166$.

在 [99] 中, D. Monderer 和 Shapley 给出古诺垄断博弈的连续势函数为

$$P(x_1, x_2) := -x_1^2 - x_2^2 - x_1 x_2 + x_1 + x_2 + c,$$

其中 c 是一个常量.

在此例中, 不难验证 $c = 0$. 局势 $(0.24, 0.47)$ 对应的精确势函数值为 $P(0.24, 0.47) = 0.3187$. 与例 13.3.1 对比可知, 通过在区间 $[0.2, 0.3]$ 和 $[0.4, 0.5]$ 内选取更多的样本点, 局势 $(0.24, 0.47)$ 对应的插值函数值更接近精确势函数值.

13.4 合并插值算法

通过例 13.3.1 和例 13.3.2 可以看出, 随着样本点个数的增加, 线性插值函数的准确性也逐步提高. 这是一个非常显然的事实. 但是, 不可否认的是, 当每个策略集合中所取样本点的数量增加至两倍时, 即 S_i 的样本点个数从 n_i 增加至 $2n_i$, 计算复杂度将增加至原来的 2^n 倍, 这种指数型增长大大降低了算法 13.3.1 的有效性. 本节中, 基于算法 13.3.1, 我们提出一个新的算法——合并插值, 从而使计算复杂度仅增长至原来的 2 倍.

假设策略集合 S_i 中选取的样本点集合为

$$X_i := \{x^i\} = \{x_1^i, x_2^i, \cdots, x_{n_i}^i\} \subset S_i, \quad i = 1, \cdots, n,$$

得到子博弈 G, 记其局势集合为 $A_X := \prod_{i=1}^n X_i$, 势函数为 $\widetilde{P}_X : A_X \to \mathbb{R}$. 根据算法 13.3.1, 我们可以得到 n 元线性插值函数 $f_1(x)$.

类似地, 重新选择样本点集合

$$Z_j := \{z^j\} = \{z_1^j, z_2^j, \cdots, z_{m_j}^j\} \subset S_j, \quad j = 1, \cdots, n,$$

相应地, 记局势集合为 $A_Z := \prod_{j=1}^n Z_j$, 势函数为 $\widetilde{P}_Z : A_Z \to \mathbb{R}$. 重复上述过程, 可得到另外一个 n 元线性插值函数 $f_2(x)$.

由势函数的唯一性可知, 存在一个常数 C, 使得

$$\widetilde{P}_Z - \widetilde{P}_X = C.$$

事实上, 在两次取点过程中, 都会取到端点值 a_i, b_i, 即

$$x_1^i = z_1^i = a_i, \ x_{n_i}^i = z_{m_i}^i = b_i, \quad i = 1, 2, \cdots, n.$$

那么, 在局势集合 A_X 和 A_Z 中, 至少存在两个相同的局势, 分别是 $a := (a_1, a_2, \cdots, a_n)$, $b := (b_1, b_2, \cdots, b_n)$. 根据定理 6.1.1, 计算可得

$$C = \widetilde{P}_Z(a) - \widetilde{P}_X(a) \quad (\text{或 } C = \widetilde{P}_Z(b) - \widetilde{P}_X(b)).$$

把所有样本点放在一起, 得到一个新的集合:

$$\Xi := \left\{ \{\xi^1\}, \cdots, \{\xi^n\} \right\}, \tag{13.4.1}$$

其中

$$\Xi_i := \{\xi^i\} = (\{x^i\} \cup \{z^i\}) \subset S_i, \quad i = 1, 2, \cdots, n.$$

显然, Ξ 是由两次在策略集合 S_i 中所取样本点构成的集合.

令由策略集合 Ξ 构成的局势集合为

$$A_\Xi := \prod_{i=1}^n \Xi_i := \{\xi_1, \xi_2, \cdots, \xi_\alpha\},$$

其中 $\alpha = \prod_{i=1}^n |\Xi_i|$.

下面, 我们考虑任意一个局势

$$\xi = (\zeta^1, \cdots, \zeta^n) \in A_\Xi,$$

显然,

$$\zeta^k \in \{x_1^k, \cdots, x_{n_k}^k; z_1^k, \cdots, z_{m_k}^k\} = \{\xi^k\}.$$

不妨设 $\#(k \mid \zeta^k \in \{x^k\}) = \mu_\xi$, 则 $\#(k \mid \zeta^k \in \{z^k\}) = n - \mu_\xi$.

定义 ξ 处的函数值如下:

$$\widetilde{P}(\xi) := \frac{\mu_\xi}{n} f_1(\xi) + \left(1 - \frac{\mu_\xi}{n}\right)(f_2(\xi) - C). \tag{13.4.2}$$

将 Ξ 作为从策略集合 S_i 中选取的样本点集合, $\widetilde{P}(\xi)$ 作为子博弈的势函数, 根据算法 13.3.1, 我们可以构造一个新的 n 元线性插值函数来逼近连续势函数. 这种利用 (13.4.2) 式将两个 n 元线性插值函数结合在一起的方法叫做合并插值算法.

注 (i) 如果 $(\{x^k\} \cap \{z^k\}) \neq \varnothing$, 不妨设 $\zeta^k \in (\{x^k\} \cap \{z^k\})$, 那么 ζ^k 或者被算入 $\{x^k\}$, 或者被算入 $\{z^k\}$, 但只能被考虑一次. 由 n 元线性插值函数的连续性可知, 无论从哪个角度考虑 ζ^k, 都不影响利用合并插值算法构造的 n 元线性插值函数的收敛性. 然而, 为了插值函数更加准确地逼近、更加快速地收敛到连续势函数, 我们规定

$$\widetilde{P}(\xi) = \begin{cases} \widetilde{P}_X, & \xi \in A_X, \\ \widetilde{P}_Z - C, & \xi \in A_Z. \end{cases}$$

(ii) 本节以合并两个 n 元线性插值函数为例给出了合并插值算法的具体过程. 事实上, 该方法可以用来处理多个线性插值函数的合并. 简单地说, 假设在策略集合 S_i 中分别选取 m 组样本点, 并将样本点放在一起, 记作

$$Y_j = \{\{Y^i\}_j \mid i = 1, 2, \cdots, n\}, \quad j = 1, 2, \cdots, m,$$

其中 $\{Y^i\}_j$ 是在 S_i 中第 j 次选取的样本点集合. 则

$$\Xi_i := \{\xi^i\} = \bigcup_{j=1}^m \{Y^i\}_j \subset S_i, \quad i = 1, 2, \cdots, n,$$

且局势集合为

$$A_\Xi := \prod_{i=1}^n \Xi_i.$$

对任意一个局势 $\xi = (\zeta^1, \cdots, \zeta^n) \in A_\Xi$, 令

$$\#(k \mid \zeta^k \in \{Y^k\}_j) = \mu_\xi^j, \quad \sum_{j=1}^m \mu_\xi^j = 1, \quad C_j = \widetilde{P}_{Y_j}(a) - \widetilde{P}_{Y_1}(a).$$

则插值函数为

$$\widetilde{P}(\xi) := \frac{\mu_\xi^1}{n} f_1(\xi) + \frac{\mu_\xi^2}{n}(f_2(\xi) - C_2) + \cdots + \frac{\mu_\xi^m}{n}(f_m(\xi) - C_m). \tag{13.4.3}$$

例 13.4.1　令例 13.3.1 中 $S_i = [0, 2]$, $i = 1, 2$. 假设

$$A_X = [0, 1, 2] \times [0, 1, 2],$$
$$A_Z = [0, 0.5, 1.5, 2] \times [0, 0.5, 1.5, 2].$$

相应的势函数 f_X 和 f_Z 分别如表 13.4.1 和表 13.4.2 所示.

表 13.4.1　定义在 A_X 上的势函数

a	(0,0)	(0,1)	(0,2)	(1,0)	(1,1)	(1,2)	(2,0)	(2,1)	(2,2)
P	0	0	-2	0	-1	-4	-2	-4	-8

表 13.4.2　定义在 A_Z 上的势函数

a	(0,0)	(0,0.5)	(0,1.5)	(0,2)	(0.5,0)	(0.5,0.5)	(0.5,1.5)	(0.5,2)
P	1	1.25	0.25	-1	1.25	1.25	0.25	-1.75
a	(1.5,0)	(1.5,0.5)	(1.5,1.5)	(1.5,2)	(2,0)	(2,0.5)	(2,1.5)	(2,2)
P	0.25	0.25	-2.75	-4.75	-1	-1.75	-4.75	-7

将选取的样本点放在一起, 得

$$A_\Xi = [0, 0.5, 1, 1.5, 2] \times [0, 0.5, 1, 1.5, 2].$$

将 P_X 和 P_Z 分别代入 (13.3.6), 利用算法 13.3.1 可得 n 元线性插值函数 f_X 和 f_Z, 分别如表 13.4.3 的第二行和第三行所示.

表 13.4.3　基于 f 的线性插值

ξ	(0,0)	(0,0.5)	(0,1)	(0,1.5)	(0,2)
f_X	0	0	0	-1	-2
f_Z	1	1.25	0.75	0.25	-1
$\widetilde{P}_\Xi$	0	0.25	0	-0.75	-2
ξ	(0.5,0)	(0.5,0.5)	(0.5,1)	(0.5,1.5)	(0.5,2)
f_X	0	-0.25	-0.5	-1.75	-3
f_Z	1.25	1.25	0.75	0.25	-1.75
$\widetilde{P}_\Xi$	0.25	0.25	-0.375	-0.75	-2.75
ξ	(1,0)	(1,0.5)	(1,1)	(1,1.5)	(1,2)
f_X	0	-0.5	-1	-2.5	-4
f_Z	0.75	0.75	-0.25	-1.25	-3.25
$\widetilde{P}_\Xi$	0	0.125	-1	-2.375	-4
ξ	(1.5,0)	(1.5,0.5)	(1.5,1)	(1.5,1.5)	(1.5,2)
f_X	-1	-1.75	-2.5	-4.25	-6
f_Z	0.25	0.25	-1.25	-2.75	-4.75
$\widetilde{P}_\Xi$	-0.75	-0.75	-2.375	-3.75	-5.75
ξ	(2,0)	(2,0.5)	(2,1)	(2,1.5)	(2,2)
f_X	-2	-3	-4	-6	-8
f_Z	-1	-1.75	-3.25	-4.75	-7
$\widetilde{P}_\Xi$	-2	-2.75	-4	-5.75	-8

　　不难计算 $C = 1$. 然后, 通过将 f_X 和 f_Z 代入 (13.4.2), 计算可得 $\widetilde{P}(\xi)$, $\xi \in \Xi$, 如表 13.4.3 的第四行所示. 基于 $\widetilde{P}(\xi)$, $\xi \in \Xi$, 通过线性扩张的方法, 我们可以构造 n 元线性插值函数去逼近连续势函数. 例如, 对局势 $(0.3, 1.2)$, 其精确函数值为 $P(0.3, 1.2) = -0.39$, 插值函数值为

$$f_X(0.3, 1.2) = -0.76, \quad f_Z(0.3, 1.2) = -0.4375, \quad f_\Xi = -0.435.$$

显然, 合并插值算法的结果更精确.

13.5　ε-势博弈

　　定义 13.5.1　给定一个博弈 $G = (N, S, C)$. 如果存在一个函数 $P : S \to \mathbb{R}$ 和一个常量 $\epsilon \in \mathbb{R}$, 使得对每一个 $i \in N$, 对每一个 $s_{-i} \in S_{-i}$ 和任意 s_i, $s_i' \in S_i$, 有

$$|c_i(s_i, s_{-i}) - c_i(s_i', s_{-i}) - P(s_i, s_{-i}) + P(s_i', s_{-i})| \leqslant \epsilon, \quad (13.5.1)$$

则称 G 为 ϵ-势博弈, 函数 P 为 ϵ-势函数.

　　定义 13.5.2　给定一个博弈 $G = (N, S, C)$. 设局势 $s^* = (s_1^*, s_2^*, \cdots, s_n^*)$. 如果对每个 $i \in N$, 对任意 $s_i \in S_i$, 有

$$c_i(s_i^*, s_{-i}^*) \geqslant c_i(s_i, s_{-i}^*) - \epsilon, \quad (13.5.2)$$

则称 s^* 为 ϵ-纳什均衡. 特别地, 当 $\epsilon = 0$ 时, s^* 为纯纳什均衡.

　　定理 13.5.1　给定势博弈 $G = (N, S, C)$ 和 ϵ-势博弈 $G' = (N, S, C')$. 设函数 $P : S \to \mathbb{R}$ 既是 G 的势函数, 又是 G' 的 ϵ-势函数. 如果局势 s^* 是 G 的纯纳什均衡, 则它也是 G' 的一个 ϵ-纳什均衡.

　　证明　既然 s^* 是势博弈 G 的一个纳什均衡, 由势博弈和纳什均衡的定义可知, 对每一个玩家 i, 对每一个 $s_i \in S_i$ 和任意 $s_{-i} \in S_{-i}$, 有

$$c_i(s_i^*, s_{-i}^*) - c_i(s_i, s_{-i}^*) = P(s_i^*, s_{-i}^*) - P(s_i, s_{-i}^*) \geqslant 0. \quad (13.5.3)$$

　　类似地, 由函数 P 为 ϵ-势函数可得

$$\left| c_i'(s_i^*, s_{-i}^*) - c_i'(s_i, s_{-i}^*) - \left(P(s_i^*, s_{-i}^*) - P(s_i, s_{-i}^*) \right) \right| \leqslant \epsilon. \quad (13.5.4)$$

(13.5.4) 保证了如下不等式的成立:

$$-\epsilon + \left(P(s_i^*, s_{-i}^*) - P(s_i, s_{-i}^*) \right) \leqslant c_i'(s_i^*, s_{-i}^*) - c_i'(s_i, s_{-i}^*). \quad (13.5.5)$$

将 (13.5.3) 式右端不等式代入 (13.5.5) 可得

$$c_i'(s_i^*, s_{-i}^*) - c_i'(s_i, s_{-i}^*) \geqslant -\epsilon. \tag{13.5.6}$$

$\square$

命题 13.2.1 是说一个连续策略势博弈的任何子博弈都是有限势博弈. 但反过来就不成立了, 换言之, 对于一个连续策略博弈, 即使它的子博弈为有限势博弈, 它本身未必为连续策略势博弈. 但借助于 ϵ-势博弈这一概念, 对有限和连续策略博弈我们分别有如下结果.

命题 13.5.1　设 $G = (N, A, C)$ 为一个有限博弈, 且在势子空间的投影非零. 如果 G 不是势博弈, 那么它必定是一个 ϵ-势博弈, 且 ϵ-势函数就是它在 $\mathcal{G}^P$ 上的投影的势函数. 另外, 误差 ϵ 可通过下式计算得出

$$\epsilon = \max_{\substack{i \in N \\ s_{-i} \in S_{-i} \\ s_i, s_i' \in S_i}} |c_i(s_i, s_{-i}) - c_i(s_i', s_{-i}) - (c_i^P(s_i, s_{-i}) - c_i^P(s_i', s_{-i}))|, \tag{13.5.7}$$

其中 c_i^P 是 $\mathcal{G}^P$ 投影下玩家 i 的支付函数.

定理 13.5.2　设 $G = (N, S, C)$ 为一个连续策略博弈. 如果存在函数 $h_i(s_i, s_{-i})$ 和 $\varsigma_i(s_i, s_{-i})$, 满足

$$\frac{\partial^2 h_j}{\partial s_i \partial s_j} = \frac{\partial^2 h_i}{\partial s_i \partial s_j}, \quad \forall i, j \in N,$$

使得

$$c_i(s_i, s_{-i}) = h_i(s_i, s_{-i}) + \varsigma_i(s_i, s_{-i}),$$

则 G 为一个 ϵ-势博弈, 且 ϵ-势函数可通过 (13.1.3) 计算得到.

进一步, 令

$$\epsilon_i = \max_{\substack{s_i, s_i' \in S_i \\ s_{-i} \in S_{-i}}} |\varsigma_i(s_i, s_{-i}) - \varsigma_i(s_i', s_{-i})|. \tag{13.5.8}$$

则

$$\epsilon = \max_{i \in N} \{\epsilon_i\}. \tag{13.5.9}$$

证明　该结论可通过定义 13.5.1 直接推出.　$\square$

注 记

$$\eta_i := \max_{s_i \in S_i, \ s_{-i} \in S_{-i}} |\varsigma_i(s_i, s_{-i})|, \quad i = 1, 2, \cdots, n.$$

如果 η_i 足够小, 则

$$\epsilon = 2 \max_{i \in N} \{\eta_i\}. \tag{13.5.10}$$

例 13.5.1 考虑一个连续策略博弈 $G = (N, S, C)$, 其中 $N = \{1, 2\}$, $S_i = [0, 2]$, $i = 1, 2$,

$$c_1(s_1, s_2) = s_1^2 + s_1 s_2 + s_2^2 + 2s_2 + 0.02s_1^2 s_2,$$
$$c_2(s_1, s_2) = s_1^2 + s_1 s_2 + s_2^2 + s_1 + 0.03s_1 s_2^2.$$

因为

$$\frac{\partial^2 c_1(s_1, s_2)}{\partial s_1 \partial s_2} = 1 + 0.04s_1, \qquad \frac{\partial^2 c_2(s_1, s_2)}{\partial s_1 \partial s_2} = 1 + 0.06s_2,$$

根据定理 13.1.1, 容易验证 $G = (N, S, C)$ 不是连续策略势博弈.

假设子博弈为 $G' = (N, A, C')$, 其中 $A_i = [0, 0.5, 1.5, 2]$, $i = 1, 2$, 支付函数如表 13.5.1 所示.

表 **13.5.1** 博弈 G' 的支付矩阵

a	(0, 0)	(0, 0.5)	(0, 1.5)	(0, 2)	(0.5, 0)	(0.5, 0.5)	(0.5, 1.5)	(0.5, 2)
c_1	0	1.25	5.25	8	0.25	1.7525	6.2575	9.26
c_2	0	0.25	2.25	4	0.75	1.25375	3.78375	5.81
a	(1.5, 0)	(1.5, 0.5)	(1.5, 1.5)	(1.5, 2)	(2, 0)	(2, 0.5)	(2, 1.5)	(2, 2)
c_1	2.25	4.2725	9.8175	13.34	4	6.29	12.37	16.16
c_2	3.75	4.76125	8.35125	10.93	6	7.265	11.385	14.24

根据定理 6.2.1 和定理 8.5.1 可知, 有限子博弈 G' 不是势博弈, 其在 $\mathcal{G}^\mathcal{P}$ 上的投影为

$$\pi_{\mathcal{G}^\mathcal{P}} = [0.0050, 1.2719, 5.2456, 7.9775, 0.2453, 1.7653, 6.2566, 9.2528, 2.2409,$$
$$4.2747, 9.8159, 13.3484, 4.0087, 6.2531, 12.3769, 16.1812, -0.0050,$$
$$0.2281, 2.2544, 4.0225, 0.7547, 1.2409, 3.7847, 5.8172, 3.7591,$$
$$4.7591, 8.3528, 10.9216, 5.9912, 7.2019, 11.3781, 14.2188];$$

$\mathcal{G}^\mathcal{P}$ 投影的势函数为

$$V^{\widetilde{P}} = [1.4950, 1.7112, 3.7637, 5.5500, 1.7450, 2.2137, 4.7713, 6.8100, 3.7450,$$
$$4.7337, 8.3313, 10.8900, 5.4950, 6.7512, 10.8837, 13.7100].$$

根据命题 13.5.1 可知, 有限博弈 G' 是一个 ϵ-势博弈, 其 ϵ-势函数为 $V_{\widetilde{P}}$, 且 $\epsilon = 0.0631$.

接下来, 我们证明连续策略博弈 G 是一个 ϵ-势博弈. 令

$$h_1(s_1, s_2) = s_1^2 + s_1 s_2 + s_2^2 + 2s_2, \quad \varsigma_1(s_1, s_2) = 0.02s_1^2 s_2,$$
$$h_2(s_1, s_2) = s_1^2 + s_1 s_2 + s_2^2 + s_1, \quad \varsigma_2(s_1, s_2) = 0.03s_1 s_2^2.$$

计算可知

$$\frac{\partial^2 h_1(s_1, s_2)}{\partial s_1 \partial s_2} = 1 = \frac{\partial^2 h_2(s_1, s_2)}{\partial s_1 \partial s_2}, \quad \epsilon_1 = 0.16, \quad \epsilon_2 = 0.24. \tag{13.5.11}$$

根据定理 13.5.2 可知, G 是一个 ϵ-势博弈, 其 ϵ-势函数为

$$P(s_1, s_2) = s_1^2 + s_1 s_2 + s_2^2,$$

且 $\epsilon = 0.24$.

第 14 章   合作博弈的矩阵方法

博弈理论大致可以分为两个部分: 合作博弈 (cooperative game) 与非合作博弈 (non-cooperative game). 本书主要讨论非合作博弈, 只有本章讨论合作博弈. 合作博弈与非合作博弈是从不同角度对博弈思想进行刻画和分析的两种工具, 不能完全分开. 非合作博弈是策略导向的, 它研究的是参与博弈的决策主体如何产生所期望的行为, 是对博弈所发生的事情的精确描述, 因此非合作博弈是研究博弈的微观层面的理论; 合作博弈是成果导向的, 它研究的是参与博弈的决策主体在哪些方面能达成一致, 如何能够达成一致, 以及在形成联盟时如何分配他们的共同收益. 它不关心这些结果是如何形成的, 因此, 合作博弈是研究博弈的宏观层面的理论.

具体地说, 在一个合作博弈中, 特征函数揭示的是联盟可能带来的收益, 而合作博弈的关键是如何在参加者中合理地分配收益. 因此, 寻找合理的分配就是合作博弈的目标.

本章内容可参考文献 [8,9,15]. 关于 "Shapley 值" 计算部分, 可参见文献 [127]. 关于 "无异议博弈" 部分, 可参见文献 [19].

14.1   特 征 函 数

定义 14.1.1   一个合作博弈可以用一个二元结构 (N,v) 来描述. 其中 $N = \{1,2,\cdots,n\}$ 为玩家集合; $v: 2^N \to \mathbb{R}$ 是一个集函数, 满足 $v(\varnothing) = 0$, 称为特征函数.

记 $G = (N, v)$ 表示一个 n 人合作博弈. 设 $S \in 2^N$, 也就是说 $S \subset N$, 它被称为一个由 S 中成员结成的联盟, 那么, $v(S)$ 就表示在这个博弈中 S 这个联盟的收益. 注意到 v 是 N 的一切子集到 $\mathbb{R}$ 的一个映射, 因此, 特征函数对每一个联盟都指定了一个收益, 这就是特征函数的物理意义.

设 $S \in 2^N$, 我们可以用 $\mathcal{D}^n$ 来表示它. 记 $I_S = (s_1, s_2, \cdots, s_n) \in \mathcal{D}^n$ 为 S 的示性函数, 即

$$s_j = \begin{cases} 1, & j \in S, \\ 0, & j \notin S. \end{cases} \tag{14.1.1}$$

那么, 每一个特征函数就可以看作一个伪布尔函数

$$v(S) = v(s_1, s_2, \cdots, s_n). \tag{14.1.2}$$

然后, 令 $1 \sim \delta_2^1$, $0 \sim \delta_2^2$, 则有 $s_j \in \Delta_2$, $j = 1, 2, \cdots, n$. 那么, 对于每一个特征函数 v, 都可以找到它的结构向量, 记作 V_v, 称为 v 的特征函数向量, 使得

$$v(S) = V_v \ltimes_{i=1}^n s_i. \tag{14.1.3}$$

注意到 $V_v \in \mathbb{R}^{2^n}$, 并且由 $v(\varnothing) = 0$, V_v 的最后一个分量为 0. 由此可知:

命题 14.1.1 令 $|N| = n$, 则 N 上所有合作博弈, 记为 $G(N)$, 形成一个 $2^n - 1$ 维线性空间, 即它同构于 $\mathbb{R}^{2^n - 1}$.

下面考虑几个例子.

例 14.1.1 (i) 一人 (A) 到市场卖马, 他最低要价 100 元. 二人 (B 与 C) 到市场买马, B 最高出价 100 元, C 最高出价 110 元, 试计算特征函数.

在这个博弈中, $N = \{A, B, C\}$.

$$2^N = \{\varnothing, \{A\}, \{B\}, \{C\}, \{A, B\}, \{A, C\}, \{B, C\}, \{A, B, C\}\}.$$

由定义

$$v(\varnothing) = 0.$$

如果没有交易, 则特征函数也是零, 故

$$v(\{A\}) = v(\{B\}) = v(\{C\}) = v(\{B, C\}) = 0.$$

当有交易时有

$$v(\{A, B\}) = 100; \quad v(\{A, C\}) = 110.$$

同理

$$v(\{A, B, C\}) = 110.$$

于是有

$$V_v = [110, 100, 110, 0, 0, 0, 0, 0].$$

(ii) 一位导师 (T) 带两个学生 (A) 和 (B). A 做理论研究, B 做实验. 如果 B 单独工作, 写不出论文; A 单独工作, 可写一篇核心论文, 值 1 个单元; A 与 B 合作或老师单独工作, 均可写出一篇 SCI 四区论文, 值 2 个单元; 如果老师与 B 合作, 可写出一篇 SCI 三区论文, 值 4 个单元; 如果老师与 A 合作, 可写出一篇

SCI 二区论文, 值 6 个单元; 如果老师与 A, B 共同合作, 可写出一篇 SCI 一区论文, 值 10 个单元. 那么, $G = \{N = \{T, A, B\}, v\}$, 这里

$$
\begin{aligned}
& v(\varnothing) = 0; && v(B) = 0; \\
& v(A) = 1; && v(A \cup B) = 2; \\
& v(T) = 2; && v(T \cup B) = 4; \\
& v(T \cup A) = 6; && v(T \cup A \cup B) = 10.
\end{aligned}
\tag{14.1.4}
$$

于是有

$$
V_v = [10, 6, 4, 2, 2, 1, 0, 0].
$$

下面再讨论一个例子, 它的特征函数向量表示较为复杂.

例 14.1.2　一个合作博弈 $G = (N, v)$, 这里 $N = \{1, 2, \cdots, n\}$. 其特征函数满足

$$
v(S) = k|S|, \quad k > 0, \quad \forall S \in 2^N.
$$

写出它的特征函数向量较为麻烦. 设 $k = 1$, 下面给出 n 较小时的表示:

(i) 当 $n = 2$ 时,

$$
V_v^2 = [2, 1, 1, 0].
$$

(ii) 当 $n = 3$ 时,

$$
V_v^3 = [3, 2, 2, 1, 2, 1, 1, 0].
$$

(iii) 当 $n = 4$ 时,

$$
V_v^4 = [4, 3, 3, 2, 3, 2, 2, 1, 3, 2, 2, 1, 2, 2, 1, 0].
$$

对于一般的 n, 不难写出递推公式

$$
V_v^{n+1} = [V_v^n + \mathbf{1}_{2^n}^{\mathrm{T}}, V_v^n], \quad n \geqslant 2.
\tag{14.1.5}
$$

但写出通式还是比较麻烦的.

下面介绍一种新的表示方法: 设

$$
2^N = S_1 \biguplus S_2 \biguplus \cdots \biguplus S_r,
$$

这里 $\biguplus$ 表示不相交子集的并, 故 $\{S_1, S_2, \cdots, S_r\}$ 为 2^N 的一个分割. 如果对同一个子集 S_i 中的两个集合 $s_1, s_2 \in S_i$ 成立

$$
v(s_1) = v(s_2),
$$

则可将 v 简化为 $v : \mathcal{S} \to \mathbb{R}$, 这里 $\mathcal{S} = \{S_i \mid i = 1, 2, \cdots, r\}$. 于是可定义

$$v(S_i) := v(s), \quad s \in S_i. \tag{14.1.6}$$

它的结构向量为

$$V_v^{\mathcal{S}} := [v(S_1), v(S_2), \cdots, v(S_r)]. \tag{14.1.7}$$

将这种表示用于例 14.1.2, 我们设 $S_i = \{s \in 2^N \mid |s| = i\}$, 则可得

$$V_v^{\mathcal{S}} = [n, n-1, \cdots, 1, 0].$$

在合作博弈中, 这种情况是很多的. 我们再举几个例子:

例 14.1.3 (i) [5] 一个村子, 住着 n 户人家, 每家都有一包垃圾要扔. 如果 S 家形成联盟, 则他们可将垃圾扔到联盟外的人家里. 但联盟外的人也会把垃圾扔到他们家里. 如果处理一包垃圾需要 k 元钱, 给出特征函数. 依定义

$$v(\varnothing) = 0.$$

当 $0 < |S| < n$ 时,

$$v(S) = -k(n - |S|).$$

当 $|S| = n$ 时,

$$v(S) = -kn.$$

现在设 $N = \biguplus_{i=0}^{n} S_i$, 这里, $S_i \subset 2^N$, 且 $|S_i| = i$, $i = 0, 1, \cdots, n$. 则有

$$V_v^{\mathcal{S}} = [-kn, -k, -2k, -3k, \cdots, (n-1)k, 0].$$

(ii) 设有 $2m$ 个人, 其中 m 个人有 (一只) 左手套, m 个人有 (一只) 右手套. 如果一副手套可卖 10 元钱, 一只不成对的手套只能卖 0.1 元钱. 现在设特征函数 v 表示合作的价值, 则特征函数可计算如下:

设 $S = \{S_l, S_r\}$, 这里, S_l 及 S_r 分别代表左手套和右手套. 那么

$$v(S) = 10(\min(|S_l|, |S_r|) + 0.1(||S_l| - |S_r||)).$$

这里的全部集合可以表示为 $\{(\alpha, \beta) \mid 0 \leqslant \alpha, \beta \leqslant m\}$, 因此

$$V_v = [v_1, v_2, \cdots, v_{m^2}],$$

设 $1 \leqslant i \leqslant m^2$, 则 i 可唯一地表示成

$$i = (\alpha_i - 1)m + \beta_i.$$

于是

$$v_i = 10(\min(\alpha_i, \beta_i) + 0.1(|\alpha_i - \beta_i|)).$$

如果特征函数只跟 $|S|$ 有关, 而与 S 中具体成员无关, 这种博弈称为对称合作博弈. 例 14.1.2 及例 14.1.3 (i), (ii) 均为对称合作博弈.

定义 14.1.2 (对策的超可加性与可加性)   称一个合作博弈 (N, v) 满足超可加性 (super-additivity), 如果对任何两个联盟 $P, Q \in 2^N$ 且 $P \cap Q = \varnothing$ 均满足

$$v(P \cup Q) \geqslant v(P) + v(Q). \tag{14.1.8}$$

如果对任何两个联盟 $P, Q \in 2^N$ 且 $P \cap Q = \varnothing$ 均满足可加性 (additivity), 即

$$v(P \cup Q) = v(P) + v(Q), \tag{14.1.9}$$

则 (N, v) 称为非本质博弈.

定理 14.1.1   合作博弈 (N, v) 为非本质博弈的充要条件是

$$v(N) = \sum_{i=1}^{n} v(\{i\}). \tag{14.1.10}$$

证明   必要性是显然的, 下证充分性. 使用反证法, 设存在 A 和 B, $A \cap B = \varnothing$ 并且

$$v(A \cup B) > v(A) + v(B),$$

那么

$$
\begin{aligned}
v(N) &= v(A \cup B) + v((A \cup B)^c) \\
&> v(A) + v(B) + v((A \cup B)^c) \\
&= \sum_{i \in A} v(i) + \sum_{i \in B} v(i) + \sum_{i \in (A \cup B)^c} v(i) \\
&= \sum_{i=1}^{n} v(i).
\end{aligned}
$$

这导致矛盾. $\qquad\square$

考虑到超可加性, 我们将满足

$$v(N) > \sum_{i=1}^{n} v(i)$$

的博弈称为本质博弈.

例 14.1.4   (i) 回忆例 14.1.1. 不难验证, (i) 和 (ii) 均满足超可加性, 且均为本质博弈.

(ii) 回忆例 14.1.2. 不难验证, 它满足可加性, 为非本质博弈.

(iii) 回忆例 14.1.3. 不难验证, (i) 不满足超可加性; (ii) 满足超可加性, 为本质博弈.

14.2   常和博弈的特征函数

考虑二人零和博弈, 这时, 局中人的利益是对立的, 你赢则我输, 因此, 没有合作的基础. 二人常和博弈在本质上与二人零和博弈是一样的. 因此, 我们考虑至少 3 个人的情况. 这时, 即使是零和博弈, 合作还是有意义的. 先看下面这个例子.

例 14.2.1   三个人玩手心手背. 如果三人出手一样, 则无输赢. 否则, 落单者向其他二人每人支付 1 元. 于是, 有支付矩阵见表 14.2.1.

表 14.2.1   例 14.2.1 的支付矩阵

c \ p	111	112	121	122	211	212	221	222
c_1	0	1	1	-2	-2	1	1	0
c_2	0	1	-2	1	1	-2	1	0
c_3	0	-2	1	1	1	1	-2	0

我们将最佳收益作为特征函数. 由于这个游戏是零和博弈, 有 $v(1,2,3) = 0$. 考虑 $v(1,2)$. 如果将 $R = \{1,2\}$ 作为一方, $R^c = \{3\}$ 作为一方, 那么, R 的收益矩阵可表示为表 14.2.2.

表 14.2.2 R 对 R^c 的收益矩阵

$R = \{1,2\}$ \ $R^c = \{3\}$	1	2
11	0	2
12	-1	-1
21	-1	-1
22	2	0

不管 3 选什么策略, R 选 12 或 21 都劣于 11 或 22. 所以 R 不可能选它们, 因此, 可删去第 2 行和第 3 行, 从而可得 R 和 R^c 各有两个策略, 记 $p = P(R = 11)$, $q = P(R^c = 1)$. 则 R 的期望值为

$$ER = p(1 - q) \times 2 + (1 - p)q \times 2.$$

最优策略为 $11(1/2) + 22(1/2)$. 此时 $ER = 1$. 同时, R^c 的最优策略为 $1(1/2) + 2(1/2)$, 此时 $ER^c = -1$. 于是, 我们定义

$$v(\{1, 2\}) = 1, \quad v(\{3\}) = -1.$$

由对称性容易得出, v 的特征函数向量为

$$V_v = [0, 1, 1, -1, 1, -1, -1, 0].$$

下面考虑一般的 n 人常和 (含零和) 博弈, 它满足

$$v(N) := \sum_{i=1}^{n} c_i(s) = \text{const.}, \quad \forall s \in S.$$

现在考虑一个非空子集 $\varnothing \neq R \subset N$, 其余集为 $R^c \neq \varnothing$. 考虑联盟 R 的价值, 我们可以很自然地定义为它在与 R^c 博弈中的所得. 记 R 及 R^c 的策略分别为

$$S_R = \prod_{i \in R} S_i, \quad S_{R^c} = \prod_{i \in R^c} S_i.$$

R 与 R^c 之间的博弈变为二人常和博弈. 于是, 可将均衡值定义为 R 的特征值. 根据矩阵博弈的基本性质 (参见第 2 章), 有

$$v(R) := \max_{\xi \in \bar{S}_R} \min_{\eta \in \bar{S}_{R^c}} \sum_{r \in R} e_r(\xi, \eta)$$

$$= \min_{\eta \in \bar{S}_{R^c}} \max_{\xi \in \bar{S}_R} \sum_{r \in R} e_r(\xi, \eta). \tag{14.2.1}$$

由式 (14.2.1) 所定义的特征函数称为常和博弈的特征函数.

显然, 例 14.2.1 中的特征函数就是按式 (14.2.1) 定义的二人常和博弈的特征函数.

下面讨论常和博弈特征函数的一些性质.

命题 14.2.1 设 v 为常和博弈特征函数, 则

$$v(R) + v(R^c) = v(N), \quad \forall R \in 2^N. \tag{14.2.2}$$

证明 考虑 $\varnothing \neq R \subset N$.

$$v(R) = \max_{\xi \in \bar{S}_R} \min_{\eta \in \bar{S}_{R^c}} \sum_{r \in R} e_r(\xi, \eta)$$

$$= \max_{\xi \in \bar{S}_R} \min_{\eta \in \bar{S}_{R^c}} \left(v(N) - \sum_{r \in R^c} e_r(\xi, \eta) \right)$$

$$= v(N) - \min_{\xi \in \bar{S}_R} \max_{\eta \in \bar{S}_{R^c}} \sum_{r \in R^c} e_r(\xi, \eta)$$

$$= v(N) - v(R^c). \qquad \qquad \square$$

命题 14.2.2　设 v 为常和博弈的特征函数, 则 v 具有超可加性, 即设 $R, T \in 2^N$, $R \cap T = \varnothing$, 则

$$v(S \cup T) \geqslant v(S) + v(T). \tag{14.2.3}$$

证明　定义 $e_R(\xi, \eta) := \sum_{r \in R} e_r(\xi, \eta)$. 那么, 我们有

$$v(R \cup T)$$

$$= \min_{\eta \in \overline{R \cup T^c}} \max_{\xi \in \overline{R \cup T}} e_{R \cup T}(\xi, \eta)$$

$$= \min_{\eta \in \overline{R \cup T^c}} \max_{\alpha \in \bar{R}} \max_{\beta \in \bar{T}} \left(e_R(\alpha, \beta, \eta) + e_T(\alpha, \beta, \eta) \right)$$

$$\geqslant \min_{\eta \in \overline{R \cup T^c}} \max_{\alpha \in \bar{R}} \left(\min_{\beta \in \bar{T}} e_R(\alpha, \beta, \eta) + \max_{\beta \in \bar{T}} e_T(\alpha, \beta, \eta) \right)$$

$$\geqslant \min_{\eta \in \overline{R \cup T^c}} \left(\max_{\alpha \in \bar{R}} \min_{\beta \in \bar{T}} e_R(\alpha, \beta, \eta) + \min_{\alpha \in \bar{R}} \max_{\beta \in \bar{T}} e_T(\alpha, \beta, \eta) \right)$$

$$\geqslant \min_{\eta \in \overline{R \cup T^c}} \max_{\alpha \in \bar{R}} \min_{\beta \in \bar{T}} e_R(\alpha, \beta, \eta) + \min_{\eta \in \overline{R \cup T^c}} \min_{\alpha \in \bar{R}} \max_{\beta \in \bar{T}} e_T(\alpha, \beta, \eta)$$

$$= \min_{\xi \in \bar{R}^c} \max_{\alpha \in \bar{R}} e_R(\alpha, \xi) + \min_{\xi \in \bar{T}^c} \max_{\beta \in \bar{T}} e_T(\beta, \xi)$$

$$= v(R) + v(T). \qquad \qquad \square$$

对于非常和博弈, 我们能否利用

$$v(R) := \max_{\xi \in \bar{S}_R} \min_{\eta \in \bar{S}_{R^c}} e_R(\xi, \eta) \tag{14.2.4}$$

及

$$v(N) = \max_{s \in S} \sum_{i \in N} c_i(s)$$

来定义特征函数 v 呢? 从物理意义上说, 这未必合理, 因你的极大点未必是对方的极小点. 因此, 这个 v 值可能是保守的. 从理论上看, 它可能不满足超可加性.

常和博弈具有特殊意义: 它既是非合作博弈, 又存在一个自然的特殊函数, 使之成为合作博弈.

14.3 两种特殊的合作博弈

本节介绍两种特殊的合作博弈: 无异议博弈与规范博弈. 无异议博弈的重要性在于, 它们 (即无异议博弈集合) 构成合作博弈的基底. 规范博弈的重要性在于, 它们是合作博弈在等价意义下的标准形式.

14.3.1 无异议博弈

定义 14.3.1 一个合作博弈 (N, v) 称为无异议博弈 (unanimity game), 如果存在一个 $\varnothing \neq T \in 2^N$, 使得

$$v_T(S) = \begin{cases} 1, & T \subset S, \\ 0, & \text{其他}. \end{cases} \tag{14.3.1}$$

无异议博弈的特征函数, 简称无异议特征函数, 构成特征函数空间的基底.

定理 14.3.1 特征函数集合是一个线性空间, 具有以下的结构特征:

(i) 设 $N = \{1, 2, \cdots, n\}$, 其所有特征函数集合记作 G^N, 是一个 $2^n - 1$ 维线性空间.

(ii) 无异议特征函数集合

$$\{v_T | \varnothing \neq T \in 2^N\}$$

构成 G^N 的一个基底, 并且可知: 令 $v \in G^N$, 则

$$v = \sum_{T \in 2^N \setminus \varnothing} \mu_T v_T, \tag{14.3.2}$$

这里

$$\mu_T = \sum_{S \subset T} (-1)^{(|T| - |S|)} v(S). \tag{14.3.3}$$

证明 对任意的 $R \in 2^N$, 我们有

$$\left(\sum_{T \in 2^N \setminus \varnothing} \mu_T v_T \right)(R) = \sum_{T \in 2^N \setminus \varnothing} \mu_T v_T(R)$$

$$= \sum_{\varnothing \neq T \subset R} \mu_T$$

$$= \sum_{\varnothing \neq T \subset R} \sum_{S \subset T} (-1)^{(|T|-|S|)} v(S)$$

$$= \sum_{S \subset R} \sum_{S \subset T \subset R} (-1)^{(|T|-|S|)} v(S)$$

$$= v(R) + \sum_{S \subsetneq R} \sum_{t=|S|}^{|R|} (-1)^{t-|S|} \binom{|R|-|S|}{t-|S|} v(S)$$

$$= v(R).$$

最后一个等式来自二项式定理, 即对正整数 $r > 0$, 有

$$\sum_{i=1}^{r} (-1)^i \binom{r}{i} = (1-1)^r = 0.$$

因此, 对 $|S| < |R|$ 有

$$\sum_{t=|S|}^{|R|} (-1)^{t-|S|} \binom{|R|-|S|}{t-|S|} = 0.$$

即

$$\left(\sum_{T \in 2^N \setminus \varnothing} \mu_T v_T \right)(R) = v(R), \quad \forall R \in 2^N.$$

于是, 立即可得到结论: 式 (14.3.2) 及式 (14.3.3) 成立.　　　　　□

例 14.3.1　令 $N = \{1,2\}, S_1 = \{1,2\}, S_2 = \{1\}, S_3 = \{2\}, S_4 = \varnothing$. 根据定义 14.3.1, 我们有

$$u_{S_1}(S_1) = 1, \quad u_{S_1}(S_2) = 0, \quad u_{S_1}(S_3) = 0, \quad u_{S_1}(S_4) = 0,$$
$$u_{S_2}(S_1) = 1, \quad u_{S_2}(S_2) = 1, \quad u_{S_2}(S_3) = 0, \quad u_{S_2}(S_4) = 0,$$
$$u_{S_3}(S_1) = 1, \quad u_{S_3}(S_2) = 0, \quad u_{S_3}(S_3) = 1, \quad u_{S_3}(S_4) = 0,$$

利用特征函数的结构分解式 (14.3.2), 我们有

$$v = \mu_{S_1} v_{S_1} + \mu_{S_2} v_{S_2} + \mu_{S_3} v_{S_3},$$

这里 μ_{S_i} 可由式 (14.3.3) 计算如下:

$$\mu_{S_1} = \sum_{S \subset S_1} (-1)^{|S_1|-|S|} v(S) = v(S_1) - v(S_2) - v(S_3),$$

$$\mu_{S_2} = \sum_{S \subset S_2} (-1)^{|S_2|-|S|} v(S) = v(S_2),$$

$$\mu_{S_3} = \sum_{S \subset S_3} (-1)^{|S_3|-|S|} v(S) = v(S_3).$$

因此可得

$$v = [v(S_1) - v(S_2) - v(S_3)] v_{S_1} + v(S_2)v_{S_2} + v(S_3)v_{S_3}. \tag{14.3.4}$$

这个基底有许多应用, 有兴趣者可参见 [19]. 但从例 14.3.1 不难看出, 经典的系数计算公式 (14.3.3) 用起来很不方便. 下面给出一套简单的计算公式. 为方便计, 我们形式地引入空集的无异议特征函数:

$$v_\varnothing(S) := \begin{cases} 1, & S = \varnothing, \\ 0, & \text{其他}. \end{cases}$$

同时我们约定

$$\mu_\varnothing = 0.$$

那么, 式 (14.3.2) 可形式地改写成

$$v = \sum_{T \in 2^N} \mu_T v_T. \tag{14.3.5}$$

下面将 v_T 值用列表的形式表示出来, 用结构向量 V_T, V_S 来表示不同的 T 和 S. 当 $|N| = 1$, $|N| = 2$ 和 $|N| = 3$ 时, v_T 的值分别用表 14.3.1、表 14.3.2、表 14.3.3 来表示.

表 14.3.1 $|N| = 1$ 时的 v_T

V_T \ V_S	1	0
1	1	0
0	1	1

表 14.3.2 $|N| = 2$ 时的 v_T

V_T \ V_S	1 1	1 0	0 1	0 0
1 1	1	0	0	0
1 0	1	1	0	0
0 1	1	0	1	0
0 0	1	1	1	1

表 14.3.3　$|N| = 3$ 时的 v_T

V_T \ V_S	111	110	101	100	011	010	001	000
111	1	0	0	0	0	0	0	0
110	1	1	0	0	0	0	0	0
101	1	0	1	0	0	0	0	0
100	1	1	1	1	0	0	0	0
011	1	0	0	0	1	0	0	0
010	1	1	0	0	1	1	0	0
001	1	0	1	0	1	0	1	0
000	1	1	1	1	1	1	1	1

将表中的 v_T 值作成矩阵, 记为 U_n, 称为 n-阶无异议矩阵, 这里 $n = |N|$, $U_u \in \mathcal{B}_{2^n \times 2^n}$.

由表 14.3.1 到表 14.3.3, 不难发现如下的结构特点.

命题 14.3.1　无异议矩阵可递推地构造如下:

$$\begin{cases} U_1 = \begin{bmatrix} 1 & 0 \\ 1 & 1 \end{bmatrix}, \\ U_{k+1} = \begin{bmatrix} U_k & 0 \\ U_k & U_k \end{bmatrix}, \quad k = 2, 3, \cdots. \end{cases} \tag{14.3.6}$$

证明　将 U_{k+1} 均分为四块:

$$U_{k+1} = \begin{bmatrix} U_{11} & U_{12} \\ U_{21} & U_{22} \end{bmatrix}.$$

考虑 U_{11}. 记 T_i 和 S_j 分别为其第 i 行所对应的 T 值和第 j 列所对应的 S 值. 相应地, 记 T_i' 和 S_j' 分别为 U_k 第 i 行所对应的 T 值和第 j 列所对应的 S 值. 不难发现 $V_{T_i} = 1 \times V_{T_i'}$ 及 $V_{S_i} = 1 \times V_{S_i'}$ (即 V_{T_i} 可由 $V_{T_i'}$ 在前面加 1 而得到等等). 因此, T_i 和 S_i 的包含关系与 T_i' 和 S_i' 的包含关系一样. 于是有 $U_{11} = U_k$. 同样可知 $U_{21} = U_{22} = U_k$. 至于 U_{12}, 它对应的 T_i 包含第一个元素, 而 S_j 不包含第一个元素, 故 $T_i \not\subset S_j$, $\forall i, j$. 因此, $U_{12} = 0$. □

现在, 令 $v \in G^N$, 记其结构向量为

$$V_v = (v_1 \ v_2 \ \cdots \ v_{2^n}).$$

设它有如下展开式:

$$v = \sum_{i=1}^{2^n} \mu_i v_{T_i}, \tag{14.3.7}$$

这里 $\mu_{2^n} = 0$ 是固定的. 于是有:

定理 14.3.2 特征函数 v 的结构向量满足

$$V_v = (\mu_1\ \mu_2\ \cdots\ \mu_{2^n})\, U_n. \tag{14.3.8}$$

因此, 展开式 (14.3.7) 的系数满足

$$(\mu_1\ \mu_2\ \cdots\ \mu_{2^n}) = V_v U_n^{-1}. \tag{14.3.9}$$

注意, 在式 (14.3.8) 或式 (14.3.9) 中, $v_{2^n} = 0$ 与 $\mu_{2^n} = 0$ 互相对应.

不难看出, U_n^{-1} 可由下式得到

$$\begin{cases} U_1^{-1} = \begin{bmatrix} 1 & 0 \\ -1 & 1 \end{bmatrix}, \\[2mm] U_{k+1}^{-1} = \begin{bmatrix} U_k^{-1} & 0 \\ -U_k^{-1} & U_k^{-1} \end{bmatrix}, \quad k = 2, 3, \cdots. \end{cases} \tag{14.3.10}$$

为检验定理 14.3.2, 再与例 14.3.1 比较一下.

例 14.3.2 回忆例 14.3.1. 当 $n = 2$ 时, 利用式 (14.3.8) 有

$$(v(S_1)\ v(S_2)\ v(S_3)\ 0) = (\mu_1\ \mu_2\ \mu_3\ \mu_4)\, U_2.$$

因此

$$\begin{aligned} (\mu_1\ \mu_2\ \mu_3\ \mu_4) &= (v(S_1)\ v(S_2)\ v(S_3)\ 0)\, U_2^{-1} \\ &= (v(S_1)\ v(S_2)\ v(S_3)\ 0) \begin{bmatrix} 1 & 0 & 0 & 0 \\ -1 & 1 & 0 & 0 \\ -1 & 0 & 1 & 0 \\ 1 & -1 & -1 & 1 \end{bmatrix} \\ &= (v(S_1) - v(S_2) - v(S_3)\ v(S_2)\ v(S_3)\ 0). \end{aligned}$$

14.3.2 规范博弈

前面介绍过超可加性, 它是合作的基础, 因此我们下面首先讨论本质博弈, 即满足超可加性的合作博弈.

定义 14.3.2 设 (N, v) 和 (N, v') 为两个合作博弈. 称特征函数 v 和 v' 为策略等价的, 记作 $v \sim v'$, 如果存在 $\alpha > 0$, $\beta_i \in \mathbb{R}$, $i = 1, 2, \cdots, n$ $(n = |N|)$, 使得

$$v'(R) = \alpha v(R) + \sum_{i \in R} \beta_i, \quad \forall R \in 2^N. \tag{14.3.11}$$

容易验证, 如果 v 满足超可加性, $v \sim v'$, 则 v' 也满足超可加性.

定义 14.3.3 称合作博弈 (N, v) 为一个 $(0,1)$-规范博弈 (normalization game), 如果它满足

(i) $v(\{i\}) = 0, \forall i \in N$;

(ii) $v(N) = 1$.

推论 14.3.1 (满足超可加性的) 合作博弈 (N, v) 是本质合作博弈的充要条件是

$$v(N) > \sum_{i=1}^{n} v(\{i\}). \tag{14.3.12}$$

定理 14.3.3 每一个本质合作博弈都与唯一的一个 $(0,1)$-规范博弈等价.

证明 (存在性) 因为是本质博弈, 则

$$v(N) - \sum_{i=1}^{n} v(\{i\}) > 0.$$

令

$$\alpha = \frac{1}{v(N) - \sum\limits_{i=1}^{n} v(\{i\})} > 0;$$

$$\beta_i = -\alpha v(\{i\}), \quad i = 1, 2, \cdots, n.$$

定义

$$v'(R) = \alpha v(R) + \sum_{i \in R} \beta_i, \quad \forall R \in 2^N.$$

容易验证, v' 是 $(0,1)$-规范博弈.

(唯一性) 设 $v'' \sim v$ 是另一个 $(0,1)$-规范博弈, 则 $v'' \sim v'$. 于是, 存在 $\alpha' > 0$, β'_i, $i = 1, 2, \cdots, n$, 使得

$$v''(R) = \alpha' v'(R) + \sum_{i \in R} \beta'_i, \quad \forall R \in 2^N. \tag{14.3.13}$$

可知

$$v''(\{i\}) = \alpha' v'(\{i\}) + \beta_i', \quad \forall i \in N,$$

$$v''(N) = \alpha' v'(N) + \sum_{i=1}^{n} \beta_i'.$$

考虑到

$$v''(\{i\}) = v'(\{i\}) = 0, \quad \forall i \in N,$$

$$v''(N) = v'(N) = 1,$$

即得

$$\beta_i' = 0, \quad \forall i \in N; \qquad \alpha' = 1.$$

因此, $v'' = v'$. □

下面讨论非本质博弈, 对于非本质合作博弈 (N, v), 有

$$v(R) = \sum_{i \in R} v(\{i\}), \quad \forall R \in 2^N.$$

令 $\alpha = 1$, $\beta_i = -v(\{i\})$, 定义

$$v'(R) = v(R) - \sum_{i \in R} v(\{i\}).$$

显然有 $v'(R) = 0, \forall R \in 2^N$, 并称 v' 为零规范博弈, 于是可得如下命题.

命题 14.3.2　每一个非本质合作博弈都与零规范博弈等价.

14.4　分　　配

定义 14.4.1　给定一个合作博弈 (N, v), 一个 n 维向量 $x = (x_1, x_2, \cdots, x_n)$ 称为一个分配, 如果它满足

(i) 个体合理性 (individual rationality)

$$x_i \geqslant v(\{i\});$$

(ii) 群体合理性 (group rationality)

$$\sum_{i=1}^{n} x_i = v(N).$$

合作博弈 (N, v) 的所有分配的集合, 记作 $E(v)$.

注意, 个体合理性保证个人合作所得不少于单干. 否则, 个体会拒绝合作; 群体合理性保证合作的收益既被分光, 又不至于出现入不敷出的 "空头支票".

命题 14.4.1 非本质博弈只有一个分配, 即

$$x_i = v(\{i\}), \quad i = 1, 2, \cdots, n. \tag{14.4.1}$$

证明 容易检验, 式 (14.4.1) 定义的确实是一个分配. 假设存在另一个分配 $x' \neq x$, 那么, 至少有一个 $x_i' > v(\{i\})$. 于是

$$v(N) = \sum_{i=1}^{n} x_i' > \sum_{i=1}^{n} v(\{i\}) = v(N).$$

矛盾. 故 $x' = x$. □

命题 14.4.2 本质博弈的分配构成一个 n 维非空凸集.

证明 设 (N, v) 为一本质博弈, 则

$$v(N) - \sum_{i=1}^{n} v(\{i\}) := d > 0.$$

设 $\alpha_i \geqslant 0$, 且 $\sum_{i=1}^{n} \alpha_i = d$, 则不难看出: 任何一个分配 x 均可表示为

$$x_i = v(\{i\}) + \alpha_i, \quad i = 1, 2, \cdots, n. \tag{14.4.2}$$

定义一组分配 $z^i, i = 1, 2, \cdots, n$ 如下:

$$z_j^i := \begin{cases} v(\{j\}), & j \neq i, \\ v(\{j\}) + d, & j = i. \end{cases}$$

则由式 (14.4.2) 定义的分配可表示为

$$x = \sum_{i=1}^{n} \left(\frac{\alpha_i}{d} \right) z^i.$$

记 $z^0 = (v(\{1\}), v(\{2\}), \cdots, v(\{n\}))$. 由于 $\{z^i - z^0 \mid i = 1, 2, \cdots, n\}$ 线性无关, $\{z^i \mid i = 1, 2, \cdots, n\}$ 张成 n 维闭凸集. □

由命题 14.4.2 可知, 对本质博弈存在无穷多个不同的分配. 其实这时 $E(v)$ 是一个不可数集. 于是, 选择最合理的分配就成为一个合乎逻辑的命题.

下面的定义表示一个给定联盟 R 的局中人对分配优劣的判断.

定义 14.4.2　设 x, y 为 (N, v) 的两个分配; $\varnothing \neq R \in 2^N$. 称 x 关于 R 优超 (dominate) y, 记作 $x \succ_R y$, 如果

(i)

$$x_i > y_i, \quad \forall i \in R; \tag{14.4.3}$$

(ii)

$$v(R) \geqslant \sum_{i \in R} x_i. \tag{14.4.4}$$

条件 (14.4.3) 表明 R 中人都认为 x 比 y 好, 因此会选择 x. 条件 (14.4.4) 表明 x 是可实现的分配, 不是空头支票.

定义 14.4.3　如果存在 $R \neq \varnothing$, 使 x 关于 R 优超 y, 即 $x \succ_R y$, 则简称 "x 优超 y", 记作 $x \succ y$. 容易证明, 关于同一子集 R 的优超具有传递性, 即

$$x \succ_R y, \quad y \succ_R z \implies x \succ_R z.$$

但优超没有传递性, 即

$$x \succ y, \quad y \succ z \not\Rightarrow x \succ z.$$

命题 14.4.3　对于单点集 $R = \{i\}$, 或大联盟 $R = N$, 不存在关于 R 的优超集.

证明　分两种情况讨论:

(i) 设 $R = \{i\}$: 若 $x \succ_R y$, 则 $x_i > y_i \geqslant v(\{i\})$, 且 $x_i \leqslant v(\{i\})$, 矛盾.

(ii) 设 $R = N$: 若 $x \succ_R y$, 则 $x_i > y_i, \forall i$. 但 $\sum_{i=1}^{n} y_i = v(N)$, 则 $\sum_{i=1}^{n} x_i > v(N)$, 与分配的定义矛盾.

综上所述即知命题成立.　　　　　　　　　　　　　　　　　　　　　□

定义 14.4.4　设 (N, u) 与 (N, v) 为两个合作博弈. (N, u) 与 (N, v) 称为同构博弈 (isomorphic game), 如果存在一个双向一对一映射 $f : E(u) \to E(v)$, 称为分配的同构映射, 使得

$$x \succ_R y \Longleftrightarrow f(x) \succ_R f(y), \quad x, y \in E(u). \tag{14.4.5}$$

下面的定理说明: 如果 u 与 v 策略等价, 则 (N, u) 与 (N, v) 为同构博弈.

定理 14.4.1　在 N 上的两个特征函数 u 与 v 策略等价, 则 (N, u) 与 (N, v) 为同构博弈.

证明   因为 $u \sim v$, 所以存在 $\alpha > 0$ 及 $\beta_1, \beta_2, \cdots, \beta_n$, 使得

$$v(R) = \alpha u(R) + \sum_{i \in R} \beta_i, \quad \forall R \subset N. \tag{14.4.6}$$

利用 (14.4.6), 定义 f 如下:

$$f(x) = \alpha x + (\beta_1, \beta_2, \cdots, \beta_n), \quad x \in E(u).$$

因为 $x \in E(u)$, 则有

$$x_i \geqslant u(\{i\}), \quad i = 1, 2, \cdots, n,$$

以及

$$\sum_{i=1}^{n} x_i = u(N).$$

所以

$$f_i(x) = \alpha x_i + \beta_i = v(\{i\}), \quad i = 1, 2, \cdots, n, \tag{14.4.7}$$

并且

$$\begin{aligned}
\sum_{i=1}^{n} f_i(x) &= \alpha \sum_{i=1}^{n} x_i + \sum_{i=1}^{n} \beta_i \\
&= \alpha u(N) + \sum_{i=1}^{n} \beta_i \\
&= v(N).
\end{aligned} \tag{14.4.8}$$

由 (14.4.7) 及 (14.4.8) 可知, $f(x) \in E(v)$ 是 (N, v) 上的一个分配. 故 $f : E(u) \to E(v)$.

由定义可知 f 是一一映上的. 同样

$$f^{-1}(\tilde{x}) = \frac{1}{\alpha}\tilde{x} - \frac{1}{\alpha}(\beta_1, \beta_2, \cdots, \beta_n), \quad \forall \tilde{x} \in E(v) \tag{14.4.9}$$

也是一一映上的. 因此, $f : E(u) \to E(v)$ 是双射.

最后考察优超关系. 设 $x \succ_R y$, $R \subset N$. 那么

$$x_i > y_i, \quad \forall i \in R;$$
$$u(R) \geqslant \sum_{i \in R} x_i.$$

从而可得

$$f_i(x) = \alpha x_i + \beta_i > \alpha y_i + \beta_i = f_i(y), \quad \forall i \in R.$$

于是

$$
\begin{aligned}
v(R) &= \alpha u(R) + \sum_{i \in R} \beta_i \\
&\geqslant \alpha \sum_{i \in R} x_i + \sum_{i \in R} \beta_i \\
&= \sum_{i \in R} f_i(x).
\end{aligned}
$$

故

$$f(x) \succ_R f(y).$$

同理可证: 若 $f(x) \succ_R f(y)$, 则

$$x = f^{-1}(f(x)) \succ_R f^{-1}(f(y)) = y.$$

这就证明了 (N, u) 与 (N, v) 同构.　　　　　　　　　　　　□

注　(i) 定理 14.4.1 说明, 策略的等价关系可以保持分配的优超关系不变.

(ii) 实际上, 定理 14.4.1 的逆命题也成立, 即如果 (N, u) 与 (N, v) 同构, 则 $u \sim v^{[9]}$.

14.5　核　　心

合作博弈的根本问题是要找到一个最合理的分配. 对于这个问题许多人给出了不同的答案. 但是, 不像纳什均衡被广泛接受为非合作博弈的解那样, 至今尚未找到一个在各种情况下都普适的 "最佳分配".

本节所讨论的核心是其中的一种分配, 它的合理性是基于分配的优超概念. 在介绍这个概念前, 先做一点记号的准备.

设 $x \in E(v)$, 定义

$$x(R) := \sum_{i \in R} x_i, \quad R \in 2^N. \tag{14.5.1}$$

实际上, 式 (14.5.1) 使 x 变成一个特征函数, 只不过它所对应的是一个平凡博弈. 将 2^n 个连续整数 $2^n - 1, 2^n - 2, \cdots, 1, 0$ 写成 n 位的二进制数, 得

$$b_1 = [1, 1, \cdots, 1, 1, 1]; \quad b_2 = [1, 1, \cdots, 1, 1, 0];$$

$$b_3 = [1, 1, \cdots, 1, 0, 1]; \quad \cdots ; \quad b_{2^n} = [0, \cdots, 0, 0, 0].$$

它们分别为

$$R_1 = N; \ R_2 = N\backslash\{n\}; \ R_3 = N\backslash\{n-1\}; \ \cdots ; \ R_{2^n} = \varnothing$$

的结构向量. 如果我们构造矩阵

$$M_n := \left[b_1^{\mathrm{T}}, b_2^{\mathrm{T}}, b_3^{\mathrm{T}}, \cdots, b_{2^n}^{\mathrm{T}}\right] \in \mathcal{B}_{n \times 2^n} \tag{14.5.2}$$

那么, x 所生成的特征函数的结构向量, 记作 V_x, 可表示为

$$V_x = x M_n. \tag{14.5.3}$$

定义 14.5.1 合作博弈 (N, v) 的不被任何分配所优超的分配的全体称为核心 (core), 记作 $C(v)$.

定理 14.5.1 设 (N, v) 为合作博弈, $x \in \mathbb{R}^n$. 如果

(i)

$$x(R) \geqslant v(R), \quad \forall R \in 2^N; \tag{14.5.4}$$

(ii)

$$x(N) = v(N), \tag{14.5.5}$$

则 $x \in C(v)$.

若 v 满足超可加性, 则条件 (i), (ii) 也是 $x \in C(v)$ 的必要条件.

证明 设 $x \in \mathbb{R}^N$ 满足式 (14.5.4) 及式 (14.5.5), 则 $x \in E(v)$. 设 $x \notin C(v)$, 则存在 $\varnothing \neq R \in 2^N$ 及 $y \in E(v)$, 使得

$$y_i > x_i, \quad i \in R;$$
$$v(R) \geqslant y(R).$$

于是有

$$v(R) \geqslant y(R) > x(R),$$

这与式 (14.5.4) 矛盾.

下面设 v 满足超可加性, 证明必要性: 设 $x \in C(v)$, 则 $x \in E(v)$, 于是有式 (14.5.5). 假定式 (14.5.4) 不成立, 则存在 $R \in 2^N$, 使 $x(R) < v(R)$. 显然, $R \neq \varnothing$ 且 $R \neq N$. 定义

$$\alpha = \frac{v(R) - x(R)}{|R|} > 0;$$

$$\beta = \frac{1}{n-|R|}\left(v(N) - v(R) - \sum_{i\in R^c} v(\{i\})\right) \geqslant 0.$$

然后定义 $y \in R^n$ 如下:

$$y_i = \begin{cases} x_i + \alpha, & i \in R, \\ v(\{i\}) + \beta, & i \notin R. \end{cases}$$

容易验证: $y \in E(v)$, 且 $y \succ_R x$. 这与 $x \in C(v)$ 矛盾.　　□

注意, 利用式 (14.5.3)、式 (14.5.4) 可表示为矩阵形式:

$$M_n^{\mathrm{T}} x^{\mathrm{T}} \geqslant V_x^{\mathrm{T}}. \tag{14.5.6}$$

但上述不等式组的第一个必为等式, 于是可用等式 (14.5.5) 代替, 最后一个方程是恒等式. 将 M_n^{T} 的第一行与最后一行去掉, 记余下的矩阵为 N_n, 同样, 将 V_x^{T} 的第一行与最后一行去掉, 记余下的向量为 W_v. 那么, 寻求核心就是要求解

$$\begin{cases} \sum_{i=1}^n x_i = v(N), \\ N_n x^{\mathrm{T}} \geqslant W_v. \end{cases} \tag{14.5.7}$$

例 14.5.1　回忆例 14.1.1 (i) 中的买卖马问题. 我们有

$$M_3 = \begin{bmatrix} 1 & 1 & 1 & 1 & 0 & 0 & 0 & 0 \\ 1 & 1 & 0 & 0 & 1 & 1 & 0 & 0 \\ 1 & 0 & 1 & 0 & 1 & 0 & 1 & 0 \end{bmatrix}; \quad V_x = [1100, 1000, 1100, 0, 0, 0, 0, 0].$$

于是, 方程 (14.5.7) 变为

$$\begin{cases} x_1 + x_2 + x_3 = 1100, \\ \begin{bmatrix} 1 & 1 & 0 \\ 1 & 0 & 1 \\ 1 & 0 & 0 \\ 0 & 1 & 1 \\ 0 & 1 & 0 \\ 0 & 0 & 1 \end{bmatrix} \begin{bmatrix} x_1 \\ x_2 \\ x_3 \end{bmatrix} \geqslant \begin{bmatrix} 1000 \\ 1100 \\ 0 \\ 0 \\ 0 \\ 0 \end{bmatrix}. \end{cases} \tag{14.5.8}$$

解得

$$
\begin{cases}
x_1 \in [1000, 1100], \\
x_2 = 0, \\
x_3 = 1100 - x_1.
\end{cases}
$$

于是

$$
C(v) = \{(t, 0, 1100 - t) \mid 1000 \leqslant t \leqslant 1100\}.
$$

核心的合理在于没有一个联盟能找到比它更好的 (优超的) 分配方案. 但它并不唯一, 因此, 无法知道哪个分配是其中 "最合理" 的. 例如下例中核心.

例 14.5.2　回忆例 14.1.1 (ii) 中的师生合作问题. 我们有

$$
V_x = [10, 6, 4, 2, 2, 1, 0, 0].
$$

于是, 方程 (14.5.7) 变为

$$
\begin{cases}
x_1 + x_2 + x_3 = 10, \\
\begin{bmatrix} 1 & 1 & 0 \\ 1 & 0 & 1 \\ 1 & 0 & 0 \\ 0 & 1 & 1 \\ 0 & 1 & 0 \\ 0 & 0 & 1 \end{bmatrix}
\begin{bmatrix} x_1 \\ x_2 \\ x_3 \end{bmatrix}
\geqslant
\begin{bmatrix} 6 \\ 4 \\ 2 \\ 2 \\ 1 \\ 0 \end{bmatrix}.
\end{cases}
\tag{14.5.9}
$$

解得

$$
\begin{cases}
2 \leqslant x_1 \leqslant 9, \\
6 - x_1 \leqslant x_2 \leqslant 10 - x_1, \\
\max\{4 - x_1, 2 - x_2\} \leqslant x_3 = 10 - x_1 - x_2.
\end{cases}
$$

于是, 可以选

$$
(x_1 = 2.5, x_2 = 3.5, x_3 = 4) \in C(v).
$$

这个分配显然很不合理. 因为直觉告诉我们: $x_1 > x_2 > x_3$ 才是合理的. 当然, $C(v)$ 中确有满足这个条件的分配, 但问题是: 核心并未给出选择方法.

　　核心的另一个致命弱点是, 这种分配常常不存在. 例如常和的本质博弈的核心为空.

定理 14.5.2 设 (N, v) 为一常和的本质博弈, 则

$$C(v) = \varnothing.$$

证明 设 $C(v) \neq \varnothing$, 则存在 $x \in C(v)$. 于是有

$$v(\{i\}^c) \leqslant x(\{i\}^c), \quad \forall i \in N.$$

由于 (N, v) 是常和的, 由互补性 (参见式 (14.3.2))

$$v(N) = v(\{i\}) + v(\{i\}^c), \quad \forall i \in N.$$

于是有

$$
\begin{aligned}
v(N) &= x(N) \\
&= \sum_{i=1}^{n} \left(x(N) - x(\{i\}^c) \right) \\
&\leqslant \sum_{i=1}^{n} \left(v(N) - v(\{i\}^c) \right) \\
&= \sum_{i=1}^{n} v(\{i\}).
\end{aligned}
$$

这与本质博弈相矛盾. 故 $C(v) = \varnothing$. $\qquad\square$

14.6 核心的存在性

本节讨论几类特殊的合作博弈, 探讨相关博弈核心的存在性.

14.6.1 简单博弈

定义 14.6.1 合作博弈 (N, v) 称为一个简单博弈, 如果它满足以下条件:
(i) $v(\{i\}) = 0, \forall i \in N$;
(ii) $v(N) = 1$;
(iii) $v(R) = 0$ 或 $1, \forall R \in 2^N$.
简单博弈模型来自社会或者说政治行为. 取值为 1 的联盟称为取胜联盟 (winning coalition), 取值为 0 的联盟称为失败联盟 (losing coalition). 在此模型中, $v(R)$ 表示联盟 R 的胜负.
简单博弈可细分成以下几类:

(i) 加权多数 (weighted majority) 博弈: (N, v) 中每位玩家 i 有 p_i 张选票. 总票数达到 q 以上则胜, 达不到则负. 于是有

$$v(R) = \begin{cases} 0, & \sum_{i \in R} p_i < q, \\ 1, & \sum_{i \in R} p_i \geqslant q. \end{cases} \tag{14.6.1}$$

(ii) 简单多数 (simple majority) 博弈: 权重 $p_i = 1$, $\forall i$ 的加权多数对策称为简单多数对策.

(iii) 一票否决 (one vote veto) 对策: 在简单多数博弈中, 如果 $q = n$, 则成一票否决博弈.

定义 14.6.2　在一个简单博弈 (N, v) 中, 如果存在 i, 满足 $v(\{i\}^c) = 0$, 则 i 称为否决人 (veto player).

定理 14.6.1　设 (N, v) 为简单博弈, 则 $C(v) \neq \varnothing$ 当且仅当存在否决人.

证明　(充分性) 设 i_0 为否决人. 定义

$$x_i = \begin{cases} 1, & i = i_0, \\ 0, & i \in \{i_0\}^c, \end{cases}$$

则 $x = (x_1, x_2, \cdots, x_n) \in C(v)$. 反设 $x \notin C(v)$. 由定理 14.5.1, 则存在 R 使 $v(R) > x(R)$. 由 $x(R) \geqslant 0$, 则 $v(R) > 0$. 由于 (N, v) 是简单博弈, 因此, $v(R) = 1$. 因 $x(R) < 1$, 故 $i_0 \notin R$. 于是 $R \subset \{i_0\}^c$. 由特征函数的单调性有

$$v(\{i_0\}^c) \geqslant v(R) = 1.$$

但 i_0 是否决人, 故 $v(\{i_0\}^c) = 0$, 矛盾. 故 $x \in C(v)$.

(必要性) 设 $C(v) \neq \varnothing$, 但不存在否决人, 即

$$v(\{i\}^c) = 1, \quad \forall i \in N.$$

设 $x \in C(v)$, 则

$$x(N) = v(N) = 1,$$
$$x(\{i\}^c) \geqslant v(\{i\}^c) = 1, \quad \forall i \in N.$$

于是有

$$x_i = x(N) - x(\{i\}^c) \leqslant v(N) - v(\{i\}^c) = 0, \quad \forall i \in N,$$

即 $x(N) \leqslant 0$, 矛盾.　$\square$

14.6.2 凸合作博弈

定义 14.6.3 一个合作博弈 (N, v) 称为凸合作博弈, 如果它满足

$$v(R) + v(T) \leqslant v(R \cup T) + v(R \cap T), \quad \forall R, T \in 2^N. \tag{14.6.2}$$

定理 14.6.2 凸合作博弈的核心非空.

证明 记 $N = \{1, 2, \cdots, n\}$. 令

$$x_1 = v(\{1\}),$$

$$x_i = v(\{1, 2, \cdots, i\}) - v(\{1, 2, \cdots, i-1\}), \quad i = 2, 3, \cdots, n.$$

下面证明 $x \in C(v)$. 显然 $x(N) = v(N)$. 设 $R \in 2^N$, 记

$$R^c = \{j_1, j_2, \cdots, j_t\}, \quad j_1 < j_2 < \cdots < j_t.$$

令 $T = \{1, 2, \cdots, j_1\}$, 则有

$$R \cup T = R \cup \{j_1\}, \quad R \cap T = T \backslash \{j_1\}.$$

利用凸性, 可得

$$v(R) + v(T) \leqslant v(R \cup \{j_1\}) + v(T \backslash \{j_1\}). \tag{14.6.3}$$

由定义及式 (14.6.3) 知

$$x_{j_1} = v(T) - v(T \backslash \{j_1\}) \leqslant v(R \cup \{j_1\}) - v(R).$$

也就是

$$x(R \cup \{j_1\}) - x(R) \leqslant v(R \cup \{j_1\}) - v(R).$$

所以

$$x(R) - v(R) \geqslant x(R \cup \{j_1\}) - v(R \cup \{j_1\}). \tag{14.6.4}$$

用 $R \cup \{j_1\}$ 代替 R, j_2 代替 j_1, 式 (14.6.4) 变为

$$x(R \cup \{j_1\}) - v(R \cup \{j_1\}) \geqslant x(R \cup \{j_1, j_2\}) - v(R \cup \{j_1, j_2\}).$$

重复 t 次即得

$$x(R) - v(R) \geqslant x(N) - v(N) = 0.$$

由定理 14.5.1 即得结论. $\qquad\square$

14.6.3　对称合作博弈

定义 14.6.4　一个合作博弈 (N, v) 称为对称合作博弈, 如果它满足: 若 $|R| = |T|$, 则 $v(R) = v(T)$.

定理 14.6.3　设合作博弈 (N, v) 是对称的. 那么, $C(v) \neq \varnothing$, 当且仅当,

$$\frac{v(R)}{|R|} \leqslant \frac{v(N)}{|N|}, \quad \forall \varnothing \neq R \in 2^N. \tag{14.6.5}$$

证明　(充分性) 设式 (14.6.5) 成立. 定义

$$x = \left(\frac{v(N)}{|N|}, \frac{v(N)}{|N|}, \cdots, \frac{v(N)}{|N|} \right),$$

则 $x(N) = v(N)$.

如果 $R = \varnothing$, 显见 $x(R) = v(R) = 0$. 设 $R \neq \varnothing$, 由式 (14.6.5) 可得

$$v(R) \leqslant \frac{|R|}{|N|} v(N) = x(R).$$

故 $x \in C(v)$, 因此, $C(v) \neq \varnothing$.

(必要性) 反设存在 $R_0 \neq \varnothing$, 使得

$$\frac{v(R_0)}{|R_0|} > \frac{v(N)}{|N|}.$$

记 $|R_0| = r$. 任选 $x \in E(v)$. 记 x 的 r 个最小分量为 $\{x_{i_1}, x_{i_2}, \cdots, x_{i_r}\}$. 定义 $T = \{i_1, i_2, \cdots, i_r\}$. 那么

$$\frac{1}{r} x(T) \leqslant \frac{1}{|N|} x(N) = \frac{1}{|N|} v(N).$$

即

$$x(T) \leqslant \frac{r}{|N|} v(N).$$

因为 (N, v) 是对称的, 所以

$$v(T) = v(R_0) > \frac{r}{|N|} v(N) \geqslant x(T).$$

于是, $x \notin C(v)$. 但 $x \in E(v)$ 是任选的, 故 $C(v) = \varnothing$.　□

例 14.6.1 设有 n 只手套, 不分左右手, 将其配套出售. 将其看作 n 人合作博弈, 求其核心.

将所配手套副数作为收益, 则有

$$v(R) = \begin{cases} \dfrac{|R|}{2}, & |R| \text{ 为偶数}, \\[3mm] \dfrac{|R|-1}{2}, & |R| \text{ 为奇数}, \end{cases}$$

显见, 这是一个对称博弈.

当 n 为奇数时, 取 $R_0 \subset N$, $|R_0| = n-1$, 则

$$\frac{v(R_0)}{|R_0|} > \frac{v(N)}{|N|}.$$

由定理 14.6.3 可知: $C(v) = \varnothing$.

当 n 为偶数时, 不难检验式 (14.6.5) 对所有 $R \neq \varnothing$ 均成立, 于是 $C(v) \neq \varnothing$. 设 $x \in V(v)$, 则应满足

$$\sum_{i=1}^{n} x_i = \frac{n}{2},$$

但

$$x_i + x_j \geqslant 1, \quad i \neq j,$$

则得

$$x_i + x_j = 1, \quad i \neq j.$$

显然, 应有

$$x_i = \frac{1}{2}, \quad \forall i \in N.$$

因此, 唯一可能解为

$$C(v) = \left\{ \left(\frac{1}{2}, \frac{1}{2}, \cdots, \frac{1}{2} \right) \right\}.$$

14.7 稳 定 集

定义 14.7.1 给定合作博弈 (N, v). $V \subset E(v)$ 为分配集的一个子集.

(i) V 称为内稳定的, 如果 V 中任意两个分配都没有优超关系;

(ii) V 称为外稳定的, 如果 V 之外的每个分配, $y \in E(v) \backslash V$, 都存在一个 $x \in V$ 优超 y, 即 $x \succ y$.

V 称为稳定集, 如果它既是内稳定的, 又是外稳定的.

命题 14.7.1 给定合作博弈 (N, v). 不存在两个稳定集 V_1, $V_2 \subset E(v)$, 使得 $V_1 \subsetneqq V_2$.

证明 设 $V \neq \varnothing$ 为一个稳定集, $x \in V$. 将 x 移出 V, 因 $V \backslash \{x\}$ 中不存在优超 x 的分配, 故 $V \backslash \{x\}$ 不是外稳定的. 同理, 若将 $x \in V^c$ 的元素移入 V, 则 $V \cup \{x\}$ 不是内稳定的. 由此显见, 一个稳定集不可能是另一个稳定集的真子集. □

命题 14.7.2 设 (N, v) 的一个稳定集 $V \neq \varnothing$. 则 $C(v) \subset V$.

证明 设 $C(v) \neq \varnothing$, 否则显然. 取 $x \in C(v)$. 若 $x \notin V$, 则存在 $y \in V$, 使 $y \succ x$, 于是, $x \notin C(v)$, 矛盾. □

例 14.7.1 回忆例 14.1.1 (i) 的买卖马问题. 令

$$V = \{(t, 0, 1100 - t) \mid 0 \leqslant t \leqslant 1100\}.$$

先证 V 是内稳定的: 设 $(\alpha, 0, 1100 - \alpha) \succ_R (\beta, 0, 1100 - \beta)$, 则 $2 \notin R$. 但 $R = \{1\}$ 或 $R = \{3\}$ 都不行, 因 $v(\{1\}) = v(\{3\}) = 0$, 故 $\alpha = \beta = 0$, 或 $1100 - \alpha = 1100 - \beta = 0$, 矛盾. 设 $R = \{1, 3\}$, 则 $\alpha > \beta$ 且 $1100 - \alpha > 1100 - \beta$, 这是不可能的.

再证 V 是外稳定的: 设 $x = (x_1, x_2, x_3) \in V^c$, 则 $x_2 > 0$. 取 $x' = \left(x_1 + \frac{1}{2}x_2, 0, x_3 + \frac{1}{2}x_2\right)$, 则 $x' \in V$ 且

$$x' \succ_{(1,3)} x.$$

回忆例 14.5.1, 这个 V 就是 $C(v)$.

下面考虑一类对称合作博弈.

令 (N, v) 为一对称合作博弈, 其中 $N = \{1, 2, \cdots, n\}$, $n \geqslant 3$. 由于对称性, 可定义

$$v(S) := a_{|S|}, \quad S \in 2^N. \tag{14.7.1}$$

构造

$$x^k = (x_1^k, x_2^k, \cdots, x_n^k), \quad k = 1, 2, \cdots, n,$$

如下

$$x_i^k = \begin{cases} a_1, & i = k, \\ \dfrac{a_n - a_1}{n - 1}, & i \neq k. \end{cases} \tag{14.7.2}$$

那么, 我们有如下结论.

命题 14.7.3 令 (N, v) 为一对称合作博弈, 其中 $N = \{1, 2, \cdots, n\}$, $n \geqslant 3$. 设

$$2v(N) = (n-1)v(\{1,2\}) + 2v(\{1\}). \tag{14.7.3}$$

则 $V = \{x^k \mid k = 1, 2, \cdots, n\}$ 为 (N, v) 的一个稳定集.

证明 先证 V 是内稳定的: 由 v 的超可加性可知

$$a_n \geqslant n a_1,$$

即

$$\frac{a_n - a_1}{n-1} \geqslant a_1.$$

设 $x^i \succ_R x^j$, 则 R 不可能包含 j 以外的任何分配. 设 $R = \{j\}$. 则有

$$a_1 = v(\{i\}) = \frac{a_n - a_1}{n-1} > v(\{j\}) = a_1,$$

矛盾.

再证 V 是外稳定的: 设 $x = (x_1, x_2, \cdots, x_n) \in E(v) \backslash V$. 则有

$$\begin{cases} x^i \geqslant v(\{i\}) = a_1, \quad \forall i, \\ x^1 + x^2 + \cdots + x^n = a_n. \end{cases} \tag{14.7.4}$$

不失一般性, 设

$$a_1 \leqslant x^1 \leqslant x^2 \leqslant \cdots \leqslant x^n.$$

以下分两种情况讨论:

(1) 设 $x^2 < \dfrac{a_n - a_1}{n-1}$, 则 $x^1 < \dfrac{a_n - a_1}{n-1}$. 于是

$$x_1^k > x_1, \quad x_2^k > x_2, \quad k \geqslant 3. \tag{14.7.5}$$

又由 (14.7.3) 可得

$$2a_n = (n-1)a_2 + 2a_1,$$

则

$$v(\{1,2\}) = a_2 = 2\frac{a_n - a_1}{n-1} > x_1 + x_2. \tag{14.7.6}$$

由式 (14.7.5) 及式 (14.7.6) 可知

$$x^k \succ_{\{1,2\}} x, \quad k \geqslant 3.$$

(2) 设 $x^2 = \dfrac{a_n - a_1}{n-1}$, 则由 (14.7.4) 可知

$$\begin{cases} x_1 = a_1, \\ x_i = \dfrac{a_n - a_1}{n-1}, & i = 2, 3, \cdots, n. \end{cases} \tag{14.7.7}$$

即 $x = x^1 \in V$, 矛盾. □

下面考察凸合作博弈. 一个合作博弈的核心是唯一的 (可能是空集), 但稳定集却未必唯一. 在凸合作博弈下, 稳定集也是唯一的.

定理 14.7.1　设 (N, v) 为一凸合作博弈, 那么, $C(v)$ 为其唯一的稳定集.

证明　由定理 14.6.2 可知, $C(v) \neq \varnothing$. 先证明 $C(v)$ 是一个稳定集. 显然, 一个核心一定是一个内稳定集. 所以, 只需证明 $C(v)$ 是外稳定的.

设 $x \in E(v) \backslash C(v)$. 由定理 14.5.1 可知, 存在 $R \subset N$, 使得 $x(R) < v(R)$. 设 R_0 为满足 $x(R_0) < v(R_0)$ 的极小联盟, 即 R_0 的任何真子集 $S \subsetneq R$ 都满足

$$x(S) \geqslant v(S). \tag{14.7.8}$$

定义一组 $y = (y_1, y_2, \cdots, y_n) \in \mathbb{R}^n$ 如下:

$$y_i := \begin{cases} x_i + \dfrac{1}{|R_0|} \left(v(R_0) - x(R_0) \right), \\ M, \end{cases} \tag{14.7.9}$$

这里 $M \gg 0$ 为足够大正数. 由式 (14.7.8)—(14.7.9) 可知

$$\begin{cases} y(R_0) = v(R_0), \\ y(R) \geqslant v(R), & R \in 2^N. \end{cases}$$

构造 $w : 2^N \to \mathbb{R}$ 如下:

$$w(R) := v(R) - y(R), \quad R \in 2^N. \tag{14.7.10}$$

不难验证: $w(\varnothing) = 0$, 且 $w(S \cup T) \geqslant w(S) + w(T)$. 因此, w 为一特征函数, (N, w) 为一合作博弈, 并且, $w \sim v$, 故 (N, w) 也是凸合作博弈. 设有 $z \in C(w)$, 则 $y' = y + z \in C(v)$. 若此时 $z \leqslant 0$, 则由式 (14.5.4) 有

$$v(R_0) \leqslant y'(R_0) = y(R_0) + z(R_0)$$

$$\leqslant y(R_0) = v(R_0).$$

因此, $z(R_0) = 0$. 又因 $z \leqslant 0$, 故

$$z_i = z(\{i\}) = 0, \quad \forall i \in \mathbb{R}_0.$$

从而有

$$y_i' = y_i > x_i, \quad i \in R_0,$$
$$y'(R_0) = v(R_0),$$

即 $y' \succ_{\mathbb{R}_0} x$, 这表明 $C(v)$ 是外稳定的.

于是, 只要证明: 存在 $z \in C(w)$ 使得 $z \leqslant 0$, 则证明了 $C(v)$ 为稳定集. 为此构造函数 w' 如下:

$$w'(R) := \max_{S \supset R} w(S), \quad R \in 2^N. \tag{14.7.11}$$

因为 $w(\varnothing) = 0$, 且 $w(S) \leqslant 0, \forall S \in 2^N$, 所以

$$w'(\varnothing) = 0.$$

又对所有 $R, T \in 2^N$, $R \cap T = \varnothing$, 存在 $R' \supset R$, $T' \supset T$, 使得

$$w'(R) = w(R'), \quad w'(T) = w(T').$$

因为 (N, w) 是凸合作博弈, 可知

$$w'(R) + w'(T) = w(R') + w(T')$$
$$\leqslant w(R' \cup T') + w(R' \cap T')$$
$$\leqslant w(R' \cup T') \leqslant w'(R \cup T),$$

故 w' 是特征函数.

同样可由 (N, w) 是凸合作博弈可推出 (N, w') 也是凸合作博弈. 根据定理 14.5.1 存在 $z \in C(w')$. 由 w' 的定义可知

$$w'(R) \geqslant w(R), \quad \forall R \in 2^N,$$
$$w'(N) = w(N).$$

于是, 由 $z \in C(w')$ 可知

$$z(N) = w'(N) = w(N),$$
$$w(R) \leqslant (w'(R)) \leqslant z(R), \quad \forall R \in 2^N,$$

即 $z \in C(w)$. 最后, 由

$$z(N\setminus\{i\}) \geqslant w'(N\setminus\{i\})$$

$$\geqslant w'(N) = z(N),$$

可得

$$z_i \leqslant z(N) - z(N\setminus\{i\}) \leqslant 0, \quad i = 1, 2, \cdots, n.$$

至于唯一性, 这是显然的. 因为若 V 为不变集, 则 $V \supset C(v)$. 由命题 14.7.1 $V = C(v)$.   □

14.8　Shapley 值

虽然现在对于合作博弈的解 (即分配) 已有许多方案, 但 Shapley 值与核心是两个用得最多的分配. Shapley 值的优点之一是它存在且唯一. 而其合理性表现在它满足三个公理, 这将在后面讨论.

先考察 Shapley 值的构成: 考虑合作博弈 (N, v). 下面这个分配来自一个很自然的想法:

$$x_1 = v(\{1\}),$$

$$x_2 = v(\{1, 2\}) - v(\{1\}),$$

$$x_3 = v(\{1, 2, 3\}) - v(\{1, 2\}),$$

$$\vdots$$

$$x_n = v(\{1, 2, \cdots, n\}) - v(\{1, 2, \cdots, n - 1\}).$$

它的一个问题是, 这种分配依赖于 N 中玩家的排序. 那么, 我们换一下排序, 令 $\sigma \in \mathbf{S}_n$ 为一置换. 那么, 在 $\sigma(i)$ 的顺序下, 我们得到另一个分配:

$$x_1 = v(\{\sigma^{-1}(1)\}),$$

$$x_2 = v(\{\sigma^{-1}(1), \sigma^{-1}(2)\}) - v(\{\sigma^{-1}(1)\}),$$

$$x_3 = v(\{\sigma^{-1}(1), \sigma^{-1}(2), \sigma^{-1}(3)\}) - v(\{\sigma^{-1}(1), \sigma^{-1}(2)\}),$$

$$\vdots$$

$$x_n = v(\{\sigma^{-1}(1), \sigma^{-1}(2), \cdots, \sigma^{-1}(n)\}) - v(\{\sigma^{-1}(1), \sigma^{-1}(2), \cdots, \sigma^{-1}(n - 1)\}),$$

这里, $\sigma^{-1}(i)$ 指在新排序下排在第 i 位的玩家.

对每一个 $\sigma \in \mathbf{S}_n$, 定义在这个排列中排在玩家 i 前面的玩家记为

$$S_\sigma^i = \{j | \sigma(j) < \sigma(i)\}.$$

对 $\mathbf{S}_n$ 上所有置换取平均, 则得

$$\varphi_i(v) := \frac{1}{n!} \sum_{\sigma \in \mathbf{S}_n} \left[v(S_\sigma^i \cup \{i\}) - v(S_\sigma^i) \right], \quad i = 1, 2, \cdots, n. \tag{14.8.1}$$

显然有

$$\sum_{i=1}^n \varphi_i(v) = v(N), \tag{14.8.2}$$

$$\varphi_i(v) \geqslant v(\{i\}).$$

于是, $\varphi := (\varphi_1(v), \varphi_2(v), \cdots, \varphi_n(v)) \in E(v)$ 是一个分配.

下面, 我们将式 (14.8.1) 右边各项按 $S \in N \backslash i$ 分类. 定义

$$\Theta^S := \left\{ \sigma \in \mathbf{S}_n \big| S_\sigma^i = S \right\}.$$

注意, 元素在 S_σ^i 中的序号不会影响 φ_i 的定义. 于是我们有

$$|\Theta^S| = |S|!(n - 1 - |S|)!.$$

因此, 可得到

$$\begin{aligned}
\varphi_i(v) &= \frac{1}{n!} \sum_{S \in N \backslash \{i\}} \sum_{\sigma \in \Theta^S} \left[v\left(S_\sigma^i \cup \{i\}\right) - v\left(S_\sigma\right) \right] \\
&= \sum_{S \in N \backslash \{i\}} \frac{|S|!(n - 1 - |S|)!}{n!} \left[v\left(S \cup \{i\}\right) - v\left(S\right) \right],
\end{aligned} \tag{14.8.3}$$

$$i = 1, 2, \cdots, n.$$

定义 14.8.1 **分配**

$$\varphi = (\varphi_1, \varphi_2, \cdots, \varphi_n) \in E(v)$$

称为 Shapley 值.

定义 14.8.2　考虑合作博弈 (N, v), 令 $T \in 2^N$. T 称为 v 的一个支柱 (carrier), 如果

$$v(R) = v(R \cap T), \quad \forall R \in 2^N.$$

下面讨论合作博弈的支柱的性质.

命题 14.8.1　(i) 设 T 为支柱, 且 $T \subset W \subset N$, 则 W 也是支柱.

(ii) 设 T 为支柱, 且 $i \notin T$, 那么

$$v(R \cup \{i\}) = v(R), \quad \forall R \in 2^N. \tag{14.8.4}$$

证明　(i)

$$v(R \cap W) = v((R \cap W) \cap T)$$
$$= v(R \cap T)$$
$$= v(R).$$

(ii)

$$v(R \cup \{i\}) = v((R \cup \{i\}) \cap T)$$
$$= v(R \cap T)$$
$$= v(R). \qquad \square$$

如果 T 为支柱, $i \notin T$, 那么, i 称为一个哑玩家 (dummy). 由 (14.8.4) 可知, 哑玩家不影响分配.

定义 14.8.3　考察合作博弈 (N, v). 定义映射 $\psi : v \to E(v)$ 为

$$\psi(v) = (\psi_1(v), \psi_2(v), \cdots, \psi_n(v)).$$

则分配的三个基本公理如下:

(i) 有效性公理 (efficiency axiom): 对 v 的支柱 T,

$$\sum_{i \in T} \psi_i(v) = v(T). \tag{14.8.5}$$

(ii) 对称公理 (symmetry axiom): 对任一排列 $\sigma \in \mathbf{S}_n$, 使得

$$v(\sigma(R)) = v(R), \quad \forall R \in 2^N, \tag{14.8.6}$$

则有

$$\psi_{\sigma(i)}(v) = \psi_i(v), \quad \forall i \in N. \tag{14.8.7}$$

(iii) 可加性公理 (additivity axiom): 设 v, w 为 N 上的两个特征函数. 那么

$$\psi_i(v + w) = \psi_i(v) + \psi_i(w), \quad \forall i \in N. \tag{14.8.8}$$

定理 14.8.1 由式 (14.8.3) 所定义的 Shapley 值满足三个基本公理.

证明 (i) (有效性公理) 设 T 为 v 的一个支柱, 那么

$$v(R \cup \{i\}) = v(R), \quad \forall i \in T^c, \forall R \in 2^N.$$

因此, 对所有的 $i \in T^c$ 我们有

$$\varphi_i(v) = \sum_{R \subset \{i\}^c} \frac{|R|!(n - 1 - |R|)!}{n!} [v(R \cup \{i\}) - v(R)] = 0.$$

根据式 (14.8.2) 有

$$\begin{aligned}
v(T) &= v(N \cap T) \\
&= v(N) \\
&= \sum_{i \in N} \varphi_i(v) \\
&= \sum_{i \in T} \varphi_i(v).
\end{aligned}$$

(ii) (对称公理) 设 $\sigma \in \mathbf{S}_n$ 满足式 (14.8.6), 那么, $|\sigma(R)| = |R|, \forall R \in 2^N$, 而且, 对任何 $i \in N$, 有

$$\sigma(R) \subset N \backslash \{\sigma(i)\} \Leftrightarrow R \subset N \backslash \{i\}.$$

利用式 (14.8.6), 有

$$\begin{aligned}
\varphi_{\sigma(i)}(v) &= \sum_{\sigma(R) \subset N \backslash \{\sigma(i)\}} \frac{|\sigma(R)|!(n - 1 - |\sigma(R)|)!}{n!} [v(\sigma(R) \cup \{\sigma(i)\}) - v(\sigma(R))] \\
&= \sum_{R \subset N \backslash \{i\}} \frac{|R|!(n - 1 - |R|)!}{n!} [v(R \cup \{i\}) - v(R)] \\
&= \varphi_i(v), \quad \forall i \in N.
\end{aligned}$$

(iii) (可加性公理) 因为 $\varphi_i(v)$ 是 v 的一个线性函数, $\forall i$, 显然 $\varphi(v)$ 满足可加性公理. $\qquad \square$

引理 14.8.1 考虑一个合作博弈 (N, v). u_T $(T \in 2^N)$ 为一无异议博弈, $c \geqslant 0$. 设 $\psi : v \to E(v)$ 满足, 那么

$$\psi_i(cu_T) = \begin{cases} 0, & i \notin T, \\ \dfrac{c}{|T|}, & i \in T. \end{cases} \tag{14.8.9}$$

证明 容易检验 cu_T 是一个特征函数且 T 是 cu_T 的一个支柱. 设 $i \in N \backslash T$. 由于 T 和 $T \cup \{i\}$ 均为 cu_T 的支柱, 根据有效性公理, 有

$$\sum_{j \in T} \psi_j(cu_T) = cu_T(T)$$
$$= cu_T(T \cup \{i\})$$
$$= \sum_{j \in T \cup \{i\}} \psi_j(cu_T)$$
$$= \sum_{j \in T} \psi_j(cu_T) + \psi_i(cu_T).$$

于是

$$\psi_i(cu_T) = 0, \quad i \notin T.$$

另外, 设 $i, j \in T$, $i \neq j$; 令 $\sigma = (i, j)$. 我们先检验结论 (14.8.6), 即

$$cu_T(\sigma(R)) = cu_T(R). \tag{14.8.10}$$

情况 1: $T \subset R$. 那么 $T = \sigma(T) \subset R$, 因此

$$cu_T(\sigma(R)) = c = cu_T(R).$$

情况 2: $T \not\subset R$. 考虑三种情况:
(i) $i \notin R$, 那么 $j \notin \sigma(R) \Rightarrow T \not\subset \sigma(R)$;
(ii) $j \notin R$, 那么 $i \notin \sigma(R) \Rightarrow T \not\subset \sigma(R)$;
(iii) $i, j \in R$, 那么存在 $k \in T \backslash \{i, j\}$, $k = \sigma(k) \notin \sigma(R) \Rightarrow T \not\subset \sigma(R)$.
因此, 我们有

$$cu_T(\sigma(R)) = c = cu_T(R).$$

由对称公理, 有

$$\psi_j(cu_T) = \psi_{\sigma i}(cu_T) = \psi_i(cu_T).$$

利用有效性公理, 有

$$|T|\psi_i(cu_T) = \sum_{i \in T} \psi_i(cu_T)cu_T(T) = c, \quad \forall i \in T.$$

$$\psi_i(cu_T) = \frac{c}{|T|}, \quad \forall i \in T. \qquad \square$$

定理 14.8.2 由式 (14.8.3) 所定义的 Shapley 值是唯一满足三个基本公理的分配.

证明 定理 14.8.1 表明 Shapley 满足三个基本公理. 下面证明唯一性.

利用无异议基底, 有

$$v = \sum_{\varnothing \neq T \in 2^N} c_T u_T$$

$$= \sum_{\substack{\varnothing \neq T \in 2^N \\ c_T \geqslant 0}} c_T u_T - \sum_{\substack{\varnothing \neq T \in 2^N \\ c_T < 0}} (-c_T)u_T.$$

由可加性公理, 对任何满足三个基本公理的分配 ψ 均有

$$\psi_i(v) = \sum_{\substack{\varnothing \neq T \in 2^N \\ c_T \geqslant 0}} \psi_i(c_T u_T) - \sum_{\substack{\varnothing \neq T \in 2^N \\ c_T < 0}} \psi_i(-c_T u_T), \quad \forall i \in N.$$

利用引理 14.8.1, 有

$$\psi_i(v) = \sum_{\substack{\varnothing \neq T \in 2^N \\ c_T \geqslant 0}} \frac{c_T}{|T|} - \sum_{\substack{\varnothing \neq T \in 2^N \\ c_T < 0}} \frac{-c_T}{|T|}$$

$$= \sum_{\varnothing \neq T \in 2^N} \frac{c_T}{|T|}.$$

因此, $\psi_i(v)$ 由 v, N 和 i 唯一决定, 这表明 Shapley 值是唯一满足三个基本公理的分配. $\qquad \square$

下面给一个计算 Shapley 值的简洁公式. 注意到

$$v(R \cup \{i\}) - v(R)$$

$$= v_\sigma \left[x_1^R x_2^R \cdots x_{i-1}^R \begin{pmatrix} 1 \\ 0 \end{pmatrix} x_{i+1}^R \cdots x_n^R - x_1^R x_2^R \cdots x_{i-1}^R \begin{pmatrix} 0 \\ 1 \end{pmatrix} x_{i+1}^R x_{i+2}^R \cdots x_n^R \right]$$

$$= v_\sigma \left[W_{[2,2^{i-1}]} \begin{pmatrix} 1 \\ 0 \end{pmatrix} x_1^R x_2^R \cdots x_{i-1}^R x_{i+1}^R \cdots x_n^R \right]$$

$$-W_{[2,2^{i-1}]} \begin{pmatrix} 0 \\ 1 \end{pmatrix} x_1^R x_2^R \cdots x_{i-1}^R x_{i+1}^R \cdots x_n^R \Bigg]$$

$$= v_\sigma \left[W_{[2,2^{i-1}]} \begin{pmatrix} 1 \\ -1 \end{pmatrix} x_1^R x_2^R \cdots x_{i-1}^R x_{i+1}^R \cdots x_n^R \right], \tag{14.8.11}$$

这里

$$x_j^R = \begin{cases} \delta_2^1, & j \in R, \\ \delta_2^2, & j \notin R. \end{cases}$$

下面定义

$$|\delta_{2^k}^i| := |R|,$$

这里 $x^R = \ltimes_{j=1}^n x_j^R = \delta_{2^k}^i$. 那么, 容易证明以下引理.

引理 14.8.2 构造一组列向量

$$\begin{cases} \ell_1 = \begin{bmatrix} 1 \\ 0 \end{bmatrix} \in \mathbb{R}^2; \\ \ell_{k+1} = \begin{bmatrix} \ell_k + \mathbf{1}_{2^k} \\ \ell_k \end{bmatrix} \in \mathbb{R}^{2^{k+1}}, \quad k = 1, 2, 3, \cdots, \end{cases}$$

这里 $\mathbf{1}_t = \underbrace{[1, \cdots, 1]^{\mathrm{T}}}_{t}$. 于是

$$|\delta_{2^k}^i| = \ell_k^i, \quad i = 1, 2, \cdots, 2^k. \tag{14.8.12}$$

(这里 ℓ_k^i 是 ℓ_k 的第 i 个分量.)

利用 ℓ_k, 我们构造一个列向量 $\zeta_k \in \mathbb{R}^{2^k}$ 如下:

$$\zeta_k^i = (\ell_k^i)! \, (k - \ell_k^i)!, \quad i = 1, 2, \cdots, 2^k. \tag{14.8.13}$$

利用式 (14.8.11) 和式 (14.8.13), 式 (14.8.3) 可以写成

$$\varphi_i(v) = \frac{1}{n!} V_v \sum_{j=1}^{2^{n-1}} \zeta_{n-1}^j W_{[2,2^{i-1}]} \begin{pmatrix} 1 \\ -1 \end{pmatrix} \delta_{2^{n-1}}^j, \quad i = 1, 2, \cdots, n. \tag{14.8.14}$$

注意到

$$W_{[2,2^{i-1}]} = \delta_{2^i} \left[1, 3, \cdots, 2^{i-1} - 1, 2, 4, \cdots, 2^{i-1}\right],$$

那么

$$W_{[2,2^{i-1}]} \binom{1}{-1} = \underbrace{\begin{bmatrix} \binom{1}{-1} & 0 & \cdots & 0 \\ 0 & \binom{1}{-1} & \cdots & 0 \\ \vdots & \vdots & & \vdots \\ 0 & 0 & \cdots & \binom{1}{-1} \end{bmatrix}}_{2^{i-1}}.$$

下面我们构造一个矩阵 $\Gamma_i \in \mathcal{M}_{2^n \times 2^{n-1}}$ 如下:

$$\Gamma_i = \left[W_{[2,2^{i-1}]} \binom{1}{-1}\right] \otimes I_{2^{n-i}}$$

$$= \underbrace{\begin{bmatrix} \binom{I_{2^{n-i}}}{-I_{2^{n-i}}} & 0 & \cdots & 0 \\ 0 & \binom{I_{2^{n-i}}}{-I_{2^{n-i}}} & \cdots & 0 \\ \vdots & \vdots & & \vdots \\ 0 & 0 & \cdots & \binom{I_{2^{n-i}}}{-I_{2^{n-i}}} \end{bmatrix}}_{2^{i-1}}.$$

显然

$$W_{[2,2^{i-1}]} \binom{1}{-1} \delta_{2^{n-1}}^j = \mathrm{Col}_j(\Gamma_i).$$

定义一个新向量

$$\eta := \zeta_{n-1}. \tag{14.8.15}$$

然后, 将 η 等分成 k 块

$$\eta = \begin{bmatrix} \eta_k^1 \\ \eta_k^2 \\ \vdots \\ \eta_k^k \end{bmatrix}, \quad k = 1, 2, 2^2, \cdots, 2^{n-1}.$$

注意, 对不同的 k 我们得到一组不同的分割. 根据 Γ_i 的构造, 不难证明

$$\sum_{j=1}^{2^{n-1}} \eta_{n-1}^j W_{[2,2^{i-1}]} \begin{pmatrix} 1 \\ -1 \end{pmatrix} \delta_{2^{n-1}}^j = \begin{bmatrix} \eta_{2^{i-1}}^1 \\ -\eta_{2^{i-1}}^1 \\ \eta_{2^{i-1}}^2 \\ -\eta_{2^{i-1}}^2 \\ \vdots \\ \eta_{2^{i-1}}^{2^{i-1}} \\ -\eta_{2^{i-1}}^{2^{i-1}} \end{bmatrix}.$$

综合以上的构造和讨论可知:

定理 14.8.3　合作博弈 (N, v) (这里 $|N| = n$) 的 Shapley 值可计算如下:

$$V_v \Xi_n = \varphi(v), \tag{14.8.16}$$

这里 $\Xi \in \mathcal{M}_{2^n \times n}$ 为

$$\Xi_n = \frac{1}{n!} \begin{bmatrix} \eta_1 \\ -\eta_1 \end{bmatrix} \begin{bmatrix} \eta_2^1 \\ -\eta_2^1 \\ \eta_2^2 \\ -\eta_2^2 \end{bmatrix} \begin{bmatrix} \eta_4^1 \\ -\eta_4^1 \\ \eta_4^2 \\ -\eta_4^2 \\ \eta_4^3 \\ -\eta_4^3 \\ \eta_4^4 \\ -\eta_4^4 \end{bmatrix} \cdots \begin{bmatrix} \eta_{2^{n-1}}^1 \\ -\eta_{2^{n-1}}^1 \\ \eta_{2^{n-1}}^2 \\ -\eta_{2^{n-1}}^2 \\ \vdots \\ \eta_{2^{n-1}}^{2^{n-1}} \\ -\eta_{2^{n-1}}^{2^{n-1}} \end{bmatrix}. \tag{14.8.17}$$

例 14.8.1　我们考虑 n 较小时 Ξ_n 的计算.

(1) $n = 2$:

$$\ell_1 = \begin{bmatrix} 1 & 0 \end{bmatrix}^{\mathrm{T}};$$

$$\eta_1 = \begin{bmatrix} 1!(2-1-1)! & 0!(2-1-0)! \end{bmatrix}^{\mathrm{T}} = \begin{bmatrix} 1 & 1 \end{bmatrix}^{\mathrm{T}};$$

$$\Xi_2 = \frac{1}{2}\begin{bmatrix} 1 & 1 \\ 1 & -1 \\ -1 & 1 \\ -1 & -1 \end{bmatrix}.$$

(2) $n = 3$:

$$\ell_2 = \begin{bmatrix} 2 & 1 & 1 & 0 \end{bmatrix}^{\mathrm{T}};$$

$$\eta_2 = \begin{bmatrix} 2 & 1 & 1 & 2 \end{bmatrix}^{\mathrm{T}};$$

$$\Xi_3 = \frac{1}{6}\begin{bmatrix} 2 & 1 & 1 & 2 & -2 & -1 & -1 & -2 \\ 2 & 1 & -2 & -1 & 1 & 2 & -1 & -2 \\ 2 & -2 & 1 & -1 & 1 & -1 & 2 & -2 \end{bmatrix}^{\mathrm{T}}.$$

(3) $n = 4$:

$$\ell_3 = \begin{bmatrix} 3 & 2 & 2 & 1 & 2 & 1 & 1 & 0 \end{bmatrix}^{\mathrm{T}};$$

$$\eta_3 = \begin{bmatrix} 6 & 2 & 2 & 6 & 2 & 6 & 6 & 6 \end{bmatrix}^{\mathrm{T}};$$

$$\Xi_4 = \frac{1}{24}\begin{bmatrix} 6 & 6 & 6 & 6 \\ 2 & 2 & 2 & -6 \\ 2 & 2 & -6 & 2 \\ 6 & 6 & -2 & -2 \\ 2 & -6 & 2 & 2 \\ 6 & -2 & 6 & -2 \\ 6 & -2 & -2 & 6 \\ 6 & -6 & -6 & -6 \\ -6 & 2 & 2 & 2 \\ -2 & 6 & 6 & -2 \\ -2 & 6 & -2 & 6 \\ -6 & 6 & -6 & -6 \\ -2 & -2 & 6 & 6 \\ -6 & -6 & 6 & -6 \\ -6 & -6 & -6 & 6 \\ -6 & -6 & -6 & -6 \end{bmatrix}.$$

例 14.8.2   回忆例 14.1.1 (以及例 14.5.1、例 14.7.1) 中的买卖马问题.

$$V_v = \begin{bmatrix} 1100 & 1000 & 1100 & 0 & 0 & 0 & 0 & 0 \end{bmatrix}.$$

利用式 (14.8.16), 则 Shapley 值为

$$\varphi(v) = V_v \Xi_3 = \begin{bmatrix} 716.7 & 166.7 & 216.7 \end{bmatrix}.$$

14.9   Shapley 值与核心的关系

比较例 14.8.2 与例 14.7.1, 我们发现, 对于买卖马问题 Shapley 值与核心相去甚远. 这说明 Shapley 值虽然存在唯一, 但有时与合理的解有距离. 因此, 一个合理的问题是: 什么时候 Shapley 值也是核心? 一个充分条件是

定理 14.9.1   设 (N, v) 为一凸合作博弈, 则

$$\varphi(v) \in C(v).$$

证明   对任一 $\sigma \in \mathbf{S}_n$, 令

$$x_\sigma^i := v\left(S_\sigma^i \cup \{i\}\right) - v\left(S_\sigma^i\right), \quad i = 1, 2, \cdots, n.$$

于是可得

$$x_\sigma = (x_\sigma^1, x_\sigma^2, \cdots, x_\sigma^n) \in E(v).$$

注意到, 它就是定理 14.6.2 的证明中构造的分配, 它被证明属于核心. 故 $x_\sigma \in C(v)$. 但

$$\varphi(v) = \frac{1}{n!} \sum_{\sigma \in \mathbf{S}_n} x_\sigma$$

是所有 x_σ 的凸组合, 而 $C(v)$ 是凸集, 故 $\varphi(v) \in C(v)$.   □

下面的定理给出充要条件.

定理 14.9.2   设 (N, v) 为一合作博弈, 则 $\varphi(v) \in C(v)$, 当且仅当,

$$V_v\left(\Xi_n M_n - I_{2^n}\right) \geqslant 0. \tag{14.9.1}$$

这里, Ξ_n 由式 (14.8.17) 定义, M_n 由式 (14.5.2) 定义.

证明 $\varphi(v)$ 作为分配, 显然满足式 (14.5.5). 根据定理 14.5.1, 只要 $\varphi(v)$ 满足式 (14.5.4) 即可. 由等式 (14.5.4) 及式 (14.8.16) 立得结论.   □

例 14.9.1 考察一个 3 人合作博弈 (N, v). 设

$$v(s) = \begin{cases} 1, & S = \{i\},\ i = 1, 2, 3, \\ 4, & S = \{i, j\},\ i \neq j, \\ 6, & S = N, \\ 0, & S = \varnothing. \end{cases}$$

于是有

$$V_v = \begin{bmatrix} 6 & 4 & 4 & 1 & 4 & 1 & 1 & 0 \end{bmatrix}.$$

注意到

$$\Xi_3 = \frac{1}{6} \begin{bmatrix} 2 & 2 & 2 \\ 1 & 1 & -2 \\ 1 & -2 & 1 \\ 2 & -1 & -1 \\ -2 & 1 & 1 \\ -1 & 2 & -1 \\ -1 & -1 & 2 \\ -2 & -2 & -2 \end{bmatrix},$$

则 Shapley 值为

$$\varphi(v) = V_v \Xi_3 = \begin{bmatrix} 2 & 2 & 2 \end{bmatrix}.$$

检验式 (14.9.1), 注意到

$$M_3 = \begin{bmatrix} 1 & 1 & 1 & 1 & 0 & 0 & 0 & 0 \\ 1 & 1 & 0 & 0 & 1 & 1 & 0 & 0 \\ 1 & 0 & 1 & 0 & 1 & 0 & 1 & 0 \end{bmatrix},$$

易知

$$V_v (\Xi_3 M_3 - I_8) = [\,0\,0\,0\,1\,0\,1\,1\,0\,] \geqslant 0.$$

因此, 上述 Shapley 值属于核心.

参 考 文 献

[1] 程代展, 齐洪胜. 矩阵的半张量积——理论与应用. 北京: 科学出版社, 2007; 2 版, 2011.

[2] 程代展, 齐洪胜, 贺风华. 有限集上的映射与动态过程——矩阵半张量积方法. 北京: 科学出版社, 2016.

[3] 程代展, 夏元清, 马宏宾, 闫莉萍. 矩阵代数、控制与博弈. 北京: 北京理工大学出版社, 2016.

[4] 葛爱冬, 王玉振, 魏爱荣, 刘红波. 多变量模糊系统控制设计及其在并行混合电动汽车中的应用. 控制理论与应用, 2013, 30(8): 998-1004.

[5] 刘德铭, 黄振高. 对策论及其应用. 长沙: 国防科技大学出版社, 1995.

[6] 梅生伟, 刘锋, 薛安成. 电力系统暂态分析中的半张量积方法. 北京: 清华大学出版社, 2010.

[7] 欧阳城添, 江建慧. 基于概率转移矩阵的时序电路可靠度估计方法. 电子学报, 2013, 41(1): 171-177.

[8] 谭春桥, 张强. 合作对策理论及应用. 北京: 科学出版社, 2011.

[9] 谢政. 对策论导论. 北京: 科学出版社, 2010.

[10] Alós-Ferrer C, Netzer N. The logit-response dynamics. Games & Economic Behavior, 2010, 68(2): 413-427.

[11] Axelrod R. The Complexity of Cooperation: Agent-Based Models of Competition and Collaboration. Princeton: Princeton University Press, 1997.

[12] Monnot B, Piliouras G. Limits and limitations of no-regret learning in games. The Knowledge Engineering Review, 2017, 32(21): 1-17.

[13] Benoit J P, Krishna V. Finite repeated games. Econometrica, 1985, 17(4): 317-320.

[14] Bertsekas D P. Dynamic Programming and Stochastic Control. New York: Academic Press, 1976.

[15] Bilbao J M. Cooperative Games on Combinatorial Structures. Boston: Springer, 2000.

[16] Blume L. The statistical mechanics of strategic interaction. Games & Economic Behavior, 1993, 5: 387-424.

[17] Bodin E V. Spin for puzzles: Using spin for solving the Japanese river puzzle and the square-1 cube. System Informatics, 2013, 2: 101-116.

[18] Börgers T, Sarin R. Learning through reinforcement and replicator dynamics. Journal of Economic Theory, 1997, 77(1): 1-14.

[19] Branzei R, Dimitrov D, Tijs S. Models in Cooperative Games. 2nd ed. Berlin: Springer-Verlag, 2008.

[20] Brown G W. Iterative solution of games by fictitious play. Activity Analysis of Production & Allocation, 1951: 374-376.

[21] Candogan O, Menache I, Ozdaglar A, Parrilo P A. Flows and decompositions of games: Harmonic and potential games. Mathematics of Operations Research, 2011, 36(3): 474-503.

[22] Candogan O, Ozdaglar A, Parrilo P A. Dynamics in near-potential games. Games and Econ. Behav., 2013, 82: 66-90.

[23] Cao Z, Yang X. Symmetric games revisited. Math. Social Sci., 2018, 95: 9-18.

[24] Cao Z, Yang X. Ordinally symmetric games. Operations Research Lett., 2019, 47: 127-129.

[25] Cao Z, Qin C, Yang X, Zhang B. Dynamic matching pennies on networks. Int. J. Game Theor., 2019, 48: 887-920.

[26] Cheng D, Qi H. A linear representation of dynamics of Boolean networks. IEEE Trans. Aut. Contr., 2010, 55: 2251-2258.

[27] Cheng D, Qi H, Li Z. Analysis and Control of Boolean Networks: A Semi-tensor Product Approach. London: Springer, 2011.

[28] Cheng D, Qi H, Zhao Y. An Introduction to Semi-tensor Product of Matrices and Its Applications. Singapore: World Scientific, 2012.

[29] Cheng D, Feng J, Lv H. Solving fuzzy relational equations via semi-tensor product. IEEE Trans. Fuzzy Systems, 2012, 20(2): 390-396.

[30] Cheng D, Xu X. Bi-decomposition of multi-valued logical functions and its applications. Automatica, 2013, 49: 1979-1985.

[31] Cheng D, Xu T, Qi H. Evolutionarily stable strategy of networked evolutionary games. IEEE Trans. Neur. Netwk. Learn. Sys., 2014, 25(7): 1335-1345.

[32] Cheng D. On finite potential games. Automatica, 2014, 50(7): 1793-1801.

[33] Cheng D, He F, Qi H, Xu T, He F. Modeling, analysis and control of networked evolutionary games. IEEE Trans. Aut. Contr., 2015, 60(9): 2402-2415.

[34] Cheng D, Zhao Y, Xu T. Receding horizon based feedback optimization for mix-valued logical networks. IEEE Trans. Aut. Contr., 2015, 60(12): 3362-3366.

[35] Cheng D, Liu T, Zhang K, Qi H. On decomposition subspaces of finite games. IEEE Trans. Aut. Contr., 2016, 61(11): 3651-3656.

[36] Cheng D, Liu T. Linear representation of symmetric games. IET Contr. Theory & Appl., 2017, 11(18): 3278-3287.

[37] Cheng D, Liu T. From Boolean game to potential game. Automatica, 2018, 96: 51-60.

[38] Cheng D, Xu Z, Shen T. Exploring controllability of time-varying Boolean networks. IEEE 16th Int. Conf. Contr. Aut. (ICCA), Singapore, 2020: 13-18.

[39] Cheng D. From Dimension-Free Matrix Theory to Cross-Dimensional Dynamic Systems. Elsevier, UK, 2019.

[40] Cheng D, Wu Y, Zhao G, Fu S. A comprehensive survey on STP approach to finite games. J. Sys. Sci. Compl., 2021, 34(5): 1666-1680.

[41] Cheng D. Topological structure of graph-based networked evolutionary games. J. Shandong Univ.(Natural Science), 56(10): 11-22, 2021.

[42] Cheng D. A formula for designing zero-determinant strategies. arxiv, arXiv:2107.03255, 2021.

[43] Conway J B. A Course in Functional Analysis. New York: Springer-Verlag, 1985.

[44] Crilly T. 50 Mathematical Ideas You Really Need to Know. 王悦译. 北京: 人民邮电出版社, 2010.

[45] Datta A, Choudhary A, Bittner M, Dougherty E. External control in Markovian genetic regulatory networks. Machine Learning, 2003, 52: 169-191.

[46] Fudenberg D, Levine D K. Learning and equilibrium. Annual Review of Economics, 2009, 1(1): 385-420.

[47] Fudenberg D, Levine D K. The Theory of Learning in Games. Cambridge: MIT Press, 1998.

[48] Eksin C, Ribeiro A. Distributed fictitious play for multi-agent systems in uncertain environments. IEEE Trans. Ant. Contr., 2018, 63(4): 1177-1184.

[49] Feng J, Lv H, Cheng D. Multiple fuzzy relation and its application to coupled fuzzy control. Asian J. Contr., 2013, 15(5): 1313-1324.

[50] Fudenberg D, Tirole J. Game Theory. Beijing: China Renmin University Press, 2010.

[51] Gao B, Li L, Peng H, et al. Principle for performing attractor transits with single control in Boolean networks. Physical Review E, 2013, 88(6): 062706.

[52] Gao B, Peng H, Zhao D, et al. Attractor transformation by impulsive control in Boolean control network. Mathmatical Problems in Engineering, 2013, 2013: 1-5.

[53] Gibbons R. A Primer in Game Theory. New York: Printice Hall, 1992.

[54] Giuppon L, Ibars C. Bayesian potential games to model cooperation for cognitive radios with incomplete information. IEEE. Int. Conf. Commun., 2009: 1-6.

[55] Gopalakrishnan R, Marden J R, Wierman A. An architectural view of game theoretic control. Performance Evaluation Review, 2011, 38(3): 31-36.

[56] Guo P, Wang Y, Li H. Algebraic formulation and strategy optimization for a class of evolutionary networked games via semi-tensor product method. Automatica, 2013, 49(11): 3384-3389.

[57] Hao D, Rong Z, Zhou T. Zero-determinant strategy: An underway revolution in game theory. Chin. Phys. B, 2014, 23(7): 078905.

[58] Hao Y, Cheng D. On skew-symmetric games. J. Franklin Institute, 2018, 355: 3196-3220.

[59] Hao Y, Cheng D. Finite element approach to continuous potential games. Science China Inform. Sci., 2021, 64: 149202.

[60] Hart S, Mas-Colell A. Stochastic uncoupled dynamics and Nash equilibrium. Games and Economic Behavior, 2006, 57(2): 286-303.

[61] Hart S, Mansour Y. How long to equilibrium? The communication complexity of uncoupled equilibrium procedures. Games and Economic Behavior, 2010, 69(1): 107-126.

[62] Harsanyi J C. Games with incomplete information played by "Bayesian" players, Part I, the basic model. Management Science, 1967, 14: 159-182.

[63] Heikkinen T. A potential game approach to distributed power control and scheduling. Computer Networks, 2006, 50: 2295-2311.

[64] Heumen R, Peleg B, Tijs S, Borm P. Axiomatic characterizations of solutions for Bayesian games. Theory and Decision, 1996, 40: 103-129.

[65] Hino Y. An improved algorithm for detecting potential games. Int. J. Game Theory, 2011, 40: 199-205.

[66] Hochma G, Margaliot M, Fornasini E, Valcher M. Symbolic dynamics of Boolean control networks. Automatica, 2013, 49(8): 2525-2530.

[67] Hofbauer J, Sorger G. A differential game approach to evolutionary equilibrium selection. Int. Game Theory Rev., 2002, 4: 17-31.

[68] Hopcroft J E, Ullman J D. Introduction to Automata Theory, Languages and Computation. New York: Addison Wesley Publishing Company, 1979.

[69] Horn R A, Johnson C R. Matrix Analysis. Cambridge: Cambridge University Press, 1986.

[70] Hungerford T W. Algebra. New York: Springer-Verlag, 1974.

[71] Jackson M O. Social and Economic Networks. Princeton: Princeton University Press, 2008.

[72] Kemeny J G. Finite Markov Chains. New York: Springer-Verlag, 1983.

[73] Jordan J S. Three problems in learning mixed-strategy Nash equilibria. Games and Economic Behavior, 1993, 5(3): 368-386.

[74] Katz V J. A History of Mathematics. Oxford: Oxford University Press, 2005.

[75] Lä Q D, Chew Y H, Soong B. Potential Game Theory: Applications in Radio Resource Allocation. New York: Springer, 2016.

[76] Lampis M, Mitsou V. The ferry cover problem. Theory of Computing Systems, 2009, 44(2): 215-229.

[77] Laschov D, Margaliot M. Controllability of Boolean control networks via the Perron-Frobenius theory. Automatica, 2012, 48(6): 1218-1223.

[78] Ledley R S. Logic and Boolean algebra in medical science. Proc. Conf. Appl. Undergraduate Math., Atlanta, GA, 1973.

[79] Li Z, Cheng D. The structure of canalizing functions. J. Contr. Theory Appl., 2010, 8(3): 375-381.

[80] Li Z, Cheng D. Algebraic approach to dynamics of multivalued networks. Int. J. Bif. Chaos, 2010, 20(3): 561-582.

[81] Li H, Wang Y. Boolean derivative calculation with application to fault detection of combinational circuits via the semi-tensor product method. Automatica, 2012, 48(4): 688-693.

[82] Li H, Wang Y, Chu T. State feedback stabilization for Boolean control networks. IEEE Trans. Aut. Contr., 2013, 58(7): 1853-1857.

[83] Li H, Wang Y. Output feedback stabilization control design for Boolean control networks. Automatica, 2013, 49(12): 3641-3645.

[84] Li X, Cong L, Xiang L. Vaccinating SIS epidemics in networks with zero-determinant strategy. 2017 IEEE International Symposium on Circuits and Systems, 2017: 2275-2278.

[85] Li H, Zhao G, Guo P, Liu Z. Analysis and Control of Finite-valued Systems. New York: CRC Press, 2018.

[86] Li C, He F, Liu T, Cheng D. Symmetry-based decomposition of finite games. Science China Information Science, 2019, 62: 160-172.

[87] Li C, Xing Y, He F, Cheng D. A strategic learning algorithm for state-based games. Automatica, 2020, 113: 108615.

[88] Liang Y, Feng L, Wei W, Mei S. State-based potential game approach for distributed economic dispatch problem in smart grid. IEEE Power and Energy Society General Meeting, 2016: 1-5.

[89] Liu Z, Wang Y, Li H. New approach to derivative calculation of multi-valued logical functions with application to fault detection of digital circuits. IET Contr. Theory Appl., 2014, 8(8): 554-560.

[90] Liu Z, Wang Y, Cheng D. Nonsingularity of feedback shift registers. Automatica, 2015, 55: 247-253.

[91] Liu T, Qi H, Cheng D. Dual expressions of decomposed subspaces of finite games. 2015 34th Chinese Control Conference (CCC), 2015: 9146-9151.

[92] Liu X, Zhu J. On potential equations of finite games. Automatica, 2016, 68: 245-253.

[93] Marden J R. State based potential games. Automatica, 2012, 48(12): 3075-3088.

[94] Marden J R, Shamma J S. Revisiting log-linear learning: Asynchrony, completeness and payoff-based implementation. Games Econ. Behav., 2012, 75: 788-808.

[95] Marden J R, Young H P, Pao L Y. Achieving pareto optimality through distributed learning. SIAM Journal on Control and Optimization, 2014, 52(5): 2753-2770.

[96] Marden J R. Selecting efficient correlated equilibria through distributed learning. Games & Economic Behavior, 2017, 106: 114-133.

[97] Mcvoy A, Hauert C. Autocratic strategies for iterated games with arbitrary action spaces. Proc. Nat. Acad. Sci., 2016, 113(13): 3573-3578.

[98] Meng M, Feng J. A matrix approach to hypergraph stable set and coloring problems with its application to storing problem. Journal of Applied Mathematics, 2014, 2014: 1-9.

[99] Monderer D, Shapley L S. Potential Games. Games and Economic Behavior, 1996, 14: 124-143.

[100] Mu Y, Guo L. Optimization and identification in a non-equilibrium dynamic game. Proc. CDC-CCC'09, 2009: 5750-5755.

[101] Nash J F. Equilibrium points in n-person games. Proc. Nat. Acad. Sci. USA, 1950, 36: 48-49.

[102] Nash J F. Non-cooperative games. Annals of Mathematics, 1951, 54(2): 286.

[103] Nowak M A, May R M. Evolutionary games and spatial chaos. Nature, 1992, 359: 826-829.

[104] Papadimitriou C H, Roughgarden T. Computing correlated equilibria in multi-player games. Journal of The ACM, 2008, 55(3): 1-29.

[105] van Dyke Parunak H, Brueckner S. Ant-like missionaries and cannibals: Synthetic pheromones for distributed motion control. The Fourth International Conference on Autonomous Agents, 2000: 467-474.

[106] Pradelski B S R, Young H P. Learning efficient Nash equilibria in distributed systems, Games and Economic Behavior, 2012, 75(2): 882-897.

[107] Press W H, Dyson F J. Iterated prisoner's dilemma contains strategies that dominate any evolutionary opponent. Proc. Nat. Acad. Sci., 2012, 109(26): 10409-10413.

[108] Rahili S, Ren W. Game theory control solution for sensor coverage problem in unknown environment. Proceedings of 53rd IEEE Conference on Decision and Control, 2015, 2015: 1173-1178.

[109] Rasmusen E. Games and Information. 4th ed. Oxford: Basil Blackwell, 2006.

[110] Rosenthal R W. A class of games possessing pure-strategy Nash equilibria. Int. J. Game Theory, 1973, 2: 65-67.

[111] Serre J P. Linear Representations on Finite Groups. New York: Spring-Verlag, 1977.

[112] Shamma J S, Arslan G. Dynamic fictitious play, dynamic gradient play, and distributed convergence to Nash equilibria. IEEE Transactions on Automatic Control, 2005, 50(3): 312-327.

[113] Shapley L. Stochastic games. Proceedings of the National Academy of Sciences, 1953, 39(10): 1095-1100.

[114] Smith J M, Price G R. The logic of animal conflict. Nature, 1973, 246: 15-18.

[115] Smith J M. Evolution and the Theory of Games. Cambridge: Cambridge University Press, 1982.

[116] Szabo G, Toke C. Evolutionary Prisoner's Dilemma game on a square lattice. Phys. Rev. E, 1998, 58(1): 69-73.

[117] Talebi M S. Uncoupled learning rules for seeking equilibria in repeated plays: An overview. Computer Science and Game Theory, 2013, 21: 1-29.

[118] Tang C, Li C, Yu X, et al. Cooperative mining in blockchain networks with zero-determinant strategies. IEEE Transactions on Cybernetics, 2020, 50(10): 4544-4549.

[119] Traulsen A, Nowak M A, Pacheco J M. Stochastic dynamics of invasion and fixation. Phys. Rev., E, 2006, 74: 011909.

[120] Ueda M. Memory-two zero-determinant strategies in repeated games. Royal Society Open Science, 2021, 8(5): 202186.

[121] Von Neumann J, Morgenstern O. Theory of Games and Economic Behavior. Princeton: Princeton University Press, 1944.

[122] Wang G, Wei Y, Qiao S. Generalized Inverses: Theory and Computations. Beijing: Science Press, 2018.

[123] Wang Y, Zhang C, Liu Z. A matrix approach to graph maximum stable set and coloring problems with application to multi-agent systems. Automatica, 2012, 48(7): 1227-1236.

[124] Wang X, Xiao N, Wongpiromsarn T, Xie L, Frazzoli E, Rus D. Distributed consensus in noncooperative congestion games: An application to road Pricing. 10th IEEE Int. Conf. Contr. Aut., Hangzhou, China, 2013: 1668-1673.

[125] Wang Y, Liu T, Cheng D. From weighted potential game to weighted harmonic game. IET Contr. Theory Appl., 2017, 11(13): 2161-2169.

[126] Wang Y, Cheng D. On coset weighted potential game. J. Franklin Inst., 2020, 357(9): 5523-5540.

[127] Wang Y, Cheng D, Liu X. Matrix expression of Shapley values and its application to distributed resource allocation. Science China Inform. Sci., 2018, 62: 1-11.

[128] Wu Y, Shen T. An algebraic expression of finite horizon optimal control algorithm for stochastic logical dynamical systems. Sys. Contr. Lett., 2015, 82: 108-114.

[129] Xiao H, Duan P, Lv H, et al. Design of fuzzy controller for air-conditioning systems based-on semi-tensor product. Proc. 26th Chinese Control And Decision Conference, Changsha, 2014: 3507-3512.

[130] Xu X, Cheng D. Receding horizon based feedback optimization of mix-valued logical networks: The imperfect information case. Proc. 32nd CCC., 2013: 2147-2152.

[131] Xu X, Hong Y. Matrix expression and reachability of finite automata. J. Contr. Theory & Appl., 2012, 10(2): 210-215.

[132] Xu X, Hong Y. Matrix approach to model matching of asynchronous sequential machines. IEEE Trans. Aut. Contr., 2013, 58(11): 2974-2979.

[133] Xu X, Hong Y. Observability analysis and observer design for finite automata via matrix approach. IET Contrl Theory Appl., 2013, 7(12): 1609-1615.

[134] Xu M, Wang Y, Wei A. Robust graph coloring based on the matrix semi-tensor product with application to examination timetabling. Contr. Theory Technol., 2014, 12(2): 187-197.

[135] Yan Y, Chen Z, Liu Z. Solving type-2 fuzzy relation equations via semi-tensor product of matrices. Control Theory and Tech., 2014, 12(2): 173-186.

[136] Yan Y, Chen Z, Liu Z. Semi-tensor product of matrices approach to reachability of finite automata with application to language recognition. Front. Comput. Sci., 2014, 8(6): 948-957.

[137] Yan Y, Chen Z, Liu Z. Semi-tensor product approach to controllability and stabilizability of finite automata. J. Syst. Engn. Electron., 2015, 26(1): 134-141.

[138] Young H P. Strategic Learning and Its Limits. Oxford: Oxford University Press, 2004.

[139] Young H P. Learning by trial and error. Games and Economic Behavior, 2009, 65(2): 626-643.

[140] Suten Y. Equilibrium Study of Weighted Congestion games and Bayesian Games via the Semi-tensor Product Method. Master dethes, Dalian Univ. of Technology, 2018.

[141] Zhan J, Lu S, Yang G. Improved calculation scheme of structure matrix of Boolean network using semi-tensor product. Information Computing and Applications, 2014, 307: 242-248.

[142] Zhan L, Feng J. Mix-valued logic-based formation control. Int. J. Contr., 2013, 86(6): 1191-1199.

[143] Zhang H, Niyato D, Song L, et al. Zero-determinant strategy for resource sharing in wireless cooperations. IEEE Transactions on Wireless Communications, 2016, 15(3): 2179-2192.

[144] Zhang X, Wang Y, Cheng D. Incomplete logical control system and its application to some intellectual problems. ASIAN Journal of Control, 2018, 20(2): 697-706.

[145] Zhang R, Guo L. Controllability of Nash equilibrium in game-based control systems. IEEE Trans. Aut. Contr., 2019, 64(10): 4180-4187.

[146] Zhao Y, Qi H, Cheng D. Input-state incidence matrix of Boolean control networks and its applications. Sys. Contr. Lett., 2010, 59(12): 767-774.

[147] Zhao Y, Qi H, Cheng D. Optimal control of logical control networks. IEEE Trans. Aut. Contr., 2011, 56(8): 1766-1776.

[148] Zhao Y, Kim J, Filippone M. Aggregation algorithm towards large-scale Boolean network analysis. IEEE Trans. Aut. Contr., 2013, 58(8): 1976-1985.

[149] Zhao D, Peng H, Li L, et al. Novel way to research nonlinear feedback shift register. Science China F, Information Sciences, 2014, 57(9): 1-14.

[150] Zhong J, Lin D. A new linearization method for nonlinear feedback shift registers. J. of Comput. Sys. Sci., 2015, 81: 783-796.

[151] Zhong J, Lin D. Stability of nonlinear feedback shift registers. Science China Information Sciences, 2016, 59(1): 1-12.

索 引